JN294603

Copyright © 2009 ARTECH HOUSE.
685 Canton Street Norwood, MA 02062
Translation Copyright © 2015 Tokyo Denki University Press.
All rights reserved.
Japanese translation rights arranged with Artech House, Inc.
through Japan UNI Agency, Inc., Tokyo.

Tactical Battlefield
Communications Electronic Warfare

電子戦の技術

通信電子戦編

デビッド・アダミー
David Adamy

河東晴子　小林正明　阪上廣治　徳丸義博 =訳

東京電機大学出版局

序文

　日本語版刊行にあたり，英語版に同梱されている CD 内のコンテンツが別の形で提供されると聞き，その旨の説明が必要と思い，日本語版用に序文を書き下ろす．

　本書は，EW101 シリーズの第 3 巻目である．EW101 と EW102 の 2 冊と同様，ジャーナル・オブ・エレクトロニックディフェンス（Journal of Electronic Defense; JED）誌の入門記事である EW101 をもとにしたものである．その中で特に，本書は，敵の通信用信号に対抗する電子戦の実用面に重点を置いている．

　本書が対象とする読者は，先の 2 巻と同じように，新人の EW 専門家，EW の特定分野の特技者，EW に関わる技術分野の専門技術者，ならびに EW 技術者や特技者の活動に関与する上司の人々である．

　現在でも JED 誌のコラム EW101 は継続している．なお，本書の資料の一部は，今後の JED 誌コラムに取り入れられることだろう．一方，本書では，JED 誌において過去に掲載された資料や今後掲載予定の資料を，入門資料や関連資料としてまとめている．既刊の EW102 と同様に，本書にも（解答だけではなく）解法付きの問題を掲載した．

　もう一つの新しい特徴として，アンテナと電波伝搬の迅速な計算に役立つ計算尺を付けた．同じような計算尺が多数出回っているが，この計算尺には他のどの計算尺にもない，新たに工夫された目盛りがいくつかある．

　最後に，東京電機大学出版局のホームページ（http://www.tdupress.jp/）からダウンロードできる一連のファイルがある（付録 C）．これらのファイルには，電波伝搬損失，受信感度，妨害対信号比，実効距離などの数値の計算用公式が入っている．公式はスプレッドシートの数式として表現されており，著者の技術者仲間はたいていこのスプレッドシートを持っている．非常に高価ではあるが，MATLAB というもっと洗練された科学計算専用アプリケーションソフト

ウェアもある．読者がお好みなら，本書のスプレッドシートが提供する公式を，MATLABなどのプログラムに変換してもよいだろう．

　日本語に翻訳されている本書が，通信電子戦の重要原則の活用において，さらに有効に役立つことを期待する．

あなた方の仲間
Dave Adamy

訳者序文

　著者の序文にもあるように，本書は AOC（Association of Old Crows）の機関誌である JED の連載コラムに加筆修正してまとめられた前著 EW101（邦訳『電子戦の技術 基礎編』）および EW102（同『電子戦の技術 拡充編』）に続く，通信電子戦に関する書籍である．本書も含めたこれら3冊は，日本語として初めてのまとまった電子戦の書籍である．基礎編と拡充編が予想を大きく上回る数の読者を得られたことは，これらが日本における電子戦の潜在的なニーズに応えつつあるからかもしれない．通信電子戦に焦点を当てた本書は，前著を読まれた読者に加えて，通信を専門とする読者にも新たな知見を提供できると思う．電子戦と言えば一般に，まずレーダ電子戦が想起されることが多い中で，無線通信とほぼ同じ歴史を持つ通信電子戦を扱った日本語の書籍は，皆無と言ってよいだろう．

　本書には，基礎編・拡充編と同様，巻末に補遺として用語集を付した．これは，電子戦の現場に携わり，一貫して「現場で使える実学性」を重視してきた著者の姿勢を尊重して，日本の電子戦の現場の初学者にも電子戦を平易に理解できるよう訳者が書き下ろしたものである．

　邦訳にあたってお世話になった多くの人々に心から感謝の意を表したい．まず，著者デイブ・アダミー氏に感謝する．氏には邦訳にあたり親切な助言をいただいたばかりか，日本語版出版にあたっての序文も執筆していただいた．また，日本語版用計算尺の改良，小型化および校正に尽力していただいた．次に，一般に馴染みの薄い分野の出版を受け入れ，シリーズ化して刊行していただいた東京電機大学出版局の関係各位，特に編集者として尽力していただいた吉田氏，きめ細かな校正を担当していただいたグラベルロードの伊藤氏に感謝する．最後に，この翻訳出版をサポートしてくれた訳者周辺の関係各位に感謝する．

訳者一同

目次

第 1 章　序論　1

1.1　通信の特質 1
1.2　周波数範囲 2
1.3　本書の記述内容 3
1.4　dB 計算 5

第 2 章　通信信号　12

2.1　アナログ変調 12
2.2　デジタル変調 15
2.3　雑音 26
2.4　LPI 信号 29
2.5　誤り訂正符号 51

第 3 章　通信用アンテナ　55

3.1　アンテナパラメータ 55
3.2　重要な通信用アンテナの種類 58
3.3　アンテナビーム 60
3.4　アンテナ利得の単位表記について 62
3.5　偏波 63
3.6　フェーズドアレイ 64
3.7　パラボラ反射鏡アンテナ 67

第 4 章　通信用受信機　76

- 4.1　受信機の種類 76
- 4.2　デジタル化 91
- 4.3　デジタル信号の品質問題 94
- 4.4　受信システム感度 98
- 4.5　受信システムのダイナミックレンジ 109
- 4.6　代表的な受信システムの構造 115

第 5 章　通信波の伝搬　122

- 5.1　片方向回線 122
- 5.2　片方向回線方程式 123
- 5.3　伝搬損失 126
- 5.4　見通し線伝搬 127
- 5.5　平面大地（2 波）伝搬 132
- 5.6　フレネルゾーン 137
- 5.7　ナイフエッジ回折 140
- 5.8　大気と降雨による損失 144
- 5.9　HF 帯の伝搬 147
- 5.10　衛星回線 151

第 6 章　通信電波源の捜索　155

- 6.1　傍受確率 156
- 6.2　各種捜索法 156
- 6.3　システム構成 160
- 6.4　信号環境 170
- 6.5　電波水平線 173
- 6.6　低被傍受/探知確率信号の捜索 177
- 6.7　ルックスルー 181
- 6.8　友軍相撃 184
- 6.9　代表的な捜索方法例 184

第 7 章　通信電波源の位置決定　190

- 7.1　電波源位置決定方策 190
- 7.2　精度の定義 195
- 7.3　方探サイト位置と基準北 201
- 7.4　中程度精度技法 205
- 7.5　高精度技法 209
- 7.6　精密電波源位置決定 216
- 7.7　電波源位置決定——誤差配分 224
- 7.8　スペクトル拡散電波源の位置決定 226

第 8 章　通信信号の傍受　236

- 8.1　傍受回線 237
- 8.2　強力信号がある環境における微弱信号の傍受 ... 245
- 8.3　LPI 信号の傍受 246

第 9 章　通信妨害　252

- 9.1　妨害対信号比 253
- 9.2　デジタル信号とアナログ信号に対する妨害効果の考え方 256
- 9.3　スペクトル拡散信号の妨害 260
- 9.4　妨害への誤り訂正符号化の影響 272

付録 A　問題と解法　276

付録 B　参考文献一覧　305

付録 C　原著同梱の CD のデータについて　309

補遺：用語集　315

和文索引　357

欧文索引　371

第1章
序論

本書は平易な読み物になるようにしたつもりである．ハードウェアや技法の説明は，数学用語よりむしろ物理学用語で行う．計算は大部分が覚えやすくて使いやすい簡単な dB 公式を用いている．

既刊の 2 冊の EW100 シリーズと同様に，技術データは厳密さより正確さを期した．公式や各種の例題は，ほとんどの場合，値を 1dB の正確さで計算するようにした．また一方，定数は，さらに高精度のアプリケーションで公式を使用する人たちの便宜のために，より高精度で準備されている．

本書の焦点は，通信電子戦（communications electronic warfare; 通信 EW）であるので，レーダの脅威，捜索，傍受，妨害あるいはデコイについては扱っていない．それらの項目については，EW101/EW102 教科書（邦訳『電子戦の技術 基礎編』および『電子戦の技術 拡充編』）を確認されたい．

1.1 通信の特質

通信電子戦は，とりわけ通信に関するものである．したがって，通信信号の特質，伝搬およびハードウェアについて，適度に詳しく説明することにする．一番の力点は，戦場における VHF，UHF，および低域マイクロ波帯の戦術通信ということになる．また一方，低域周波数帯伝搬，デジタル指令とデータ回線，および衛星通信の一部も対象とする．

通信の目的は，一地点からある離れた地点に情報を搬送することであり，それゆえに（レーダとは異なり）通信は本質的に片方向である．極めて短い信号を伴

う「バースト」(burst) 通信もあるが，ほとんどの通信は，多かれ少なかれ，時間にして数秒間から連続形で継続するものまである．

通信信号は，どちらかと言えば一般に狭帯域であるが，情報の伝達に必要な帯域幅をはるかに超えて信号を人為的に拡散するいくつかの変調方式もある．これは，探知を回避するため，あるいは，偶発的もしくは意図的な干渉妨害の影響を軽減するために行われる．

通信信号は，アナログまたはデジタル形式のいずれでもありうるが，最近では，デジタル信号がより一般的となってきている．EW システムがこれら 2 種類の信号に対処する方法は，著しく異なる．デジタル通信信号には，敵が信号の完全性を保持する高度の技術を使用することで，我が EW 任務をより困難にしうる多くの手段がある．

1.2 周波数範囲

表 1.1 に，通信に使用されるさまざまな周波数範囲に加え，代表的なアプリケーション，伝搬モード，および伝搬上の問題点について示す．

ここで留意すべきなのは，伝搬は周波数が低いほど見通し線 (line-of-sight;

表 1.1 周波数範囲

周波数範囲	略号	信号の種類・特性
超長波，長波，中波帯 (3kHz〜3MHz)	VLF, LF, MF	極長距離通信（海上船舶など）．民間 AM 放送．地上周回地表波．
短波帯 (3kHz〜30MHz)	HF	超水平線通信，電離層反射信号．
超短波帯 (30〜300MHz)	VHF	移動通信，TV, 民間 FM 放送．見通し線は必須．
極超短波帯 (300MHz〜1GHz)	UHF	移動通信および TV．見通し線は必須．
マイクロ波帯 (1〜30GHz)	μw	TV および電話回線，衛星回線．見通し線は必須．
ミリ波帯 (30〜100GHz)	MMW	極短距離通信．見通し線は必須．降雨・霧内では高吸収．

LOS) への依存度が低くなる特徴があることである．地表波 (ground wave) や電離層跳躍 (ionospheric skip) は，極めて長い距離での通信を可能にする．また一方，周波数が低いほど，狭帯域であるという特徴もある．比帯域幅 (percentage bandwidth; 比帯域) が大きいと，アンテナと増幅器の動作に問題を引き起こす．一般に，10% の比帯域幅ではかなり良く動作し，比帯域幅が 10% より大きくなると，性能のトレードオフが必要となる．

超長波 (very low frequency; VLF) および長波 (low frequency; LF) 回線は通常，低速のデジタル信号やモールス符号を搬送する．

短波 (high frequency; HF) は，モールス符号，音声信号，短波放送および低速のデジタル信号を搬送する．

一方，中波 (medium frequency; MF) 回線は，音声信号の搬送に十分な帯域幅を有する．民間の AM ラジオは，MF 帯の上端を利用する放送である．おおむね 30MHz より上では，無線伝送は電離層 (ionosphere) を通り抜けるので，信号は周波数が高いほど，電離層跳躍による伝搬はできない．それらの伝搬は，見通し線あるいは準見通し線 (near line-of-sight) 伝搬経路に依存している．

超短波 (very high frequency; VHF) および極超短波 (ultra high frequency; UHF) 帯伝送は，音声やデータだけでなく，民間テレビジョン放送を含むビデオ信号を搬送するのに十分な帯域幅を提供する．マイクロ波周波数帯は，広帯域幅の高情報量を搬送するのに向いている．広帯域のマイクロ波による 2 地点間接続回線は，電話信号，テレビジョン信号，および広帯域デジタル信号の大ブロックを搬送する．通信衛星回線も，無人航空機 (unmanned aerial vehicle; UAV) とそれらの管制局との間の指令・データ回線と同様，マイクロ波帯に位置している．

1.3　本書の記述内容

- この序論では，dB 値と公式について説明する．
- 第 2 章では，アナログ変調 (analog modulation)，デジタル変調 (digital modulation)，および低被傍受/探知確率 (low probability of intercept; LPI) 変調の通信信号を扱う．この章の大半はデジタル信号と誤り訂正符号 (error correction code) に関連する問題を取り上げる．
- 第 3 章では，通信および通信 EW に使用される各種のアンテナを取り上

げる．通信周波数帯で用いられるすべての一般的な種類のアンテナについて，その用途と代表的な性能パラメータについて触れる．

- 第 4 章では，通信および通信信号の傍受に利用される各種の受信機について説明する．さらに，通信用受信機の感度とダイナミックレンジ（dynamic range）の計算についても取り上げる．
- 第 5 章では，電波伝搬について取り上げる．その力点は，VHF，UHF 帯，低帯域マイクロ波通信にあるが，HF 帯およびそれより低帯域の伝搬ならびに通信衛星（communication satellite; CS）の伝搬も扱う．
- 第 6 章では，捜索技法について取り上げる．これには固定周波数の捜索と低被傍受/探知確率通信信号の捜索の両方を含む．
- 第 7 章では，敵の通信用送信機の位置決定について取り上げる．一般的なアプローチと技法について説明する．それぞれの用途，期待精度，およびその他の性能と実現上の問題について説明する．
- 第 8 章では，在来型変調および低被傍受/探知確率変調の両方の通信信号の傍受について取り上げる．各種の信号の捜索と傍受確率（probability of intercept; POI）に関連する問題について説明する．
- 第 9 章では，通信妨害について取り上げる．ここでは，従来からの信号の妨害に加え，その後，すべての一般的な種類の低被傍受/探知確率信号に対する妨害技法を取り上げる．
- 付録 A は，本書で説明するすべての項目をカバーする一連の問題である．各問題は，すべての解法ステップを説明しながら解いていく．
- 付録 B は，さらなる学習のための参考情報を含む文献目録である．これは，さらに深く学習するためのより詳細な教科書のリストである．参照する文献の著者と ISBN を提示するとともに，それぞれの重点記述について，簡単に記述する．
- 原著には CD が同梱されており，付録 C はその使用法を説明している．本書には CD は含まれないが，東京電機大学出版局のホームページからデータをダウンロードできるようになっている．
- 本書の表紙内側のポケットには，「アンテナ・電波伝搬計算尺」が入っている．

1.4　dB計算

本節では，続く章で取り上げる電子戦の考え方の根底にある基本的な計算を取り上げる．ここではdB形式の各数値およびdB公式について説明する．

1.4.1　dB値

電波伝搬の検討に含まれるどの専門的活動においても，多くの場合，信号強度，利得および損失はdB形式で記述される．これにより，元の形式より一般に扱いやすいdB形式の式を使用できるようになる．dB値の大きな魅力の一つは，それらが対数であるため，非常に大きい値や非常に小さい値を比較するのに都合が良いことである．送受信信号の信号強度の差は20桁にも及ぶことがあるので，これは重要な問題である．

dBで表された数値はどれも対数である．便宜上，非dB形式（non-dB form）の数値を，対数であるdB値と区別するために，「線形値」（linear）と呼ぶことにする．さらにdB形式の数値には，扱いが容易であるという大きな魅力もある．すなわち，

- 線形値を乗算するには，その対数値を加算する．
- 線形値を除算するには，その対数値を減算する．
- 線形値を n 乗するには，その対数値に n を乗算する．
- 線形値の n 乗根をとるには，その対数値を n で除算する．

この便利さを最大限に生かすために，計算過程のできるだけ早い段階で数値をdB形式に置き換え，（線形値に戻す場合には）できるだけ遅い段階でそれらを線形値に戻す．多くの場合，結果はdB値のままで示される．

dB単位で表されるいかなる数値も（対数形式に換算された）比でなければならないことを理解することが重要である．通信における一般的な比の例としては，増幅器やアンテナの利得，回路や電波伝搬の損失がある．

1.4.2　dB 形式の相互換算

線形形式の数 N は，次式により dB 形式に換算される．

$$N\,[\mathrm{dB}] = 10\log_{10}(N)$$

本書のほとんどの式において，10 を底とする常用対数を単に $10\log(N)$ とする．科学計算用の電卓を使用してこの操作を行うには，線形形式の数値を入力してから "log" キーを押し，次に 10 を乗算する．

dB 値は，次式を使って線形形式に換算される．

$$N = 10^{N[\mathrm{dB}]/10}$$

科学計算用の電卓を使用する場合，dB 形式の数値を入力し，それを 10 で除算し，次いで 2 次機能キーを押してから "log" キーを押す．この手順は 10 で除算した dB 値の「真数」（antilog）をとるとも説明できる．これは，次のように記載される．

$$N = \mathrm{antilog}(N[\mathrm{dB}]/10)$$

例えば，ある増幅器の利得係数（gain factor）が 100 であれば，それは 20dB の利得を持つと言える．なぜなら，

$$10\log(100) = 10 \times 2 = 20\,[\mathrm{dB}]$$

となるからである．

20dB の増幅器の線形形式の利得を求める逆の処理は，

$$\mathrm{antilog}(20/10) = 100$$

である．

表 1.2 に，いくつかの重要な比とそれらの dB 相当値を示す．ここで留意すべきなのは，比 2 は 3dB に，比 1/2 は $-$3dB に換算されるということである．第 3 章では，アンテナビーム（antenna beam）の電力値が半分となる点を，「3dB ポイント」（3dB point; 3dB 点）と呼ぶ．その他の興味深い点は，比 1 が 0dB に換算されることである．したがって，二つの値が等しい場合，それらの比は 0dB であるという．

表 1.2　線形形式の比と dB 相当値

比	dB 相当値	比	dB 相当値
1/10	−10	1.25	1
1/4	−6	2	3
1/2	−3	4	6
1	0	10	10

1dB は，比で 1.25 に相当することに注意しよう．1dB まで計算することがよくあるが，これは，実は 25% の精度で演算しているということである．この精度はかなり粗く思えるが，電波伝搬計算においては多くの場合妥当なものであり，その際の信号強度は，数桁以上変動することもありうる．

比 10 は，10dB に換算されるので，dB 形式に換算された値の 1 桁の変化は，10dB だけ加算あるいは減算する必要がある．

上記の換算ルールの例外は，電圧比の dB 換算では，$20 \log_{10}$（電圧比）の公式を用いるということである．

1.4.3　計算尺を使用した dB 換算

本書の表紙内側の計算尺（slide rule）によって，さまざまな計算を行うことができる．それぞれの計算方法は，それを用いる章において説明することにする．その第一は，線形形式（linear form）の数値の dB 形式への換算，および dB 形式から線形形式への換算である．

図 1.1 に，計算尺の両面を示す．上図の両側に番号 "1"，下図の同じ位置に番号 "2" と示されていることに注意しよう．これらの番号は計算尺の面を表し，以下では各面を「面 1」および「面 2」と呼ぶ．また，スライドは，計算尺本体に正しく挿入しなければならない．そうしないと，目盛りと窓が一直線にならない．

図 1.2 に，計算尺の面 2 の下部にある窓を示す．この窓によって，比を dB 値に換算することと，それを戻すことができるようになっている．この物差しの特徴は，比の値が 0.01 〜 100，および dB 値で −20 〜 +20dB までの間でしか機能しないことである．図に示すように，窓の上部にある矢印の位置に 2 が来るようにス

8　第1章　序論

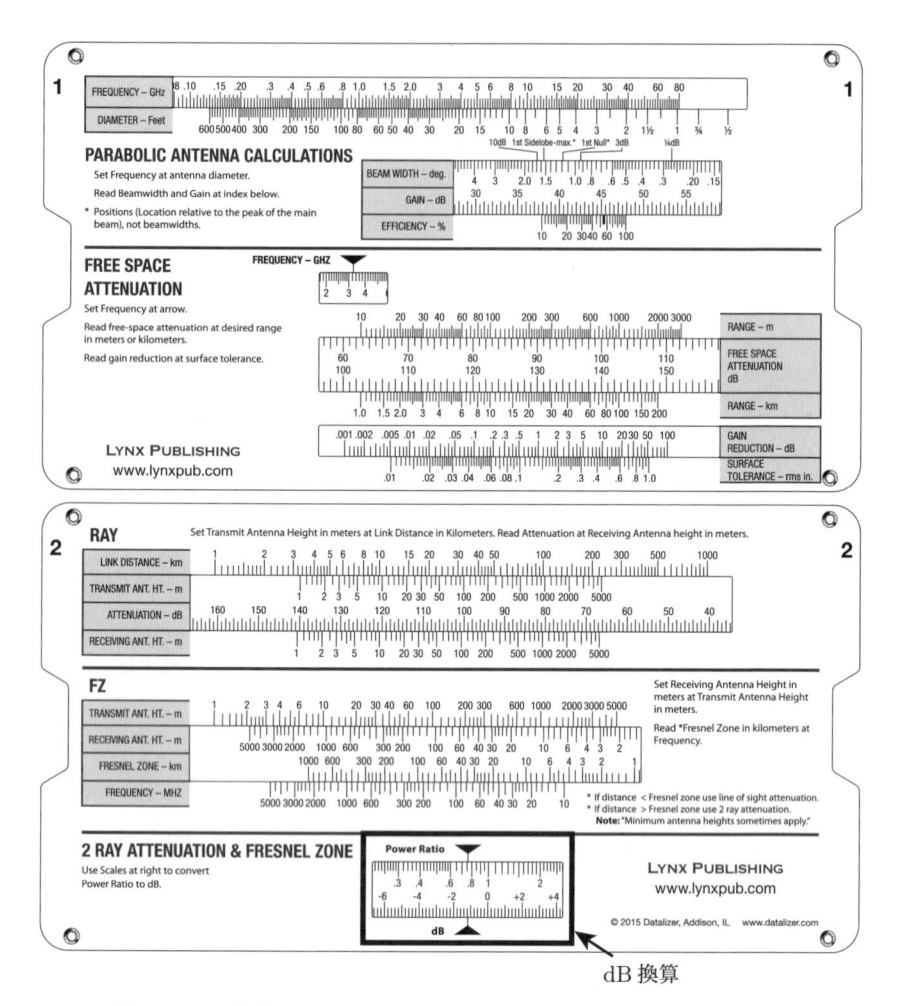

図1.1　dB換算目盛りを強調表示した「アンテナ・電波伝搬計算尺」

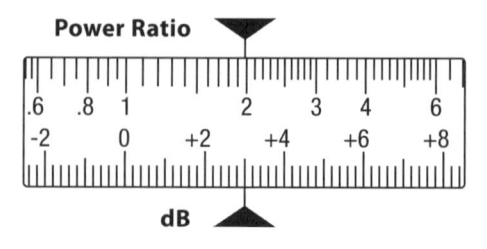

図1.2　計算尺による比とdB値相互の換算

ライドを動かすと，下部の矢印の位置に +3dB が見える．これは，比 2 が +3dB に等しいことを示している．次に，上部の矢印に 0.5 が来るようにスライドを移動させると，下部の矢印の数値が −3dB となることがわかる．

この例は，広く使われている dB の活用に関係している．半値となる点のことを，「3dB ポイント」と呼ぶことが多い．例えば，（第 3 章の）アンテナ利得パターン（antenna gain pattern）について話すときは，アンテナのボアサイト（boresight）は，一般に最大のアンテナ利得を持つ方向のことである．アンテナ利得が半減する角度までアンテナを回転させた場合，電力半値点，すなわち 3dB ポイントを見ているという．ボアサイトの両側の二つの電力半値（すなわち，3dB）点の間の角度を，アンテナの 3dB ビーム幅（3dB beamwidth）と呼ぶ．受信機や帯域通過フィルタ（bandpass filter）の周波数範囲について考える場合，3dB 帯域幅とはまさにこのことである．これは，高いほうと低いほうの周波数の差であり，そのフィルタの出力あるいは受信機の感度が，最大値の半分になるところである．

1.4.4　dB 形式の絶対値

絶対値を dB 値で表現するために，最初にその値を，あるわかっている一定値との比に換算する．最も一般的な例は，dBm で表される信号強度である．電力レベルを dBm に換算するため，それを 1mW で除算してから dB 形式に換算する．例えば，4W は 4,000mW であるので，4,000 を dB 形式に換算すると 36dBm となる．小文字の "m" は，この値が 1mW との比であることを表している．すなわち，

$$10 \log(4,000) = 10 \times 3.6 = 36 \,\text{[dBm]}$$

である．
次に，W へ戻すには，

$$\text{antilog}(36/10) = 4,000 \text{mW} = 4 \,\text{[W]}$$

となる．
信号強度の dBm 表示は EW では広く使用されているので，読者の便宜のために，表 1.3 に，信号強度を一般的な単位と dBm で提示する．この表から数値を選

表 1.3 dBm 形式の信号強度レベル

信号強度	dBm	信号強度	dBm	信号強度	dBm
1μW	−30	1W	30	1MW	90
10μW	−20	10W	40	10MW	100
100μW	−10	100W	50	100MW	110
1,000μW	0	1,000W	60	1,000MW	120
1mW	0	1kW	60		
10mW	10	10kW	70		
100mW	20	100kW	80		
1,000mW	30	1,000kW	90		

ぶと，1mW は 0dBm，1W は 30dBm，さらに 1kW は 60dBm である．この表は，送信信号強度を扱う際に最も役に立つ．受信信号強度（received signal strength）は一般に 1μW よりはるかに小さいので，dBm 形式のままにしておくのが一般的なやり方である．例えば，受信信号レベルは，−100dBm となることがある．

その他の絶対値の dB 形式の一般的な定義例を表 1.4 に示す．

表 1.4 一般的な dB 定義

単位	定 義	備 考
dBm	1mW を基準とした電力の dB 値	信号強度を表すのに使用する．
dBW	1W を基準とした電力の dB 値	信号強度を表すのに使用する．
dBsm	$1m^2$ を基準とした面積の dB 値	アンテナ開口面積やレーダ断面積を表すのに使用する．
dBi	等方性アンテナ利得を基準とした一般的なアンテナ利得の dB 値	定義により，無指向性（等方性）アンテナの利得を 0dBi として，他のアンテナの利得を表すのに使用する．

1.4.5 dB 式

本書においては，便宜上，多くの dB 形式の方程式を使用する．

これらの方程式は，次の形式のうちのいずれか一つになっているが，項の数はいくつでもよい．

$$A\,[\text{dBm}] \pm B\,[\text{dB}] = C\,[\text{dBm}]$$
$$A\,[\text{dBm}] - B\,[\text{dBm}] = C\,[\text{dB}]$$
$$A\,[\text{dB}] = B\,[\text{dB}] \pm N\log(\text{非 dB 値})$$

ここで，N は 10 の倍数である．

　最後の式は，ある数の 2 乗（またはそれより高次の累乗）を乗算する場合に用いる．この最後の行の式形式の重要な用例は，電波伝搬における拡散損失（spreading loss）を計算する公式，すなわち，

$$L = 32 + 20\log(d) + 20\log(f)$$

である（詳細は第 5 章で取り上げる）．ここで，

　　L：拡散損失〔dB〕
　　d：回線距離〔km〕
　　f：送信周波数〔MHz〕

である．

　係数の 32 は，入力に最も便利な単位から所望の単位の答えが得られるようにするために付け加えられた換算係数である．実際，この値は，4π の 2 乗を光速の 2 乗で除算し，いくつかの単位変換係数（換算率）で乗除し，全体を dB 形式に換算して整数に丸めた値である．この単位変換係数（およびこの係数を含んだ方程式）を理解するために大切なことは，正しい単位が厳密に使用された場合に限りこの係数は正しいということである．距離の単位は km，周波数の単位は MHz でなければならない．そうしないと，損失値は正しい値にはならない．

第 2 章
通信信号

通信信号は，ある場所から別の場所へ情報を伝達する．情報はアナログかデジタルのいずれかの形式をとり，変調して伝達される．本章では，各種の通信変調方式と，それらが傍受 (intercept)，電波源位置決定 (emitter location)，および妨害 (jamming) に与える影響について説明する．在来型変調方式および低被傍受/探知確率（low probability of intercept; LPI）変調方式の両方を取り上げる．完全性を期すために，本章では信号対雑音比 (signal-to-noise ratio; SNR; S/N; SN 比)，デジタル化 (digitization; デジタル処理)，および誤り訂正符号についても説明する．

2.1 アナログ変調

時間領域における振幅変調（amplitude modulation; AM）信号を，図 2.1 に示す．これはオシロスコープ表示によるものである．搬送周波数は信号が伝送される際の周波数である．情報は搬送信号の振幅変化として伝達される．この図では，変調波は搬送波よりずっと低い周波数の正弦波である．搬送波の周波数と変

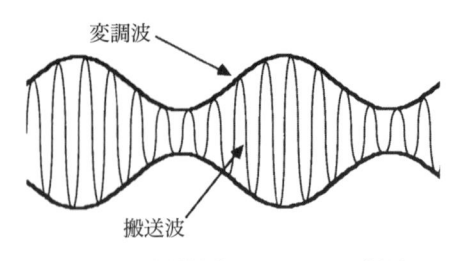

図 2.1　時間領域における AM 信号

調波の比率は，通常はこの図に示すものよりずっと大きいことに注意しよう．変調度（percentage modulation; 変調率）は，変調パターンの振幅と信号の振幅の比率である．50% 変調では最高振幅と最低振幅の比率は 1.67 倍となる．最大振幅および最小振幅は，無変調搬送波の振幅のそれぞれ 1.25 倍および 0.75 倍となる．

周波数領域（frequency domain）における AM 信号を，図 2.2 に示す．これはスペクトルアナライザでの信号の見え方である．二つの側帯波（sideband; 側波帯）はまったく等しく，搬送波に対して対称である．変調信号の周波数帯域幅（frequency bandwidth）は，変調信号の中に含まれる最高周波数（maximum frequency）の 2 倍である．例えば，変調が音声信号の場合，変調信号は 4kHz 幅であろう．4kHz の音声信号で搬送波を振幅変調すれば，AM 信号（搬送波と両側帯波）は 8kHz 幅になる．信号電力は搬送波と各側帯波とに分割される．音声信号をスペクトルアナライザで見ると，通話の音節と音節の間は側帯波が消えることがわかるだろう．

図 2.3 に示すように，フィルタ除去（filtering; フィルタリング）によって AM 信号から搬送波と側帯波の一つが除去された場合に得られる信号は，単側帯波

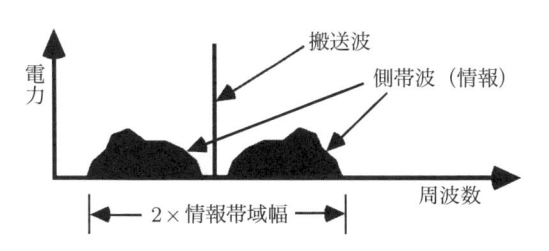

図 2.2　周波数領域における AM 信号

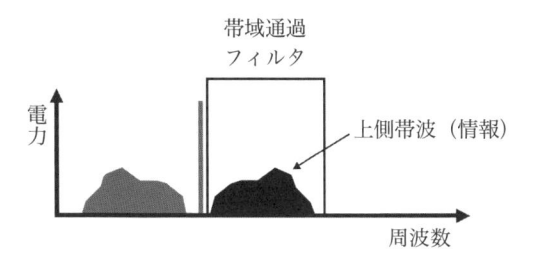

図 2.3　単側波帯信号

(single sideband; SSB; 単側波帯）と呼ばれる．信号内にどちらの側帯波が残留するかによって，上側帯波（upper sideband; USB; 上側波帯）または下側帯波（lower sideband; LSB; 下側波帯）のどちらかになる．SSB では一つの側帯波だけが伝送されるので，所要帯域幅（required bandwidth）は狭い．側波帯信号は変調に伴ってその周波数と振幅を変化させるが，このことはある種の EW 活動にとって難しい問題を引き起こす．これらの問題については後ほど考察することにする．

　周波数変調（frequency modulation; FM）は，送信周波数の変化によって信号の情報を伝達する．時間領域における FM 信号を図 2.4 に示す．伝送信号の振幅は，変調によって変化しない．図 2.1 と同様，この図も実際には送信周波数が変調周波数よりずっと高いという点で非現実的であることに注意しよう．周波数領域における FM 信号を，図 2.5 に表す．これも AM 信号と同じように，搬送波と側帯波を持つ．FM 信号の周波数変調帯域は，概して AM 信号に要するより非常に広い．FM 信号は変調波形の振幅に応じて自身の周波数を変化させる．また，送信周波数変化対変調振幅は設計値である．搬送波からの最大周波数偏移（frequency deviation）幅との変調信号の最大周波数の比は，変調指数（modulation index）と呼ばれ，ギリシア文字 β で表記される．一例として，民間の FM 放送

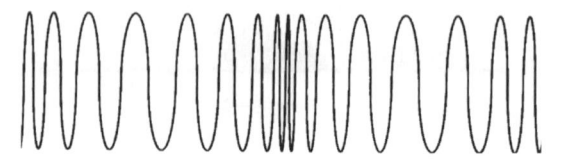

図 2.4　時間領域における FM 信号

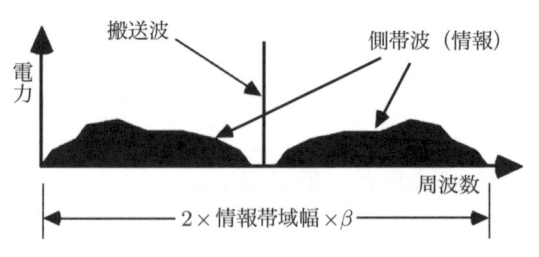

図 2.5　周波数領域における FM 信号

の信号を考えてみよう．搬送周波数からの最大偏差は 75kHz で，最高変調周波数が 15kHz であるので，

$$\beta = \frac{75\text{kHz}}{15\text{kHz}} = 5$$

となる．

　FM 伝送の長所の一つは，干渉（interference）の影響を低減することにある．一般に，変調指数が大きいほど受信信号の耐干渉性（tolerance to interference）が向上する．

2.2　デジタル変調

　1 と 0 の 2 値からなる一連のデジタルデータは，そのままでは伝送できない．まず，数種の技法の一つを使って，それらの 2 進値で無線周波数帯の搬送波を変調しなければならない．本節では，重要なデジタル信号変調方式，デジタル伝送に必要な帯域幅およびデジタル信号の構造について説明する．

2.2.1　アナログまたはデジタル情報の伝送

　デジタル信号はアナログ情報やデジタル情報を伝達することができる．図 2.6 に示すように，アナログ信号はまずアナログ/デジタル変換器（A/D converter; ADC; A/D 変換器）でデジタル化する必要がある．得られたデジタル信号は，そ

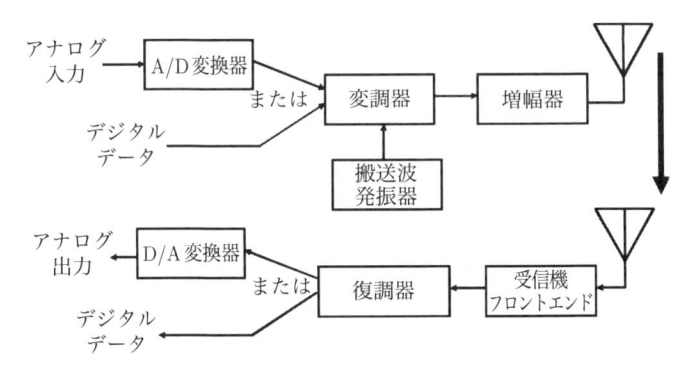

図 2.6　アナログ情報やデジタル情報は，デジタル伝送ができる．

の後，伝送するために搬送波を変調および増幅する必要がある．アナログ信号をデジタル伝送する重要な例として，デジタル戦術無線，アナログテレビジョンカメラからのビデオ信号，捕捉した敵の信号が挙げられるが，それらは受信装置でデジタル化される．

もちろん，もともとアナログではない信号はたくさん存在する．その重要な例として，コンピュータ相互の通信，制御パネルから遠隔制御されるプラットフォームとそれらのペイロード用の指令リンク，および UAV その他の遠隔アセットからのデータリンクが挙げられる．

いずれにしても，デジタル伝送はアナログ伝送を上回るいくつかの利点を備えている．すなわち，

- 安全性の高い暗号化（encryption）との親和性
- 誤り訂正符号化（error correction coding; 誤り訂正コーディング）
- LPI 技法
- 高い信号品質を保持しつつ多様な伝送経路を通過する能力

などである．

あとでわかるように，これには妨害に対する脆弱性から見た不利点もある．

2.2.2　デジタル化

デジタル化は A/D 変換器（ADC）で実行される．簡単な ADC の構成要素を，図 2.7 に示す．まず，アナログ信号のサンプル（sample; 標本）が格納された後，そのサンプルの振幅を数値化し，次にそのデジタル信号を出力形式に整える．この出力は並列形式または直列形式のどちらでも可能である．並列出力では数個のビットが同時に生成され，それらが個別のラインに出力される．直列出力では一つずつ直列にビットが生成され，それらが単一のラインに出力される．これ以上のデジタル化技法については，第 4 章において説明する．

図 2.7　ADC のブロック図

デジタル化処理に入力されるアナログ波形の一例を，図 2.8 に示す．横軸の目盛りはサンプル点のタイミングを示す．サンプル点のタイミングとして一般に是認された値が，ナイキスト基準（Nyquist criteria）である．この基準は，取り込みたい最高周波数の周期当たり二つのサンプルがなければならないことを示している．これについての別の考え方は，対象とするアナログ信号の特徴を得るにはたいてい，十分なサンプリング（sampling; 標本化）を行わなければならないということである．各サンプルの大きさは 2 進ワードで明らかにされる．この事例では，ADC に 16 のしきい値レベルがあるので，各デジタルワードは 4 ビットを有する．すなわち，0000 は 0，0001 は 1，0010 は 2，0011 は 3 などである．デジタル化についての重要概念の一つに，（どの技法でも）信号がデジタル化された時点で，アナログ入力信号は消失してしまうということが挙げられる．デジタル化信号が受信機で再生される際，図に示す階段状の線を生成するデジタル/アナログ変換器（digital-to-analog converter; DAC）に入力される．厄介な問題は，いったん信号がデジタル化されると，この量子化曲線より良いものは決して得られないということである．それをフィルタに通すことで角を取り，より適切な形にすることはできるが，常に残留ひずみが存在することになる．逆に良い点は，デジタル信号の処理と伝送に適度の注意を払えば，このデジタル表示より決して悪くはならないということである．

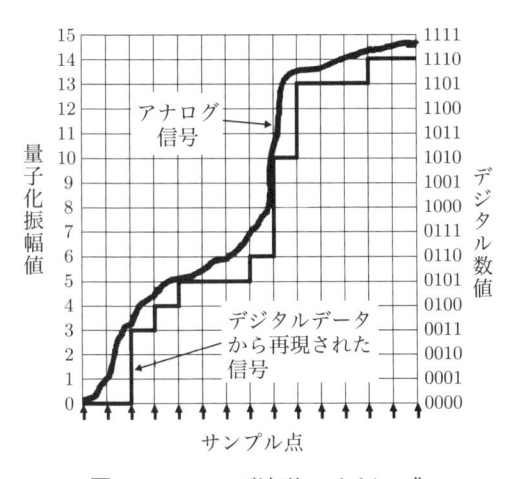

図 2.8　アナログ波形のデジタル化

サンプリングレート（sampling rate; サンプリング速度）が高いほど，そしてデジタルワードのビット数が多いほど，デジタル化された信号の品質は高くなる．

伝送用のデジタルビデオを記録するのに一般的に用いられているラスタスキャン（raster scan）を図 2.9 に示す．このラスタは，1枚の画像であるが，フレーム全体をカバーしている．ラスタはビデオカメラで生成され，取り込まれた画像をビデオ画面に描き出すために再生される．画面上の各点が一つのピクセル（pixel; 画素）である．ビデオ信号をデジタル化するために，一つひとつのピクセルがデジタル化される．画像が単色の場合，信号の輝度（luminance）のみがデジタル化される．カラー画像の場合，クロミナンス（chrominance）を取り込むために，色の成分（例えば，赤，青，緑）が，それぞれデジタル化される．

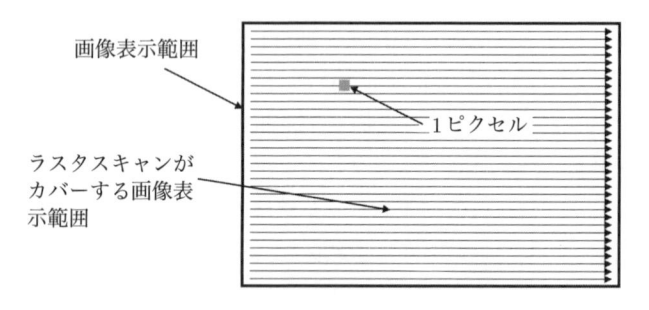

図 2.9 伝送用に画像を取り込むためのラスタスキャン

2.2.3 デジタル RF 変調

デジタル情報は，一続きの1と0の列であり，RF（radio frequency; 無線周波数; 電波）搬送波を変調しないと効率良く送信できない．適切な変調方式は数多く存在する．以下の説明では重要な数例のみを取り上げる．

デジタル情報の各ビットは，ボー（baud）またはシンボル（symbol）と呼ばれる一定の時間間隔で送信される．これらのビットは，情報を搬送するデジタル信号が自身のスペクトルを広げるため，デジタル2次変調によって変更されている場合は，「チップ」（chip）と呼ばれる．ボーが伝送される速度は，「クロック速度」（clock rate; クロックレート）と呼ばれる．後ほどわかるように，各ボーは，デジタル情報の一つ以上のビットを搬送することができる．

数多くのデジタル変調が考えられるが，以下に代表的な例を説明する．

"1" を伝達するボーの間だけ信号が送信される断続キーイング（on/off keying; オン/オフキーイング; OOK）を，図 2.10 に示す．送信は，"0" の間もあるほうがよい．これは，図 2.11 に示すように，一つの振幅を "1" 用に，他方を "0" 用とする，二つの RF 信号の振幅を持つパルス振幅変調（pulse amplitude modulation; PAM）の特別な場合と考えられる．図 2.12 に周波数偏移変調（frequency shift keying; FSK）を時間領域で示す．FSK は，ボー内の一つの周波数が "1" を，別の周波数が "0" を送信する．図 2.13 に，FSK 信号を周波数領域で示す．この二

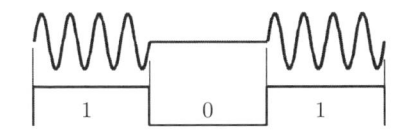

図 2.10 断続キーイング（OOK）デジタル信号

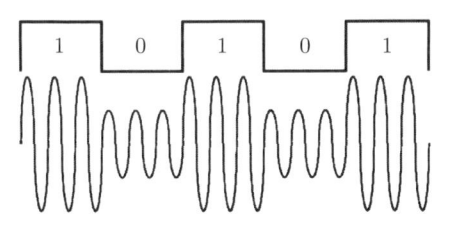

図 2.11 振幅変調デジタル信号

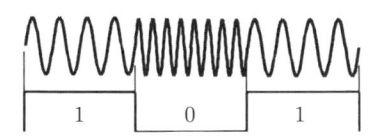

図 2.12 時間領域における周波数偏移変調（FSK）信号

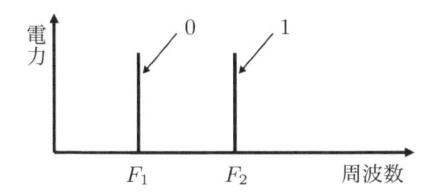

図 2.13 周波数領域における周波数偏移変調（FSK）信号

つの信号は，信号が非コヒーレント（noncoherent）となるように，区別された二つの発振器で作り出される．二つの信号を単一のシンセサイザで作り出すこともでき，非コヒーレント FSK（noncoherent FSK）を上回る性能優位性を持つコヒーレント FSK（coherent FSK）信号を作り出すことができる．

位相変調（phase modulation）の一種の 2 位相偏移変調（binary phase shift keying; BPSK）を，図 2.14 に示す．これは時間領域で示されている．どの位相変調でも，受信機の単一発振器と比較することによって各ボーの信号位相を決定できるようにするには，必ずコヒーレントでなければならない．図に示すように，信号は "1" の間は一つの位相を持ち，"0" の間は位相を 180° 変える．このようにして，各ボーの間に 1 ビットのデジタルデータが搬送される．

位相変調の二つ目の種類を図 2.15 に示す．これは直交位相偏移変調（quadrature phase shift keying; QPSK）である．この信号は，各ボーに対して，基準発振器と比較して 0°，90°，180°，および 270° 偏移した四つの可能な位相を持つ．図に示すように，各伝送ボーにおいて信号は 2 ビットのデジタル情報を搬送することができる．したがって，受信機が受信信号の個々の位相を検知すると，2 ビットのデジタルデータを出力する．

BPSK 信号および QPSK 信号の別の考え方を，図 2.16 に示す．この種の位相図では，一定電力の信号が各 RF 周期の間にその全サイクルを（反時計回りに）1 回転する．これは同相（in phase; 同位相）の状態を右向きのベクトルで示す

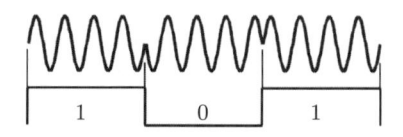

図 2.14　時間領域における 2 位相偏移変調（BPSK）信号

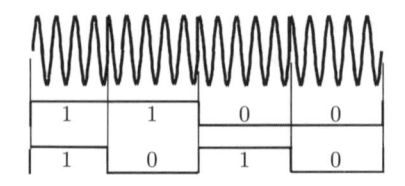

図 2.15　時間領域における直交位相偏移変調（QPSK）信号

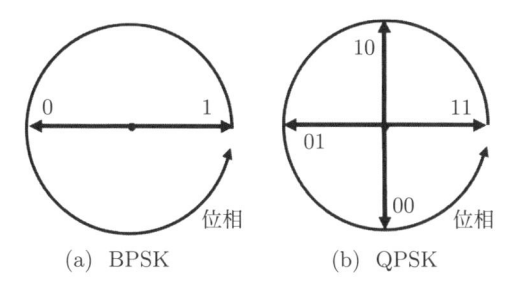

図 2.16 BPSK 信号 (a) および QPSK 信号 (b) の位相偏移図

のが一般的である．図 2.16 (a) においては，"1" が位相偏移なしの信号として示されているのに対し，"0" は 180° の位相偏移（phase shift; 位相シフト）を持つ．図 2.16 (b) においては，各信号位相のそばに示した 2 ビット表示とともに，QPSK 信号の四つの位相状態が明瞭に示されている．

さらに多くの位相値が定義される「n 値」位相偏移変調信号もありうる．とてもありふれた事例の一つが「32 値」位相偏移変調（32PSK）信号である．その 32 の位相位置のそれぞれが，デジタルデータ 5 ビットに相当する．

直角振幅変調（quadrature amplitude modulation; QAM）信号を，図 2.17 に示す．この事例は 16 の状態を持つ信号である．各状態が振幅と位相の固有の組み合わせを持つ．それぞれが "I"（同相）成分と "Q"（直交または 90° 位相遅延）成分を持つと考えることができる．16 の状態が存在するので，1 ボーの間に存在するそれぞれの状態が 4 ビットのデジタルデータに相当する．複雑な変調方式は，

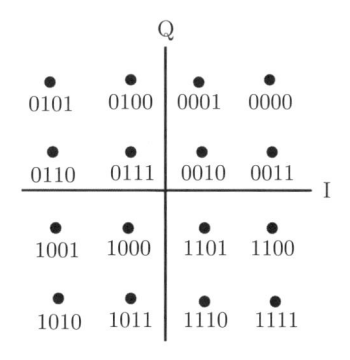

図 2.17 ボー当たり 4 ビットに I&Q 変調された QAM 信号

それらの「コンステレーション」(constellation; 信号空間ダイヤグラム) の中でさらに多くの状態を持ちうるがゆえに, 状態当たりのビットはさらに多くなる.

ボー当たりに複数のビットを備える変調方式は, いかなる RF 帯域幅内でもさらに多くの伝送すべきデジタルデータを許容することから, 高効率の変調方式であると考えられている.

2.2.4 デジタル信号の帯域幅

デジタル信号がスペクトルアナライザでどのように見えるかを, 図 2.18 に示す. 羽毛状の塊は送信スペクトルの主ビーム (main beam) である. 送信周波数 (搬送波) が中央に位置し, その両側に明瞭なヌル (null; 零位) がある. デジタルデータは擬似ランダム特性を持つので, 信号は雑音のように見える. 実時間でスペクトルアナライザの画面を観察すると, ビーム内の信号は絶えずうねっているであろう.

周波数応答の各部を, 図 2.19 に示す. 主ビームのヌルからヌルまでの帯域幅はクロック速度の 2 倍である. つまり, 搬送波から各ヌルまでの幅がボーレートである (すなわち, 毎秒 100 万ボーが送られる場合, ローブは 2MHz 幅である). サイドローブ (side lobe) はそれぞれ 1 クロック速度幅である. この図は 1 次サイドローブのみを表示しているが, 各サイドローブは途切れることなく続いており, そのピークは搬送波の周波数から離隔するに従って小さくなっていく.

多くの場合, 主ビームの 3dB ビーム幅が所要伝送帯域幅 (required transmission

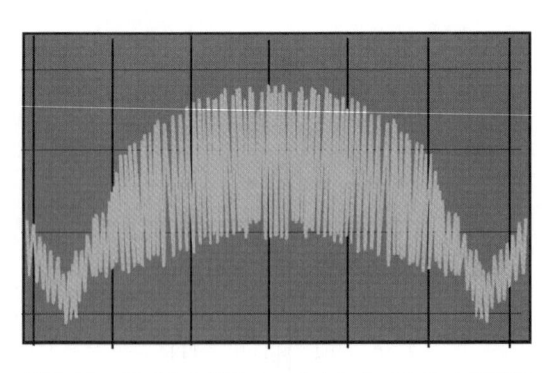

図 2.18　デジタル信号のスペクトルアナライザ表示

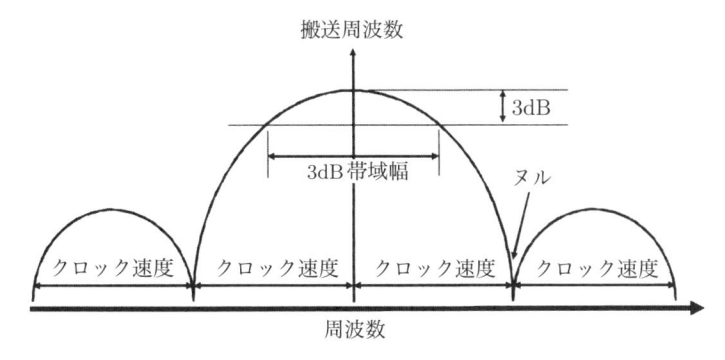

図 2.19　デジタル変調信号の周波数スペクトル特性

bandwidth) であると考えられる．主ビーム全体（ヌルからヌルまで）には伝送エネルギーの 90% が含まれていることに注意しよう．

送信信号の周波数拡散を最小化する波形を用いて状態遷移するいくつかのデジタル変調方式がある．その一つである正弦波偏移変調（sinusoidal shift keying）を時間領域で図 2.20 に示す．この RF 信号は，その変調信号の 1 状態と 0 状態との間を正弦波状に移動する．基本変調方式が周波数偏移変調の場合，この波形を正弦波周波数偏移変調（sinusoidal frequency shift keying; SFSK）と呼ぶ．

広く用いられている効率的な変調方式は，エネルギー効率の良いパターンで各変調状態間を遷移することから，最小偏移変調（minimum shift keying; MSK）と呼ばれている．これには多くの変形方式がある．標準的な MSK は，図 2.21 に示すように状態を変化させる．Dixon の本 *Spread Spectrum Systems with Commercial*

図 2.20　正弦波偏移変調波形

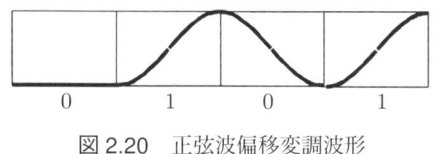

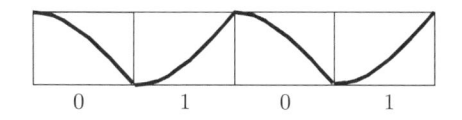

図 2.21　最小偏移変調（MSK）波形

Applications(ISBN 0-471-59342-7)は，これらの変調方式の詳細とその生成法についてわかりやすく説明している．われわれが今考察している MSK の重要な点は，状態間を直接移動する変調方式より極めて少ない帯域幅しか要しないことである（Dixon の本では，状態間の直接移動の形が「矩形パルス（square pulse）を持つ」と表現されている）．

表 2.1 に変調形式の所要帯域幅への影響を示す．ここで，MSK の所要帯域幅は極めて小さく，サイドローブが大幅に低減されていることに注意しよう．これが高性能の通信アプリケーションに MSK が広く使用されている理由である．

この表でわかる重要点は，MSK の帯域幅は他の変調方式の 4 分の 3 で済むことと，デジタル変調の 3dB 帯域幅は 0.88 × 符号クロックであることである．これは，1M ボー/秒を搬送しているデジタル信号が他の変調と合わせて 880MHz の 3dB 帯域幅を有するのに対し，MSK 変調されているとその帯域幅が 660MHz になることを意味している．

表 2.1 変調形式の所要帯域幅への影響

	PAM, BPSK, QPSK	MSK
ヌル～ヌル間の主ビーム帯域幅	2 × 符号クロック	1.5 × 符号クロック
3dB 帯域幅	0.88 × 符号クロック	0.66 × 符号クロック
1 次サイドローブの低減	−13dB	−23dB
ロールオフ率	6dB/オクターブ	12dB/オクターブ

2.2.5 デジタル信号の構造

図 2.22 に示すように，伝送デジタル信号は搬送される情報のバイナリデータだけでなく，それ以上のビットが含まれており，それらは同期ビット（synchronization bit），アドレスビット（address bit），およびパリティビット（parity bit）または誤り訂正ビット（error correction bit）などである．これらの追加ビットは，オーバヘッド（overhead）と呼ばれ，情報を伝送するには，搬送する情報ビット数の約 10% から 100% 以上の追加ビットを付加しなければならないことがある．
同期ビットは，受信装置が受信したデジタルビットを出力レジスタ内の正しい

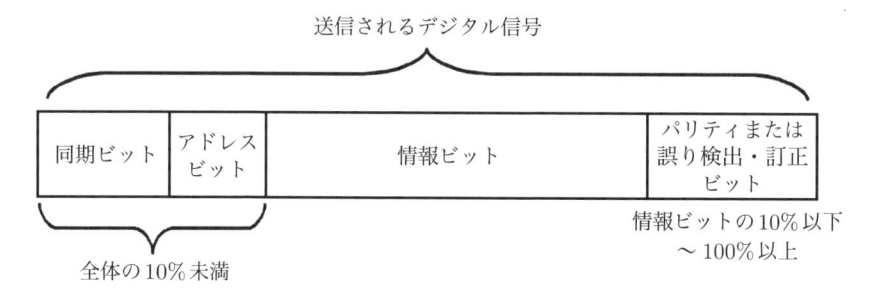

```
送信されるデジタル信号
┌──────┬──────┬──────────┬──────────────┐
│同期ビット│アドレス│ 情報ビット │パリティまたは│
│      │ビット  │          │誤り検出・訂正│
│      │      │          │    ビット    │
└──────┴──────┴──────────┴──────────────┘
  全体の10%未満              情報ビットの10%以下
                              ～100%以上
```

図 2.22　送信デジタル信号のビット構造

位置にセットするために必要である．デジタルデータは，受信した信号を 1 と 0 に戻す受信機の出力部で，元のアナログ形式に変換されるか，あるいはデジタルデータが伝達する元の情報に変換されて，適切なシステムの送り先に渡される．どちらにしても，デジタルデータの各ビットは，レジスタの正しい位置に入力されなければならない．それには「デジタルフレーム」(digital frame) の先頭が検知される必要がある．同期ビットは，その重要機能を実行するために自動的に検知できる一意のパターンを有する．

　アドレスビットがある場合，アドレスビットはデジタル化されて伝送された情報を使用する装置の正しい位置に，そのデータを配置するために用いられる．例えば，ある遠隔装置を制御するためにデジタル信号が送られる場合，アドレスによってデジタルデータは目的の被制御シャシに送られる．または，デジタル化されたアナログデータのユーザが多数ある場合，そのアドレスビットは，デジタル/アナログ変換のために，対象とするユーザに対して交互に受信信号を切り替えるのに使用される．

　ビット誤り（bit error）とは，不正確に受信されたビットのことである．すなわち，送信された 1 が 0 として受信されたビット，あるいはその逆のビットである．これらの誤りは，伝送環境における干渉，妨害装置（jammer）からの意図的妨害，あるいは雑音によって引き起こされることがある．受信デジタル信号のビットエラーレート（bit error rate; ビット誤り率; BER）は，誤ったビット数を受信ビットの総数で除算したものである．第 4 章で説明するように，ビットエラーレートに影響を与える信号対雑音比（SNR）は，受信信号の信号強度の関数である．

図 2.22 の送信信号構造の最終区画は，パリティビットまたは誤り検出・訂正 (error detection and correction; EDC) 符号ビット用である．パリティビットはビットエラーの存在を検知可能にするために付加される．パリティビットのすべてが正確であれば，受信ワードは誤りを含んでいない．この部分に EDC 符号を含む場合，受信信号のいかなるビット誤りも，ある程度の性能限界 (performance limit) まで訂正することが可能となる．これについては 2.5 節でさらに取り上げる．

2.3 雑音

信号対雑音比（SNR）は，受信信号の品質を数値化する方法である．実際には，受信信号のどのようなランダムなひずみも，現にそれが干渉や量子化誤差 (quantization error) であっても，雑音（noise）と呼ばれることが多い．第 4 章において，受信感度（sensitivity）に対する信号対雑音比の影響について説明する．本節の狙いは，あとで行う変調と電子戦運用の考察に役に立つよう，雑音についての説明方針を明確にすることにある．

図 2.23 に，雑音を伴った受信信号のオシロスコープ表示を示す．正弦曲線が信号であるのに対し，雑音は線の濃淡のように見えることに注意しよう．むらがあるこの線の濃淡は，その不規則な形状から，しばしば「雑草」(grass) と呼ばれる．これはかなり高い信号対雑音比を持つ信号の描画である．この雑音は，信号の高さのおおむね 10 分の 1 である．これはこの信号対雑音比が，おおむね 20dB であることを意味する．オシロスコープの垂直方向の振れは，その入力信号の電圧に比例している．

電圧比はその比の対数値に 20 を乗算して dB に変換できることを（第 1 章から）思い出そう．図 2.24 はスペクトルアナライザで見えるような信号を示してい

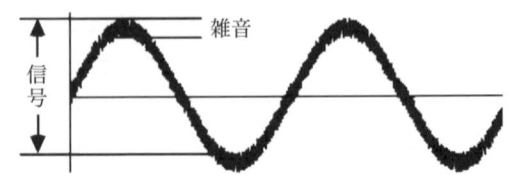

図 2.23 時間領域における雑音を伴った信号

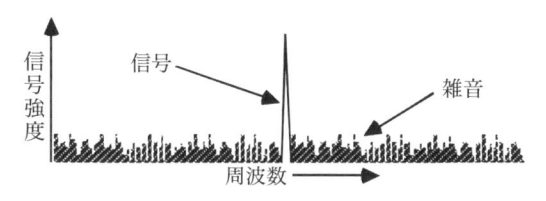

図 2.24　周波数領域における雑音を伴った信号

る．スペクトルアナライザが電力目盛りに設定されていれば，垂直軸は周波数に対する入力信号電力を示す．この図では，受信信号に含まれる信号と雑音を見ることができる．雑音の強度は周波数に対してほぼ一定であることに注意しよう．

　雑音の特性の一つに，雑音はそれが受信される受信システムの帯域幅に比例するということがある．受信機の帯域幅が 2 倍になれば測定される雑音も 2 倍になり（すなわち，3dB 増加する），受信機の帯域幅が 10 倍に増加すれば雑音も 10dB 増加する．

　図 2.25 に，信号対雑音比が非常に低い信号の時間領域表示を示す．この線の厚み（雑音）は信号の振幅より数倍大きいことに注意しよう．これは信号対雑音比 (dB) が負であることを意味する．図 2.26 に信号対雑音比が低い信号の周波数領

図 2.25　時間領域における雑音を伴った低 SNR 信号

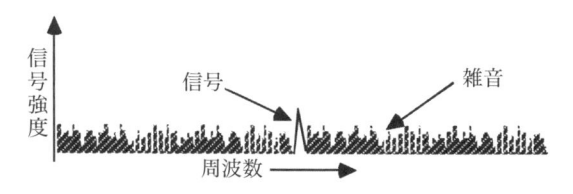

図 2.26　周波数領域における雑音を伴った低 SNR 信号

域における表示を示す．この図の信号は，低いながらも正の信号対雑音比（dB）である．信号が雑音よりわずかに上回っていることに注意しよう．

　受信機の雑音について話すときは，通常，受信機内部で作り出される熱雑音（thermal noise）を指している．しかしながら，雑音のように見える（また，聞こえる）他の二つの影響も雑音と呼ぶ．一つはデジタル化の過程で取り込まれる量子化誤り（quantization inaccuracy）である．これはより正確には「量子化雑音」（quantization noise）と呼ばれるが，単に雑音と呼ぶことが多い．

　二つ目の影響は環境雑音（environmental noise）である．この雑音はアンテナを通して受信機に入るので，外部雑音（external noise）と考えられる．極めて静寂な田園環境においては，この雑音は銀河系の多数の星々によって作り出されるランダムな信号の組み合わせである．都市や郊外環境では，環境雑音は路面電車，自動車の点火による干渉妨害，電動機その他の多数の小さい干渉信号の組み合わせである．図 2.27 は，周波数とその地域内の人的活動の密度の観点から外部雑音レベルを表した一般的なグラフである．この図の前提は，受信機が等方性アンテナ（isotropic antenna）（第 3 章に記述）に接続されていることである．背景雑音のレベルが kTB を上回る dB 値であることを考えると，各曲線は，受信機の帯域幅と無関係である．kTB とは，理想的な受信装置における内部雑音のことである．kTB 中の "B" は，受信装置の帯域幅である．第 4 章において，この用語の意義について詳細を明らかにするとともに，その重要性を受信機感度とと

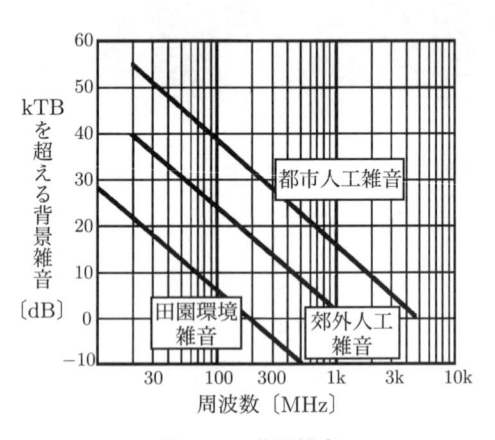

図 2.27　背景雑音

もに説明する．戦術軍用アプリケーションにおいては，環境雑音レベルは，「郊外人工雑音」レベルと見なされることが多い．

受信装置の SNR は，dB 単位で与えられる．これは，われわれが受信信号のレベルの品質を定量化するやり方である．低 SNR 信号では，雑音が信号を圧倒するので，その信号が搬送する情報を再生することは極めて難しい．

2.4　LPI 信号

低被傍受/探知確率（LPI）通信信号は，そのスペクトルを極めて広い帯域幅にわたって拡散する特殊な変調を持つ．LPI 通信信号は，スペクトル拡散信号（spread spectrum signal）とも呼ばれ，選択アドレス指定（selective addressing; 選択アドレッシング），送信信号の隠蔽，および妨害信号の拒絶に使用される．

LPI 信号には，三つの一般的な種類がある．すなわち，

- 周波数ホッピング（frequency hopping; FH）
- チャープ（chirp）
- 直接シーケンス（direct sequence; DS; 直接拡散）

である．

それぞれについては本節で後ほど説明する．ここで，各 LPI 技法が伝送保全（transmission security）機能を備えていること，すなわち，敵が信号の存在を探知，傍受，または妨害することを困難にする機能があることに注意しよう．これは通信文の保全（message security）とは異なる．通信文の保全は，暗号化によって可能となる．後の章で学習するように，スペクトル拡散技術は，高性能のシステムや技術によって，また何らかの傍受位置関係によって，突破できる方法が存在する．したがって，通常，LPI 技法が通信文の保全をもたらすことを当然と思ってはならない．そのような機能が要求される場合，暗号化を追加すべきである．

上に列挙した LPI 技法のそれぞれに対して，公開符号（public code）または周到に防護された軍事機密（military secret）符号のいずれかの擬似ランダム符号（pseudo-random code）を用いて拡散が実行される．信号の拡散に用いられた符号は，信号を拡散前の帯域幅に戻すために必要である．図 2.28 に示すように，

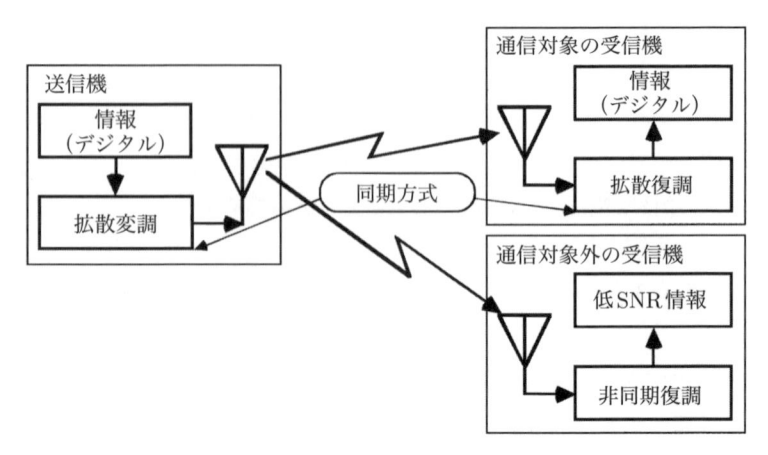

図 2.28　スペクトル拡散信号の動作

送信機と受信機の符号を互いに一致させて使用，保持できる送信機とそれらが所望する受信機との間で共通する同期方式（synchronization scheme）がある．信号が逆拡散（despread）されると，その信号は，高 SNR の適切な狭帯域幅内で復調することができる．したがって，この拡散過程（spreading process）は，通信対象の受信機，すなわち希望受信機にとって透過的になる．公開符号を使用する伝送状況においては，誰でも信号を逆拡散する受信装置を作ることができる．非公開符号（nonpublic code）の場合，敵性受信機は，その同期方式を持たないので，その拡散符号（spreading code）を利用する手段がない．

図 2.29 に示すように，通信システムが渡すべき情報は，狭帯域（すなわち，高 SNR の）信号変調として拡散変調器（spreading modulator）に入力される．この拡散変調器は，前記の 3 技法の一つにより，その周波数スペクトルを拡散する

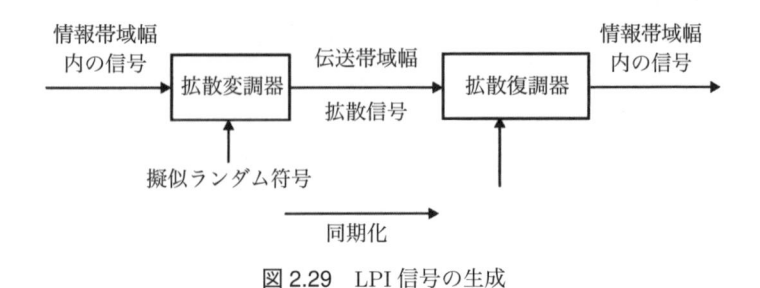

図 2.29　LPI 信号の生成

ためだけの信号に対して2次変調を加える．その後，周波数拡散信号は送信される．この2次変調は希望受信機の拡散復調器（spreading demodulator）で取り除かれる．送信および受信用の擬似ランダム符号は多ビット長であるが，この同期方式によって，2か所の符号は完全に揃えられる．

受信機内の雑音電力が受信機の帯域幅に比例することを思い出せば，信号が人為的に周波数拡散されると，受信機はそれを受信するためにより広い帯域幅を持たなければならないので，雑音電力は著しく増加する．これがSNRを低下させる．実際には，スペクトル拡散技術によって，SNRを20〜40dB低下させることができる．拡散変調が取り除かれる際に，SNRはその当初のレベルに戻るので，受信機は逆拡散信号を受信するのに十分な帯域幅のみを持てばよい．便宜上，逆拡散帯域幅（despread bandwidth）を「情報帯域幅」（information bandwidth），また拡散帯域幅（spread bandwidth）を「伝送帯域幅」（transmission bandwidth）と呼ぶことにする．

図2.30は拡散復調器の効果を示す略図である．周波数拡散信号は復調器に入力される．その電力は広い周波数帯域幅全体に拡散されているので，どの周波数においてもその電力は低下している．復調器に受信信号を生成する送信機と同じ符号が設定されていれば，拡散変調が取り除かれ，信号はその全電力を情報帯域幅に集中して出力される．一致する符号が復調器に設定されていない場合，復調器の信号出力は逆拡散されていない．後続の回路は情報帯域幅の信号を予期しているので，信号の存在を検知することすらできない．また一方，通常の非拡散信号が復調器に入力されると，復調器はそれを拡散することになり，後続の回路はその信号を検知することさえできないほど低い信号を受け取ることになるだろう．このことは，その環境内の他の信号からの相当な干渉が存在する中で運用さ

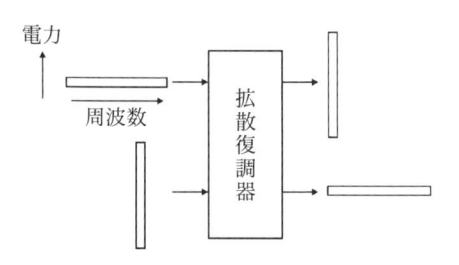

図2.30　LPI信号の周波数スペクトル

れるスペクトル拡散通信（spread spectrum communication）システムの能力を明らかにしている．

2.4.1 擬似ランダム符号

擬似ランダム符号は，暗号化，周波数ホッピングシーケンス（frequency hopping sequence）の生成，擬似ランダム同期の制御，および DS のような拡散用ビットストリームの生成に用いられる．これらの符号はハードウェアまたはソフトウェアにより実現できるシフトレジスタ（shift register）を用いて作り出される．シフトレジスタの段数が多いほど符号は長くなる．n をシフトレジスタの段数とすると，その符号長は $2^n - 1$ となる．表 2.2 にシフトレジスタの段数に対する符号長の値をいくつか示す．

擬似ランダム符号の特徴は，ランダムに生成されたように見えること，およびその 1 と 0 の数がほぼ等しいということである．符号がそれ自身と相関がある場合，その一致数はビット数に等しい．また一方，符号を自身の非同期な型と比較した場合，ビットの一致数からビットの不一致数を引いたものは -1 に等しくなる．実際に，これを検討する別のやり方として，擬似ランダムデジタルビットストリームが同期していない場合は 50% の自己相関（autocorrelation）を持ち，同期している場合は 100% の自己相関があるとするものがある．これはデジタル信号の「画鋲相関」（thumb tack correlation）特性と呼ばれることがある．

シフトレジスタは，システムのクロック周期ごとにある 1 段の（1 または 0 の）状態を次段に渡す．シフトレジスタにフィードバックループ（feed back loop; 帰

表 2.2 シフトレジスタ長に対する符号長

レジスタの段数（長さ）	符号長（ビット数）
3	7
4	15
5	31
6	63
7	127
31	2,147,483,647

2.4 LPI 信号 33

還閉回路）を付加すれば，1 と 0 の順序が変更される．図 2.31 は，簡単なフィードバックループを備えた 3 段のシフトレジスタである．第 1 段の状態の 1 が（2 を法として）第 3 段の状態に加えられるとともに，第 3 段に入力される．図 2.32 は，クロック周期ごとの 3 段それぞれの状態とモジュロ 2 加算器（modulo-2 adder）の状態を表すタイミング図である．シフトレジスタは，各段が 1 で始まる必要があることに注意しよう．モジュロ 2 加算では $1 + 1 = 0$ となるので，モジュロ 2 加算器の最初の出力は 0 である．最初のクロック周期後に，モジュロ 2 加算器からの 0 が第 3 段にシフト入力され，第 3 段の 1 は第 2 段にシフト入力され，第 2 段の 1 が第 1 段にシフト入力されると，シフトレジスタはその符号の 2 番目のビットとして 1 を出力する．この出力符号が，シフトレジスタの第 1 段の状態の

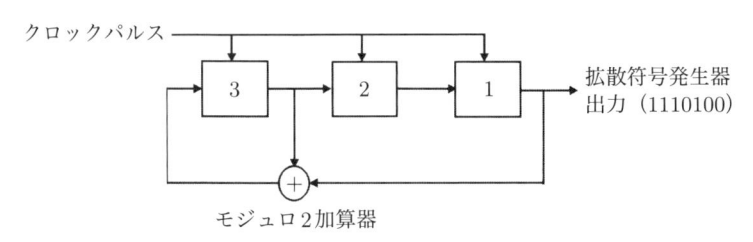

図 2.31　擬似ランダム符号の生成用シフトレジスタ

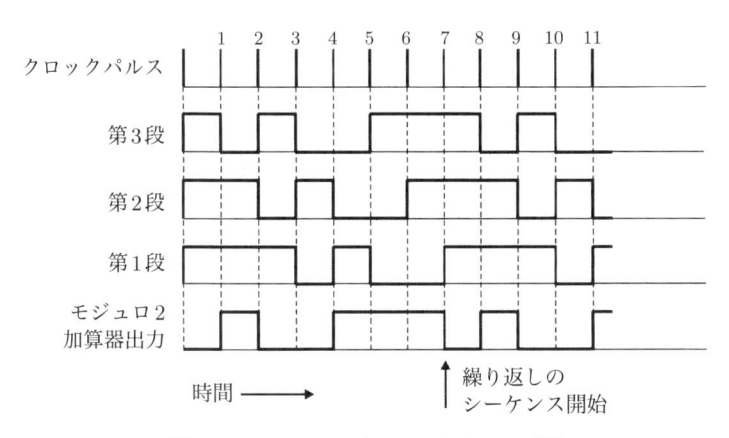

図 2.32　シフトレジスタのタイミング図

系列である．すなわち，

    1, 1, 1, 0, 1, 0, 0

であり，その後，この符号を繰り返す．したがって，表 2.2 で述べたように，この 3 段のシフトレジスタは 7 ビットの符号を作り出す．

  符号には線形符号（linear code）と非線形符号（nonlinear code）の 2 種類がある．線形符号は保全が不要なアプリケーションに適している．シフトレジスタ段数とフィードバックループ数は任意の妥当な値をとりうるが，フィードバックループのすべてにモジュロ 2 加算器を用いる．これによって，民間アプリケーションにおいて通常必要になる短い線形符号用のシフトレジスタ構成を再現することが実に簡単になる．

  非線形符号は，伝送保全が重要なアプリケーションに適している．これは軍用アプリケーションで典型的なケースであるが，長期間の作戦で繰り返されることのない長符号を使用することも期待できる．非線形符号では，フィードバックループ内に AND ゲート（AND gate）や OR ゲート（OR gate）などを使用した，より複雑な演算を行う．当然ながら，非線形符号を再現することはずっと困難であり，また時間を要する．

  図 2.33 は図 2.31 に示したものと同じシフトレジスタであるが，3 段すべての状態が 2 進数値として並列して取り出される．表 2.3 に示すように，1〜7 の 7 個の値を擬似ランダム的にカバーする 2 進値の数値列を作り出すため，3 段の状態を 7 クロックパルス間に一巡させる．もちろん，シフトレジスタが長いほど，よ

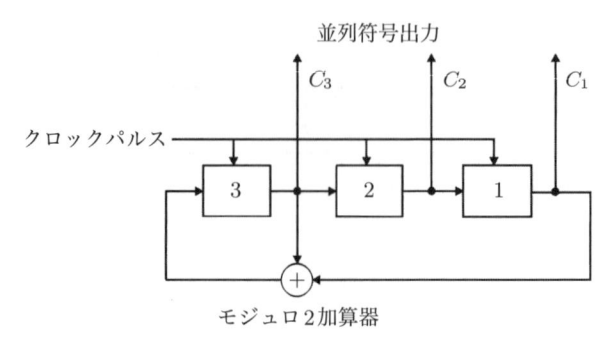

図 2.33 ホッピング数列発生器

表2.3　シフトレジスタで発生したランダムな数値

クロックパルス	2進符号			数値
	C_3	C_2	C_1	
1	1	1	1	7
2	0	1	1	3
3	1	0	1	5
4	0	1	0	2
5	0	0	1	1
6	1	0	0	4
7	1	1	0	6
⋯	符号の繰り返し			

り大きい範囲をカバーするランダムな数値を発生することになる．

　LPI信号の具体的な種類について説明すると，これらの符号の型式がどのように応用されるかがわかるだろう．

2.4.2　周波数ホッピング信号

　周波数ホッピング（FH）信号は，軍用システムに広く用いられていることや，それらに対する従来の探知，傍受，電波源位置決定，妨害といった技法が有効でないことから，極めて重要な電子戦の考慮事項である．ここで説明する周波数ホッピングが他の2種に勝る一つの長所は，かなり大きい周波数ダイバーシティ（frequency diversity）効果が得られることである．

2.4.2.1　周波数対時間特性

　図2.34に示すように，周波数ホッピング信号は単一周波数に短期間留まった後，別の周波数に「ホップ」（hop）する．そのホッピング周波数は，一般に，一定間隔（例えば25kHz）で極めて広い周波数範囲（例えば30～88MHz）に及ぶ．この例では，信号が占有する可能性のある2,320の異なる周波数が存在する．信号が一つの周波数に留まる期間を「ホップ周期」（hop period）あるいは「ホップ時間」（hop time）と呼ぶ．周波数を変化させる速度を「ホップ速度」（hop rate；ホップレート）と呼ぶ．

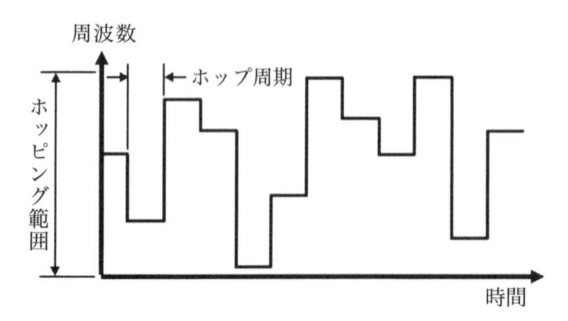

図 2.34　周波数ホッピング信号

あとで説明する理由から，周波数ホッピング信号は情報をデジタル形式で伝送するので，データレート（data rate; データ転送速度）（情報信号のビットレート）とホップ速度が存在する．信号は，「低速 FH 信号」あるいは「高速 FH 信号」と呼ばれる．定義上は，低速 FH 信号はホップ速度よりもデータレートが速い信号であり，高速 FH 信号は伝送される情報のビットレートよりも速いホップ速度を持つ（図 2.35 を参照）．また一方，毎秒約 100 ホップより低速度の信号を低速 FH 信号，それ以上の極めて高速のホップ速度を持つ信号を高速 FH 信号と呼ぶ人が多い．ほとんどの戦術 FH システムが低速 FH 信号である．これらは一

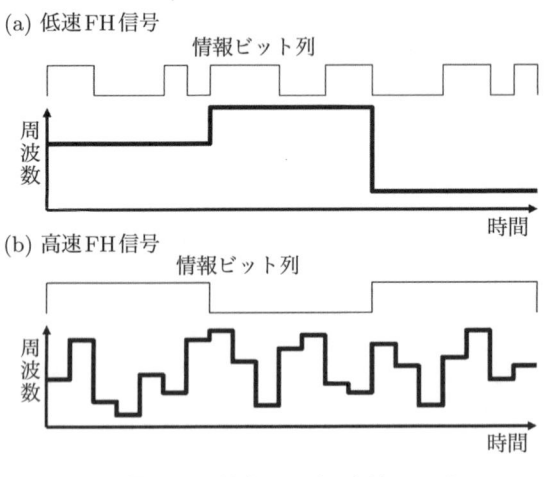

図 2.35　低速ホップと高速ホップ

度に一つの周波数に全電力をかけるので,高性能の受信機を用いると,FH 信号は他の LPI 信号方式よりは探知しやすい.低速 FH 信号はほとんどの場合,一つの周波数に数ミリ秒間は停留するので,このことは特に当てはまる.

2.4.2.2　周波数ホッピング送信機

周波数ホッピング送信機（frequency hopping transmitter）のごく一般的なブロック図を図 2.36 に示す.まず,情報変調器において,情報変調により情報を搬送する情報変調信号を生成する.次に,この変調された信号は,極めて高速のホッピングシンセサイザである局部発振器（local oscillator; LO; 局発）によって送信周波数に周波数変換される.ホッピングシンセサイザは,ホップごとに擬似ランダム処理で選択された周波数に同調される.この出力と情報変調信号を合成した信号が,電力増幅器で増幅されてアンテナに送られる.図 2.33 のシフトレジスタの並列出力はわかりやすい一例である.これは,敵の傍受者は次の同調周波数を予測する手段を持っていないのに対して,協調的な受信機には送信機と同期しうる方法があることを意味する.協調的な受信機の構造は,同じ符号で制御されるホッピングシンセサイザ（hopping synthesizer）を使う送信機と非常に似ている.同期すると,協調的な受信機は送信機に同調するので,受信機はほぼ継続的に信号を受信することができる.こうして,この送信機と受信機は同時に同じ周波数にホップする.

図 2.37 は,位相ロックループ（phase-lock-loop; PLL）式のシンセサイザの簡略ブロック図である.このループ帯域幅（loop bandwidth）は,設計パラメータ（design parameter）であることに注意しよう.このループ帯域幅が広いほど,シンセサイザは高速に同調することができる.逆に,ループ帯域幅が狭いほど,出

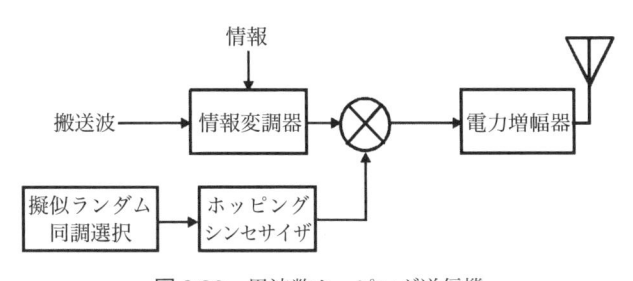

図 2.36　周波数ホッピング送信機

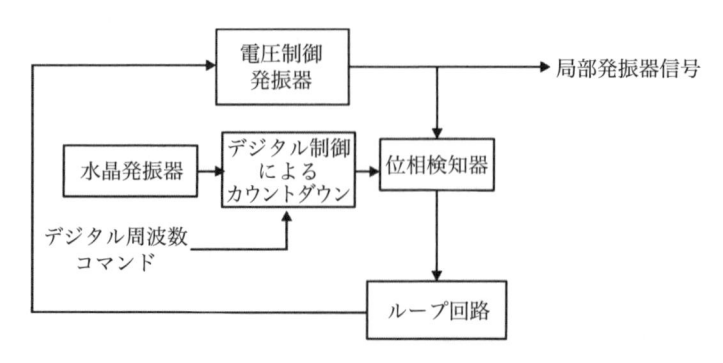

図 2.37　位相ロックループ（PLL）シンセサイザ

力信号はより純粋になる．図 2.38 に示すように，低速ホップ周波数シンセサイザのループ帯域幅は，一般に，ホップ周期のわずかな割合（一般的には 15％）の期間内に新しい周波数に設定できるような帯域幅を前提にしている．したがって，各ホップの先頭にはデータを送信できない時間帯が存在する．この整定時間は，情報がデジタル形式で伝送されなくてはならない場合に必要である．入力データはシフトレジスタに送り込まれ，次のホップの整定部の時間内に，より高速に排出される．受信機ではその後，受信データを元のビットレートまで減速するのに別のシフトレジスタが使用される．これが受信機での継続的出力を可能にするので，人間の耳がホッピング遷移間の信号脱落に対処しなくてもよくなるのである．

　高速周波数ホッパは，低速周波数ホッパよりさらに高い伝送保全レベルを与

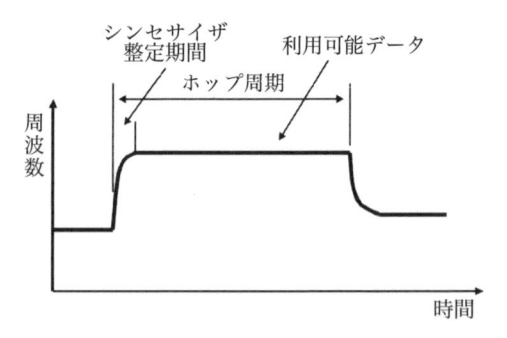

図 2.38　周波数ホッピング信号の整定

えるが，それには非常に高速のホッピングシンセサイザが必要になると思われる．極めて高速な同調速度（tuning rate）では，「直接シンセサイザ」（direct synthesizer）が必須になるだろう．それらは PLL シンセサイザ（PLL synthesizer）よりさらに複雑である．直接シンセサイザの簡単な例を図 2.39 に示す．選択された発振器は所望の出力周波数を生成するために，極めて迅速にミキサ（mixer; 周波数混合器）に切り替えられる．このミキサは，入力周波数およびすべての入力周波数の和，差ならびに高調波（harmonic; 調波）を出力する．適切にフィルタがかけられれば，単一の選択可能な出力周波数が生成される．直接シンセサイザは極めて高速ではあるが，多数の使用可能な周波数を必要とする場合には，かなり複雑になる．

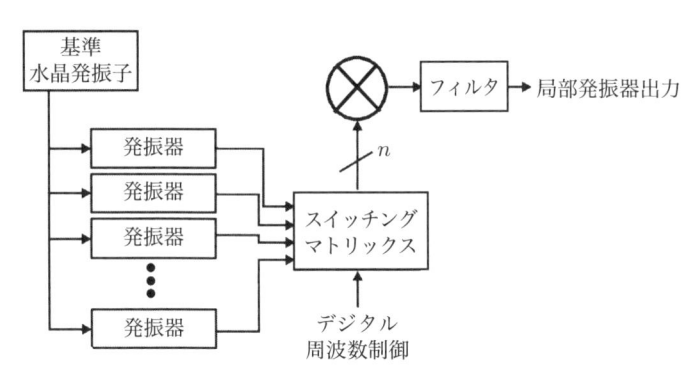

図 2.39　直接シンセサイザ

2.4.2.3　低被傍受確率

周波数ホッパは，信号が存在しているかどうかを聴取するオペレータにとって，単一の周波数が占有する時間が短すぎるという意味では，LPI 信号と言える．前記を例として挙げると，そのホップ期間（hop duration; ホップ持続時間）中は一つの周波数に全電力が存在しているとはいえ，どの周波数であっても信号は時間にして 0.04% しか存在しないと予期されるので，その受信電力は（時間とともに）大幅に低減される．

2.4.3 チャープ信号

LPI 信号の 2 番目の種類は「チャープ」（chirp）信号である．通信またはデータ信号が掃引周波数変調（swept frequency modulation）されている場合，受信すると鳥の鳴き声のように聞こえることがあることから，「チャープ化」（chirped）されているという．ここで，掃引する狙いは，信号の探知，傍受または妨害，あるいは送信機の位置決定を阻むことにある．

2.4.3.1　周波数対時間特性

図 2.40 に示すように，チャープ信号は比較的広い周波数範囲にわたってわりに速い掃引速度（sweep rate）で急速に掃引される．図に示すように，掃引波形は必ずしも直線状である必要はない．敵の受信機にとって，信号がいつ，いかなる具体的な周波数で現れるかを予測することが困難であることが，脆弱性の最小化のために重要なのである．これは，何らかのランダムな方法で掃引速度（あるいは同調曲線（tuning curve）の形状）を変化させること，または掃引開始時刻を擬似ランダム的にすること，あるいはその両方によって成し遂げられる．

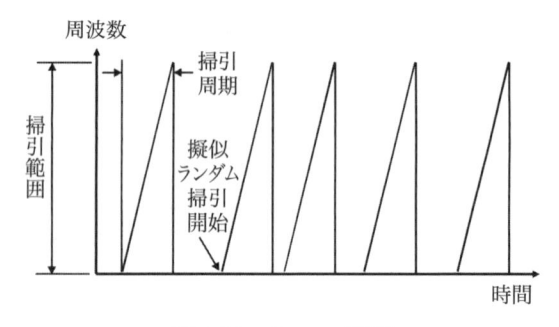

図 2.40　チャープ信号

2.4.3.2　チャープ送信機

図 2.41 に，チャープ信号送信機のごく一般的なブロック図を示す．まず，送信機は自身の変調で情報を搬送する情報変調信号を生成する．この情報変調信号は高速で掃引される掃引発振器によって送信周波数に周波数変換される．次に，この出力と情報変調信号を合成した信号を電力増幅器で増幅してアンテナに送る．

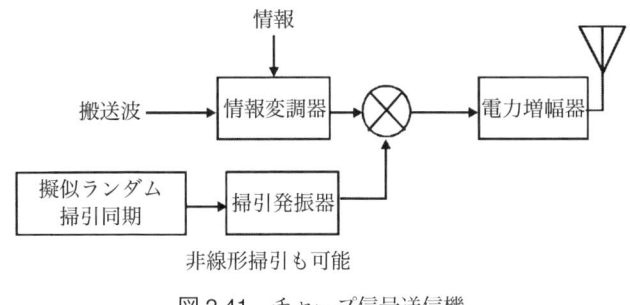

図 2.41 チャープ信号送信機

受信機は，送信機の掃引に同期した掃引発振器（sweeping oscillator）を持っている．この発振器は，受信信号を元の固定周波数に戻すために使用される．これによって，受信機に対してこのチャープ処理を「透過的」にすることができ，受信機は情報帯域内で受信信号を処理できるようになる．周波数ホッピング LPI の仕組みと同様に，データブロックを掃引と同期させ，その後，受信機内の継続的なデータの流れを再編成できるように，送信データはデジタル形式であることが求められる．これは，とりわけ掃引開始時刻が擬似ランダム的に選択された係数分だけ遅延される場合について言えることである．

2.4.3.3 低被傍受/探知確率

チャープ信号の LPI 品質は，受信機が設計された考え方と関係がある．一般に受信機は，その受信機が受信対象とする信号の周波数占有帯域にほぼ等しい帯域幅を持っている．これが（第 4 章で述べるように）最適感度（optimum sensitivity）をもたらす．伝送効率（transmission efficiency）を最大化するには，信号の変調帯域幅を，搬送する情報の帯域幅にほぼ等しくする（あるいは，変調に起因するある一定の可逆的係数分だけ変化させる）．

受信機がその最大感度で探知するには，信号が「その帯域幅の逆数」と等しい時間，受信機の帯域幅内に留まっていなければならない（例えば，帯域幅 10kHz では $1/10{,}000\mathrm{Hz} = 100\mu\mathrm{sec}$）．これについては，第 6 章で詳細を説明する．図 2.42 に示すように，チャープ信号は，必要なごくわずかな時間だけ受信機の情報帯域幅内に残留している．

一例として，情報帯域幅が 10kHz で，10MHz 全域を 1msec 当たり 1 回の直線

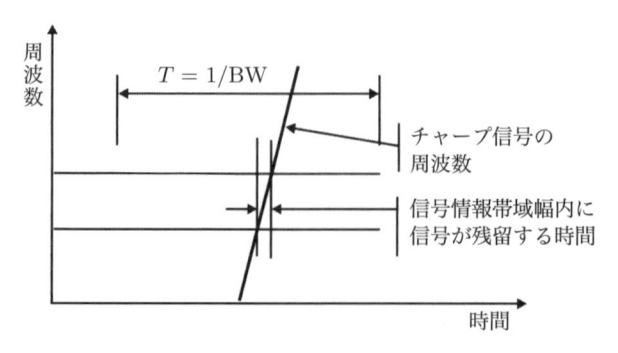

図 2.42 チャープ信号の検知

掃引速度でその信号がチャープ化されると仮定する．この掃引信号は，10MHzの掃引範囲のどの 10kHz セグメント内においてもほんの 1μsec の間しか留まらない．これは，信号を十分に受信するのに必要な持続時間の 1% にすぎない．

2.4.4 DS スペクトル拡散信号

3 番目のスペクトル拡散信号の種類は，直接拡散（direct sequence; DS）であり，一般に直接スペクトル拡散（direct sequence spread spectrum; DSSS; DS スペクトル拡散）と呼ばれている．この種の信号は，広い周波数範囲を横断して迅速に同調されるのではなく，文字どおり周波数的に拡散されているので，スペクトル拡散信号の定義に最もぴったり適っている．DSSS は，意図的妨害および非意図的妨害の両方に対して防護可能であること，さらに周波数帯の多重使用も提供できることから，多数の軍民両用のアプリケーションを有している．

2.4.4.1 周波数対時間特性

図 2.43 に示すように，直接スペクトル拡散信号は，広い周波数範囲を連続的に占有する．DSSS 信号の電力は，この広大な範囲全体に分散されるので，その信号の情報帯域幅（すなわち，拡散される以前の帯域幅）内の送信電力量は，拡散係数（spreading factor; 拡散率）によって減少する．第 4 章では，与えられたどのような受信帯域幅内にもある雑音電力（kTB）量に関する公式を取り上げる．

一般的なアプリケーションにおいては，DSSS 信号からの信号電力量はこの雑音電力量よりはるかに少ない．図 2.43 は，DSSS 信号の電力は周波数全体にわ

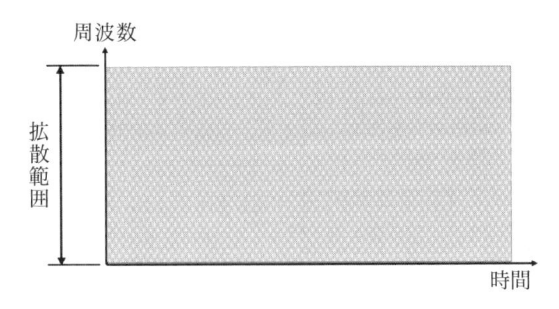

図 2.43　DS スペクトル拡散信号

たって一様に拡散されるという意味を含んでいるので，やや誤解を招くおそれがある．実際には，拡散は信号に高速デジタル変調が加えられることに起因するので，信号電力は図 2.44 に示すような波形と一体となって拡散されることになる．

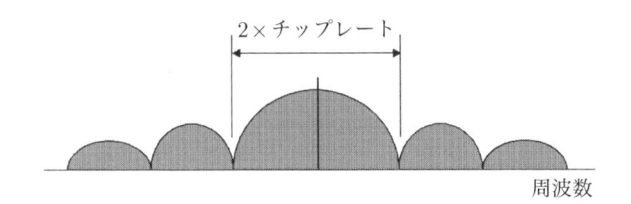

図 2.44　DS スペクトル拡散信号のスペクトル

2.4.4.2　DS スペクトル拡散送信機

DS スペクトル拡散送信機の一般的なブロック図を，図 2.45 に示す．送信機はまず，その変調で情報を搬送する情報変調信号を作り出す．この信号は，伝送される情報を搬送するのに適切な帯域幅を持っていることから，「情報帯域幅」信号という．次に，この変調信号は，擬似ランダム符号発生器からの高ビットレートのデジタル信号を用いて拡散変調器で 2 次変調される．この 2 次変調段階には，いくつかある位相変調方式の一つが用いられる．このデジタル変調信号は，最大情報信号周波数（maximum information signal frequency）より 1 桁分以上高いビットレート（「チップレート」（chip rate）と呼ばれる）を有し，また，擬似ランダムビットパターンを有する．この変調の擬似ランダム性によって，出力信

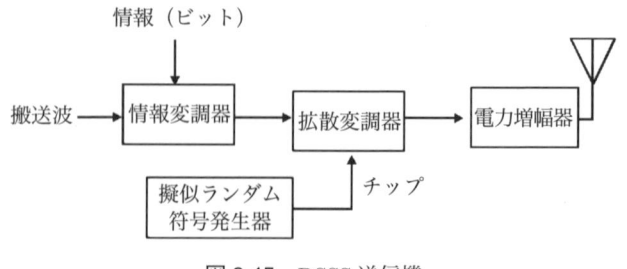

図2.45　DSSS送信機

号の周波数スペクトルを広大な周波数範囲全体に均一に拡散させる．電力分布特性は用いられる変調方式の種類によって異なるが，その有効帯域幅（effective bandwidth）は，ほぼチップレートの逆数程度である．2次変調された信号は電力増幅器で増幅され，アンテナに送られる．

　2次変調の効果，すなわち，信号を非常に高速にデジタル変調した結果を図2.46に示す．上図と下図の波形面積は同じであることに注意しよう．下図のビットレートが増加することによって，全電力はより広い周波数範囲に拡散され，その結果，どの周波数においても振幅が低減される．この図は，ビットレート1に対して5倍だけ増加したものを示している．DSSSシステムでは一般にビットレートを100〜1,000倍増大させることを考えると，拡散信号の振幅がどれほど低減されるかがわかるであろう．拡散信号の周波数スペクトルが雑音スペクトルより

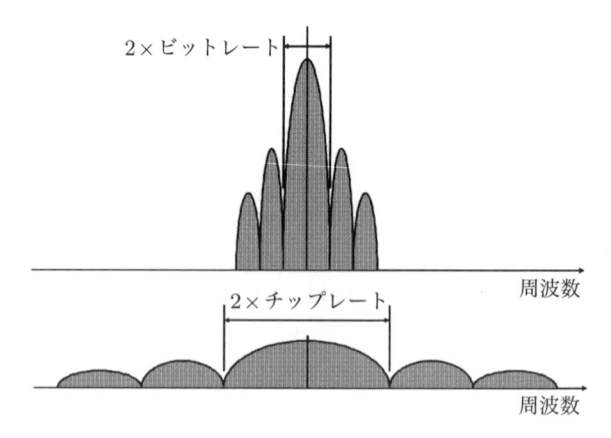

図2.46　周波数拡散対ビットレート

著しく低い場合，この信号は「雑音以下」であると考えられるので，受信することは極めて難しい．

2.4.4.3　DS スペクトル拡散信号受信機

DSSS 信号受信向けに作られている受信機は，送信機で適用されたものと同じ擬似ランダム信号が適用される逆拡散復調器（despreading demodulator）を持つ．この信号は擬似ランダムであるので，ランダム信号の統計的特性を有するが，再現可能である．同期化処理によって，受信機の符号を受信信号の符号に一致させることが可能になる．こうなると，受信信号はその情報帯域幅まで戻され，送信機の拡散変調器に入力された信号が再現される．

2.4.4.4　低被傍受／探知確率

DSSS 信号の低被傍受／探知確率は，どの非適合受信機もその信号を受信するのに十分なだけ広い帯域幅を持つと，その帯域幅内に傍受信号の信号対雑音比を極めて低下させるほど非常に多くの雑音を持つことになる，という事実に由来する．

軍用アプリケーションでは，拡散符号は厳重に保護——まさに暗号化に使用される擬似ランダム符号同様に管理——されているので，DSSS 信号を傍受しようとする敵は，DSSS 信号を信号に分解することができず，それゆえに，拡散伝送の極めて低い電力密度（power density）を処理しなくてはならなくなる．

2.4.4.5　非拡散信号の逆拡散

拡散復調器の極めて便利な特性は，図 2.30 に示したように，正しい符号を含まない信号は，適切に符号化された信号が逆拡散されるものと同じ率で拡散されるということである．これは，DS 受信機で受信される狭帯域信号（すなわち，通常の送信機からの信号）が周波数的に拡散されるがゆえに，目的とする（逆拡散された）信号に対する影響を大幅に減ずるであろうことを意味している．ほとんどのアプリケーションで遭遇する干渉信号は，その多くが狭帯域であるので，DSSS 回線はクラッタ（clutter; 雑音）環境にあっても極めて良好な通信を提供することができる．これは，軍事アプリケーションと同様に，民間アプリケーションに対しても有意義な技術を与える．

DS スペクトル拡散を使用するもう一つの理由は，符号分割多元接続（code division multiple access），すなわち CDMA を介した同一の信号スペクトルの多重使用を可能にすることである．相互に「直交する」ように考案された一連の符号がある．すなわち，どの2組の相互相関も非常に低いものである．この直交性は dB 比で表され，正しい符号の組が選択されなければ，周波数弁別器（discriminator; 弁別器）の出力の dB 値は大幅に低下する．

2.4.4.6 重要な非機密の例

GPS（global positioning system; 全地球測位システム）は，DS スペクトル拡散によってその信号を送信している．拡散の最初の水準では，衛星のそれぞれが約 40dB 直交の一組の既知の符号を送信する．このことは，極めて小さい GPS 受信機/プロセッサ（著しく安価なものも含まれる）で簡単な固定同調受信機（fixed-tuned receiver）を使用できることを意味する．この受信機はその組に種々の符号を適用し，正しい符号が受信した衛星を識別して信号を 40dB まで強める（実際には，これははなはだしい簡素化である．つまり，プロセッサは衛星を視野内で見失わないようにする，もっと複雑精巧なやり方で作動している）．

認可された軍事アプリケーションには，別の拡散レベルが適用されている．これは公開符号を使用せずに，別のレベルの妨害防護（jamming protection）を規定するとともに，その使用を認可された受信機に制限している．

2.4.5 LPI 信号の組み合わせ技法

LPI 信号には，一つ以上のスペクトル拡散形式を適用することができる．これは，伝送保全の付加的レベルを提供するために行われる．さらに，2種のより短い同期方式を2種の拡散処理に利用する場合，同期化処理を簡素化することになる．第9章で説明するように，複数の拡散技術で防護された通信を妨害することは，極めて困難になることがある．

LPI 技術の組み合わせには以下のものがある．

- DS スペクトル拡散方式と周波数ホッピング方式の組み合わせ
- チャープ方式と DS スペクトル拡散方式の組み合わせ

- 周波数ホッピング方式とチャープ方式の組み合わせ

さらに「時間ホッピング」(time hopping) の技法もあるが，これらは伝送保全に対しては一般的ではない．これらは，複数ユーザが同一の通信ネットワーク上で独立して交信できるように，複数のタイムスロットを提供するものである．

最も一般的な LPI 技法の組み合わせ方は，周波数ホッピングと一体となった直接拡散である．図 2.47 にこの信号形式の周波数スペクトルを示す．波形の中の丸い各「塊」(lump) が，図 2.44 に示すデジタル信号のスペクトルに似ていることに注意しよう．各「塊」の尖端は，ランダムに選定されたホッピング周波数の一つである．この種の信号は，図 2.48 に示す一般的なブロック図の送信機で作り出される．一般に周波数ホッピングチャンネル間隔は，図 2.19 のデジタル信号において示されたヌルからヌルの帯域幅より小さい．すなわち，ホッピングチャンネルの間隔は，信号を直接拡散するのに用いられるチップレートの逆数より小さいものとなる．

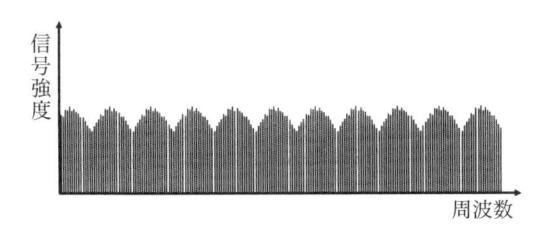

図 2.47 DS 信号のホップ化スペクトル

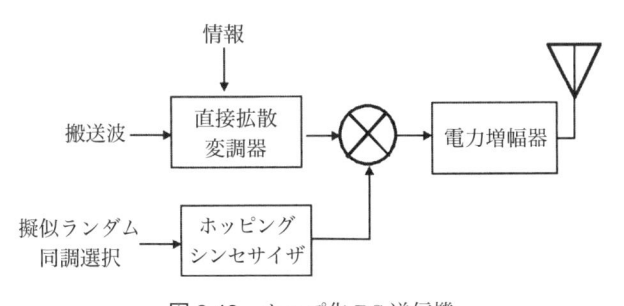

図 2.48 ホップ化 DS 送信機

2.4.6 携帯電話の信号

　非対称戦（asymmetrical warfare; AW）において，敵戦闘員が幅広く利用していることから，携帯電話（cell phone）は極めて重要な脅威信号になっている．図 2.49 に携帯電話システムを示す．携帯電話はそれぞれが基地局（base station; BS）を持つ中継局（cell tower）に無線回線で接続される．基地局は携帯電話交換局（mobile switching center; MSC）によって制御されている．MSC と基地局は，広帯域通信線あるいはマイクロ波回線で相互に接続されている．MSC はまた，有線電話と携帯電話が通信できるように，公衆電話交換回線網（public switched telephone network; 公衆交換電話網）にも連接される．システム内のセルとは，携帯電話と中継局とが相互接続できる区域のことである．セルは重なり合っており，携帯電話はシステム内でセルからセルへ移動することができる．携帯電話は 450MHz 帯，800MHz 帯，900MHz 帯，1,800MHz 帯，1,900MHz 帯など，いくつかの周波数帯域で運用される．これらは使用される概略の周波数である．具体的な周波数割り当ては，関係当局によって行われている．各システムは多数の RF チャンネルを保有可能であり，これらのチャンネルは，MSC の制御下で全ユーザが常時共同使用している．中継局と携帯電話との間には（別周波数による）アッ

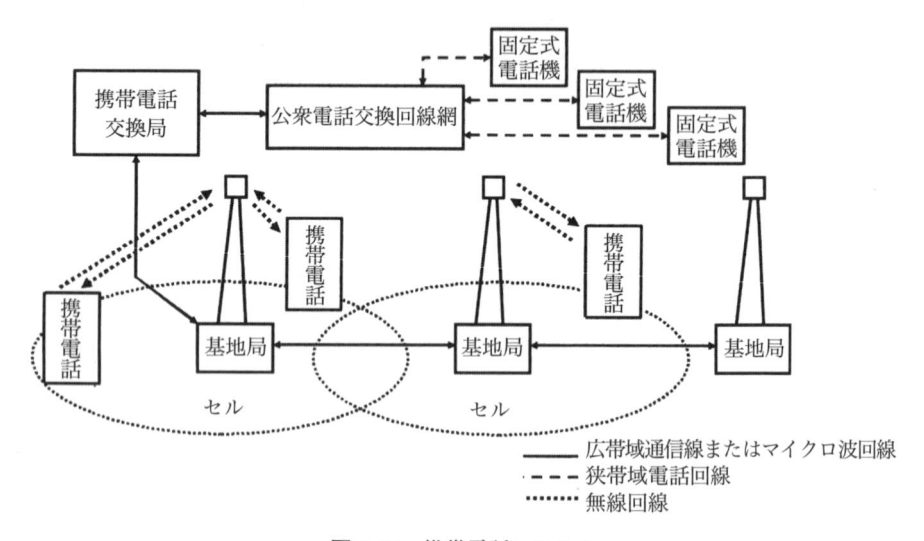

図 2.49　携帯電話システム

プリンク（up link）とダウンリンク（down link）があるので，すべての携帯電話システムで全二重運用（すなわち，同時双方向の会話）が可能である．

MSC は携帯電話システムへのアクセスを許可し，アクセスのタイミングを制御するとともに，システムを経由する信号の移動を制御する．さらに，それぞれ接続されている携帯電話の電力消費を最小限にするための出力電力制御も行う．携帯電話システムは，アナログあるいはデジタルのいずれかの形式で通話とデータを伝達できるが，すべてのシステムがデジタル制御チャンネルを使用しており，それを通して MSC がシステムおよび接続されている携帯電話を制御する．

中継局は 10〜50W の実効放射電力（effective radiated power; ERP）を出力するが，一方，携帯電話は極めて小電力で作動する．放射電力量と中継局の高さがセルの大きさを決める．中継局が広域に分離している場合，例えば，スカンジナビアのノルディック移動電話（Nordic Mobile Telephone; NMT）システムでは，携帯電話は 15W も出力できる．しかしながら，ほとんどのシステムではそのセルはもっと小さく，携帯電話の最大出力は一般的に 1〜6W である．最も近いセルと通信するのにこの大電力は通常必要でないので，MSC は携帯電話の出力を 6mW の低い所要レベルに減らすよう制御する．

2.4.6.1　アナログ方式

アナログ方式では，周波数変調を使用して RF チャンネル当たり 1 通話を搬送する．このチャンネルは FM 信号を搬送するのに十分な広さ（10〜30kHz）である．通常これらの方式には，携帯電話と MSC がデジタルメッセージにより通信するための，別個の制御チャンネルが必要である．多重信号には別個の RF チャンネルが必要であるので，このシステムは周波数分割多元接続（frequency division multiple access; FDMA）を使用する必要があると言われている．一般に，アナログ方式はデジタル方式が支持されるにつれて段階的に廃止されつつあるが，今もなお多くのアナログ方式が稼働している．

2.4.6.2　デジタル TDMA 方式

デジタルシステムでは，通話やデータをデジタル形式で搬送するために位相変調方式を用いる．これらの方式は，追加の変調技術を使用することにより，各 RF チャンネル上で多数の通話を搬送できる，より広帯域のチャンネルを有して

いる．一部のシステムは，1チャンネルで複数の通話を搬送できる時分割多元接続（time division multiple access; TDMA）を使用している．全地球移動通信システム（global system for mobile communication; GSM）はTDMAを使用した非常に広く採用されている方式である．GSMは各RFチャンネルを8個のタイムスロットで時分割使用する．それぞれのRFチャンネルは200kHz幅で，各タイムスロットが33kbpsのデータを搬送する．各タイムスロットが単一通話を搬送するか，または，音声エンコーダ（voice encoder; ボコーダ）を使用すると，RFチャンネル当たり16ユーザに対して，スロット当たり2通話を搬送することができる．

デジタル制御データは一つまたは複数のタイムスロットで搬送されるので，別個の制御チャンネルを必要としない．

2.4.6.3　デジタル符号分割多元接続方式

一部のシステムでは，それぞれの周波数チャンネルで複数の通話を搬送する別の技術を使用する．これらのシステムは，2.4.4項で説明したDSスペクトル拡散で用いられる基本的処理と同様の符号分割多元接続（CDMA）方式を使用している．伝送信号エネルギーを拡散するため，チャンネル上の各信号に一意の符号が付加されており，回線の受信端末にある合致した復号器がその符号を除去し，信号を逆拡散する．合致しない符号は復号されないので，その他の信号は，符号が合致した信号に対する干渉を防止するのに足りるほど低いレベルで受信される．通話ごとに異なる符号を使用することにより，1.23MHzの帯域内の各RFチャンネル上で64の通話を搬送することができる．

TDMAシステム同様，CDMAシステムも一つまたは複数の符号化された経路で制御データを搬送するので，別個の制御チャンネルを必要としない．

2.4.6.4　携帯電話の動作

携帯電話は，起動されると一連の制御チャンネルを探索し，最も強力な信号（おそらく最も近傍に所在する中継局）を選択する．システムの識別と情報の設定のため，MSCからのメッセージを聞き，その後，待機モードに入る．呼び出し時間は多数のユーザに対するシステムの可用性を最適化するため，MSCによって意図的にランダム化される．待機モードでは，携帯電話は電話の着信または

ユーザの発信を待つ．いずれにおいても，MSC は携帯電話に一つの RF チャンネルと（デジタルであれば）利用可能なタイムスロットまたは符号を割り当てる．

その後，音声またはデータ情報が渡される．特にユーザがセルからセルへ移動中であれば，MSC はシステムのスループット（throughput; 処理能力; 回線容量）を最適化するために，携帯電話を別のアクセスチャンネルに移動させることができる．

携帯電話通信の重要な特徴は，どのユーザがシステム上に存在していて，ほとんどの場合おのおのがどこに所在しているのかという情報を MSC が保有していることである．少なくとも，MSC はそれぞれの携帯電話利用者がどのセルを使用しているかがわかっている．多くの携帯電話システムでは，新規に稼働されるすべての携帯電話は，GPS 受信機を持つことが求められている．これは，GPS の機能から携帯電話の所在を直接読み取ることにより，MSC がある時点で各携帯電話の位置にアクセスを完了することを意味する．

2.5　誤り訂正符号

2.2.5 項において，実際の情報ビットとともに，パリティと誤り訂正符号ビットを含んで送信されるデジタル信号の構造について説明した．データにパリティビットが付加されている場合には，受信信号のビット誤りを検知することができる．数個のパリティビットによって，ビット誤りを持つほとんどいかなる受信信号も拒絶される．また一方，誤り検出・訂正（EDC）符号を使用すれば，（符号の能力の限界集合まで）受信誤りを訂正することが可能になる．データに付加される EDC ビットが多いほど，より高い割合でビット誤りを訂正することができる．EDC を使用することは，「順方向誤り訂正」（forward error correction）とも呼ばれている．

EDC 符号は 2 種類ある．すなわち，畳み込み符号（convolutional code）とブロック符号（block code）である．畳み込み符号はビット単位で誤りを訂正するのに対し，ブロック符号はバイト全体（例えば，8 ビット）を訂正する．ブロック符号はバイト中の 1 ビットが間違っているか，あるいは全ビットが間違っているかは問わない——いずれであっても，バイト全体を訂正する．一般に，誤りが一様に広がっている場合には，畳み込み符号が適している．一方，群誤りを引き起

こす何らかのメカニズムが存在する場合，ブロック符号のほうが効果的である．

ブロック符号に関する一つの重要な応用例は，周波数ホッピング通信である．信号が別の信号に占有されている周波数にホップした場合，そのホップの間に送信されたすべてのビットは誤りとなる．

畳み込み符号の能力は (n, k) と表される．これは k 個の情報ビットを保護するためには n 個のビットを送信しなければならないことを意味する．ブロック符号の能力は (n/k) と表記される．これは k 個の情報シンボルを送るためには n 個の符号シンボル（バイト）を送信しなければならないことを意味する．

2.5.1 EDC 符号の例

この例においては，簡単な $(7, 4)$ ハミング符号（Hamming code）を用いる．この符号には送信文字当たり 4 個の情報ビットと 3 個の誤り訂正ビットがある．図 2.50 に符号化の仕組みを示す．送られるメッセージを "1010" の 4 ビットとする．最初のビットが 1 であれば，エンコーダは最初の 7 ビットのワードを符号発生器からレジスタに入力する．2 番目のビットが 1 であれば，符号発生器の第 2 行目を入力する——ここでは，実際には 2 番目のビットは 0 であるので，すべてに 0 が入力される．1 である 3 番目のビットでは，符号発生器の第 3 行目がレジスタに入力される．最後のメッセージビットが 0 であるので，レジスタの 4 番目の位置にすべて 0 の 7 ビットが加えられる．

そこで，出力レジスタ内の 4 行が加えられて，送信すべき符号ワード "1010011" が形成される．4 ビットのメッセージを搬送するために 7 個のビットが送信されるわけである．興味を起こさせるためにここで，受信信号に誤りを一つ加えよう．誤った信号を "0001000" とする．これによって，受信機は誤ったメッセージ

```
メッセージ   •    発生器        •    符号ワード

                ⎡1000 : 101⎤          1000101
                ⎢0100 : 111⎥          0000000
                ⎢0010 : 110⎥
      [1010]  • ⎢0001 : 011⎥    •     0010110
                ⎢1110 : 100⎥          0000000
                ⎢0111 : 010⎥         ─────────
                ⎣1101 : 001⎦          1010011 → このワードが送られる
```

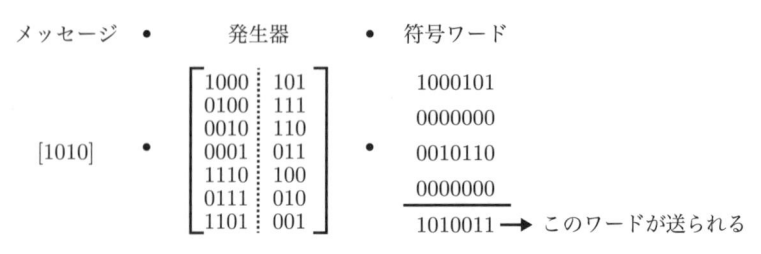

図 2.50 $(7, 4)$ ハミング符号発生器の動作

"1011011" を得ることになる.

この受信機には，図 2.51 に示すようなデコーダがある．符号発生器と同様に，デコーダは最初のビットが 1 の場合，そのデコーダの第 1 行を出力レジスタに加え，0 の場合にはすべて 0 を加える．受信された文字の 7 ビットすべてが処理され，レジスタ内の 7 個の 2 進数がビットごとに加えられて，3 ビットワード 011 が形成される．デコーダを遡って見れば，"011" が第 4 番目の位置にあることがわかるだろう．したがって，それを訂正するためには受信されたメッセージの 4 番目に 1 を加える必要がある．

正しい送信信号をデコーダに流した場合の検証は，読者への宿題として残す．レジスタ内の 7 個の数を加えると "000" になり，誤りがないことを示していることに気づくであろう．

$$
\begin{aligned}
送信ワード &= [1010011] \\
誤り &= [0001000] \\
受信ワード &= [1011011]
\end{aligned}
$$

$$
[1011011] \cdot \begin{bmatrix} 101 \\ 111 \\ 110 \\ 011 \\ 100 \\ 010 \\ 001 \end{bmatrix} \cdot \begin{array}{c} 101 \\ 000 \\ 110 \\ 011 \\ 000 \\ 010 \\ \underline{001} \\ 011 \end{array}
$$

→ したがって，第 4 ビットが誤りである

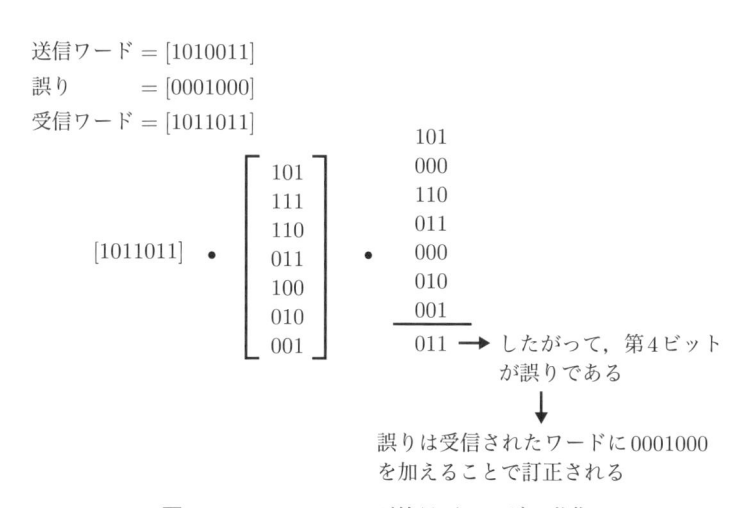

↓ 誤りは受信されたワードに 0001000 を加えることで訂正される

図 2.51　$(7,4)$ ハミング符号デコーダの動作

2.5.2　ブロック符号のアプリケーション例

軍用リンクに広く用いられている Link 16（joint tactical distribution system; JTDS; 統合戦術情報配布システム）は，$(31, 15)$ リードソロモン EDC 符号を使用している．各ブロックに 15 の情報搬送バイトを含む 31 バイトを送信する．この符号は，31 のうち最大 8 個の誤ったバイトまで訂正することが可能である．当

然ながら，余分なバイトによって，受信機の帯域幅が2倍以上必要になる．Link 16の周波数はホップし（ホップ当たり31バイトが送信される），ホップ周波数が占有あるいは妨害されれば，31バイトのすべてが失われることになる．

この符号は誤ったバイトを8個までしか訂正できないので，単一のホップ内の31バイト中高々8個のみを送信するために，データはインターリーブ (interleave; 交互配置) される．図2.52に簡単なインターリーブの構成を示す．実際には，最新の通信システムにおけるバイト配置は擬似ランダムとなる．

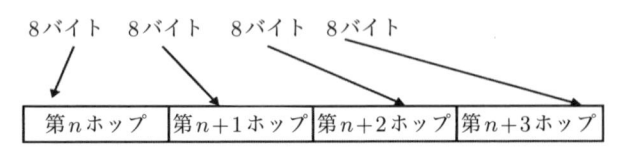

図 2.52　簡単なインターリーブの仕組み

第3章

通信用アンテナ

　アンテナとは，電気信号（すなわち，ケーブル内の信号）を電磁波（すなわち，大気圏あるいは宇宙へ放射される信号）に変換するか，あるいはその逆を行うあらゆる装置をいう．アンテナは，それらが扱う信号の周波数およびそれらの動作パラメータに応じて，その規模や設計が非常に多岐にわたる．本書は通信電子戦に関するものであるので，通信に関連する一般的なアンテナの種類に，より注目していく．その一方で，アンテナは扱う信号の変調にはこだわらない点を記憶に留めておくことが大事である．そこで，さまざまなアンテナに簡単に触れることにする．

　機能的には，どのアンテナも信号の送信または受信が可能であるけれども，高出力送信用に設計されたアンテナは，大電力に対応できなければならない．

3.1　アンテナパラメータ

　一般的なアンテナの性能パラメータ（performance parameter）を表3.1に示す．それぞれの用語については，本章で後ほど取り上げる．

　本章で説明するアンテナには，脅威アンテナおよびEWアンテナの両方を含める．本章では，各種アンテナのパラメータとその一般的な適用例を取り上げ，アンテナが果たすべき役割にアンテナの種類を整合させるための手引きを提供するとともに，各種アンテナパラメータのトレードオフのための簡単な公式をいくつか提示する．

表 3.1 一般に使用されるアンテナの性能パラメータ

項　目	定　義
利得（gain）	信号がアンテナで処理されるときの信号強度の増加（一般に dB 単位で記す）．利得は正または負の値をとりうること，また等方性アンテナの利得は 1 であり，それは利得 0dB とも記せることに注意しよう．
周波数範囲（frequency coverage）	アンテナが信号を送信または受信でき，また，適切なパラメータ性能を提供できる周波数の範囲．
帯域幅（bandwidth）	周波数を単位にしたアンテナの周波数幅．以下の帯域幅率で記すことが多い． $$帯域幅率 = 100\% \times \frac{最高周波数 - 最低周波数}{平均周波数}$$
偏波（polarization）	信号波が送信または受信される際の電界（E）波の変動の方向．主に，垂直，水平，あるいは右旋または左旋が主であるが，（任意角度に）傾斜した斜め直線偏波または楕円偏波にもなりうる．
ビーム幅（beamwidth）	アンテナの角度覆域．通常は度（°）で表す．
効率（efficiency）	利得と指向性との比率，すなわち，アンテナビームが覆う球面積から放射または受信される信号電力の，送信または受信される電力の理論値に対する百分率．

3.1.1 アンテナの種類

電子戦用途に使用されるアンテナには多くの種類がある．それらは覆域，利得の大きさ，偏波（polarization; PL），そして物理的寸法および形状特性の点で異なる．最良のアンテナ形式の選択は用途に大きく依存しており，多くの場合，その他のシステム設計諸元に対する強い影響について，性能の厳しいトレードオフ評価が求められる．

3.1.1.1　機能発揮のためのアンテナの選択

EW のいかなる具体的用途にも対応するため，アンテナは所要の覆域，偏波および周波数帯域幅を備えていなければならない．表 3.2 に，アンテナの一般的な性能をパラメータとしたアンテナ選択の手引きを示す．この表では，覆域を単に

表 3.2　アンテナ選択の手引き

覆域	偏波	帯域幅	アンテナの種類
360° 全方位	直線	狭	ホイップ，ダイポール，ループ
		広	バイコニカル，卍型
	円	狭	ノーマルモードヘリカル
		広	リンデンブラード，4 素子コニカルスパイラル
指向性	直線	狭	八木，ダイポール素子アレイ，ホーンフィードパラボラ反射鏡
		広	対数周期，ホーン，対数周期フィードパラボラ反射鏡
	円	狭	軸モードヘリカル，ポラライザ（偏向板）付きホーン，クロスダイポールフィードパラボラ反射鏡
		広	キャビティバックスパイラル，コニカルスパイラル，スパイラルフィードパラボラ反射鏡

「360° 全方位」と「指向性」（directional）に区分している．

　360° 方位の覆域を持つアンテナは，多くの場合「無指向性」（omni-directional; 全方向性）と呼ばれるが，これは必ずしも正確ではない．無指向性アンテナ（omni-directional antenna）は，その名称と矛盾しない球形の覆域を持っているのに対して，この種のアンテナは限られた仰角覆域しか持っていない（一部はさらに覆域が制限される）ためである．それでも，常に「どの方向」からの信号でも受信する，あるいは全方向に信号を送信することが望まれる（あるいは許容しうる）ほとんどの用途に対して，この種のアンテナは十分に「全方向性」を持つ．指向性アンテナ（directional antenna）は，方位と仰角の両方に限定された覆域を提供する．指向性アンテナは希望送信機または希望受信機の方向に向けなければならないので，概して 360° タイプより高利得である．指向性アンテナのその他の長所は，不要信号の受信レベルが大幅に低減されること，あるいは，受信に代えて，敵の各受信機に実効放射電力（ERP）を送信できることである．

　表 3.2 は次に偏波で区分し，最後に周波数帯域幅（単に狭いか広いか）で区分している．ほとんどの EW 用途における「広」帯域幅とは，1 オクターブ以上（時にははるかに広い帯域幅）を意味している．

3.1.2 各種アンテナの一般的特徴

表 3.3 は EW 用途に使用される各種アンテナのパラメータを要約した簡便な表である．左欄の略図は，アンテナの種類ごとの物理的特徴を示している．中央の欄は，アンテナの種類に応じたごく一般的な仰角と方位角に対する利得パターンである．これらの曲線の一般的形状だけが有用であり，その種類の個々のアンテナ利得パターンはその設計で決まる．右欄は予想される一般的仕様の要約である．パラメータ値の予想される範囲はもっと広いので，「一般的」という言葉はここでは重要である．例えば，理論上は任意の周波数範囲において任意のアンテナ種類が使えるかもしれない．しかしながら，物理的寸法，設置および用途を現実的に考慮すると，その「一般的」周波数範囲において特定のアンテナの種類を使用することになる．

3.2 重要な通信用アンテナの種類

戦術通信において最も広く用いられる種類は，ホイップアンテナ（whip antenna）である．このアンテナは方位覆域が 360° という長所を持つので，通信するために，送信機は受信機の方向，受信機は送信機の方向がわかっている必要はない．ホイップアンテナの一つの魅力的な特徴は，ホイップの底部の地上高がその実効高（effective height）となることである．これは，第 5 章で説明する伝搬公式への重要な入力項目となる．航空機搭載のモノポールアンテナ（monopole antenna）にも同じような有益な特徴がある．

対数周期アンテナ（log periodic antenna）は，戦術通信領域のいかなる周波数範囲にも対応するように作ることができるので，地上からの通信妨害用として優れた選択肢となる．また，広い周波数範囲をカバーしながらかなり大きい利得を持つように作ることも可能である．

パラボラアンテナ（parabolic dish antenna; 反射鏡アンテナ）は，データリンクや衛星通信用に広く利用されている．これらの回線は一般にマイクロ波帯で使用される．

ダイポールアンテナ（dipole antenna）は，戦術通信周波数帯の方探（direction finding; DF; 方向探知）アレイに極めて広く使用される．狭周波数帯域で使用さ

表3.3 各種アンテナの特徴

アンテナ種類	利得パターン	一般的な仕様
ダイポール	仰角／方位角	偏波：垂直 ビーム幅：80°×360° 利得：2dB 帯域幅：10% 周波数範囲： 　0〜マイクロ波
ホイップ	仰角／方位角	偏波：垂直 ビーム幅：45°×360° 利得：0dB 帯域幅：10% 周波数範囲： 　HF〜UHF
ループ	仰角／方位角	偏波：水平 ビーム幅：80°×360° 利得：−2dB 帯域幅：10% 周波数範囲： 　HF〜UHF
ノーマルモードヘリカル	仰角／方位角	偏波：水平 ビーム幅：45°×360° 利得：0dB 帯域幅：10% 周波数範囲： 　HF〜UHF
軸モードヘリカル	仰角および方位角	偏波：円 ビーム幅：50°×50° 利得：10dB 帯域幅：70% 周波数範囲： 　UHF〜マイクロ波低域
バイコニカル	仰角／方位角	偏波：垂直 ビーム幅：20°×360° 利得：0〜4dB 帯域幅：4対1 周波数範囲： 　UHF〜ミリ波
リンデンブラード	仰角／方位角	偏波：円 ビーム幅：80°×360° 利得：−1dB 帯域幅：2対1 周波数範囲： 　UHF〜マイクロ波
卍形	仰角／方位角	偏波：水平 ビーム幅：80°×360° 利得：−1dB 帯域幅：2対1 周波数範囲： 　UHF〜マイクロ波
八木	仰角／方位角	偏波：水平 ビーム幅：90°×50° 利得：5〜15dB 帯域幅：5% 周波数範囲： 　VHF〜UHF
対数周期	仰角／方位角	偏波：垂直または水平 ビーム幅：80°×60° 利得：6〜8dB 帯域幅：10対1 周波数範囲： 　HF〜マイクロ波
キャビティバックスパイラル	仰角および方位角	偏波：右旋および左旋水平 ビーム幅：60°×60° 利得：−15dB（最低f） 　　　+3dB（最高f） 帯域幅：9対1 周波数範囲：マイクロ波
コニカルスパイラル	仰角および方位角	偏波：円 ビーム幅：60°×60° 利得：5〜8dB 帯域幅：4対1 周波数範囲： 　UHF〜マイクロ波
4素子コニカルスパイラル	仰角／方位角	偏波：円 ビーム幅：50°×360° 利得：0dB 帯域幅：4対1 周波数範囲： 　UHF〜マイクロ波
ホーン	仰角／方位角	偏波：直線 ビーム幅：40°×40° 利得：5〜10dB 帯域幅：4対1 周波数範囲： 　VHF〜ミリ波
ポラライザ付きホーン	仰角／方位角	偏波：円 ビーム幅：40°×40° 利得：4〜10dB 帯域幅：3対1 周波数範囲： 　マイクロ波
パラボラ反射鏡	仰角および方位角	偏波：フィードによる ビーム幅：0.5°×30° 利得：10〜55dB 帯域幅：フィードによる 周波数範囲： 　UHF〜マイクロ波
フェーズドアレイ	仰角／方位角	偏波：素子による ビーム幅：0.5°×30° 利得：10〜40dB 帯域幅：素子による 周波数範囲： 　VHF〜マイクロ波

れる場合には，妥当な利得が得られる．しかしながら，多くの方探システムは，数オクターブにわたって運用しなければならない．第7章でわかるように，たった一つのアレイで5対1の周波数範囲をカバーすることが多い．したがって，アレイダイポール（array dipole）は，利得を著しく低下させる整合回路と一緒に用いられる．代表的な利得値は，周波数範囲の下端では −20dB まで低下させることが可能である．

3.3　アンテナビーム

EW のすべての分野において最も重要な（そして誤解の多い）領域の一つが，アンテナビーム（antenna beam）を定義する各種パラメータに関係している．いくつかのアンテナビームの定義は，図3.1 に示す（1 平面内の）アンテナ振幅パターン（amplitude pattern）で説明できる．パターンは，水平パターン（horizontal pattern），垂直パターン（vertical pattern），あるいは，アンテナを含む他のどの平面内のパターンでもかまわない．この種のパターンは，壁からの信号の反射を抑えるように設計された電波暗室（anechoic chamber; 無響室）内で作成される．測定対象アンテナが，固定された試験アンテナからの信号を受信しながら 1 平面内で回転し，試験アンテナに対する対象アンテナの相対方位の関数として受信電

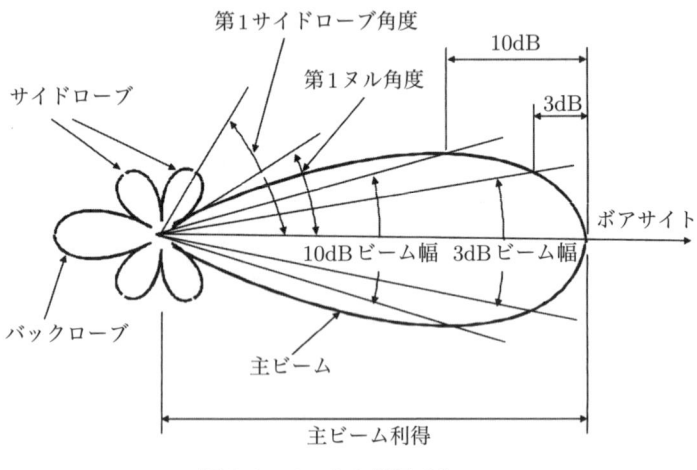

図 3.1　アンテナ振幅パターン

3.3 アンテナビーム

力が記録される．アンテナ振幅パターンにおけるアンテナビームを定義するパラメータの一部を以下に挙げる．

- ボアサイト —— アンテナが指向するように設計された方向のこと．通常これは最大利得の方向であり，その他の角度に関するパラメータは一般にボアサイトを基準にして規定される．
- 主ビーム（main lobe; 主ローブ）—— アンテナの主となる，すなわち最大利得のビーム．このビームの形状は，ボアサイトからの角度に対するビームの利得として規定される．主ビームには垂直・水平の両方の形状があり，これらは同一の場合もあれば，かなり異なっている場合もあることを覚えておこう．
- ビーム幅（beamwidth）—— これは（通常，角度単位の）ビームの幅であり，利得がある量だけ減少するボアサイトからの角度で規定される．ほかに資料が与えられなければ，ビーム幅は通常，3dB ビーム幅（電力半値幅）を指す．水平ビーム幅は「方位」方向の帯域幅，垂直ビーム幅は「仰角」（俯角）方向の帯域幅と呼ばれることが多い．
- 3dB ビーム幅 —— アンテナ利得がボアサイトの利得の半分に低下（すなわち，利得が 3dB 低下）する（1 平面内の）両側の角度の幅．すべてのビーム幅は「両側」の値であることに注意しよう．例えば，$10°$ の 3dB ビーム幅を持つアンテナでは，利得がボアサイトから $±5°$ の点で 3dB 低下するので，二つの 3dB ポイントは $10°$ 離れていることになる．
- n dB ビーム幅（n dB beamwidth）—— ビーム幅は任意の利得低下レベルに対して規定することができる．図 3.1 には 10dB ビーム幅を示している．
- サイドローブ —— アンテナには，図 3.1 に示すように希望外のビームが複数ある．バックローブ（back-lobe）は主ビームと反対方向にあり，サイドローブはその他の角度にある．
- 第 1 サイドローブ角度（angle to the first side lobe）—— 主ビームのボアサイトと第 1 サイドローブの最大利得方向とがなす角度．これは片側の値であることに注意しよう（ビーム幅が両側を，サイドローブ角が片側を指していることを理解していない人は，第 1 サイドローブ角度が主ビームのビーム幅以下である表を見ると混乱する）．

- 第 1 ヌル角度（angle to the first null）── ボアサイトと，主ビームと第 1 サイドローブ間で利得が最小となる点とがなす角度．これも片側の値である．
- サイドローブ利得（side-lobe gain）── これは通常，主ビームのボアサイト利得に対する相対利得（絶対値の大きな負の dB 値）で与えられる．アンテナはある特定のサイドローブレベルに合わせて設計されていない（なぜならサイドローブは悪いものと見なされている）ので，メーカではある特定のレベル以下になるよう保証している．その一方で，EW や偵察の考え方からは，傍受したい信号を送信しているアンテナのサイドローブレベルを知ることは大事である．EW 受信システムでは「0dB サイドローブ」を受信するように設計されることが多い──つまり，サイドローブは主ローブの利得からその利得分だけ低いことになる．例えば，アンテナのボアサイトがわれわれの受信アンテナを直接指していても，40dB 利得アンテナの 0dB サイドローブは，観測値より 40dB 低い電力で送信していることになるのである．

3.3.1　アンテナ効率

アンテナ効率（antenna efficiency）とは，アンテナの利得とその指向性との比のことである．狭周波数範囲のパラボラアンテナで達成可能な最大効率は 55% である．狭周波数とは，10% 未満の帯域幅を指す．アンテナの使用帯域が広いほど，効率は低くなる．例えば，2〜18GHz の周波数範囲で使用される一般的な EW アンテナは，35% の平均効率に対して最も低い周波数で約 30% の効率，最も高い周波数で 40% の効率となる．

3.4　アンテナ利得の単位表記について

アンテナ利得を受信信号強度（received signal strength）に正しく加算するために，実際には当てはまるわけではないが，「空間波として放射される」信号の強度を dBm で表す必要がある．1.4 節で説明したように，実際には，dBm は回路の中だけで起こる mW 単位の電力の対数表現である．送信信号の強度は，より

正確には電界強度 (field strength) の μV/m で表され，全アンテナを合わせた受信機の感度も，多くの場合 μV/m で表される．dBm と μV/m の変換に便利な公式は，4.4 節に示している．

3.5　偏波

EW から見た偏波の最も重要な影響は，アンテナの偏波が受信信号の偏波と一致していない場合，アンテナの受信電力が減少することである．概して（常にそうとは限らないが）直線偏波アンテナ (linearly polarized antenna) は偏波方向に直線の形状を持つ（例えば，垂直偏波アンテナ (vertically polarized antenna) はどちらかと言えば垂直となる）．円偏波アンテナ (circularly polarized antenna) は，円形または十字交差形となる傾向があり，右旋 (right-hand circular; RHC) 偏波または左旋 (left-hand circular; LHC) 偏波のいずれかになる．各種偏波の一致具合に対応する利得低下量を図 3.2 に示す．右旋と左旋の偏波損失は，おおむね 25dB と示されている．電波暗室内で使用されるような計測用アンテナは，25dB に近い交差偏波損失 (cross-polarization loss) を持つことで説明がつくこと

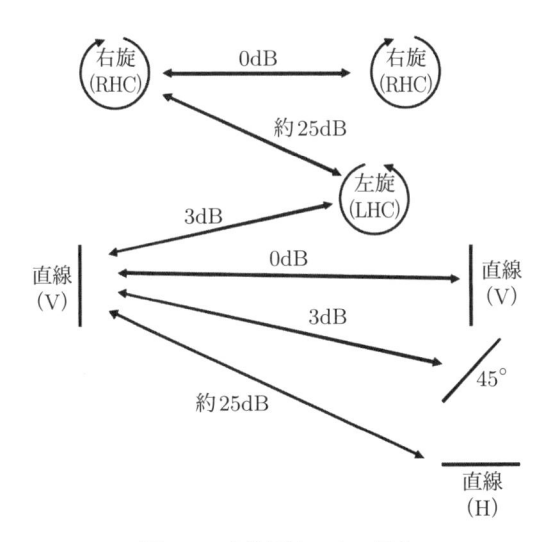

図 3.2　交差偏波による損失

から，これは一つの考慮すべき重要事項である．航空機搭載のレーダ警報受信機（radar warning receiver; RWR）システムに用いられる小型のキャビティバックスパイラルアンテナ（cavity-backed spiral antenna）は，10dBに近いアイソレーション（isolation; 分離; 離隔）を有する．宇宙・地上間回線用の狭帯域の円偏波アンテナは，偏波のアイソレーションが周到に設計されており，最大33dBの交差偏波損失を持ちうる．

EWで重要な偏波の工夫は，偏波方向がわからない直線偏波信号の受信に円偏波アンテナを用いることである．常に3dBを損するが，交差偏波アレイ（cross-polarization array; 交差偏波配置）に生じる可能性のある全損失は回避できる．

受信信号がどのような偏波であっても（すなわち，どのような直線偏波またはどの方向の円偏波であっても），LHCおよびRHCアンテナで素早く測定して，強いほうの信号を選択するのが一般的なやり方である．

3.6 フェーズドアレイ

多くの極めて実際上の理由から，フェーズドアレイアンテナ（phased array antenna）は，マイクロ波通信回線においてますます重要になりつつある．フェーズドアレイアンテナは，極めて迅速な電子ステアリング能力，および妨害信号方向に対する指向性のヌル形成能力の，両方または一方の長所を備えている．フェーズドアレイのもう一つの長所は，アンテナをビークルの外被とコンフォーマル（conformal; 機体一体型; 共形）にできることである．（狭アンテナビームを作り出す他の主要な方法である）パラボラアンテナの場合，広角度のステアリングを可能にするためには，航空機の外被からかなり突き出たレドーム（radome）に搭載しなければならないので，コンフォーマルにできることは航空プラットフォームにとってはとりわけ有益である．航空機の外被から突き出たものは何でも，深刻な航空力学上の問題を引き起こすからである．

フェーズドアレイは，一緒に用いられる小さなアンテナの集まりであり，これらが一つの大型アンテナであるかのように作動する．図3.3にフェーズドアレイがどのように作動するかを図示する．この図は，アンテナの線形配列とその配列に到達する受信信号を示している．信号は遠距離の送信機から到来するので，ア

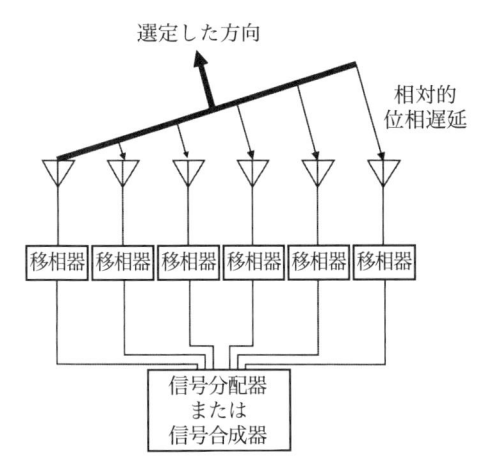

図 3.3 選択した方向からの信号を受信するフェーズドアレイ

ンテナ位置に到着する信号の位相は，電波到来方向（direction of arrival; DOA）に対して直交する線にほぼ等しくなる．これは一定位相の線として表され，しばしば波面（wavefront）と呼ばれる．

それぞれのアンテナには，移相器（phase shifter）が一つずつ接続されている．送信機に対する方向が図示されたとおりの場合，すべてのアンテナからの信号が信号合成器（signal combiner）に到達した時点で，各信号が同相（in phase; 同位相）となるように位相偏移量が設定される．したがって，所望の方向から到来する信号は構造的に加えられるものの，それ以外の方向からの信号は加えられない．これによって，一つのアンテナビームが構成される．

フェーズドアレイは送信アンテナあるいは受信アンテナとして作動しうるので，移相器は信号分配器（signal divider）あるいは信号合成器（signal combiner）と呼ばれるブロックに接続されるように図示されている．

図に示すように，フェーズドアレイは線形でも平面形であってもよい．線形アレイは1次元のみの狭ビームを作り出すのに対し，平面アレイは2次元にビームを絞ることになる．このアレイは必ずしも平面である必要はなく，それが搭載されるビークルの外被に沿って曲げることが可能である（つまり，ビークルに対してコンフォーマルとなる）．

移相器は固定するか，任意設定することが可能である．位相が固定されていれ

ば,ビームの方向はアレイの方向に対して固定される.この場合,ビームはアレイを動かすことにより指向される.位相が電子的に設定される場合,遅延を適切に再設定することで,ビームを所望する任意の方向に指向させることが可能になる.これは電子ステアリングアレイ(electronically steered array)と呼ばれている.

図 3.4 のように,電子ステアリングアレイでアレイ中の各アンテナが 1/2 波長ずつ離れていれば,「グレーティングローブ」(grating lobe)と呼ばれる偽のローブを形成することなく,180° すべてにわたってアレイを指向させることが可能になる.ほとんどのフェーズドアレイでは各アンテナが半波長以上離されており,ステアリング角度を ±90° 未満に制限することによって,グレーティングローブを回避している.

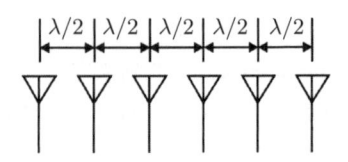

図 3.4 素子間隔を 1/2 波長としたフェーズドアレイ

3.6.1 フェーズドアレイのビーム幅と利得

ここでの説明は,素子間隔が半波長の平面アレイに基づくものである.ダイポールアンテナのフェーズドアレイのビーム幅は,次式により決まる.

$$\text{ビーム幅} = \frac{102}{N}$$

ここで,

   N:アレイ中の素子数
  ビーム幅:3dB ビーム幅〔°〕

である.もちろん,これはアレイの 1 次元のみに対するものである.例えば,10 素子のダイポールの線形水平アレイでは,水平方向のビーム幅が 10.2° となる.

アレイにもっと高利得のアンテナが使用される場合,ビーム幅は,アレイ中のアンテナ数で割った素子のビーム幅である.

これらの計算は，アンテナビームがアレイに直角に向いている場合に適用される．ビーム幅は，図 3.5 に示すようにボアサイトからの角度の余弦（cosine; cos）の逆数で増加する．したがって，移相器がビームをボアサイトから 45° 振らせるように調整されると，アンテナのビーム幅は 14.4° になる．

フェーズドアレイの利得は，次式で与えられる．

$$G = 10 \log_{10}(N) + G_e$$

ここで，

　　G：最大利得〔dB〕
　　N：アレイ中の素子数
　　G_e：1 素子の利得

である．したがって，アレイが 10 素子で，各素子の利得が 6dB の場合，アレイ利得は 16dB となる．

移相器がビームをボアサイトから 45° 振らせるように設定されると，利得は少なくともボアサイトからの角度の余弦の分だけ減少する．

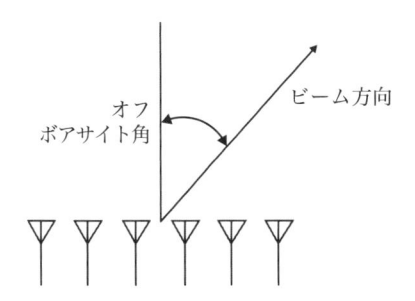

図 3.5　ビームはアレイに垂直な方向から遠ざかるように指向される．

3.7　パラボラ反射鏡アンテナ

電子戦用途（およびその他多くの用途）に使用されるアンテナ形式のうち最も柔軟性に富むものが，パラボラ反射鏡である．放物曲線は，1 点（焦点）からの光線を平行線となるように反射させるものとして定義される．放物面の焦点

に（給電部と呼ばれる）送信アンテナを置くことによって，パラボラ反射面に当たったすべての信号電力を（理論上）同一の方向に指向させることができる．パラボラ（parabola; 放物線）とは，その焦点からのすべての光線を同一の方向に反射させる曲線のことであるが，パラボラは本来，無限曲線である．実際の反射器（reflector）は放物面の一部分であり，パラボラの焦点にある給電アンテナ（feed antenna）から反射器に注ぎ込んだエネルギーの約90%を送信する．これがアンテナに，角度に対してロールオフ特性を持った主ローブ（main lobe），バックローブ，およびサイドローブを発生させる（図3.1参照）．

アンテナの反射器の寸法，使用周波数，効率，アンテナ有効開口面積（effective antenna area），および利得の間には相互に関係がある．後ほどこの関係性を有益な形式で示す．

3.7.1 利得対ビーム幅

効率55%のパラボラアンテナの利得対ビーム幅の関係を，図3.6に示す．この効率は比較的狭い周波数帯域（約10%）を動作範囲とする市販のアンテナに求められる効率である．EWや偵察用途でよく使用される（オクターブ以上の）広帯域アンテナでは，効率は55%に満たない．ビームは方位方向および仰角方向に対称であると仮定している．この図を使用するには，直線をアンテナビーム幅から図の直線に向けて上へ引き，次にdB単位の利得に向けて左へ引く．

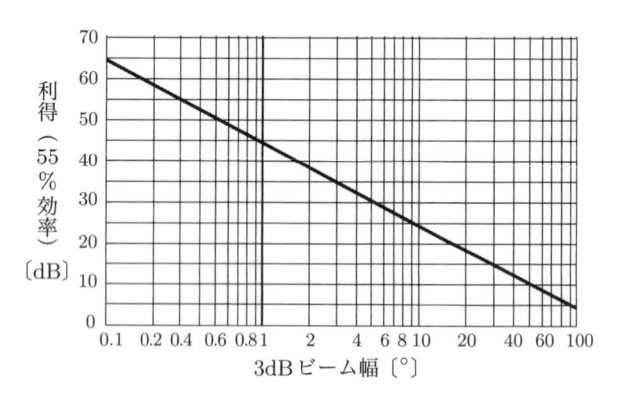

図3.6 効率55%のパラボラアンテナの利得対3dBビーム幅

3.7.2 アンテナ有効開口面積

図 3.7 は，動作周波数と，アンテナのボアサイト方向の利得，アンテナ有効開口面積の関係を示すノモグラフである．図中の直線は，有効開口面積 $1\mathrm{m}^2$ の等方性アンテナ（利得 0dB）の場合を示している．この関係は約 85MHz で生じることがわかる．このノモグラフの方程式は，次式から得られる．

$$A = 38.6 + G - 20\log(F)$$

ここで，

A：dBsm 単位（すなわち，$1\mathrm{m}^2$ と比較した dB 値）の面積
G：ボアサイト方向の利得〔dB〕
F：動作周波数〔MHz〕

である．

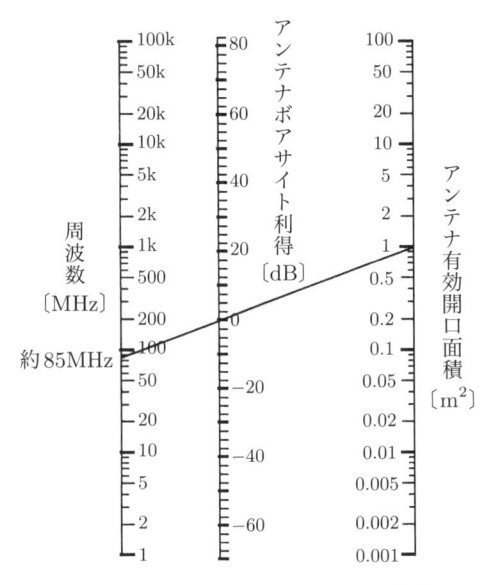

図 3.7 アンテナ有効開口面積と利得および周波数のノモグラフ

3.7.3　直径と周波数の関数としてのアンテナ利得

　図 3.8 は，アンテナの直径と動作周波数からアンテナ利得を決めるために使うノモグラフである．この図は特に効率 55% のアンテナの場合であることに注意しよう．図中の直線は，直径が 0.5m で効率 55% のアンテナが 10GHz において約 32dB の利得を持つことを示している．このノモグラフは，パラボラ反射鏡の表面が動作周波数における波長レベルまで正確な放物線であることを前提としている．そうでなければ利得は低下する．このノモグラフの方程式は，

$$G = -42.2 + 20\log(D) + 20\log(F)$$

となる．ここで，

　　　G：アンテナ利得〔dB〕
　　　D：反射器の直径〔m〕
　　　F：動作周波数〔MHz〕

である．

　表 3.4 はアンテナ効率に応じた利得の修正量を示す．図 3.7 および図 3.8 は，効率 55% を前提としているので，この表は他の効率値に対して決定された利得値の修正に大いに役立つ．

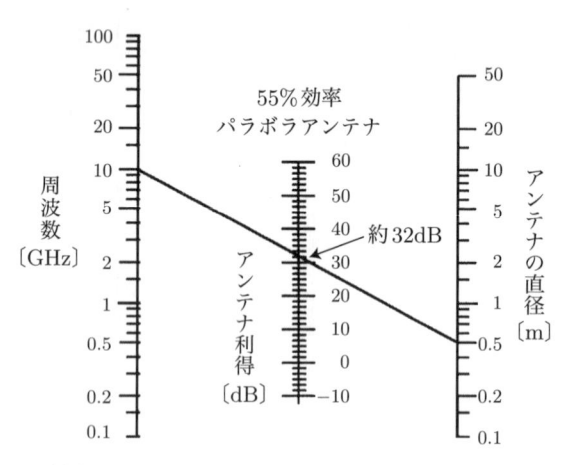

図 3.8　55% 効率のパラボラアンテナの利得とアンテナの直径および動作周波数のノモグラフ

表 3.4 効率に応じた利得の修正量

アンテナ効率	利得の修正量（対 55%）
60%	0.4dB 加算
50%	0.4dB 減算
45%	0.9dB 減算
40%	1.4dB 減算
35%	2.0dB 減算
30%	2.6dB 減算

3.7.4 非対称アンテナの利得

上記の説明はアンテナビームが対称である（すなわち，方位方向と仰角方向のビームが等しい）ことを前提としている．非対称パターンを持つ効率 55% のパラボラ反射鏡の利得は，次式から決定することができる．

$$\text{利得（非 dB 単位）} \cong \frac{29{,}000}{\theta_1 \times \theta_2}$$

ここで，θ_1 および θ_2 は直交する 2 方向（例えば，垂直および水平）の 3dB ビーム幅角である．

当然，この利得は上式右辺の対数値を 10 倍することにより，dB 単位の利得に変換される．

この式は，利得が 3dB ビーム幅内へのエネルギー集中に等価であると仮定することにより導かれる．したがって，利得は，球の表面積と，アンテナビーム覆域（効率 55% という条件を思い出そう）を表す二つの角に等しい（球の中心角によって表される）長軸および短軸を持つ球面上の楕円の内側の表面積との比と等価である（読者が実際にこの式を導出する場合，利得式中の係数が 28,889 になるまで計算すると思われるが，一般に 29,000 が使用されていることに注意しよう）．

3.7.5 計算尺のアンテナ目盛り

図 3.9 に本書に添付されている「アンテナ・電波伝搬計算尺」の面 1 を示す．図ではアンテナ目盛りが強調されている．これらの目盛りはパラボラアンテナ用

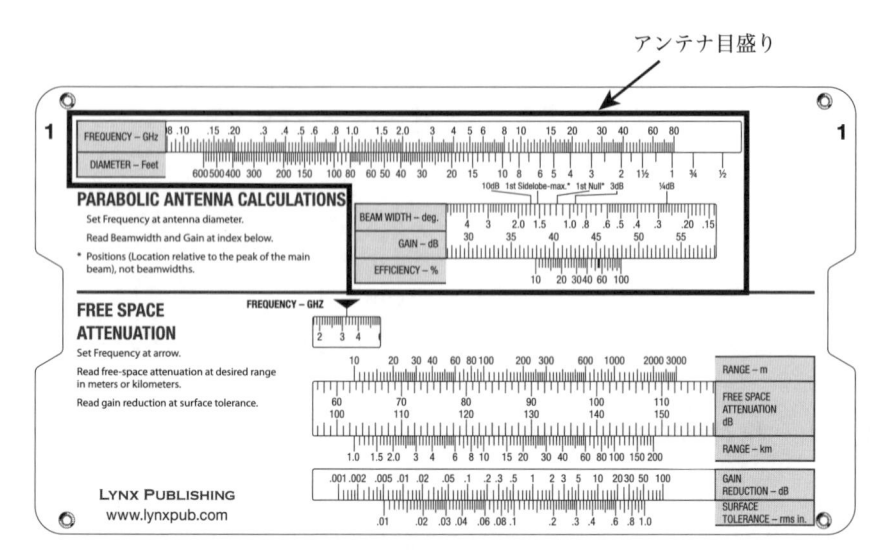

図 3.9　アンテナ目盛りを強調表示した計算尺

である．これで反射器の直径，動作周波数，ならびに効率から，アンテナの利得とビーム幅を計算することができる．

図 3.10 は，アンテナ目盛りを拡大したものである．上端の窓にはスライドの周波数が，また計算尺本体には直径がフィートで示されている．スライドを動かすことで，動作周波数をアンテナの直径に合わせることができる．図 3.10 では A 部で 2GHz と直径 10 フィートが合わされている．ちょうど良い機会であるので，計算尺の面 1 のほぼ中央に周波数窓があることに注目しよう．この窓は，ア

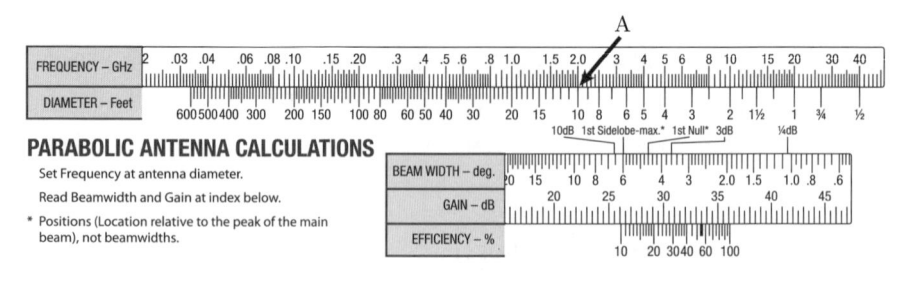

図 3.10　アンテナの直径に合わせた動作周波数

3.7 パラボラ反射鏡アンテナ

ンテナとビーム幅の計算には使用しない．アンテナの直径がメートルで与えられる場合，この計算尺を使用するには，フィートに変換する必要がある．1 フィート = 0.305 メートル，1 メートル = 3.28 フィートである．

さて，図 3.11 に示す計算尺の B 部を見てみよう．そこに効率 55% の太線があることに注目しよう．アンテナ効率が 55% の場合，アンテナのボアサイトの利得は 33.4dB となる．次に，図 3.12 の C 部を見てみよう．計算尺本体の 3dB の線は，スライドの 3dB ビーム幅値に合わされている．この場合は 3.6° である．これは両側のビーム幅であることを思い出そう．アンテナがそのボアサイトを送信機に向けてあり，アンテナを電波発射源から 1.8° 外れた方向（ビーム幅の半分）に向けると，受信電力は 3dB 低下することになる．

さらに，図 3.12 で D 部を見てみよう．10dB の線がアンテナの 10dB ビーム幅に合わされている．これは，アンテナ利得が 10dB 低下するアンテナパターン上の 2 点間の角度である．この窓の右端に 1/4dB ビーム幅が示されていることに注意しよう．

同じ目盛り上で，さらに二つのアンテナ利得パターンを見出せるだろう．

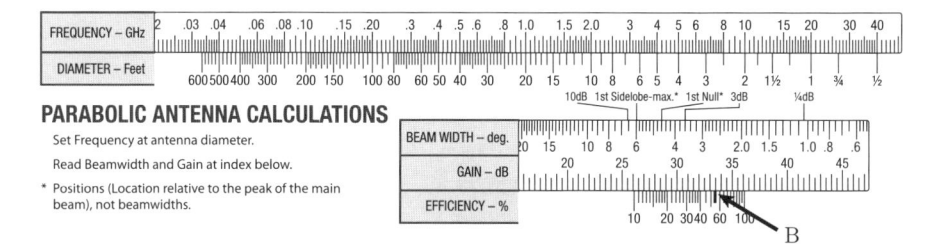

図 3.11　アンテナ効率に対応するアンテナ利得の読み取り

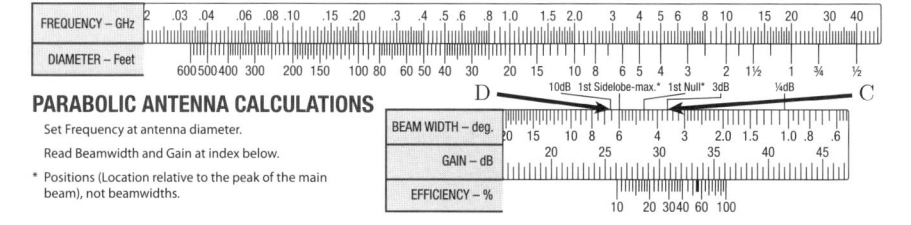

図 3.12　3dB および 10dB アンテナビーム幅

図 3.13 では，E 部で，第 1 ヌル線がアンテナパターンのボアサイトから第 1 ヌルまでの角度に合わされている．これは（ビーム幅が両側の値であるのと違い）片側の値である．F 部では，「第 1 サイドローブの最大」の線が，ボアサイトからアンテナ第 1 サイドローブのピークまでの角度に合わされている．

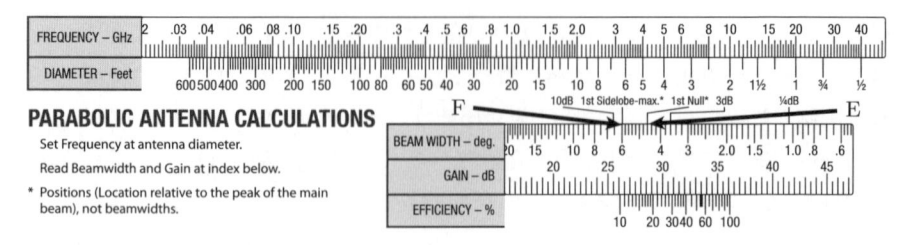

図 3.13　アンテナ利得パターンにおける第 1 ヌルおよび第 1 サイドローブのピーク

3.7.6　計算尺の前提事項

計算尺のアンテナの目盛りは，次式から得られたものである．

$$利得 = ボアサイト利得 \times \frac{\sin(オフセット角)}{オフセット角}$$

ここで，オフセット角（offset angle; 開角）とは，ボアサイトと，アンテナ利得を予測または測定する方向とがなす角度のことである．

これはしばしば $\sin x/x$ 関数と呼ばれる．

この計算尺に組み込まれたその他の前提事項は，以下のとおりである．

- 垂直方向と水平方向のアンテナパターンが同じであること．
- 給電アンテナに入出力するエネルギーの 90% が，反射器に向けられているか，反射器で受け取られていること．
- この反射器が完全な放物面であること．

計算尺の面 1 には，反射器が完全な放物面ではない場合を扱う目盛りがある．図 3.14 に周波数の窓と利得減少の窓を示し，これらの目盛りを拡大したものを図 3.15 に示す．この機能を使用するには，スライドを動かして使用周波数を G 部の矢印に合わせる．図では 2GHz に設定してある．すると，底部の窓には表面

周波数

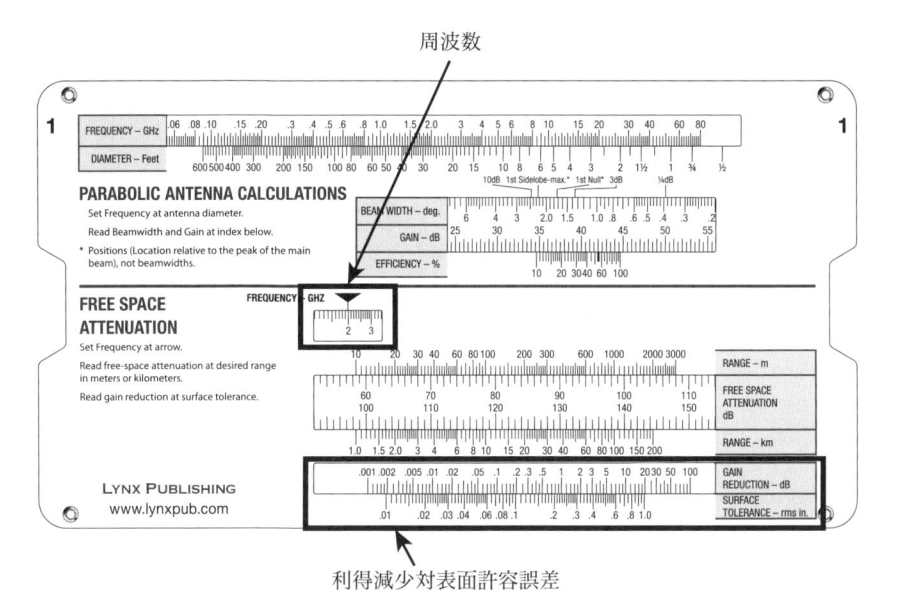

図 3.14　利得減少対表面許容誤差を強調表示した計算尺

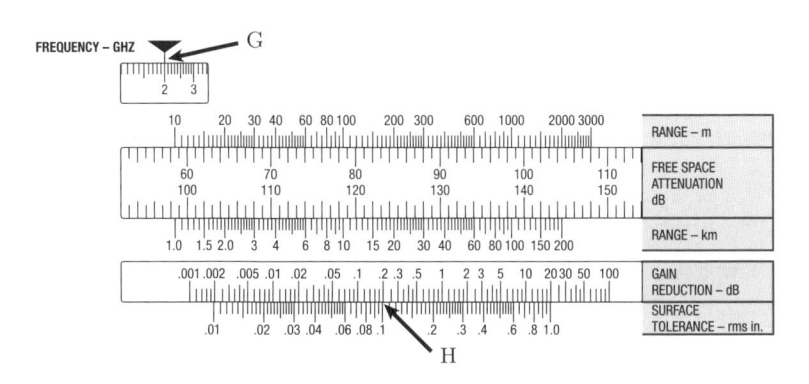

図 3.15　2GHz で許容誤差が 0.1 インチ RMS における利得減少

許容誤差の関数として利得減少が示される．完全な放物面に対し，表面が 0.1 インチの RMS 誤差（root mean square error; RMS error; 2 乗平均誤差）（H 部）を持っている場合，実際のアンテナのボアサイト利得は，図 3.11 の B 部に示される値より 0.2dB 少なくなる．

第4章

通信用受信機

本章では，電子戦に用いられる受信機の種類について，通信 EW アプリケーションにとって重要なものに重点を置いて取り上げる．特に，ほとんどの新しい EW システムに組み込まれているデジタル受信機（digital receiver）に注目することとする．

本章ではまた，通信 EW アプリケーションにとって重要な受信システムや一般的な多数受信機で構成されている受信システムの感度とダイナミックレンジの計算についても取り上げる．

4.1 受信機の種類

電子戦支援（electronic warfare support; ES）および偵察システム（reconnaissance system）に使用される受信機には，いくつかの種類がある．各種受信機には特有の長所と短所があるので，ほとんどの ES システムは，遭遇する脅威信号の種類に応じてコンピュータ制御される複数の種類の受信機を保有している．

表 4.1 に，電子戦に使用される最も一般的な受信機の種類を，代表的な感度，用途，およびシステム性能に与える影響とともに示す．この種の受信機の中には主に（通信よりむしろ）レーダ脅威を対象とする EW システム向けのものもあるので，これらについてはおおまかに触れることにする．

表 4.1 EW 受信機の一般的な種類

受信機の種類	標準的な感度	代表的なEW/偵察用途	システム性能への影響
クリスタルビデオ (crystal video)	低	RWR	広周波数覆域，高速応答時間，1 回に 1 信号を受信
瞬時周波数測定 (instantaneous frequency measurement)	低	RWR	最大オクターブ周波数までが対象，1 回に 1 信号を受信，周波数のみを測定
スーパーヘテロダイン (super heterodyne)	中高	RWR, ELINT, COMINT, 通信 ES, ターゲティング	多数信号中 1 信号を選択受信，あらゆる変調の再現
周波数同調 (tuned radio frequency)	高	多数の信号環境に対処する昔からの手法	実際の周波数同調（TRF）受信機での同調は複雑な処理が必要
固定同調 (fixed tuned)	中高	CDMA 信号，時間基準など	複雑な環境での 1 信号の受信と復調
チャネライズド (channelized)	中高	複雑な信号用 RWR, EW・偵察用途	多数同時信号を受信，変調再現可能
ブラッグセル (Bragg cell)	中高	滅多に使用されない	周波数だけを測定，多数同時信号を受信，非常に狭いダイナミックレンジ
コンプレッシブ (compressive; 圧縮)	中高	ELINT, COMINT, 監督者席用	多数同時信号の周波数測定
デジタル (digital)	中高	各 EW・偵察用途	高度の柔軟性保持，標準的または複雑な信号処理に対応，極めて高速な処理が可能

4.1.1 パルス受信機

本節で取り上げる受信機のほとんどは，用途が比較的低いデューティサイクル（duty cycle）のパルス信号に限定されるという性能的特性を持つ．したがって，通信 EW システムに役に立つ状況はほとんどない．

4.1.1.1 クリスタルビデオ受信機

クリスタルビデオ受信機（crystal video receiver; CVR）は，最初の民間放送用受信機であり，1960 年代初期の偵察システムに広く用いられたが，現在は通常，高い傍受確率が必須で，低感度が許容できるレーダ警報受信機（RWR）に見られる．この種の受信機は主として，かなり強力なパルス信号の再生に適している．

初期の民間放送は振幅変調（AM）を用いており，「猫の髭」，つまり細いバネ線が接触した鉱石片を使って検波できた．これは実質的に，点接触型のダイオードであった．検波された振幅変調波は，低域通過フィルタ（low-pass filter; LPF）を通すと音声信号が取り出され，それをイヤホンで聞くことができる．そのイヤホンを薄手の茶碗の中に置くと，家族全員が取り囲んでその放送に耳を傾けることができたのである．

1950 年代には，マイクロ波周波数帯で動作可能な特殊な低雑音ダイオードが利用できるようになった．これらをアンテナとビデオ増幅器の間につなぐと，比較的広い周波数範囲のレーダ信号を探知することができた．これによって近代的な CVR が実用化されるようになり，ベトナム戦争で重要な役割を果たしたレーダ警報受信機の開発が間に合ったのである．

図 4.1 に示すように，（鉱石製の）ダイオード検波器（diode detector）は，振幅変調を検波して，音声またはビデオ信号を作り出し，この信号が増幅され，さ

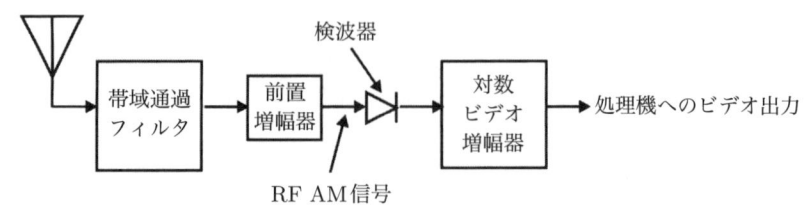

図 4.1 クリスタルビデオ受信機

らに帯域制限されて出力信号となる．敵のほとんどの信号を受信するためには高いダイナミックレンジ（dynamic range）が必要なので，ダイオード検波器の出力は対数増幅器（logarithmic amplifier）に渡される．

受信 RF 信号レベルが低いので，ダイオード検波器は 2 乗則領域（square law region）で動作することになり，CVR の感度を制約する．前置増幅されていない CVR の標準的な感度は，約 −40dBm である．前置増幅器（preamplifier; プリアンプ）を使用することで，これを約 −65dBm にまで改善することができる．感度については，4.5 節で詳細に説明する．

CVR の大きな長所は，その高い傍受確率（probability of intercept; POI）にある．1 台の CVR で，最大で数 GHz までの極めて広い周波数範囲を連続的にカバーできる．したがって，帯域内のどこにどのような AM 信号が存在していても変調を再生する．問題は，その帯域内に存在する信号すべてを復調することである．低デューティサイクルのパルスが存在する環境や，あるいは高デューティサイクル信号が少し存在するだけの環境では，これが問題を起こすことは比較的少ない．少数の連続信号や高デューティサイクル信号が存在する場合，これらは帯域消去フィルタ（band-stop filter）を用いて除去できる．しかしながら，HF，VHF および UHF 帯においては，高デューティサイクル信号の密度が高いため，極めて特殊な状況を除いて CVR は役に立たない．CVR におけるその他の問題は，変調だけを再生し，それがカバーする帯域内のどの受信信号の実際の周波数も測定できないことである．

4.1.1.2　瞬時周波数測定受信機

瞬時周波数測定（instantaneous frequency measurement; IFM）受信機は，リアルタイムで RF 信号の周波数を測定するとともに，並列線路上にデジタル出力する．その処理速度は 50nsec 以上のパルス幅のパルスの周波数を測定できるほど速い．IFM の感度は，CVR のそれとおおむね等しい．システムに CVR と一緒に IFM が含まれることはごく普通のことである．

IFM 回路内では，RF 信号が遅延線の前と後でサンプリングされる．二つのサンプル値の比は，RF 信号の周波数の関数として変動する．この比は信号強度とも一緒に変動する．したがって，デジタル化された出力は，周波数と信号強度双方の関数となる．1960 年代末，IFM が最初に利用できるようになったとき，こ

の変動がEWアプリケーションにおけるIFMの有用性を制限した.

図4.2に示すように，IFM回路は，ハードリミッティングRF増幅器のすぐ下流部で使用されている．IFM回路への入力は，今は一定の信号強度を持っているので，IFM出力は周波数だけの関数となる．1970年代半ばには，市販のハードリミッティングRF増幅器を利用できるようになったので，IFMは実用的で，EW受信システムに広範に使用されるようになった.

IFMは1オクターブの帯域幅までカバーできるほか，帯域幅の約0.1%の周波数分解能（frequency resolution）を備えている．したがって，4GHzの周波数範囲をカバーするIFMは，4MHzまでの周波数分解能を備えていることになる.

IFMは，単一の信号が存在する場合にだけ役立つ出力を提供する．複数の信号を同時に受信すると，IFMからのデジタル出力は，外見的には寄せ集めの，ランダムなビットとなる．低デューティサイクルのパルス信号だけが存在する場合，二つのパルスが重なり合うわずかな期間を除けば，IFMの処理速度で，すべてのパルスの周波数測定が可能である．しかしながら，IFM入力に一つでも強力なCW（continuous wave; 連続波）信号があると，そこにあるいかなるパルスや連続信号の周波数情報も一切提供されない．CVRと同様に，IFMは，ごくわずかな連続信号があれば有効に動作させることができるように，同調式帯域消去フィルタ（tunable band-stop filter）の下流部に組み込まれることが多い．一般に非常に多数の連続信号を含むHF，VHF，UHF帯では，単一信号にしか対応できないという制約がIFMの有効性を大幅に制限する．したがって，通信EWシステムにおいては，IFMは極めて特殊な状況（低信号密度（low-signal density））に限り使いものになるのである.

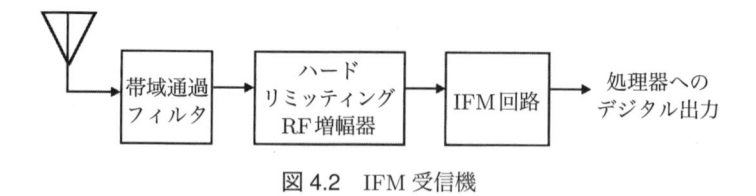

図4.2 IFM受信機

4.1.2　スーパーヘテロダイン受信機

　スーパーヘテロダイン受信機（superheterodyne receiver; SHR）は，EW・偵察システムと同様，通信や民間放送用受信機に最も一般的に使用されている受信機の一種である．これは，高密度環境（dense environment）で多数の信号のうちの一つを受信するとともに，いかなる種類の信号変調も復調することが可能な，極めて良好な感度を備えている．

　ヘテロダイン（heterodyne; 周波数変換）は，受信信号と一緒に局部発振器出力を非線形装置に入力すると起こされ，受信信号を別の周波数に変換する．この非線形装置がミキサである．その出力信号は，二つの入力信号，それらの和および差の周波数の信号，およびそれらのすべての倍数，ならびにそれらの倍数の和および差の周波数の信号を含んでいる．

　この受信機（図 4.3 参照）では，同調可能プリセレクタ（preselector）（帯域通過フィルタ）が対象周波数帯域に設定される．局部発振器（LO）は，この対象帯域の上または下にオフセットした固定周波数に設定され，ミキサの出力は，プリセレクタの周波数帯域の中心からの LO のオフセットに等しい周波数に中心がある中間周波（intermediate frequency; IF）増幅器に渡される．例えば，対象帯域の中心が 100MHz で，IF の中心が 21.4MHz である場合，LO は 121.4MHz または 78.6MHz に設定されることになる．LO が 121.4MHz（対象帯域より上）にあれば，その受信機は「上側変換」（high side conversion）を使用しており，LO が（対象帯域の下，この事例では 78.6MHz）にあれば，「下側変換」（low side conversion）を使用しているという．上側変換がより一般的である．

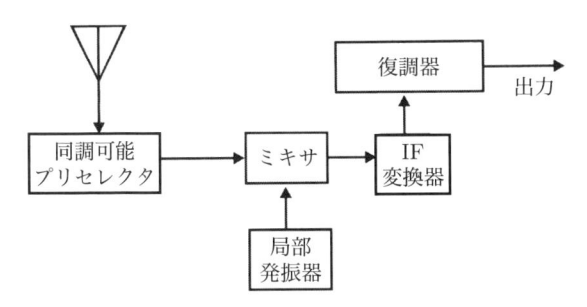

図 4.3　スーパーヘテロダイン受信機

IF は，プリセレクタ帯域と局部発振器との差の周波数の信号以外のすべて（あるいは，ほとんど）のミキサ出力信号を取り除く極めて良好なフィルタ除去を提供する．それ以外のミキサ生成成分は，スプリアス信号（spurious signal）あるいは「スプール」（spur）と見なされる．一般的な IF 周波数は 455kHz，10.7MHz，21.4MHz，60MHz，160MHz である．受信機は，所望のどの中間周波数を使っても設計できるが，これらの周波数においては優れた安定性とフィルタ性能を持つ市販の IF 増幅器を容易に利用することができる．この IF 増幅器は，信号レベルを受信時のレベルから復調器（demodulator）への入力に必要とされる約 10mW のレベルに上げるのに十分な利得を備えている．

通信 EW システムでは，1 台の受信機で極めて広い周波数範囲をカバーする必要があることが多い．周波数範囲が 1 オクターブ（すなわち，最高周波数が最低周波数の倍）より大きい場合，主要なスプリアス信号を除去することは困難である．これは，図 4.4 に示すように，2 回以上の周波数変換を行い，各段でスプリアス信号をフィルタ除去することで解決される．このような受信機は，二重変換受信機（double conversion receiver; ダブルコンバージョン受信機）と呼ばれる．第 1 IF 段は，比較的高い周波数にある．これは，LO と受信信号との差の周波数が大きいことを意味する．すなわち，スプリアス出力周波数をより広く拡散させるようにすることで，フィルタ除去をさらに容易にしているのである．（最初の IF 段で）フィルタ除去後，周波数変換された信号は，第 2 変換段および第 2 段目の IF 増幅器/フィルタに移される．

第 2 IF 増幅器の出力は，受信信号からの変調再生のため，復調器回路に送られる．この IF 増幅出力はまた，デジタル受信機に組み込まれたコンピュータへの入力信号として供給するため，デジタイザ（digitizer）に渡すこともできる．

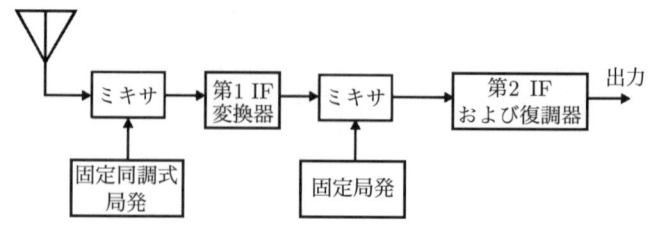

図 4.4 ダブルコンバージョン受信機

4.1.2.1　周波数変換器

　本章で後ほど説明する，より複雑な種類の受信機を受信システムに組み込む場合には，周波数範囲を追加的にカバーしていくと都合が良いことがよくある．これは，図 4.5 に示すように，広い周波数範囲を単一周波数範囲に変換する周波数変換器（frequency converter）で実現される．その結果，この複雑な受信機は，込み入った技術にしては無理のない（通常 1 オクターブ未満で，多くの場合，低中心周波数の）周波数範囲で動作できる．周波数変換器は，ヘテロダイン処理を用い，また同じ LO が多数のチャンネルを扱えるように，たいていは上側と下側の変換を用いている．この変換器の設計では，スプリアス信号周波数とその除去法について熟慮する必要がある．

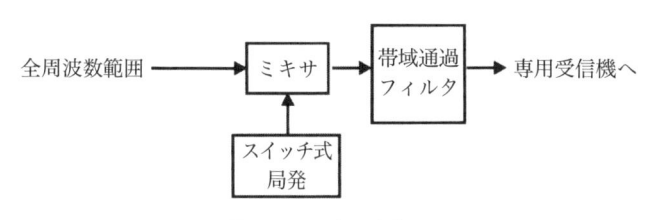

図 4.5　周波数変換器

4.1.3　周波数同調受信機

　初期の一部の受信機は，多段の増幅およびフィルタ除去を行っており，それぞれの段において，受信機を異なる信号周波数に同調させるために，各段の同調をとり直す必要があった．これらが周波数同調（tuned radio frequency; TRF）受信機と言われるものであった．スーパーヘテロダイン受信機は，単一の周波数で良好な性能を得ることが非常に容易であることから，（先に説明したとおり）TRF は機能的にスーパーヘテロダイン受信機に置き換えられた．

　1950 年代から 1960 年代の初めにかけて，多重信号環境におけるマイクロ波信号の傍受に関する深刻な問題があった．市販の（実用的なスーパーヘテロダイン受信機用の）トランジスタ増幅器とトランジスタ発振器は，まだマイクロ波帯ではなかったので，（直径が約 13cm，長さが 30cm で，しかも非常に重い）大型の進行波管（traveling wave tube; TWT）増幅器が必要であった．電子同調可能

なイットリウム・鉄・ガーネット（yttrium iron garnet; YIG）帯域通過フィルタも使用できたので，偵察システムで多数同時信号の一つに同調するために用いられた．TWT 前置増幅器，TWT 増幅器の前後の YIG フィルタならびにクリスタルビデオ受信機で構成された「TRF 受信機」と呼ばれる受信機があった．それらは "YIG, TWT, YIG"[1] 受信機と呼ばれた．

4.1.4　固定同調受信機

受信機が一つの信号周波数のみをカバーするのであれば，それは固定同調式と呼ばれる．例としては，時刻放送や緊急チャンネル監視用の受信機がある．その他の重要な例では，各種 GPS 受信機がある．24 基すべての GPS 衛星が同一の周波数で放送しているが，1 台の受信機で一つの衛星の信号の選択を可能にする拡散符号を使用している．したがって，GPS 受信機は固定同調式である．

4.1.5　チャネライズド受信機

図 4.6 に示すように，多数の固定同調受信機に各隣接周波数に同調した固定フィルタ（分波器）バンクから信号が入力されるようにすると，チャネライズド受信機（channelized receiver）が構成される．一般的に各フィルタは，隣接する各フィルタの半値電力（3dB）点が同一周波数となるように作られている．

これによって，多数の同時信号を高品質で受信できるようになる．チャネライ

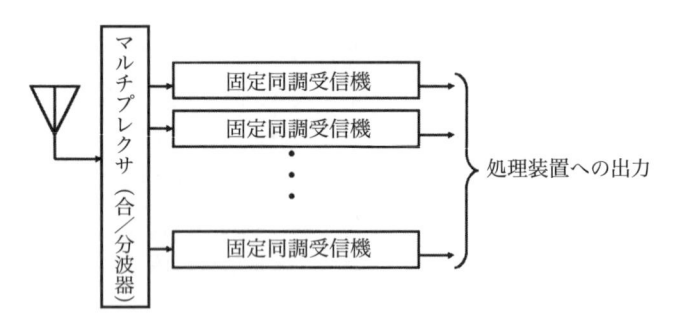

図 4.6　チャネライズド受信機

---

[1]. 【訳注】"yig, twit, yig" と読み，「YIG が YIG をからかう」を意味する．

ズド受信機は，どのような周波数範囲に対しても，果たすべき任務と利用可能な寸法・質量・電力に応じたチャンネル数を備えたものを設計することができる．最新のデジタル技術と RF 回路小型化技術によって，チャネライズド受信機はますます実用的になってきた．

　各チャンネルの受信機は，それぞれが完結した受信機である必要はなく，それぞれが受信機のフロントエンド（front end; 前置回路）でありさえすればよい．その結果，（信号からのエネルギーが選択されたチャンネルで検知されると）出力のいくつかをより少ないチャンネル数に切り替えることが可能になる．その結果，この 2 番目のチャンネル組内の信号の何らかの特性（おそらく変調）の分析に基づき，チャンネル数をさらに絞り込んで選択することができる．最終的に，選択された信号は，信号解析のために記録器のチャンネルあるいはコンピュータに渡すことができる．

　図 4.7 に，一般的なチャネライズド受信機の構成を示す．ここには，局部発振器，ミキサ，1 段または 2 段の IF 増幅・フィルタ除去などを含む比較的多数の「フロントエンド群」がある．これらは，予測しうるすべての信号周波数範囲をカバーする．信号エネルギーがいずれかのフロントエンドチャンネルで探知されると，処理装置は，そのフロントエンドに IF および弁別器チャンネル（discriminator channel）を割り当てるかどうかを選択するために優先順位を付ける．存在している信号数は前置チャンネル数より少ないことを前提としているので，この少数の IF および弁別器チャンネルが信号エネルギーを与えているすべ

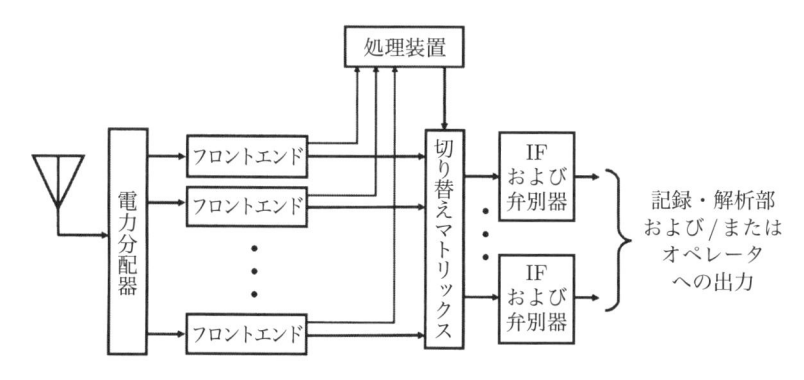

図 4.7　一般的なチャネライズド受信機アプリケーション

てのフロントエンドに割り振られる．使用可能な出力チャンネル数より多い信号が存在する場合には，周波数の優先順位を設定するか，あるいは信号についての何らかの追加情報を処理装置に提供することによって，使用可能にすべき信号を選ぶことができる．例えば，信号の変調方式や電波源の概略位置について，いくつか手掛かりがあるかもしれない．

もちろん，チャネライズド受信機を構成する多くの方法がある．たいてい選択範囲を絞る多数の段階があり，また，同じような種類の信号を一つの記録チャンネルに収集するために，出力を適切な記憶場所に分類して格納することも可能である．

4.1.6　ブラッグセル受信機

光電（electro-optical）受信機（すなわち，ブラッグセル受信機（Bragg cell receiver））は，1960 年代においては，多数の同時信号を迅速に扱う究極的解決策であると見られていた．ブラッグセル受信機は，その帯域幅（一般的には 1 オクターブ）内に存在する各信号の周波数を測定する．その結果，狭帯域受信機は各対象信号に同調することができる．

図 4.8 に示すように，レーザ光線をニオブ酸リチウム（lithium niobate）結晶のブラッグセルに通す．受信信号帯域が，大いに展開されて，セルに入力される．そこにある各信号は，セルの全域に圧縮線を生ずる．これらの圧縮線は，そこにある各信号の周波数に応じた間隔を持つ回折格子（diffraction grating）の機能を果たす．この回折格子の間隔は光線の回折角度を決めるので，ブラッグセル

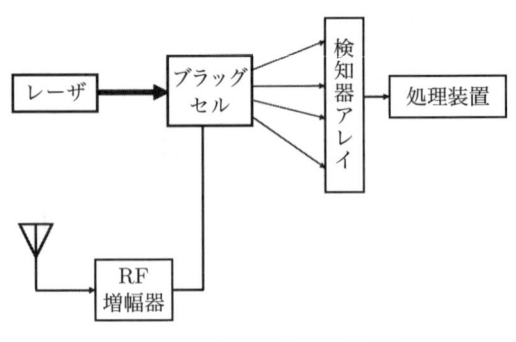

図 4.8　ブラッグセル受信機

はレーザビームを信号ごとの別々のビームに分解する．検知器アレイ（つまり1組のアレイ）によって，レーザエネルギーが存在する角位置の測定が可能になり，したがって，アクティブな信号を持つ周波数が測定できる．その結果，厳密な分析を行う受信機が，傍受や分析機能，あるいはそのいずれかの機能を果すため，極めて迅速に各信号に同調することができる．

この能力は極めて強力であったため，ブラッグセル受信機は，多くの重要な計画に取り入れられた．しかしながら，ダイナミックレンジが限られているという大きな問題があった．EW・偵察受信機は，強力な帯域内信号が存在する中で微弱な信号を検知できなければならないので，一般的に 60〜120dB のダイナミックレンジが必要とされている．初期のブラッグセルは約 1kW の 1 次電源で，ダイナミックレンジ 20dB を達成できた．それ以下の 1 次電源では，ダイナミックレンジが相当狭かった．このダイナミックレンジ問題によって，ブラッグセル受信機は，存在する最強信号に対応するだけでよい受信機くらいにしか機能的に使えないものであることが判明した．一方，そのころ，多数同時信号問題を解決する別の技術が開発された．ブラッグセル受信機の実用性は，最強信号の周波数を測定しさえすればよく，それも帯域内の他のどの信号より 10dB 強力な信号であるようなシステムの場合に限られている．

4.1.7　コンプレッシブ受信機

コンプレッシブ（圧縮）受信機（compressive receiver）は，マイクロスキャン受信機（micro-scan receiver）とも呼ばれ，良好な感度とダイナミックレンジで多数同時信号の周波数を測定することができる．ただし，周波数しか測定できない．測定した各信号の周波数は，追跡受信機（set-on receiver）の同調用，オペレータのディスプレイ用に，デジタル形式で提供することができる．重要なアプリケーションでは，統括者（スーパーバイザ）が多数の傍受オペレータを統制している．1 台のコンプレッシブ受信機が，統括者にどの周波数が活動中かを示すディスプレイを駆動し，統括者はそれを見て，オペレータに対して関心信号を割り当てることができる．

別のアプリケーションでは，帯域幅 1MHz の受信機を，2〜4GHz 帯域のどの信号にも $2\mu sec$ 以内で同調させるものもある．

コンプレッシブ受信機のブロック図を図 4.9 に示す．広帯域の中間周波 (IF) 増幅器が，ヘテロダイン（周波数変換）方式（heterodyne principle）によって，信号帯域全体を極めて高速度で掃引される．広帯域の IF 出力は，周波数に応じて変化する遅延時間を持つ圧縮フィルタに渡される．圧縮動作の要件は，遅延時間対周波数の傾斜が，入力信号を IF 周波数に変換する局部発振器の周波数対時間の傾斜に等しいことである（図 4.10 参照）．図 4.10 を考察する際は，IF においては，右上がりの同調傾斜（tuning slope）が，最大周波数でフィルタに入る信号に最大の遅延をもたらしていることを思い出してほしい．次に，IF が信号の最初から最後まで同調するに従って，フィルタ内の周波数が徐々に低くなっていく――つまり，遅延時間の減少を引き起こす．

圧縮フィルタの出力帯域幅は IF 増幅器よりずっと狭いが，これはコンプレッシブ受信機にかなり良好な感度をもたらすように考慮した結果である．IF が信号の最初から最後まで同調される際の圧縮フィルタの働きについて考えよう．すなわち，IF（および圧縮フィルタ）の端が信号周波数に到達しているとき，信号は，IF が信号周波数から離れる時間まで遅延される．やや遅れて，信号がもはやフィルタの端にいなくなるほどの周波数に IF が動いてしまうと，信号はよりわ

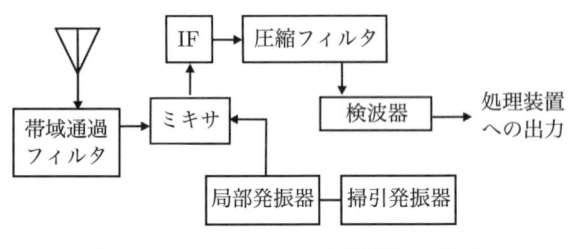

図 4.9　コンプレッシブ（圧縮）受信機

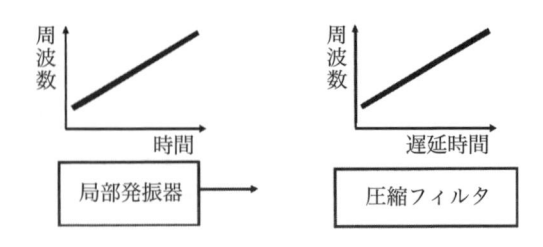

図 4.10　遅延時間対周波数と同調速度

ずかな遅延になり，IF が信号周波数から離れる時間まで過不足なく遅延される．この処理は，IF の同調が信号周波数を過ぎてしまうまで継続する．したがって，信号は遅延で延長された時間の間，圧縮フィルタの出力内に留まる．

通常，信号が検知されるには，信号は IF 帯域幅の逆数と等しい時間，IF 内に留まる必要がある（すなわち，1MHz の帯域幅では 1μsec の滞留時間が必要である）．IF は，圧縮フィルタの出力部における 1 帯域幅の時間，すなわち帯域幅の逆数の時間よりずっと速い速度で同調される．ただし，この圧縮のために，信号は検知されるのに十分な長さだけ出力内に滞留する．

4.1.8 デジタル受信機

デジタル受信機は，新しい EW・偵察システムや，既存システムのアップグレードに採用されている受信機の中で，ほぼ間違いなく最も一般的な受信機である．本項では，その中の，デジタル受信機の概念，サンプリング，デジタル化，性能の制約要因，および数点の用途上の重要な問題について説明する．ここではずっと複雑な主題の概要だけを取り上げているが，さらに詳細な事項については，デジタル受信機に関する教科書のほか，本書付録 B に記載した参考資料から学ぶことができる．

デジタル受信機は，アナログ信号をデジタル化した後，受信機の機能のすべてをソフトウェアで実行する．それは EW・偵察アプリケーションに大きな柔軟性を与えるとともに，ハードウェアに組み込むことが極めて非現実的な，いくつかの機能を実行することができる．デジタル受信機は通常，受信信号をそのままでは操作できない．なぜなら，デジタル化の実行に先立って，いくつかの信号の調整を必要とするからである．図 4.11 に示すように，デジタル受信機はアナログ RF フロントエンド，デジタイザおよび処理装置を持っている．

アナログ RF フロントエンドは，単純な IF 変換器（IF translator）よりはるかに複雑になることがある．これは，一般に周波数変換器を前述のように段階的に用いることにより，比較的広い周波数範囲をカバーする．周波数変換器の出力は，周波数範囲内にあり，デジタイザへ入力可能な信号強度を持つ広い IF 出力である．初期のデジタイザは，スプリアス応答（spurious response）を軽減するため，帯域下側の周波数が非常に低い，いわゆる「ゼロ IF」（zero IF）

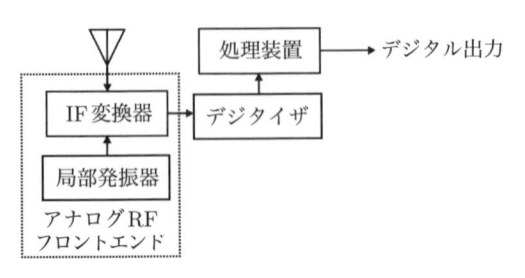

図 4.11 デジタル受信機

からの入力が必要であり，極めて複雑な変換体系を必要とした．しかしながら，最新のほとんどのデジタイザは，高い中間周波数で直接作動する．受信信号は通常 $-60 \sim -120\mathrm{dBm}$ であるので，デジタイザへ入力するにはあまりにも低すぎる．したがって，アナログフロントエンドは大きな信号利得を供給しなければならず，また，デジタル化速度と両立できる帯域幅を持たなければならない．

4.1.8.1　デジタル受信機の用途

デジタル受信機が電子戦システムに広く用いられるようになってきていることには，以下のようないくつかの理由がある．

- デジタル受信機が信頼性と費用効果を高められるように，デジタイザ，処理装置，ソフトウェアにおける最先端技術が非常に成長していること．
- デジタル構成部品およびコンピュータの小型化により，アナログ受信機技術に比べて大幅な寸法と質量の削減が，ほとんどの場合に可能となっていること．
- デジタル受信機には，操作上相当な柔軟性があること．
- デジタル受信機には，チップ検知（chip detection）および周波数ホッパの追随（どちらも後述する）といった，これまで実現できなかった仕事を可能にする処理上の大きな利点があること．

4.2　デジタル化

　デジタイザとは，アナログ/デジタル変換器（A/D 変換器）のことである．4.2.2 項で述べるように，これはアナログ信号の一群を受領し，入力帯域内の混合アナログ信号の振幅を捉えたデジタル出力を作り出す．アナログ入力帯域内の信号はすべて，一つの複合波形を形成する．2.2.2 項で述べ，図 4.12 に示すように，この複合波形はデジタル化される．

　デジタイザは，最大で GHz 級のサンプルレート（sample rate; サンプリングレート）まで動作でき，最大 18 以上のビット数を持つことができる（ただし，同一装置内で持てるということではない）．極めて高速のデジタイザは，サンプル当たりのビット数が極めて少ない．デジタイザのビット数に対するサンプルレートにおける最新技術は，軍民両方のユーザの大きな投資に呼応して絶えず向上している．

　処理装置には多くの種類のコンピュータが含まれる．コンピュータは，入力アナログ帯域の信号群のデジタル特性を受領する．その後，コンピュータはソフトウェアを用いてフィルタ除去，復調（demodulation），および解析タスクを実行し，カバーする帯域中の信号から受信機が再生するよう指定された情報を提供するのに必要な（デジタル）出力を作り出す．

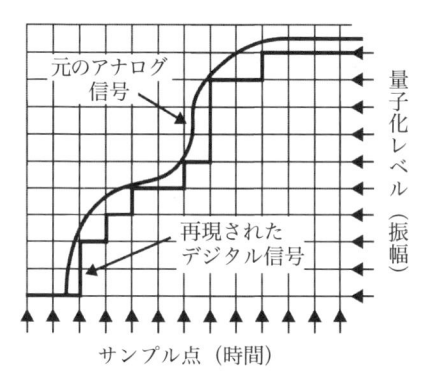

図 4.12　PCM 方式のデジタル化

4.2.1 サンプリングレート

所要サンプリングレート（サンプリング速度）は，しばしばナイキストレート（Nyquist rate; ナイキスト速度）という観点から述べられる．ナイキストサンプリングレートは，デジタル化される信号の最高周波数の2倍である．最新のA/D変換器では，IF周波数が高すぎない限り，デジタル化される入力（IF）帯の帯域幅の2倍の周波数でサンプリングすることができる．理論上は，信号はナイキストレートのサンプルから再現可能である．しかしながら，（元のアナログ信号を複製する）デジタルRFメモリ（digital radio frequency memory; DRFM; デジタル高周波メモリ）の製造者たちは，信号を適切に再現するためには，サンプリングレートは帯域幅の約2.5倍が必要であると言っている．

4.2.2 デジタル波形

図4.12に示すデジタル化出力は，パルス符号変調（pulse code modulation; PCM）であり，その中のバイナリワード（binary word）は，サンプリング時におけるアナログ波形の瞬時値を示している．これらの値のレベルは等間隔にすることもできるし，あるいは，所要ビット数を少なくするため（高レベルでは低レベルより広い間隔に）「圧縮・伸張」することもできる．

デジタル化の二つ目の種類を図4.13に示す．これは，デルタ変調（delta modulation）であり，そのデジタル出力は，絶対値ではなくアナログ信号波形の推移すなわち傾斜を表している．"1"は傾斜が上向きであることを示し，"0"は下向きであることを示す．所要ビットレートは，有意な信号変化率の上限によって決定される．

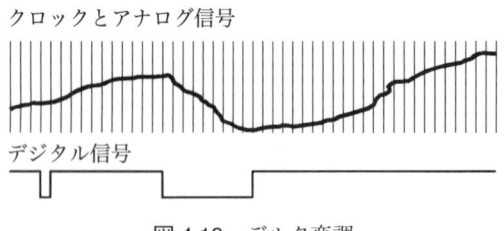

図4.13　デルタ変調

4.2.3 デジタル化技術

現在使用されているデジタル化技術はいくつかある．ここでは2種類だけを説明する．すなわち，逐次比較型 A/D（successive approximation A/D）および並列比較型 A/D（flash A/D; フラッシュ型 A/D）である．具体的なアプリケーションには，これら二つの技法の変形が必要になることもある．

逐次比較型は，比較的ゆっくりした変換時間（10〜300μsec）が許容される場合に用いられる．この技法では，アナログ入力波形を一つずつが（1, 2, 4, 8 などの比に応じた）ビットレベルの各基準電圧と逐次比較する．こうして，複雑度を最小限にしたハードウェアを使って，n 段階で n ビットの出力デジタル符号を発生させている．

並列比較型 A/D は，極めて高速な変換時間（10〜50nsec）を備えている．これは，図 4.14 のように考えたアナログ値のそれぞれに並列比較器（parallel comparator）を使用するものである．つまり，8 ビットのデジタル符号には 255 個の比較器を必要とする．この技術は極めて高いサンプリングレートを可能とする一方で，複雑度が著しく増加したハードウェアを必要とする．

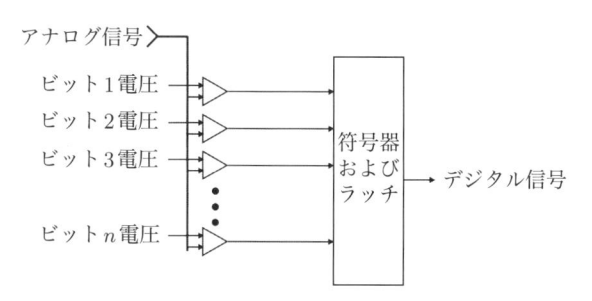

図 4.14 並列比較型（フラッシュ型）符号器

4.2.4 I&Q デジタル化

多くのアプリケーションでは，デジタル信号の位相を維持する必要がある．いくつかのデジタル受信機に加えて，これらのアプリケーションには，多くの DRFM と何種類かのレーダが挙げられる．位相は「同相および直交位相」（in-phase and quadrature; I&Q）方式のデジタル化を行うことで保たれる．図 4.15 に

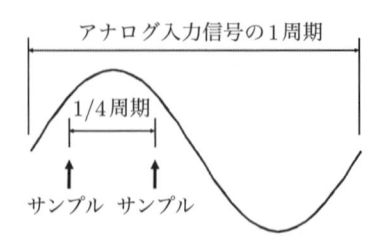

図 4.15　I&Q 方式によるデジタル化

示すように，これには信号を 1 周期当たり 2 回デジタル化する必要があり，2 度目の測定を，最初の測定に対しておおむね 1/4 周期（つまり，位相で 90°）遅れて行う．

4.3　デジタル信号の品質問題

受信機のデジタル部は，アナログ RF フロントエンドからその入力を受け取るので，フロントエンドの感度は，目的とする信号の受信に十分である必要がある．感度については 4.4 節で説明するが，受信機の有効帯域幅がシステム感度（system sensitivity）の要素の一つであることに注意してほしい．デジタル受信機では，有効帯域幅を測定する処理を頻繁に行う．また一方，（感度のもう一つの要素である）システムの雑音指数（noise figure; NF）は，主として受信機のフロントエンド設計の影響を受ける．

信号がデジタル化された時点で処理装置に渡され，標準的な受信機機能のすべてがソフトウェアで果たされる．デジタル受信機内の処理には有効帯域幅を設定するフィルタ除去，受信信号から変調を再生する復調，さらにアナログ受信機で達成することが困難な他のいくつかの機能が含まれる．以下の説明では，デジタル受信機に非常にふさわしい二つの処理タスクを取り上げる．これらの事例は両方ともに，第 2 章で説明した LPI 信号と関係がある．

4.3.1　チップ検知

DS スペクトル拡散信号は，伝送に先立って，高ビットレートの擬似ランダムデジタル波形を非常に低いビットレートのデジタル信号に（2 値的に）付加する

ことで生成される．この拡散波形の各ビットを「チップ」(chip) と呼ぶ．これが，送信信号を通常の受信機では探知すらできないほど広い（おそらく，非拡散信号の 1,000 倍もの）周波数範囲に拡散する．2.4 節で述べたように，信号周波数が 1,000 倍に拡散されるので，1Hz 幅当たりの電力は，拡散範囲全体にわたって 30dB 低減される．

　協調的な受信機で復元されるべき拡散信号に対しては，受信信号に（送信機内のこの信号と同期した）高ビットレート信号を加える必要がある．同期化には拡散波形が安定したチップレートを持っている必要がある．この波形に同期している拡散信号をオシロスコープで表示すると，図 4.16 に示すようなスコープ画面を見ることになるだろう．四角ブロックの各変わり目はチップレートに対応することに注意しよう．連続した 1 と 0 の数は，非常に変わりやすいので，最初の少数の変わり目はスコープ画面上ではいくぶんぼんやりと表示される．

　信号が時間を区切って処理されるのであれば，チップのエネルギーを，「チップ検知」(chip detection) ができるようになるまで積分することができる．この技術は，タップ間隔がチップ周期のタップ付き遅延線（tapped delay line）と等価な遅延線をソフトウェアで作り出すものである．この処理は，チップ波形のエネルギーを検知できるレベルまで積分できるように，多数のチップを重ね合わせる．この積分は，チップの終わり近くのサンプルを使用して，チップ周期の全体を通して実行される．これがソフトウェアで行われる場合は，タップ間隔を，正確なチップレートと位相を探すために変化させることができる．これによって，DS スペクトル拡散送信機の探知や，それに続く位置決定が可能になるだろう．

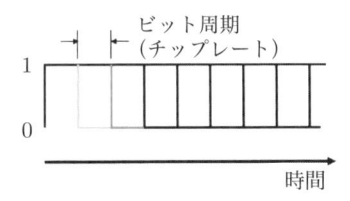

図 4.16　DSSS チップのオシロスコープ表示

4.3.2　周波数ホッピング信号の捕捉

　周波数ホッピング信号は，数 msec ごとに擬似ランダムシーケンス（pseudo-random sequence; 擬似ランダム数列）で周波数を変化させる．各周波数の期間を「ホップ持続時間」（hop duration; ホップ期間）と呼ぶ．代表例として，ジャガー V（Jaguar V）VHF 帯周波数ホッパを考えよう．その諸元は，ホップ周期 10msec，チャンネル間隔 25kHz，最大ホッピング範囲 30〜88MHz である．したがって，58MHz の周波数範囲全体に 2,320 の送信周波数が存在し，この中のどの周波数も，任意のホップ期間中に信号を搬送することができる．この種の信号における周波数と時間の関係を図 4.17 に示す．ホップ周期の一部分の期間内に敵の送信機の新しい周波数を測定できれば，極めて迅速に電波源位置を見つけ出すか，あるいは妨害装置を各ホップの周波数に同調させて敵の周波数ホッパを効果的に妨害できるとともに，友軍の通信に対する妨害を回避できるかもしれない．その要件は，周波数測定を極めて迅速に終えなければならないということである．

　電波源位置決定と妨害の説明は，それぞれ第 7 章と第 9 章に委ね，ここでは各ホップにおける周波数測定についてのみ説明する．

　われわれが使おうとしている電波源位置決定技法には，二つのアンテナのそれぞれにおいて受信信号の位相を捕捉する必要があることから，各信号は I&Q A/D 変換器（ADC）でデジタル化される．図 4.18 は，このタスクのためのデジタル受信機構成のブロック図である．これには二つのアンテナのそれぞれで受信された信号の位相を捕捉できるように，二つの並列 I&Q ADC がある．

　さて，さらにいくつかの前提を設ける．すなわち，受信機を標準的な VME

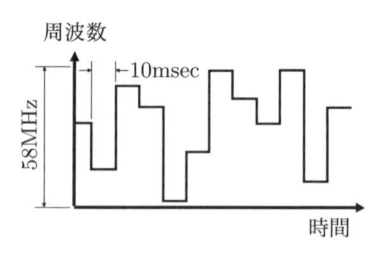

図 4.17　Jaguar V の周波数ホッピングパターン

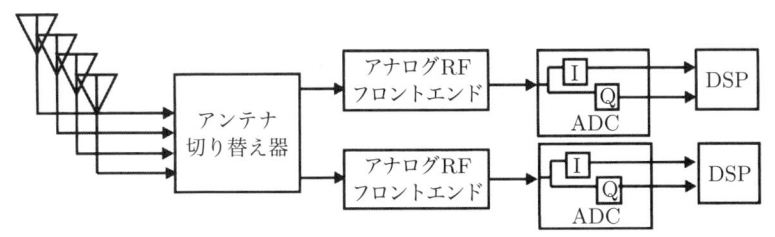

図4.18 ホッピング信号の位相を取得するデジタル受信機

(Versa Module Europe; VERSA Module Eurocard; バーサモジュールヨーロッパ; バーサモジュールユーロカード) アーキテクチャを使って設計すると仮定しよう．この規格は，データ速度を40MB/secに制限する——つまり，信号を40MB/secの速度でしかサンプリングすることができない．これは，25nsecのサンプリング間隔である．ナイキストサンプリング基準（Nyquist sampling criteria）を使用すると，受信機の入力帯域幅は20MHzに制限される．VHFホッパを捕捉しようとする場合，ホッパは25kHzのチャンネル間隔で，58MHzもの範囲にわたってホップすることができる．したがって，われわれのシステムでは，その周波数範囲の約3分の1しかサンプリングできない（つまり，見込まれるすべてのホッパチャンネル数をカバーするには，サンプリングを3回行うことになる）．

ソフトウェアチャネライズド受信機（software channelized receiver）を開発するために用いられる処理技法は，高速フーリエ変換（fast Fourier transform; FFT）となるだろう．それにはチャンネル幅が25kHz未満のチャネライザ（channelizer）が必要である．FFT点の数（すなわち，1回のFFTで処理されるサンプル数）は，チャネライザで作成されるチャンネル数の2倍でなければならない．しかしながら，われわれは並列I&Qサンプルを取り込むので，所要チャンネル数に等しい数のサンプルを取るだけでよい．したがって，1,000チャンネルを得るには，1,000のI&Qサンプルを取ることになる．

サンプル当たり25nsecで1,000のサンプルを取るには25μsecを要する．したがって，ホッピング周波数範囲全体で，すべてのデータの収集時間は，

$$\text{データ収集時間} = 3 \times 25\mu\text{sec} = 75\,[\mu\text{sec}]$$

となる．

4.3.2.1　FFTのタイミング

さて，処理を行うのに必要な時間を考えてみよう．経験則から，FFTには $n \log_2(n)$ 回の複素数加算と $(n/2)\log_2(n)$ 回の複素数乗算が必要であるとされている（n はFFT点の数）．この例においては，n は1,000である．これら二つの値を組み合わせて，10が底の対数に変換し，1回のFFTにおける浮動小数点演算（floating point operation; FLOP）回数を計算すると，

$$\text{FFT 当たりの FLOP 回数} = \frac{1.5n\log_{10}(n)}{0.30103} = 4.983n\log_{10}(n) \approx 15{,}000$$

となる．

デジタル信号処理装置（digital signal processor; DSP）の速度は，FLOPS（floating point operations per second; 1秒当たりの浮動小数点演算量）で規定される．この例においては，SHARC 600 MFLOPSデータ処理装置を使用する．1回のFFT実行に要する時間は，$15{,}000\text{FLOP}/600\text{MFLOPS} = 25\mu\text{sec}$ である．われわれの受信機が，2番目のデータセットの収集間に前のデータセットを処理するとすれば，FFT処理時間はデータ収集時間に等しいことから，システムのスループットが最適化される．したがって，信号がホップした周波数を測定するためのスペクトルデータの収集と分析全体には $75\mu\text{sec}$ を要する．これは，周波数ホッパが一つの周波数に留まる10msecのうちのごくわずかな割合である．

現段階では，30〜88MHzの範囲に存在するすべての信号の周波数を測定しただけであることに注意しよう．次章以降で取り上げる問題には，別の重要な側面がある．

4.4　受信システム感度

受信システム感度は，最も簡単には，システムが受信可能で，それでもなおそれが意図した任務を完遂できる最小の信号強度と定義される．例えば，テレビジョン受信機であれば，明らかにちらつきのない映像を画面に提供できる信号強度である．定義の一つの重要な部分は，（図4.19に示すように）信号強度がシステムの受信アンテナの出力点で直ちに決まるということであり，したがって，所望の受信機出力性能を与えるためにアンテナに到達しなければならない電力密度は，受信システム感度（dBm）からアンテナ利得（dBi）を差し引いた値で決ま

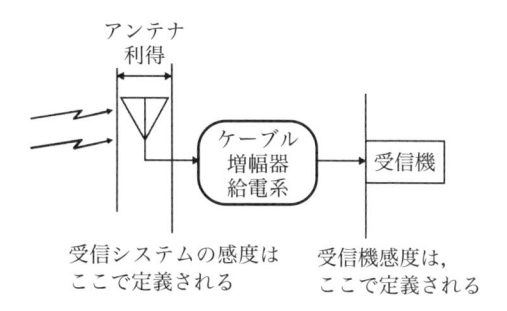

図 4.19　受信システムにおける感度の定義場所

るということである．

いくつかの受信システムの感度は，電力密度の観点で表される．これは，アンテナと受信機の間に密接な関係がある場合には，至極当然のことである——その場合は，感度にはアンテナ利得が含まれる．しかしながら，（アンテナなしの）受信感度が電力密度で表現されている場合には，アンテナ利得は 0dB と見なされる．

また一方で，受信機の受信電力は一般に次式で計算されるので，電力密度を表現する電界強度の単位は $\mu V/m$ である．

$$P_R = P_T + G_T - L + G_R$$

ここで，

P_R：受信電力〔dBm〕
P_T：送信機出力電力〔dBm〕
G_T：送信アンテナ利得〔dB〕
L：伝搬損失（propagation loss）〔dB〕
G_R：受信アンテナ利得〔dB〕

である．

到来信号を，受信アンテナに到来する信号強度〔dBm〕の観点から dBm 単位で表すと，最も便利なことが多い．

到来信号が電界強度〔$\mu V/m$〕の観点で提示される場合，次の公式により簡単に信号強度〔dBm〕へ変換することができる．

$$P = -77 + 20\log(E) - 20\log(F)$$

ここで，

　　P：アンテナに到来する信号強度〔dBm〕
　　E：到来電界密度〔μV/m〕
　　F：周波数〔MHz〕

である．

　逆に，到来信号強度は，次式で電界密度に変換することができる．

　　$E = 10^{(P+77+20\log(F))/20}$

ここで，

　　E：電界密度〔μV/m〕
　　P：信号強度〔dBm〕
　　F：周波数〔MHz〕

である．

　興味深い注意として，これらの公式は，理想的な等方性アンテナの有効面積 (effective area) と自由空間インピーダンス (impedance of free space) に基づいて，入力電界強度〔μV/m〕から出力電力〔dBm〕を作り出している．

　図 4.20 に示すように，受信機感度を構成する三つの要素の観点で考えると便利である．

　そこで，感度は

　　$S = \mathrm{kTB} + \mathrm{NF} + \mathrm{RFSNR}$

となる．ここで，

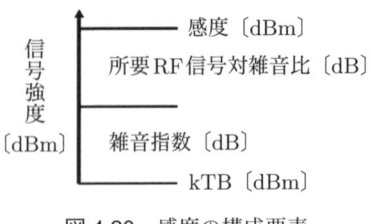

信号強度〔dBm〕
- 感度〔dBm〕
- 所要RF信号対雑音比〔dB〕
- 雑音指数〔dB〕
- kTB〔dBm〕

図 4.20　感度の構成要素

S：感度〔dBm〕
kTB：受信機の内部熱雑音
NF：受信システムの雑音指数
RFSNR：検波前信号対雑音比（predetection signal-to-noise ratio）

である．

4.4.1　kTB

kTB は，受信機内部の熱雑音である．これは，ボルツマン定数，受信機温度〔K〕および受信機の有効帯域幅の積である．一般に EW アプリケーションでは，kTB の式を作り出すために，帯域幅に関してのみ標準温度（290K）を使用する．これは，次式で表される．

$$\mathrm{kTB} = -114\mathrm{dBm} + 10\log\left(\frac{\mathrm{BW}}{1\mathrm{MHz}}\right)$$

ここで，BW は受信機の有効帯域幅である．

上式の右辺は，MHz 当たり -114dBm と言われることが多い．さらに，これは（まったく同じ数値である）Hz 当たり -174dBm とも言われている．

4.4.2　雑音指数

雑音指数は，受信システムで生じる kTB 雑音を上回る雑音であり，図 4.21 に示すように，入力を基準にしたものである．言い換えると，受信機がそのような雑音を一切生じさせない場合，実際の出力雑音を作り出すためには，入力部にどの程度の雑音を注入しなければならないかということである．実際の受信機の雑音指数は，仕様諸元として受信機メーカから入手できるが，ここでのわれわれの

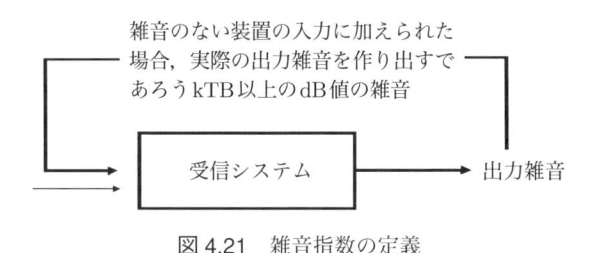

図 4.21　雑音指数の定義

関心事は，受信システム全体の雑音指数である．

アンテナと実際の受信機との間に能動構成部品（つまり，増幅器）がない場合，そのシステムの雑音指数は，受信機の雑音指数と受信機の上流側のすべての受動構成部品の各損失の和（dB）である．受動構成部品の例としては，ケーブル，(接続状態の) 各種スイッチ，フィルタおよび電力分配器（power divider）などがある．

受信システムの感度を改善するために，低雑音増幅器（前置増幅器と呼ばれる）を，実用になる範囲で多数，受動構成部品として前方に置くことができる．理想的には，前置増幅器はアンテナに直接接続されることになるだろうが，物理的にそのような位置に置くと，前置増幅器に必要な電源の供給に不便をきたすことが多い．

前置増幅器が含まれる場合のシステムの雑音指数は，次の公式で決定される．

$$NF = L_1 + N_P + \text{Deg}$$

ここで，

$\quad$ NF：システムの雑音指数〔dB〕
$\quad$ L_1：前置増幅器の前方の全構成部品の損失〔dB〕
$\quad$ N_P：前置増幅器の雑音指数〔dB〕
$\quad$ Deg：図 4.23 から決定される劣化係数（degradation factor）〔dB〕

である．

図 4.22 において，L_1 は前置増幅器より前方の損失，G_P は前置増幅器の利得〔dB〕，N_P は前置増幅器の雑音指数，L_2 は前置増幅器と受信機との間の損失，および N_R は受信機の雑音指数である．例として，前置増幅器の利得を 20dB，前

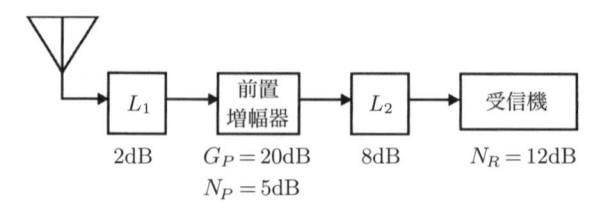

L_1 2dB → 前置増幅器 $G_P = 20\text{dB}$, $N_P = 5\text{dB}$ → L_2 8dB → 受信機 $N_R = 12\text{dB}$

図 4.22　前置増幅器を持つ受信システム

置増幅器の雑音指数を 5dB, 損失 L_1 を 2dB, 損失 L_2 を 8dB, および受信機の雑音指数を 12dB としよう.

劣化係数は, 図 4.23 のグラフで決定することができる. これは, $N_P + G_P - L_2$ で決まる縦軸の値からの水平線と, 横軸の N_R からの垂直線との交点を読み取ることで得られる. グラフに引かれたそれぞれの点線は, 前に列挙した構成要素の値を示す. 横線は $5 + 20 - 8 = 17$ の位置, 縦線は 12 の位置にある. この 2 本の点線は, 1dB の劣化曲線上で交差するので, 劣化係数は 1dB となる. したがって, この例における受信システムの雑音指数は,

$$2\text{dB} + 5\text{dB} + 1\text{dB} = 8 \text{ [dB]}$$

となる.

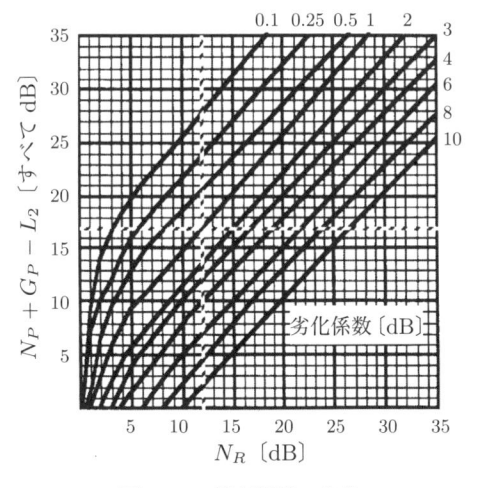

図 4.23　雑音指数の劣化

4.4.3　所要検波前信号対雑音比

所要検波前信号対雑音比は, 所要出力信号品質 (output signal quality) と受信信号の変調方式との関数である.

まず, いくつかの定義付けを行おう. すなわち, 検波前 SNR は, 受信システムへの入力 (すなわち, 受信アンテナの出力) における信号の品質を定量化する

手段のことである．これは「搬送波対雑音比」(carrier-to-noise ratio) のことで，ほとんどの通信理論の教科書では CNR と略される．受信信号は，額面どおりの送信周波数の搬送波信号と伝送情報を搬送する側帯波を含んでいるので，まぎらわしいかもしれない．図 4.24 に検波前信号の周波数スペクトル図形を示す．検波前信号の総電力は，搬送波と側帯波の間で分けられている．したがって，検波前 SNR は，信号成分全部の電力と有効受信機帯域幅内の雑音電力の比である．

CNR は，文字どおり搬送波と雑音の比である．これとの混乱を避けるため，本書では，検波前 SNR に言及する際には，RFSNR (radio frequency signal-to-noise ratio; 無線周波数の信号対雑音比) という略語を使用する．

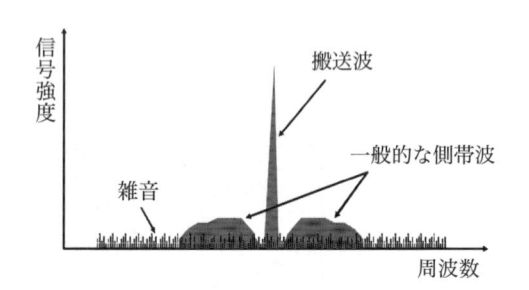

図 4.24　検波前信号の周波数スペクトル

4.4.3.1　RFSNR 対 SNR

SNR は，受信システムからの出力信号対雑音比である．したがって，SNR は受信信号から再生された情報の品質を定量化する手段である．これは著者らが実際に気を付けることであるが，所望の出力信号品質を作り出すためには，受信システムの入力に存在しなければならない信号強度を決定する際，RFSNR を考慮しなければならない．RFSNR と SNR との関係は，信号の変調によって決まり，またその関係は複雑になりうる．

表 4.2 に，さまざまな変調方式と受信システムアプリケーションにおける RFSNR と SNR の代表的な必要値を示す．表の最初の 4 行は，振幅変調信号に関係するので，RFSNR と SNR は同一である．専門のオペレータがオシロスコープで見るような画像表示に対しては，8dB で十分である．コンピュータでデータを分析するのであれば，通常は 15dB が妥当と考えられる．テレビジョン信号のビ

表 4.2 変調およびアプリケーションに対する RFSNR と SNR

変調およびアプリケーション	RFSNR	SNR
専門オペレータがオシロスコープで見る AM 信号	8dB	8dB
コンピュータで分析される AM 信号	15dB	15dB
テレビジョンのビデオ信号	40dB	40dB
AM 音声通信	10〜15dB	10〜15dB
FM 信号	4 または 12dB	15〜40dB
デジタル信号	10〜14dB	SQR

デオ部分は振幅変調であり,40dB の SNR でちらつきのない画像を提供することができる.AM 通信においては,アプリケーションによって所要 SNR が変化する.例えば,概して軍用の指揮・統制通信は,低い SNR でも十分通信できることを考慮した厳格なフォーマットと用語を使用する.したがって,10〜15dB が必要である.

FM 信号は,変調パラメータに基づく SN 改善係数 (signal-to-noise improvement factor) に左右され,一般にこの係数は,出力 SNR を RFSNR より大幅に大きくする.

再現されるデジタル信号の出力品質は,デジタル化によって決まっており,RFSNR は二義的な影響しか及ぼさない.SNR は,実際には信号対量子化「雑音」比 (signal-to-quantizing noise ratio; SQR) のことである.しかし,RFSNR は再生されたデジタル信号に存在するであろうビットエラーレートを決定する.

4.4.3.2　FM 信号の所要 RFSNR

FM 弁別器 (FM discriminator) には,同調式と位相ロックループ (PLL) 式の 2 種類がある.図 4.25 に示すように,同調式弁別器 (tuned discriminator) は,入力周波数対出力電圧の処理能力特性を作り出す点において,フィルタにやや似た振る舞いをする.しかしながら,これは電圧対周波数が直線傾斜であることを考慮して設計されている.FM 信号は情報を周波数変化として伝達するので,その出力電圧は変調波形である.したがって,信号で搬送される情報である.

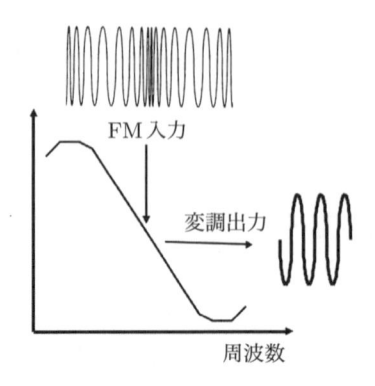

図 4.25　スロープ検波を用いた同調式 FM 弁別器

図 4.26 に位相ロックループ式 FM 弁別器を示す．これは同調式弁別器より複雑ではあるが，性能優位性を備えている．電圧制御発振器（voltage-controlled oscillator; VCO）は，入力 FM 信号の周波数変化に追随するように同調される．周波数変調信号と VCO の出力との位相差，すなわち位相誤差（phase error）は，VCO が FM 信号に位相をロックさせるための同調信号を作り出す．したがって，発振器を制御している電圧が変調信号である．

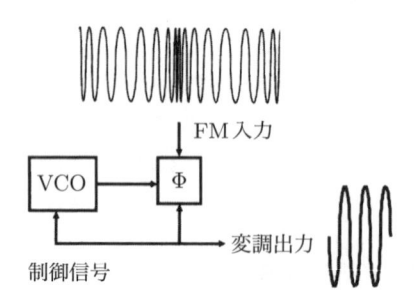

図 4.26　位相ロックループ（PLL）式 FM 弁別器

4.4.3.3　FM 改善係数

FM 信号からの出力 SNR は，RFSNR と変調指数との関数である．

変調指数とは，搬送周波数からの FM 信号の最大周波数偏移を最大変調周波数で割った比，すなわち，

$$\beta = \frac{\text{最大周波数偏移}}{\text{最大変調周波数}}$$

のことである．

例えば，民間の FM 放送では，最大周波数偏移が 75kHz，最大変調周波数が 15kHz であるので，$\beta = 5$ となる．

FM 改善係数とは，RFSNR を上回る出力 SNR の増加分のことであり，次式によって dB 換算することができる．

$$\text{IF}_\text{FM} = 5 + 20\log(\beta)$$

ここで，

IF_FM：FM 改善係数〔dB〕
β：変調指数

である．この式は検波前帯域幅が検波前信号と整合しており，検波後の帯域幅は検波信号と整合していると仮定した場合の式の簡略式であることに注意しよう．

民間の FM 放送の例における FM 改善係数（FM improvement factor）は，

$$\text{IF}_\text{FM} = 5 + 20\log(5) \approx 19 \text{〔dB〕}$$

となる．

しかし，この FM 改善係数を達成するには，図 4.27 に示すように，RFSNR は所要しきい値を超える必要がある．このしきい値は，同調式弁別器においては

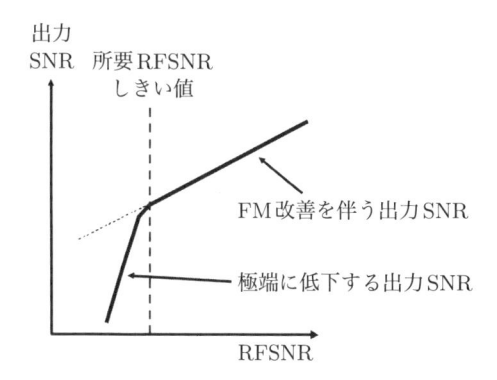

図 4.27　所要しきい値と出力 SNR 対 RFSNR の関係

約 12dB であり，VCO 弁別器（VCO discriminator）においてはわずか約 4dB である．

ここでの FM 放送の例では，12dB の RFSNR から出力する SNR は 12 + 19，すなわち 31dB となる．

4.4.3.4　デジタル信号における所要 RFSNR

デジタル信号においては，SNR は必ずしも信号対雑音比ということではなく，信号対量子化雑音比（signal-to-quantizing noise ratio; SQR）のことである．信号対量子化雑音比は次式で与えられる．

$$\mathrm{SQR} = 5 + 3(2n - 1)$$

ここで，

　　SQR：信号対量子化雑音比〔dB〕
　　　n：量子化ビット数

である．

量子化で決まってしまうので，出力 SNR は，RFSNR とはほとんど無関係である．しかしながら，RFSNR は再生されるデジタル信号のビットエラーレートに直接影響する．第 2 章で説明した技法の一つにより，RF 搬送波はデジタル情報で変調されなければならない．ビットエラーレートは，誤って受信されたビット数を，送信された全ビット数で除算したものである．デジタル変調の種類ごとに，図 4.28 に示す二つの代表的な曲線に似た曲線が存在する．これは E_b/N_o の関数としてビットエラーレートを示している．E_b/N_o は，帯域幅の Hz 当たりの雑音でビット当たりのエネルギーを除算したものであり，次式で計算される．

$$E_b/N_o \text{〔dB〕} = \mathrm{RFSNR} \text{〔dB〕} - 10 \log \left(\frac{\text{ビットレート}}{\text{帯域幅}} \right)$$

ビットレートと帯域幅の比が 1bps/Hz の場合，$E_b/N_o = \mathrm{RFSNR}$ となる．

例えば，デジタルデータが非コヒーレントの周波数シフトキーイングで搬送される場合で，ビットレートと帯域幅の比が 1，RFSNR が 11dB である場合，再生されたデジタルデータのビットエラーレートは，おおむね 7×10^{-4} となる．

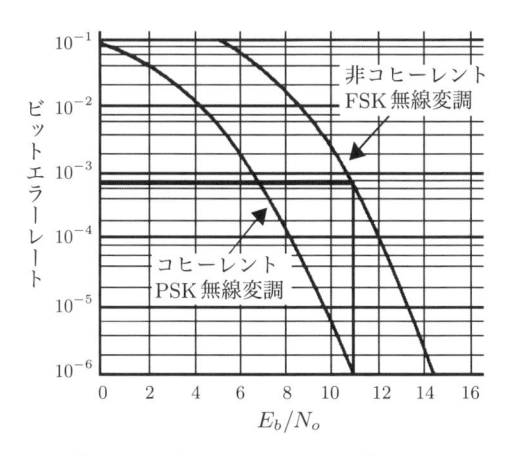

図 4.28　ビットエラーレート対 E_b/N_o

4.5　受信システムのダイナミックレンジ

ダイナミックレンジは，受信システムが受信することのできる最大信号と最小信号との差として定義される．瞬時ダイナミックレンジ（instantaneous dynamic range）は，最大信号の存在下で受信できる最小信号との差（dB 単位）として定義される．

通信システムやレーダにおいては，図 4.29 に示すように，受信機の帯域幅内の最強信号の最適受信に備えて受信機の感度を低下させるという理由から，自動利得制御（automatic gain control; AGC）によって受信機が極めて広い信号強度範囲を受信できるようにしている．しかしながら，AGC は，EW や偵察受信機にはまず使用されることがない．それは，帯域内に極めて強力な非脅威信号がある間の微弱な脅威信号の受信にとって死活問題となるかもしれない．

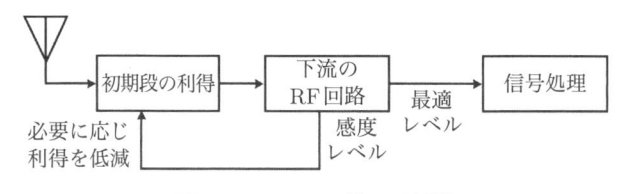

図 4.29　AGC を持つ受信機

偵察受信システムでは，強力な信号の領域と微弱な信号の領域との間で連続して信号を抽出できるように，それらのフロントエンドに切り替え式の減衰器が必要になることもある．初期の多くのシステムでは，瞬時ダイナミックレンジの仕様は -60dB と定められていたが，最新のシステムは決まって -90dB 以上を求めている．

4.5.1 アナログ部とデジタル部のダイナミックレンジ

EW アプリケーションには多くのデジタル受信機が使用されているので，デジタル受信機はアナログフロントエンドに続いて A/D 変換器，そしてデジタル受信機の機能を果たすコンピュータを持つデジタルバックエンドが含まれることを覚えておくことが大事である（図 4.30 参照）．このアナログ部とデジタル部には，それぞれ規定されたダイナミックレンジがある．まずアナログ部のダイナミックレンジ，次にデジタル部のダイナミックレンジについて考察しよう．この二つの受信機部のダイナミックレンジは，同じでなければならない．

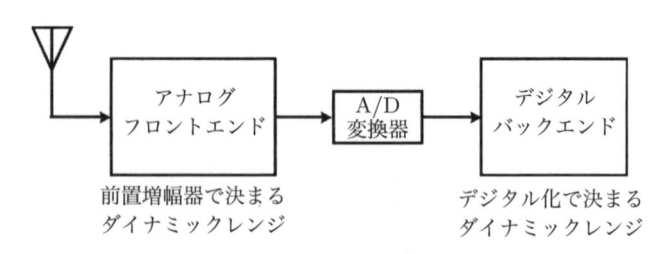

図 4.30 デジタル受信機

4.5.2 アナログ受信機のダイナミックレンジ

一般的に，ダイナミックレンジは前置増幅器（プリアンプ）によって決定され，その利得，雑音指数，および「インターセプトポイント」(intercept point; IP) で規定される．システム感度に対する前置増幅器利得と雑音指数の影響については前述した．前置増幅器のインターセプトポイントは，システムのダイナミックレンジに影響を与える．

図 4.31 は，インターセプトポイントからダイナミックレンジを決定するのに用いられる．このグラフは，前置増幅器の出力に関係している．グラフの縦軸と

4.5 受信システムのダイナミックレンジ　111

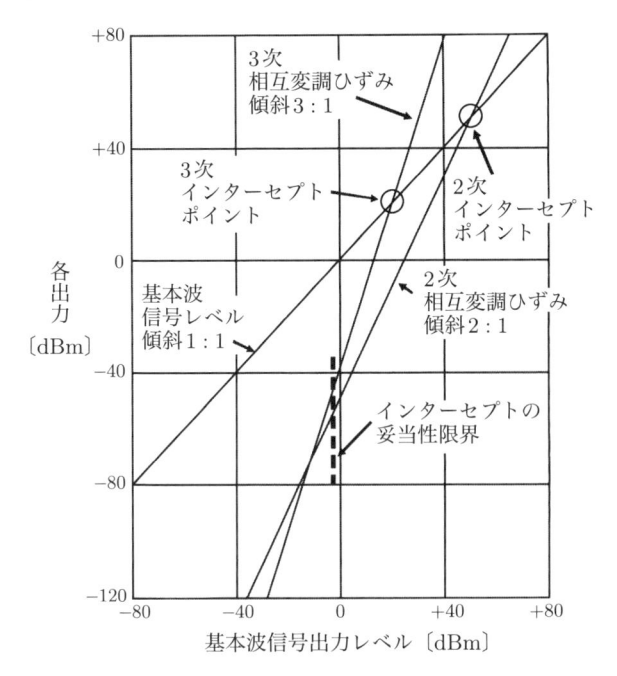

図 4.31　インターセプトポイントのグラフ

横軸は，ともに前置増幅器の出力電力の dBm 表記の対数目盛りである．基本波信号レベル線は，増幅器からの単一の増幅信号の出力電力を表す．これは，1:1 の傾斜を持つことに注意しよう．2 次相互変調ひずみ線は，増幅器の出力部における 2 次スプリアス応答を表す．これは，増幅器の出力に生じる基本周波数の 2 倍あるいは二つの入力信号の和または差の周波数のスプリアス信号のレベルである．この 2 次相互変調ひずみ線は 2:1 の傾斜を持ち，2 次インターセプトポイントと呼ばれる（"IP2" とも呼ばれる）点で基本波信号レベル線と交差する．グラフの横軸上の 2 次スプリアス応答が起きる 1 信号または 2 信号の出力電力からスタートし，2 次線に向かって上へ移動し，2 次相互変調ひずみ線出力のレベルを読み取るため縦軸まで左へ移動する．

　3 次相互変調ひずみ線は，3 次スプリアス応答のレベルである．3 次スプリアス応答は，一つの入力信号の周波数に 2 番目の入力信号の周波数をプラスまたはマイナスした周波数を 2 倍した（すなわち一つの周波数に別の周波数の 2 倍をプラ

スまたはマイナスした）出力である．この線は3:1の傾斜を持ち，3次インターセプトポイント（IP3）で基本波信号レベル線と交差する．

このインターセプトポイントは，3次相互変調ひずみ線が図4.31の基本波信号レベル線と交差する信号レベルである．そこに示した例では，IP2が+50dBmで，IP3は+20dBmとなる．図4.32に示すように，−27dBmにおける入力2信号は，−100dBmと−112dBmの3次スプリアス応答出力および2次スプリアス応答出力をそれぞれ生ずる．

通常，受信機の設計では，中間周波数の選定と，さらに必要ならば多重の周波数変換によって2次スプリアスを除去することになる．しかしながら，3次スプリアスを回避できないことが多く，受信機のスプリアスフリーのダイナミックレンジが制限される．

グラフにインターセプトの妥当性限界が示されていることに注意しよう．これは，増幅器がもはや「正常に動作しない」レベルである．この限界線は，実際の

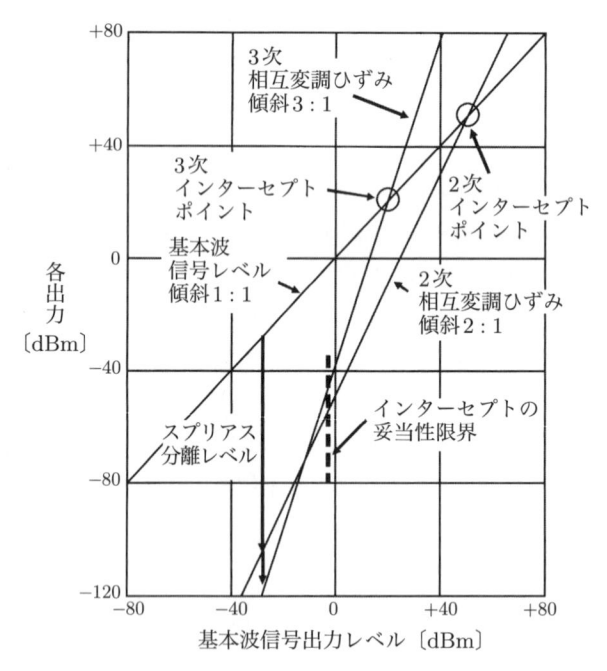

図4.32　スプリアス信号の分離

スプリアス出力レベルが，2次相互変調ひずみ線と3次相互変調ひずみ線の値からの極めて大きな値に変化させる（飽和（saturation）に起因する）増幅器出力の圧縮点の近くにある．したがって，ダイナミックレンジはこの妥当性限界線の左側で計算されなければならない．

図4.33は，図4.32のグラフにいくつか情報を加えたものである．感度線は，受信システム感度レベルの（アンテナからの）受信信号によってもたらされる前置増幅器の出力レベルである．この例では，前置増幅器の感度レベルの出力信号は -100dBm である．3次スプリアス応答によって制限されるダイナミックレンジを計算するためには，3次相互変調ひずみ線と感度線の交点から上方へ基本波信号線まで垂直線を引く．これら2本の線間の垂直間隔（すなわち，出力信号強度のdB値の差）によって，感度レベルのスプリアスを生じさせる強力な信号の出力信号強度が決まる．これは，スプリアスを生じさせる信号が基本波信号レベル線のレベル（-32dBm）にあれば，3次スプリアス出力が -100dBm（この時点

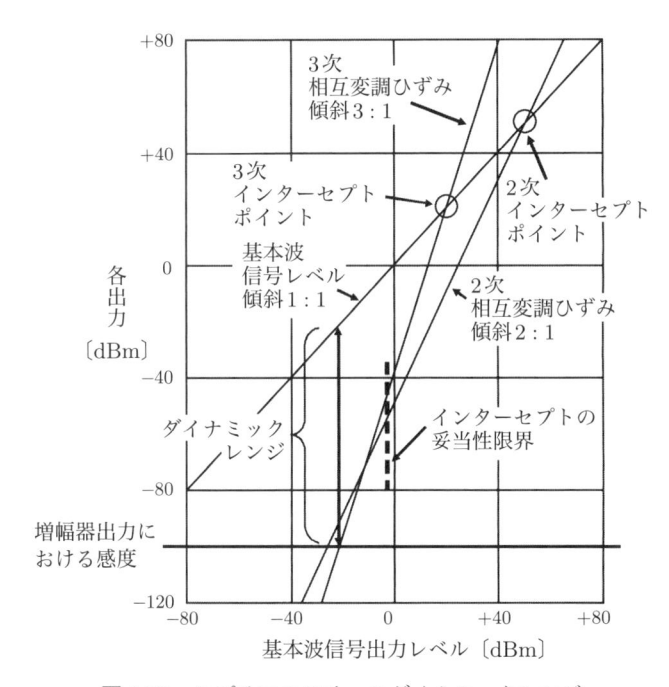

図4.33 スプリアスフリーのダイナミックレンジ

での受信機の感度レベル）になることを意味している．よって，このダイナミックレンジは，図 4.33 に示す範囲になる．

4.5.3 デジタル部のダイナミックレンジ

受信機のデジタル部分のダイナミックレンジは，A/D 変換器で生成されるビット数によって決まる．最も微弱な信号は最下位ビットを 1（その他の全ビットは 0）としてデジタル化され，一方，最も強力な信号はすべてを 1 としてデジタル化される．図 4.34 に，4 ビットの A/D 変換器で測定可能な最大および最小の振幅のデジタル化を示す．ダイナミックレンジは次式となる．

$$\mathrm{DR} = 20\log_{10}(2^n)$$

ここで，

　DR：ダイナミックレンジ〔dB〕
　n：入力信号がデジタル化されるビット数

である．

dB 値への換算における乗数は，信号電力比を変換する際の 10 ではなく，20 であることに注意しよう．これは，生成されるデジタルワードを決定するデジタイザの量子化レベルが電圧であるからである．例えば，10 ビットが 60dB のダイ

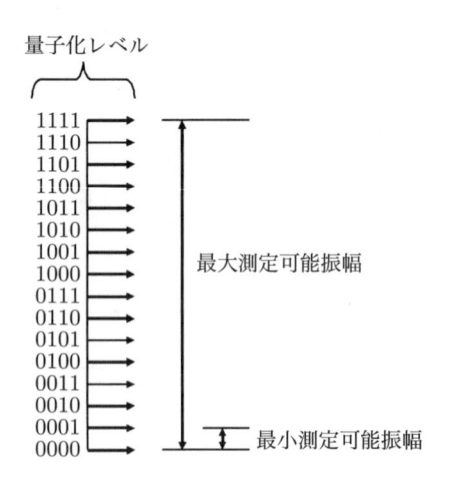

図 4.34　デジタル受信機のダイナミックレンジ

ナミックレンジとなる．表 4.3 に，デジタル化ビット数に対するデジタルダイナミックレンジを示す．

表 4.3 デジタル化ビット数に対するダイナミックレンジ

ビット数	ダイナミックレンジ（dB）
4	24
5	30
6	36
7	42
8	48
9	54
10	60
11	66
12	72
13	78
14	84
15	90
16	96

4.6　代表的な受信システムの構造

　ほとんどの EW・偵察受信システムは，複数の受信機を保有している．大部分のシステムが電波源位置決定機能を有しており，それらは複数のアンテナからの入力を同時に受信するために複数のまったく同じ受信機を必要とすることが多い．

　もう一つの重要な問題は，極めて短い応答時間が指定され，その時間内で高い傍受確率を達成することである．多くの場合，捜索機能用に最適化された受信機は，別の受信機が長時間に及ぶ分析あるいは傍受機能を実行している間にも，新規の信号を見つけ出す．複雑な脅威や脅威環境条件を伴う個別の問題に対処するには，最終的には高性能の最新型式の受信機が必要になるだろう．

　本節では，偵察受信機と複数局からなる遠隔制御受信システムについて考察する．

4.6.1 複数受信機による偵察・電子戦支援システム

電子戦支援（ES）システムと偵察受信システムとの主要な差異は，「対応の考え方」にあると考えられる．どちらの受信システムも同じ型式の信号を受信することを目的としているが，異なる動機をもってそれを実行する．一般に ES 受信機は，当面の戦術的動機で既知の型式の脅威信号を探す．所要応答時間は通常ほんの数秒以内であり，データは，どの型式の既知の信号が，どのようなモードで，どこに所在するのかを究明するためにだけ収集される．アンテナの覆域は，極めて高い傍受確率を与えるため，どちらかと言えば広い（理想的には，アレイ全体で完全な 360° の瞬時覆域）．受信機の帯域幅は広く，迅速な応答と高い傍受確率のために感度は犠牲にされがちである．

一方，偵察受信システムは，一般に豊富な時間を使って敵の信号を探し出すが，微弱な信号を受信しなければならず，敵の新しい信号形式の特性を明らかにするのに十分な分解能と解析機能を備えていなければならないことが多い．また，信号の中身（すなわち伝送されている情報）を処理することもある．多くの場合，アンテナは，遠方の送信機からの信号を傍受する能力を高めるため，覆域が狭くなっている．

電子戦支援システムと偵察受信システムは，どちらもあらゆる周波数範囲で使用され，また，その構成は多様である．要求に応じ，同一のシステムが両方の役割を果たす場合も多い．重要な問題の議論を容易にするために，いくつかの構成例を取り上げよう．

4.6.2 複数受信機を備えたシステム

図 4.35 は，あらゆる周波数範囲のシステムによくある複数受信機を備えた代表的な受信システムである．各受信機が異なる周波数範囲をカバーする場合，アンテナの出力は，マルチプレクサ（multiplexer; 合/分波器）によって分配されることに注意しよう．すべての受信機が同一の周波数範囲をカバーする場合，電力分配器（power divider）が必要になる．特に，目標電波源までの距離が探知限界に近い場合は，捜索や捕捉には骨が折れる．傍受受信機には，所要の配置とタイミングの制約下で，傍受確率を最大にするために最適化された帯域幅と捜索速度を有する掃引式スーパーヘテロダイン受信機が使用可能である．デジタル受信機，

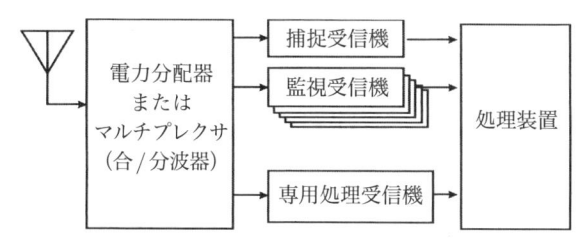

図 4.35 複数の受信機を持つ受信システム

コンプレッシブ（圧縮）受信機，その他の広帯域受信機（wideband receiver）も目標捕捉機能目的に使用される．

受信機の役割を設定する際には，重要な問題が存在する．よくある一つの方策は，多数の監視受信機（monitor receiver）を保有して，それぞれをオペレータまたは自動データ記録・処理チャンネルに割り当てることである．目標捕捉受信機が信号を探知すると，この受信機は信号の重要性を評価するため短時間その捜索を停止するか，あるいは，その任務を専用の処理受信機に付与する．重要性や優先順位の決定には，通常，信号が伝送している情報（すなわち，変調内容）を考慮しない，変調の外面の分析が伴う．

いったん対象信号が識別され，優先順位が付けられると，監視受信機は信号が継続している間，あるいは優先順位がより高い信号の監視が必要になるまで，その信号を担当する．

4.6.2.1　局部発振器の放射

軍用の受信システムには，スーパーヘテロダイン受信機が用いられることが多いことから，局部発振器（LO）の放射は，一つの重要な受信機仕様である．4.1.2 項で説明したように，スーパーヘテロダイン受信機は，対象周波数より高くまたは低くオフセットした固定周波数を局部発振器に設定することによって，信号に同調する．一般的にこの受信機は，プリセレクタにも対象周波数対応の帯域通過フィルタを備えている．

図 4.36 に，一つの受信システムに 2 台のスーパーヘテロダイン受信機を備えたフロントエンドを示す．その LO 信号は，受信信号に比べて強力であるがゆえに，プリセレクタを経由して，あるレベルで逆流することが予想される．プリセ

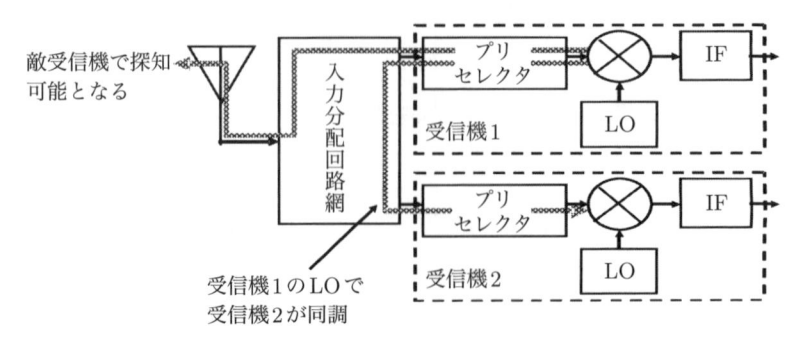

図 4.36　局部発振器の放射

レクタは普通，貧弱なアイソレーションしか備えていない比較的簡単なフィルタであることを理解することは大切である．それゆえ，漏れ出したLOのエネルギーは，図に示すような2経路に沿って進むことになる．かなりのLOのエネルギーがアンテナから漏れ出せば，敵の受信機に探知される可能性が生じる．それはまた，同じシステムの別のアンテナや近傍の味方の装備で受信される可能性もあり，それらの能力を低下させることにもなる．テレビジョン受信機の保有許可を必要とする国々では，無許可のTV装置を探知するために，そのLO放射が利用されていることは興味深い．

4.6.2.2　受信機性能

複数の受信機を備えたシステムでは，システムの性能を決定するために，各信号経路が個別に解析される．図 4.37 に，複数受信機を備えたシステムの一部を示す．また，このシステムの一部を構成する個々の部品の仕様を図 4.38 に示す．各信号経路は，アンテナから前置増幅器，4方路電力分配器のうちの1方路を経て，各受信機の一つへ入力される．これらの2台の受信機を使用する例について考えてみよう．各受信機の所要 RFSNR は 15dB，帯域幅は個々のチャンネルの有効帯域幅である．例を簡素化するため，各ケーブルの損失は無視することとする．

4.4節で説明した技法を用いると，各受信機のチャンネルの感度は，kTB，雑音指数，所要 RFSNR の合計である．

チャンネル 1 の kTB は，$-114 + 10\log(50\text{kHz}/1\text{MHz}) = -127\text{dBm}$ である．こ

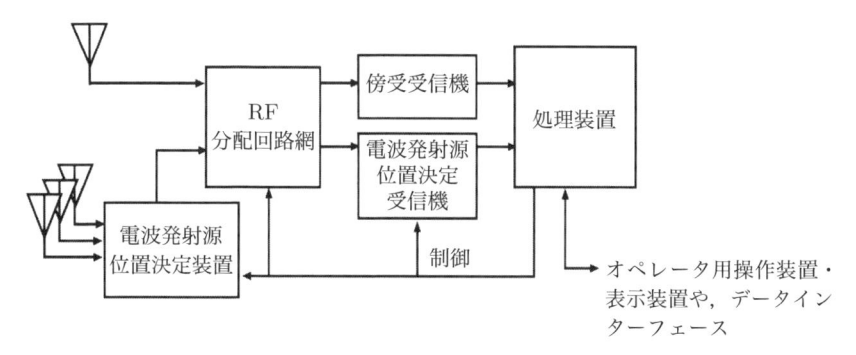

図 4.37　複数受信機を備えたシステムのフロントエンド

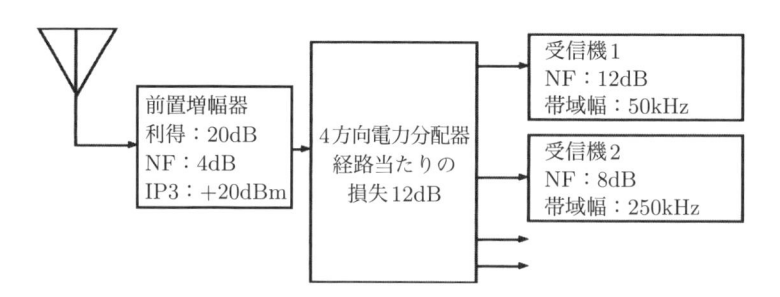

図 4.38　フロントエンド構成部品の仕様

のシステムの雑音指数は，(3dB の劣化を含み) 7dB, 所要 RFSNR = 15dB である．したがって，感度は −105dBm となる．

チャンネル 2 の kTB は，$-114 + 10\log(250\text{kHz}/1\text{MHz}) = -120\text{dBm}$ である．このシステムの雑音指数は，(1dB の劣化を含み) 5dB, 所要 RFSNR = 15dB である．したがって，感度は −100dBm となる．

4.5 節で説明した技法を使用すると，(3 次スプリアスのみを考慮して) 受信機 1 におけるスプリアスフリーでのダイナミックレンジは，$-17 - (-85) = 68\text{dB}$ となる．受信機 2 におけるスプリアスフリーでのダイナミックレンジは，$-14 - (-80) = 66\text{dB}$ となる (基本波信号レベルは，前置増幅器の出力部におけるものであることを思い出そう)．

4.6.3 遠隔受信システム

複数の遠隔の，協調的な受信プラットフォームや施設を含めて，地上設置型，固定翼機搭載型やヘリコプタ搭載型の受信システムが多数存在している．これらのシステムは，傍受配置を改善するのみでなく，三角測量（triangulation）による敵電波源の正確な位置決定にも役立つ．図 4.39 に示すシステムは，すべての遠隔受信システムが制御回線とデータ回線で通信統制所に接続されているシステムである．通常この種のシステムでは，記録・解析装置を担当する数名のオペレータが統制局（control station; 統制所; 制御局）にいる．一方，主局（master station）として機能する，すなわち他の受信サイトを従局（subordinate station）として制御できる各受信システムとともに作動するシステムもある．通常そのようなシステムには，各受信機位置に 1 人あるいは複数のオペレータが配置されている．主局の位置は，単一任務の間に要求に応じて変更することができる．

一般に，主（あるいは統制）局からの信号は，デジタル型同調やデジタル形式のコマンドをミリ秒ごとに数回渡すだけのものであるので，制御回線は比較的狭帯域である．また一方，データ回線は，受信機から統制局へ傍受信号データを伝送する．データ回線は，受信信号の種類と数によって極めて広帯域になることがある．

図 4.40 に単一の遠隔受信局を示す．これは，単一の統制局に接続されるいくつかの受信局の一つである．そこには数台のオペレータ用受信機があり，それぞれが統制局のオペレータ 1 人と結ばれている．このオペレータは受信信号を監視し，監視中の送信機の位置を究明したい場合には，オペレータ局から中央の統制局コンピュータへ位置決定要求コマンドが送出される．このコンピュータは，遠隔受信システムのすべての方探受信機に同時にコマンドを送出する．このコマ

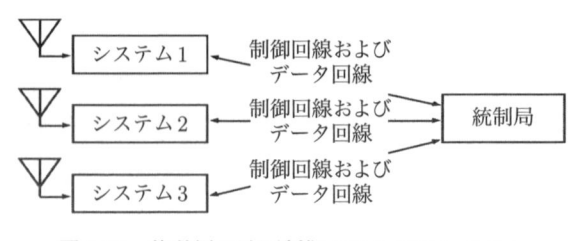

図 4.39　複数局が遠隔制御される EW システム

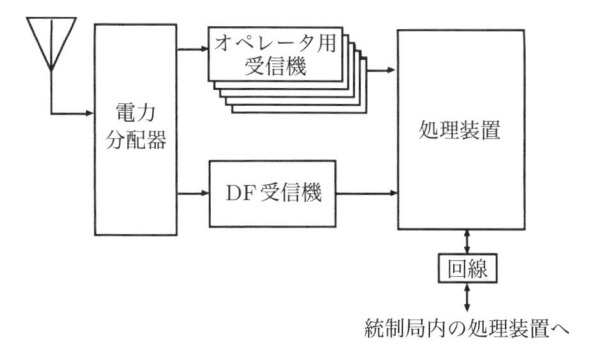

図 4.40 方向探知機能を有する遠隔受信システム

ンドによって，各方探受信機は同時に目標送信機からの信号の到来方向を測定する．これらの電波到来方向測定値は，対応する受信プラットフォームの瞬時位置が付加されて，敵電波源位置を計算する統制所のコンピュータに送られる．2人のオペレータが同時に敵の電波発射源位置決定を要求した場合，片方の要求は，すべての受信システムのDF受信機が使用できるようになるまで（約1秒）延期される．

第 5 章

通信波の伝搬

5.1　片方向回線

　通信においては，送信機と受信機は異なる位置にある．あらゆる種類の通信システムの目的は，情報をある場所から別の場所へ搬送することである．したがって，図 5.1 に示すように，通信には「片方向」(one way) 回線を用いる．片方向回線 (one-way link) には，送信機，受信機，送信/受信アンテナ，および，それらの二つのアンテナ間の信号に発生するあらゆる事柄が含まれる．

　図 5.2 と図 5.3 に，電子戦における片方向回線の重要な使用例を示す．図 5.2 には，通信回線と，送信機から傍受受信機への第 2 の回線を示す．希望受信機方向と傍受受信機方向の送信アンテナ利得は，異なる場合があることに注意しよう．図 5.3 には，通信回線と，妨害装置から受信機への第 2 の回線を示す．このとき，希望送信機方向と妨害装置方向の受信アンテナ利得は異なる場合がある．（両方の図の）各回線は，図 5.1 の構成要素を持っている．

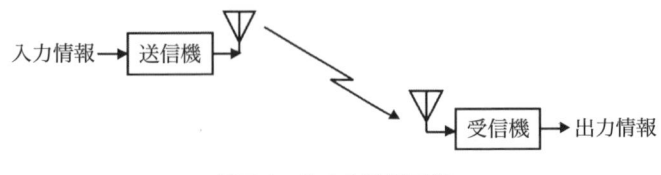

図 5.1　片方向通信回線

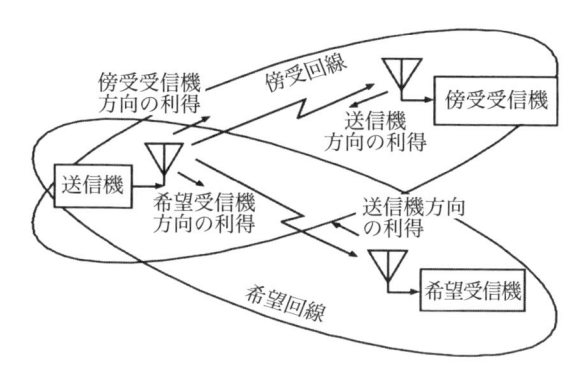

図 5.2　被傍受通信回線

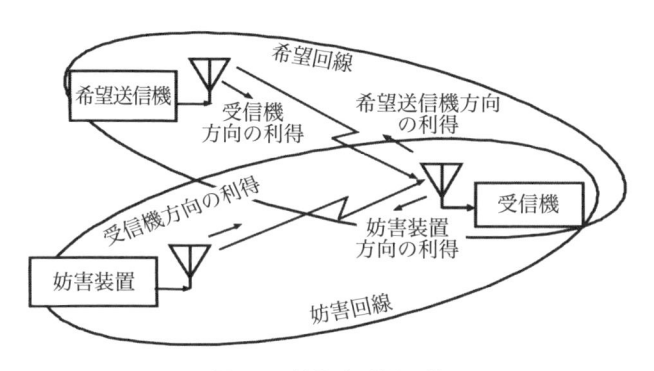

図 5.3　被妨害通信回線

5.2　片方向回線方程式

　片方向回線方程式は，片側の回線の値に応じて受信機に入ってくる電力を与える．図 5.4 はこの方程式を説明するレベル線図である．この図の横軸は，目盛りは持たず，信号が回線を通過する際の信号のレベル変化を示すだけである．縦軸の目盛りは，回線内の各点における信号強度〔dBm〕である．送信電力とは送信アンテナへ入力される電力のことである．アンテナ利得を正数で示しているが，実際には，どのアンテナも正または負の利得〔dB〕を持ちうる．大事なことを付言すると，ここに示す利得は，受信アンテナ方向のアンテナ利得であるということである．送信アンテナの出力は実効放射電力（ERP）と呼ばれ，dBm 単

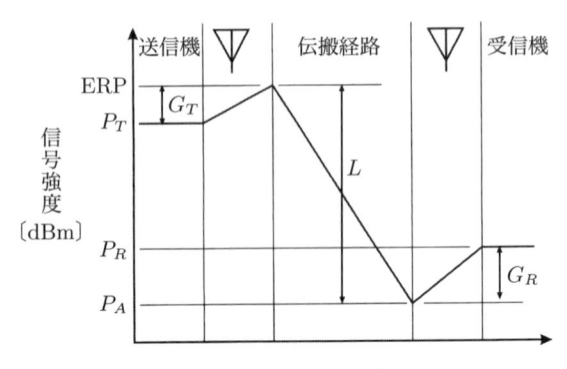

図 5.4　片方向通信回線のグラフ表示

位で表される．dBm 単位を使用することは，技術的には正確ではないことに注意しよう．つまり，この点における信号は実際には電力密度のことであり，正しくはメートル当たりのマイクロボルト〔μV/m〕で表される．しかしながら，（近接場問題（near field issue）を無視して）送信アンテナに隣接して，理論的に理想的な等方性アンテナを置いたとすると，そのアンテナの出力は dBm 単位の信号強度となる．仮の理想的アンテナを置くというこの技巧を使えば，単位を変換することなく回線全体を通して信号強度を dBm で述べることが可能になる．このことは一般に是認された慣行である．dBm 単位の信号強度と μV/m 単位の電界密度との相互変換については，4.4 節で取り上げた．

　信号は，送信アンテナと受信アンテナの間で伝搬損失により減衰する．各種の伝搬損失については，本章で後ほど詳細に述べる．

　受信アンテナに到達する信号によく使われる記号はないが，後々のいくつかの議論の便宜上，これを P_A と呼ぶことにしよう．P_A は，アンテナの外部にあるので，実際には μV/m 単位であるべきであるが，同じく理想的なアンテナの技巧を用いて，dBm の単位を使用する．受信アンテナ利得は，正数で表されるが，実際のシステムでは，（dB 単位の）正数または負数のどちらにもなりうる．ここに示されている受信アンテナ利得は，送信機方向の利得である．

　受信アンテナの出力は，受信システムへの入力であり，dBm 単位で表される．これを受信電力（P_R）と呼ぶ．片方向回線方程式では，P_R は残りの回線成分で与えられる．すなわち，dB 単位では，

$$P_R = P_T + G_T - L + G_R$$

である．ここで，

P_R：受信信号電力〔dBm〕
P_T：送信出力電力〔dBm〕
G_T：送信アンテナ利得〔dB〕
L：総回線損失〔dB〕
G_R：受信アンテナ利得〔dB〕

である．

文献によっては，回線損失（link loss）が「利得」として扱われているが，もちろんこれは（dB 単位の）負数である．この表記法が用いられる場合，伝搬利得は式中で減算ではなく加算される．本書では，損失を一貫して dB 単位の正数として示すことにする．したがって，回線方程式では損失を減算することになる．

すなわち，線形（すなわち，非 dB）単位では，本式は，

$$P_R = \frac{P_T G_T G_R}{L}$$

となる．

電力項の単位には W や kW などがあるが，同じ単位で揃えなければならない．利得や損失は，（単位のない）単なる比である．回線損失は分母にあるので，これは 1 より大きい比である．

以後の説明においては，dB 形式と線形形式のいずれにおいても，損失を正数として考えることとする．

5.2.1 回線マージン

受信電力が必須の電力より大きいならば，受信電力と所要電力（required power）との差が回線マージン（link margin; 回線余裕）となる．回線マージンとは，出現を予測しづらい信号減衰作用（attenuation effect）に備えるものである．多くの場合，累積すると極めて大きい損失を引き起こす可能性のある減衰作用がいくつかあるものの，それらがすべて同時に現れるとは思えない．回線マージンの所要は通常，不十分な性能による諸リスクを回避するために，コスト，寸法，質量および主電源をトレードオフすることで決まる．

所要マージンを求める一つの一般的方法は，回線がなくても差し支えない時間がどれくらいかを求めることである．時間にして10%の間なくてもよければ，10dBのマージンがほしいことになるだろう．1%しか回線の機能停止を許容できないのであれば，20dBのマージンがほしいだろう．さらに，わずか0.1%しか我慢できなければ，30dBとなる．しかしながら，実際の通信や電子戦状況におけるマージンは，通常これらのレベルよりはるかに低いレベルである．

5.3 伝搬損失

回線の説明では，送信アンテナおよび受信アンテナの利得を回線損失から明確に切り離してきた．これは，回線損失があたかも単位利得 (unity gain) を持つ二つのアンテナの間にあるかのように計算されることを意味している．定義上，等方性アンテナは単位利得，すなわち利得0dBを持つ．これ以降の回線伝搬損失についての説明は，すべて等方性アンテナ間の伝送におけるものとして行う．

屋外伝搬 (outdoor propagation) 用の奥村-秦モデル (Okumura and Hata model)，屋内伝搬 (indoor propagation) 用のSalehモデル (Saleh model) やSIRCIMモデル (simulation of indoor radio channel impulse response model) など，広く利用されている伝搬モデルが数多くある．また，小規模フェージング (small-scale fading) もあり，これはマルチパス (multipath; 多重伝搬路) に起因する短期変動 (short-term fluctuation) である．これらのより複雑な伝搬モデルの種類や使用法の詳細は，CRC PressとIEEE Pressから共同出版されている*Communications Handbook* (ISBN 0-8493-8349-8) の第84章で説明されている．伝搬環境における各反射経路の解析を支援するために，これらの伝搬モデルのすべてに，それぞれの環境のコンピュータモデルが必要になる．

電子戦は生来動的なものであるので，これらの詳細なコンピュータ解析は使用しないのが普通ではあるものの，むしろ実際のアプリケーションでは，該当する伝搬損失を計算するために三つの重要な近似がよく使用される．これらの三つのモデルは，

- 見通し線 (LOS) 伝搬モデル
- 平面大地 (two ray; 2波) 伝搬モデル

- ナイフエッジ回折（knife-edge diffraction; KED; 刃形回折）モデル

である．

上記の参考文献でもこれら三つの伝搬モデルについてある程度説明している．表 5.1 にこれら三つのモデルが使用される条件を要約する．後ほどそれらを詳細に記述し，各種の損失を計算する複数の方法を提示する．

表 5.1　適正な伝搬損失の選定条件

障害のない伝搬経路	低域周波数，広ビーム幅，大地に近接している回線	フレネルゾーン距離より長距離の回線	平面大地 (2 波) モデルを使用
		フレネルゾーン距離より短距離の回線	見通し線モデルを使用
	高域周波数，狭ビーム幅，大地から遠く離れている回線		
地形障害のある伝搬経路	ナイフエッジ回折による付加損失を計算		

5.4　見通し線伝搬

見通し線（LOS）伝搬損失は，自由空間損失（free-space loss），拡散損失，距離 2 乗損失（range-squared loss）とも呼ばれる．これは宇宙空間において当てはまり，また送信機と受信機の間に大きな反射体（reflector）が一切存在せず，信号の波長と比べて大地から遠く離れている他のいかなる環境にも当てはまる（図 5.5 を参照）．本節では，LOS 伝搬損失を計算する三つの方法について記述する．すなわち，

- 公式（線形または dB 形式による）
- ノモグラフ
- 本書に用意された計算尺

である．

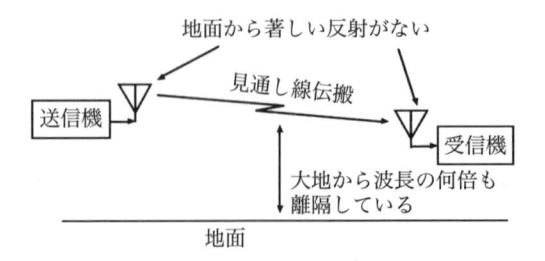

図 5.5　大地から遠く離れている場合の伝送

5.4.1　公式

LOS 伝搬損失の公式は光学に由来しており，その損失は，送信機を原点とする単位球面上に送信開口部および受信開口部を投射することによって計算される．これは二つの等方性アンテナの幾何配置を考えることによって，無線周波数の伝搬に変換される．

図 5.6 に示すように，等方性送信アンテナは，球の表面上に信号の全エネルギーを拡散させて，その信号を球状に伝搬させる．この球は，その表面が受信アンテナに接するまで光速で拡大する．球の表面積は，

$$4\pi d^2$$

である．ここで，d（球の半径）は送信機から受信機までの距離である．

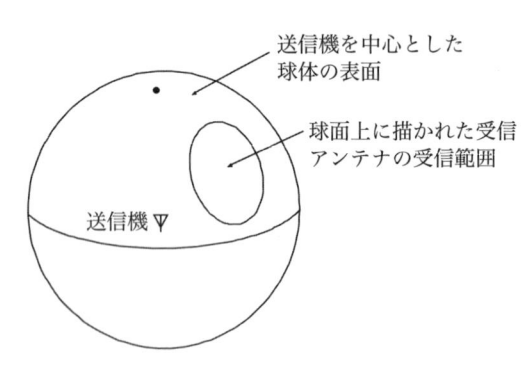

図 5.6　見通し線損失の計算における位置関係

等方性（すなわち，単位利得の）受信アンテナの有効面積は，

$$\lambda^2/4\pi$$

である．ここで，λ は送信信号の波長である．

損失は1より大きい数値にしたいので，受信電力を得るには送信電力を損失で割ればよい．したがって，球形の表面積を受信アンテナの開口面積で割ることにより，損失比を決定する．すなわち，

$$自由空間損失（見通し線損失）= \frac{(4\pi)^2 d^2}{\lambda^2}$$

である．ここで，半径および波長の双方ともに同じ単位（一般的にはメートル）である．

送信信号を掛け合わせて伝搬利得を記述している文献もあることに注意しよう．これは，上式の右辺の逆数をとったものである．

波長を周波数に変換すると，損失式は次のようになる．

$$自由空間損失 = \frac{(4\pi)^2 d^2 F^2}{c^2}$$

ここで，

d：伝送距離〔m〕

F：送信周波数〔Hz〕

c：光速 $(3 \times 10^8 \mathrm{m/sec})$

である．

距離を km，周波数を MHz の単位で入力するには，換算係数項が必要である．各項を結合して dB 形式に変換すると，dB 単位の損失 L は次式で与えられる．

$$L \,〔\mathrm{dB}〕= 32.44 + 20\log_{10}(d) + 20\log_{10}(F)$$

ここで，

d：伝送距離〔km〕

F：送信周波数〔MHz〕

である．32.44の項は，dB に変換した変換係数と，c^2 と $(4\pi)^2$ の項を結合したものである．

単位によって，本式の定数項は以下のように変わる．

- 距離が陸上マイルの場合：36.52
- 距離が海里（NM）の場合：37.74

この式は，1dB 単位の精度のアプリケーションで使用される場合が多い．その場合，定数項はそれぞれ 32，37，38 に簡略化される．

5.4.2　ノモグラフ

距離と周波数に応じた dB 単位の自由空間損失を与えるノモグラフが広く使われている．すべてのノモグラフと同様に，これは単に数式をグラフ化したものである．ここで使われる数式は，上記で与えられた自由空間損失の公式である．このノモグラフを図 5.7 に示す．これを使用するには，MHz 単位の周波数と km 単位の伝送距離との間に直線を引く．その線が中央の軸と交差した位置が，dB 単位の LOS 損失値を示す．この図では，1,000MHz（すなわち 1GHz）で 10km における損失は 113dB 弱であることがわかる．上式による計算値は，112.44dB となることに注意しよう．

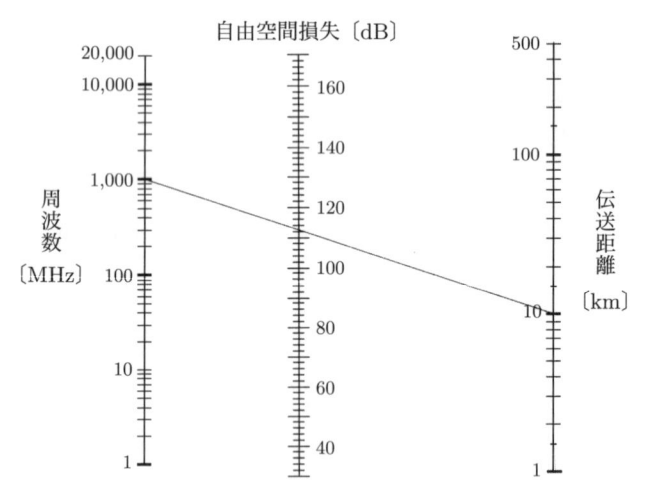

図 5.7　自由空間損失ノモグラフ

5.4.3 計算尺

本書に準備された計算尺を使うと，すぐに自由空間（LOS）損失を計算することができる（この損失は，計算尺上では［Free Space Attenuation］（自由空間減衰）という表記になっている）．図 5.8 に LOS 損失計算の領域を強調した計算尺（面 1）を示す．図 5.9 にはこの計算尺の LOS 計算部［Free Space Attenuation］だけを示す．LOS 計算にこの計算尺を用いるには，送信周波数が図 5.9 の A 部の矢印［Frequency-GHz］に来るようにスライドを動かす．次に，図 5.9 の B 部において，伝送距離［Range-km］の位置で LOS 損失［Free Space Attenuation］を読み取る．

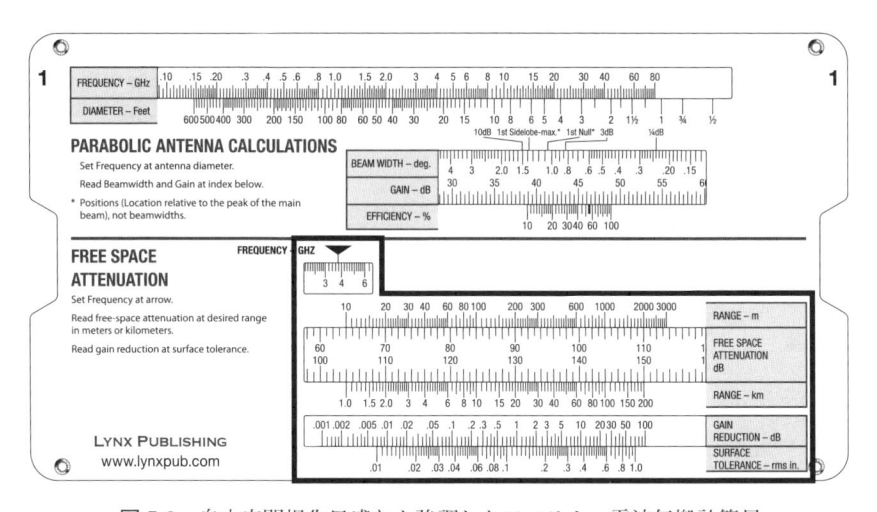

図 5.8　自由空間損失目盛りを強調したアンテナ・電波伝搬計算尺

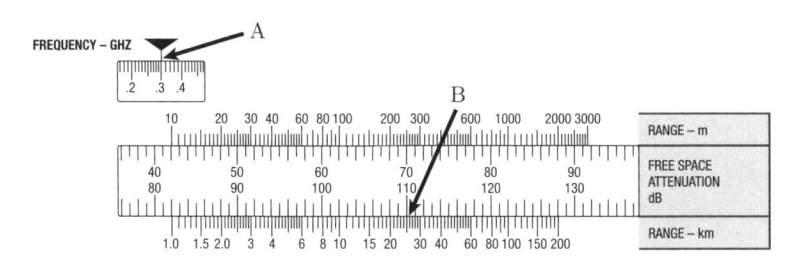

図 5.9　自由空間損失目盛りの拡大図

この図に示された例では，周波数 300MHz（0.3GHz），回線距離 25km において LOS 損失は 110dB である．

もっと短距離の LOS 損失計算用目盛りも計算尺に用意されている．図 5.10 の A 部で周波数をセットし，伝送距離［Range-m］の位置で LOS 損失を読み取る．この例においては，周波数は 300MHz のままとする．伝送距離［Range-m］を 25m にとると（C 部），自由空間損失［Free Space Attenuation］は，50dB よりわずかに小さい値となる．

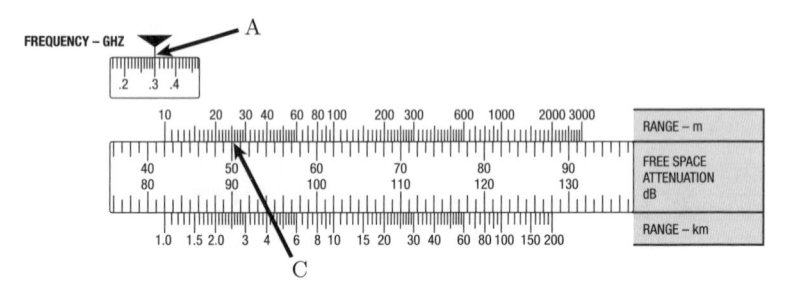

図 5.10 短距離における自由空間損失目盛りの拡大図

5.5 平面大地（2 波）伝搬

送信アンテナと受信アンテナが一つの支配的な反射面（すなわち，地面または水面）に近接しており，アンテナパターンがその反射面の有意な照射を可能にするほど十分広い場合，平面大地（2 波）伝搬モデルを考慮しなければならない．あとで見るように，送信周波数と実際のアンテナ高により，2 波伝搬モデルと見通し線モデルのどちらが使えるかが決まる．

損失が回線距離の 4 乗で変化することから，平面大地伝搬は「$40\log(d)$ 減衰」または「d^4 減衰」とも呼ばれている．平面大地伝搬における主要な損失は，図 5.11 に示すように，地面または水面で反射した信号による直接波（direct wave）の位相打ち消し（phase cancellation）である．その減衰量は，回線距離と，地面または水面からの送信アンテナと受信アンテナの高さによって決まる．本節では平面大地伝搬損失を計算する三つの方法を説明する．すなわち，

- 公式（線形または dB 形式による）

5.5 平面大地（2波）伝搬　133

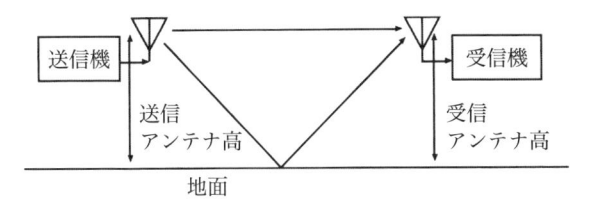

図 5.11　地面近傍の直接波と反射波

- ノモグラフ
- 本書に用意された計算尺

である．

5.5.1　公式

平面大地損失の式には，（見通し線減衰と異なり）周波数項がないことに注意しよう．非対数形式では平面大地損失 L は，

$$L = \frac{d^4}{h_t^2 \times h_r^2}$$

となる．ここで，

  d：回線距離
  h_t：送信アンテナ高
  h_r：受信アンテナ高

である．回線距離と各アンテナ高はすべて同じ単位をとる．

平面大地損失 L の dB 公式は，次式で表される．

$$L = 120 + 40\log(d) - 20\log(h_t) - 20\log(h_r)$$

ここで，

  d：回線距離〔km〕
  h_t：送信アンテナ高〔m〕
  h_r：受信アンテナ高〔m〕

である．

5.5.2 ノモグラフ

　図5.12は，平面大地損失を計算するためのノモグラフである．このノモグラフを使用するには，まず，送信アンテナ高と受信アンテナ高との間に直線を引く．最初に，それらの軸の間にある指標線と直線とが交わった点から，伝送距離を通って，伝搬損失の線まで直線を引く．この例では，アンテナ高10mの二つのアンテナが30km離れており，この場合の減衰は140dBより若干少ないことがノモグラフから読み取れる．上記のどちらかの式で損失を計算すれば，実際の値が139dBであることがわかるだろう．このノモグラフを使用する際，二つのアンテナ高は，必ずしも等しくなくてよいことに注意しよう．

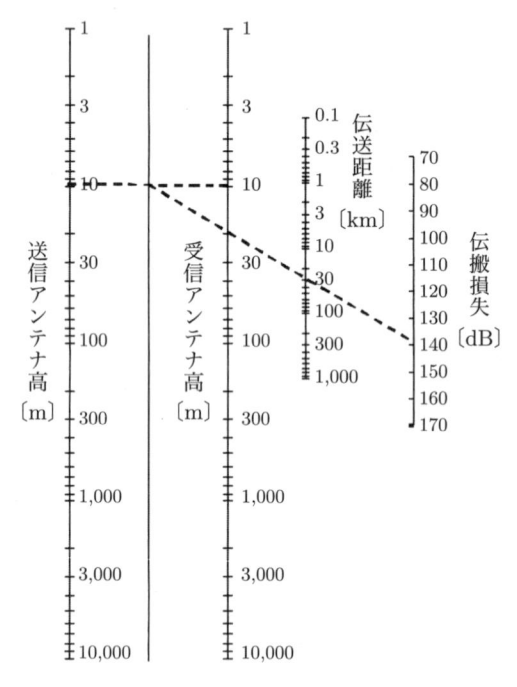

図5.12　平面大地伝搬損失ノモグラフ

5.5.3　計算尺

図 5.13 に，平面大地損失計算の目盛りを強調した計算尺（面 2）を示す．図 5.14 は，その目盛りを拡大表示したものである．

まず，送信アンテナ高〔m〕を回線距離〔km〕に合わせるようにスライドを移動する．次に，受信アンテナ高〔m〕の位置で減衰（dB 値）を読み取る．図に示した例においては，回線距離は 20km である．A 部で送信アンテナ高［Transmit Ant.Ht.-m］（2m）を回線距離［Link Distance-km］20km に合わせる．そして，回線損失［Attenuation-dB］を B 部の受信アンテナ高［Receiving Ant.Ht.-m］（30m）の位置で読み取る．回線損失として示されているのは，約 136.5dB であることに注意しよう．減衰目盛り上の数字と数字の間の値を読み取る際は，少し注意を要

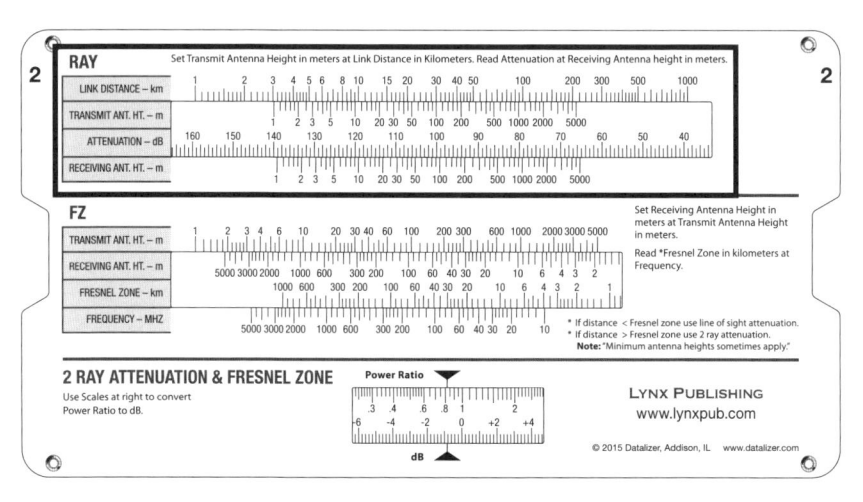

図 5.13　平面大地計算目盛りを強調した計算尺

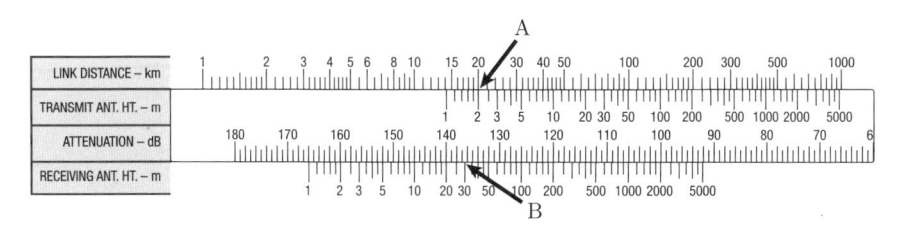

図 5.14　平面大地伝搬目盛りの拡大図

する．すなわち，目盛り上を左に移動するにつれて，減衰量が増えるので，ここでの減衰量は 136.5dB であり，143.5dB ではない．

5.5.4 最小アンテナ高

図 5.15 は，平面大地伝搬計算における最小アンテナ高（minimum antenna height）対送信周波数を示したものである．グラフには 5 本の線があり，それらは，

- 海水面上の伝送
- 高電導大地の垂直偏波伝送
- 低電導大地の垂直偏波伝送
- 低電導大地の水平偏波伝送
- 高電導大地の水平偏波伝送

に対応する．

高電導大地は，良好なグランドプレーン（ground plane; 接地板）になる．どちらかのアンテナ高がこのグラフの相応する線で示される最小値より小さい場合，

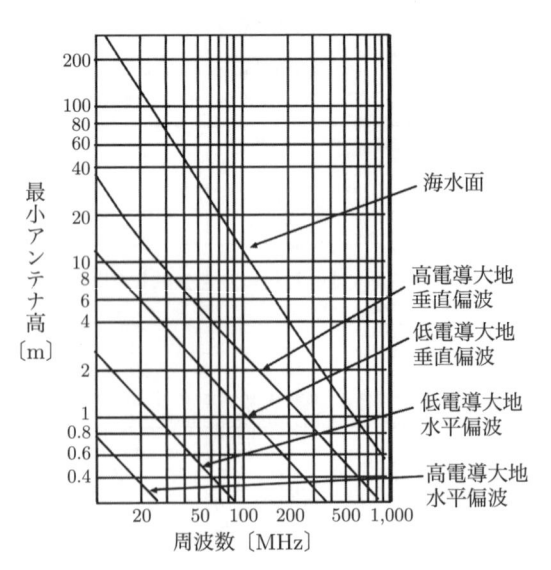

図 5.15　平面大地伝搬における最小アンテナ高

実際のアンテナ高の代わりに，この最小アンテナ高を用いて平面大地伝搬の減衰量を計算しなければならない．アンテナの一つが実際に地上に設置されていると，このグラフは正しい値を示さないことに注意しよう．

5.5.5 極めて低いアンテナについての注意

通信理論の文献においては，極めて低いアンテナに関する議論はどれも，地上高が少なくとも半波長のアンテナに限定されているように見える．完成には程遠いが，最近の（著者が実施した）試験では，それより低いアンテナの動作性能について，ある程度洞察を得ている．周波数が 400MHz，垂直偏波，高さ 1m の送信機と，それと整合させた受信機を用意し，送信機を移動させながら受信機の高さを 1m から地上まで下降させた．平面の乾燥した平地で，受信アンテナを地面に置くと，受信電力は 24dB だけ低下した．伝送経路（受信機の近傍）を横切る 1m の深さの溝では，この損失は 9dB に低下した．その他の最近の（未完了の）試験では，地面より上のアンテナと地面に置いた 2 番目のアンテナとの間の損失は，距離の変化に対して 20dB の周期的変動を示しているように思われる．(本書が印刷に回されている間にも）進行中の試験では，EW アプリケーションにおける平面大地損失の予測値に対しては，さらに 20dB の変動マージンを加えることになると思われる．この問題に非常に関心を持つ技術者の間で，現在いくつか大きな動きがあるので，この主題については今後発表される論文に期待しよう．

5.6 フレネルゾーン

前述したように，地面あるいは水面近傍を伝搬する信号は，アンテナ高や送信周波数にもよるが，見通し線伝搬損失や平面大地伝搬損失に直面することがある．フレネルゾーン距離（Fresnel zone distance）とは，位相打ち消しが拡散損失よりも優勢となる送信機からの距離のことである．図 5.16 に示すように，受信機が送信機からフレネルゾーン距離に満たない位置にあれば，見通し線伝搬が起こる．受信機が送信機からフレネルゾーン距離よりもっと遠くに位置していれば，平面大地伝搬が適用される．どちらの場合であっても，当てはまる伝搬が回線距離全体を通して適用される．

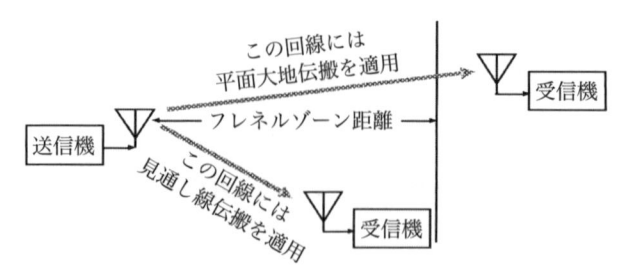

図 5.16　フレネルゾーン距離を基準とした伝搬モデルの選定

本節では，フレネルゾーン距離を決定する二つの方法を提示する．すなわち，

- 公式（dB 単位ではない二つの形式による）
- 本書に用意された計算尺

である．

5.6.1　公式

フレネルゾーン距離は，次式から計算される．

$$\mathrm{FZ} = \frac{4\pi h_t h_r}{\lambda}$$

ここで，

　　　　FZ：フレネルゾーン距離〔m〕
　　　　h_t：送信アンテナ高〔m〕
　　　　h_r：受信アンテナ高〔m〕
　　　　λ：送信波長〔m〕

である．

文献によって，いくつかの異なるフレネルゾーン（Fresnel zone）についての公式があることに注意しよう．本書で選んだ上式は，自由空間損失と平面大地損失が等しくなる距離を導く．次式は上式のさらに便利な形である．

$$\mathrm{FZ} = \frac{h_t h_r F}{24,000}$$

ここで，

FZ：フレネルゾーン距離〔km〕
h_t：送信アンテナ高〔m〕
h_r：受信アンテナ高〔m〕
F：送信周波数〔MHz〕

である．

5.6.2　計算尺

図 5.17 にフレネルゾーン計算用目盛りを強調した計算尺（面 2 の FZ）を示す．図 5.18 には，それらの目盛りの拡大表示を示す．

フレネルゾーン距離を計算するには，まず，スライドを動かして，送信アンテ

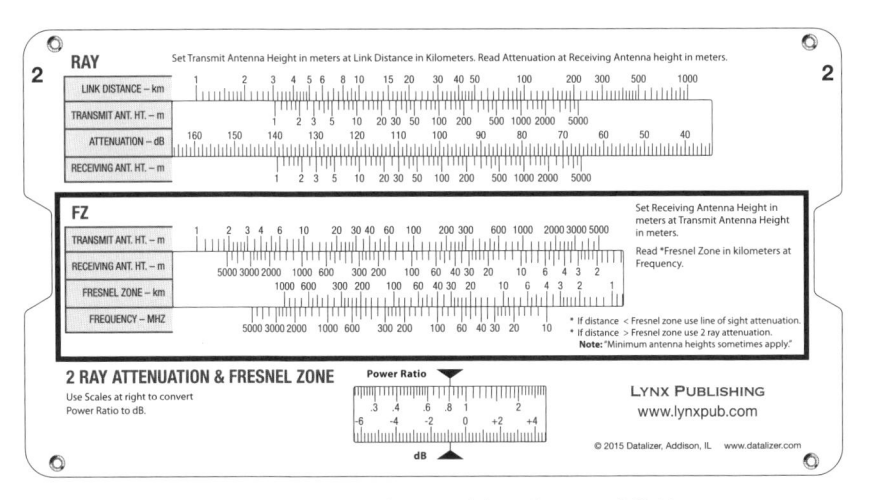

図 5.17　フレネルゾーン目盛りを強調した計算尺

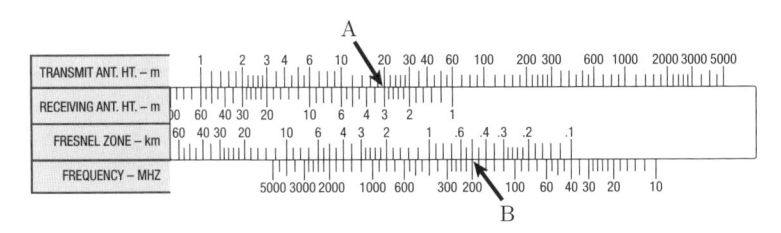

図 5.18　フレネルゾーン目盛りの拡大図

ナ高〔m〕を上段目盛り上の受信アンテナ高〔m〕［Receiving Ant.Ht.-m］に合わせる．その後，下段目盛りの周波数（MHz）［Frequency-MHz］の位置でフレネルゾーン距離［Fresnel Zone-km］を読み取る．図に示した例では，まず，A 部で送信アンテナ高（2m）と受信アンテナ高（30m）を合わせる．次に，B 部の周波数（200MHz）の位置でフレネルゾーン距離を読み取る．フレネルゾーン距離が 0.5km とわかるので，回線が 500m より小さい場合は自由空間損失を適用し，回線が 500m より大きい場合は平面大地損失を適用する．

5.6.3　複雑な反射環境

極めて複雑な反射がある場所，例えば，図 5.19 に示すような峡谷に沿って送信する場合においては，論文で，見通し線伝搬損失モデルのほうが平面大地伝搬モデルよりも正確な解を与えるとの示唆がなされている．

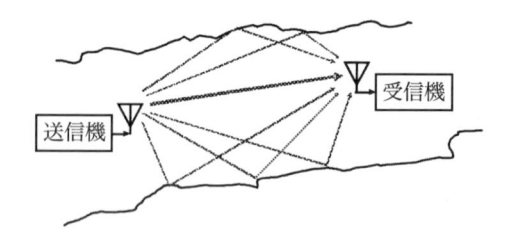

図 5.19　極めて複雑な反射環境における伝送

5.7　ナイフエッジ回折

山岳または稜線越えの見通し線外（non-line-of sight; NLOS）伝搬は通常，ナイフエッジ（knife-edge; 刃形）を越える伝搬として評価される．これは極めて一般的なやり方であり，多くの EW 専門家は，等価ナイフエッジ回折（knife-edge diffraction; KED; 刃形回折）によって見積もられた損失が，地形で経験する実際の損失に極めて近いものになっていると報告している．本節では，KED 計算用のノモグラフだけを提示する．

この KED による減衰量は，ナイフエッジが存在しないとした場合の自由空間損失に加算される．ここで留意すべきなのは，ナイフエッジ（あるいはそれと同

等の障害）が存在している場合は，平面大地損失よりはむしろ自由空間損失にナイフエッジ回折損失が加算された結果のほうが当てはまるということである（図 5.20 を参照）．

　ナイフエッジ越えの回線の位置関係を図 5.21 に示す．H は，ナイフエッジの頂点から，ナイフエッジが存在しない場合の見通し線までの距離である．送信機からナイフエッジまでの距離を d_1 とし，ナイフエッジから受信機までの距離を d_2 とする．KED が起こるためには，d_2 は少なくとも d_1 と同じでなければならない．受信機が送信機よりもナイフエッジに近い場合，受信機は不感地帯 (blind zone) の中にあり，そこでは（大きな損失を伴う）対流圏散乱 (tropospheric scattering) による回線接続しか利用できない．

　ナイフエッジは，図 5.22 に示すように，見通し線が頂点の上方を通っていても，見通し線経路がそれより数波長上方を通らない限り，損失を引き起こす．したがって，高さ H の値はナイフエッジより上方か下方のいずれかの距離になる．

　図 5.23 は，KED 計算のノモグラフである．左側の目盛りは，次式で計算され

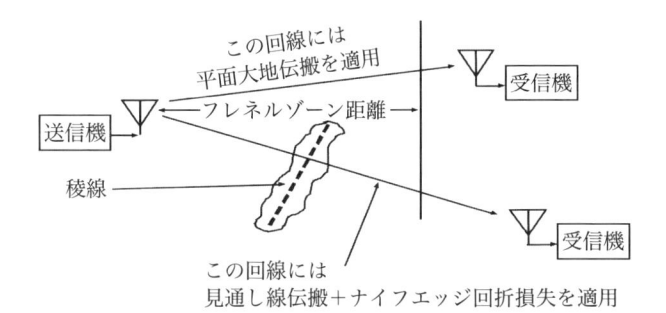

図 5.20　稜線越えの伝搬対平面大地伝搬

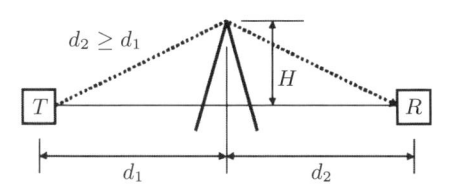

図 5.21　ナイフエッジ回折の位置関係

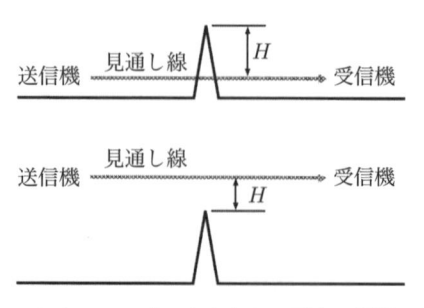

図 5.22 ナイフエッジの上方または下方の見通し線経路

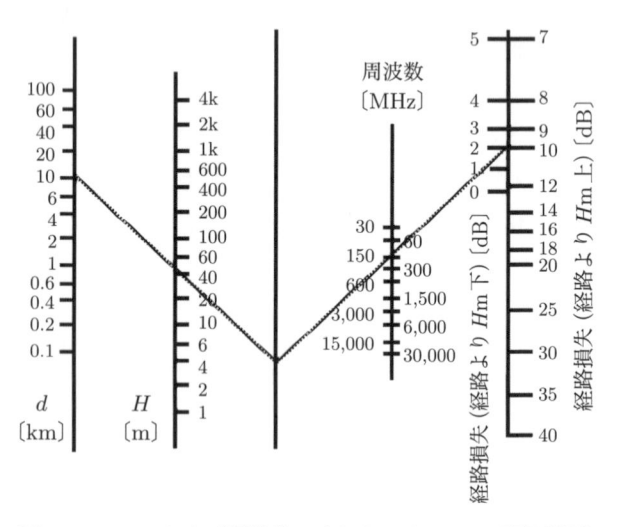

図 5.23 d, H および周波数に応じたナイフエッジ回折損失

る距離の値 d である．

$$d = \frac{\sqrt{2}}{1 + d_1/d_2} d_1$$

表 5.2 に，d のいくつかの計算値を示す．

d の値の計算のステップを飛ばして，単に $d = d_1$ としても，KED 損失見積の精度は，約 1.5dB 低下するだけである．

図 5.23 に戻ろう．d〔km〕から直線を H〔m〕の値まで引く．この時点では，H がナイフエッジの上方の距離であろうと下方の距離であろうと気にすること

表 5.2 d の値

	d
$d_2 = d_1$	$0.707 d_1$
$d_2 = 2d_1$	$0.943 d_1$
$d_2 = 2.41 d_1$	d_1
$d_2 = 5 d_1$	$1.178 d_1$
$d_2 \gg d_1$	$1.414 d_1$

はない．この直線を中央の指標線まで延長する．

別の直線を，最初の直線と中央の指標線との交点から送信周波数〔MHz〕を経て右側の目盛りまで引く．この目盛りが KED による減衰量を与える．この時点で，H がナイフエッジより上方となったか下方となったかを確認する．H がナイフエッジより下方の距離である場合は，KED による減衰量は左側の目盛りから読み取れる．H がナイフエッジより上方の距離である場合は，KED による減衰量は右側の目盛りから読み取る．

ノモグラフに描かれた例について考察しよう．d_1 は 10km，d_2 は 24.1km であり，見通し線経路はナイフエッジの下方 45m を通過している．

d は（表 5.2 の 3 行目から）10km で，H は 45m となる．周波数は 150MHz である．見通し線経路がナイフエッジの上方 45m にあれば，KED による減衰量は 2dB となる．しかし，見通し線経路がナイフエッジより下方にあるので，KED による減衰量は 10dB である．

そこで，全体の回線損失は，ナイフエッジがない場合の自由空間損失に KED による減衰量を加えたものとなる．すなわち，

$$\begin{aligned}
\text{LOS 損失} &= 32.44 + 20\log(d_1 + d_2) + 20\log(\text{周波数}〔\text{MHz}〕) \\
&= 32.44 + 20\log(34.1) + 20\log(150) = 32.44 + 30.66 + 43.52 \\
&\approx 106.6 〔\text{dB}〕
\end{aligned}$$

となる．

したがって，全回線損失は，$106.6 + 10 = 116.6$dB となる．

5.8 大気と降雨による損失

本節では，地球大気圏内で動作する回線における大気および降雨・霧による損失について取り上げる．これらの損失は，前述の伝搬損失に加わる損失である．

5.8.1 大気損失

図 5.24 は，回線距離の km 当たりの大気損失（atmospheric loss）と周波数との関係を表す曲線である．この図を使用するには，横軸の周波数を選んで曲線まで上がり，そこから左に進んで km 当たりの減衰値を読み取る．曲線にある二つのピークは，RF 周波数範囲内における主要な二つの大気減衰要因によってもたらされる．水蒸気の影響は 22GHz にピークがあり，酸素の影響は 60GHz にピークがある．大気による減衰は 10GHz 以下では極めて低いことに気づくであろう．この損失は，HF，VHF，UHF および低域マイクロ波帯においては無視されることが多い．

図に示された例は，50GHz 回線の場合である．横軸の 50GHz から曲線まで上り，次に左へ縦軸まで進むと，大気損失は km 当たり 0.4dB と読み取れる．

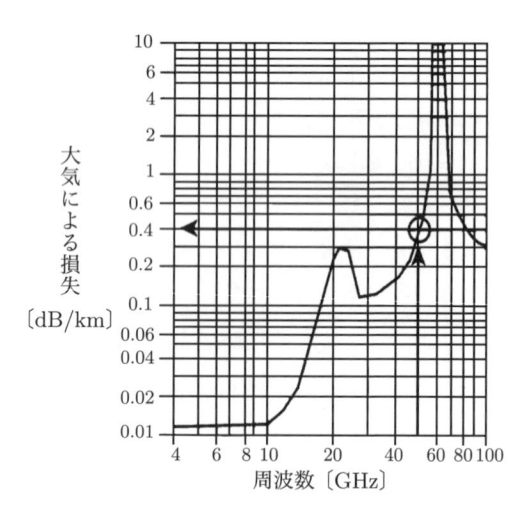

図 5.24　大気による減衰

5.8.2 降雨と霧による損失

降雨は極めて動的であるので，降雨損失（rain loss）を実際の通信状況と関係付けることは難しい．一般にこれらの損失は，ある特定の状況や確率に対して計算される．計算されたこれらの損失は，どの程度の回線マージンを規定すべきかを決定する際に不可欠な要素となる．

図 5.25 は，起こる可能性のある降雨損失の総量を規定するためのさまざまなアプローチの比較検討に使用される略図である．この図は，ある特定の無人航空機（UAV）回線における比較検討の評価に由来している．その条件は，最大回線距離 50km の全区間が小雨であり，その回線経路内に 10km の大雨の領域が存在するというものである．したがって，この回線は 40km の小雨区間と 10km の大雨区間を通ることになる．

表 5.3 は，降雨と霧の程度区分と程度を定義したものである．図 5.26 は，各レ

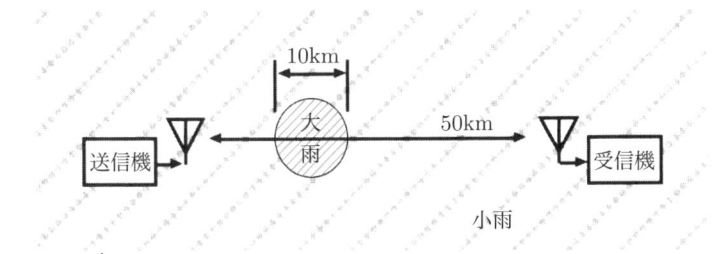

図 5.25　降雨による減衰の回線モデル

表 5.3　降雨および霧の程度の定義

降雨	A	0.25mm/hr	0.01in/hr	霧雨
	B	1.0mm/hr	0.04in/hr	小雨
	C	4.0mm/hr	0.16in/hr	並雨
	D	16mm/hr	0.64in/hr	大雨
	E	100mm/hr	4.0in/hr	豪雨
霧	F	$0.032\text{gm}/\text{m}^3$	視程 600m 以上	
	G	$0.32\text{gm}/\text{m}^3$	視程約 120m	
	H	$2.3\text{gm}/\text{m}^3$	視程約 30m	

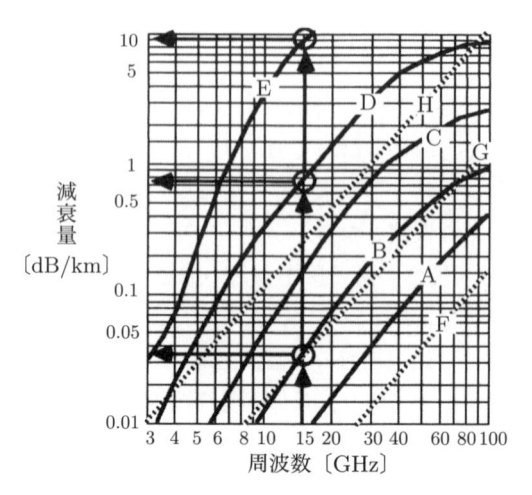

図 5.26　降雨と霧による km 当たりの減衰量

ベルの降雨や霧による km 当たりの減衰量を（表 5.3 に対応して）周波数に応じて与える．この図を使用するには，横軸の周波数から降雨または霧の求めるレベルに相当する曲線まで上がる．次に，左の縦軸へ進み，km 当たりの減衰量を読み取る．

図に描かれた例は，15GHz に対するもので，図 5.25 の降雨モデルを用いている．横軸の 15GHz から曲線 B（小雨）まで上り，そこから左へ進んで縦軸の km 当たり 0.033dB を得る（縦軸は対数値であるので，0.03 と 0.04 の線の中間の値は 0.033（0.5 はほぼ 3 の対数値）である）．この降雨モデルは小雨区間が 40km であるので，小雨によって 1.3dB の損失がもたらされる．次に，15GHz から上へ曲線 D（大雨）まで伸ばす．そこから左の縦軸へ向かい，km 当たり 0.73dB に至る．ここでは大雨領域を 10km と見込んでいるので，大雨で 7.3dB の損失がもたらされることが予想される．したがって，その他の損失はさておき，この事例における全降雨損失は，8.6dB となる[1]．

---

[1]. 【訳注】本題では扱っていないが，豪雨区間が含まれる場合は，曲線 E を用いて曲線 D と同様の手順で損失を求めることができる．

5.9　HF帯の伝搬

　本節は，HF帯の伝搬について，一般的な理解を与えることだけを目的としている．単一局方向探知（単局方探）装置（single-site locator; SSL）については，その他の通信電波源位置決定問題とともに，第7章で説明する．HF帯伝搬は，時刻，時節，場所，および（太陽黒点の活動などの）電離層に影響を及ぼす諸条件次第で，非常に複雑となる．さらなる研究の出発点としては，JED誌1990年6月号のRichard Grollerによる卓越した記事 "Single Station Location HF Direction Finding" を薦める．また，距離と緯度に対するHF帯伝搬の確率曲線が収録されている，例えば *Reference Data for Radio Engineers*（RDRE）などのハンドブックも役に立つ．最後に，連邦通信委員会（Federal Communication Commission; FCC）には，特定の電離層の状態，伝搬パラメータなど，たくさんのデータを備えたウェブサイト（www.fcc.gov）がある．

　本節では，電離層，電離層反射，HF帯伝搬経路について説明する．本節の主な参考文献は，Groller氏の記事とRDREである．

　HF帯伝搬は，見通し線，地表波（ground wave），あるいは上空波（sky wave）の伝搬となる．地表波は大地に沿って伝搬するが，経路に沿った地表面地質の影響を強く受ける．FCCのウェブサイトには，この伝搬モードについてのいくつかの曲線が掲載されている．HF伝搬は，約160kmを超えると，電離層で反射される上空波に依存する．

5.9.1　電離層

　電離層とは，地表面上空約50〜500kmにあるイオン化した気体（ionized gas; 電離ガス）領域のことである．ここでの主な関心事は，電離層が中〜短波帯の無線伝送を反射することにある．電離層は図5.27に示すように，いくつかの層に区分される．

- D層（D layer）は，地上約50〜90km上空に存在する．これは吸収層（absorptive layer）であり，吸収量は周波数の増加とともに減少する．その吸収は正午に最大となり，日没後は最小になる．
- E層（E layer）は，地上約90〜140km上空に存在する．これは昼間の短

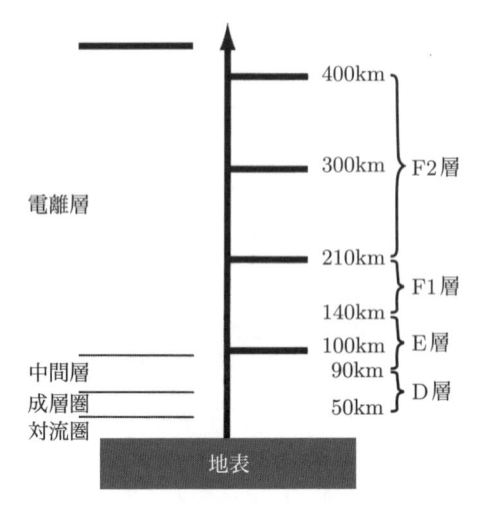

図 5.27 電離層は D，E，F1，F2 層からなる．

〜中距離の HF 帯伝搬における無線信号を反射する．その強度は太陽放射（solar radiation）の働きによって，季節と太陽の黒点活動（sunspot activity）に応じて変化する．

- スポラディック E（sporadic-E）とは，主として東南アジアや南シナ海地域の夏季に短期間かつ一時的に現れる，電離を発生させる条件のことである．これが HF 帯伝搬に短期変動を引き起こす[2]．
- F1 層（F1 layer）は，地上約 140〜210km 上空に広がっている．これは昼間のみに存在し，夏季および太陽黒点活動の最盛期に最強となる．中分緯度で最も顕著である．
- F2 層（F2 layer）は，地上約 210〜400km 上空に広がっている．これは常在するが，極めて変化しやすい．これによって長距離および夜間の HF 伝搬が可能になる．

---

[2]【訳注】電離密度が極度に高い場合，VHF 帯の電波も反射されることがあり，不規則かつ短期ではあるが，VHF 帯の長距離伝搬も起きうる．

5.9.2 電離層反射

電離層からの反射は，見掛けの高度（virtual height）と臨界周波数（critical frequency）に特徴付けられる．見掛けの高度とは，図 5.28 に示すように，信号の電離層による見掛け上の反射点（apparent point of reflection）の高度をいう．これは，垂直に送信して往復伝搬時間を測定するサウンダ（sounder; 電離層高度測定装置）で測った高度のことである．周波数を増加させていくと，この見掛けの高度は臨界周波数に達するまで上昇する．送信信号は，この周波数において電離層を突き抜ける．さらに高高度の層が存在していれば，見掛けの高度はその高い層まで上昇する．

反射が起こりうる上限の周波数もまた，仰角（図 5.28 の θ）と臨界周波数（F_{CR}）の関数である．最高使用可能周波数（maximum usable frequency; MUF）は，次式で決定される．すなわち，

$$\mathrm{MUF} = F_{\mathrm{CR}} + \sec\theta$$

である．

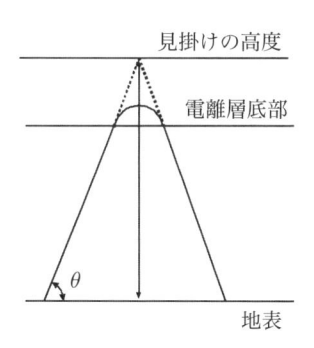

図 5.28　電離層の見掛けの高度とは，HF 伝送における見掛け上の反射点のことである．

5.9.3　HF 帯の伝搬経路

図 5.29 に示すとおり，電離層の状態によって，送信機と受信機の間にはいくつかの異なる伝搬経路が存在しうる．上空波が一つの層を通り抜けても，より高い層で反射されるかもしれない．伝送距離によっては，E 層で 1 回以上の跳躍が起

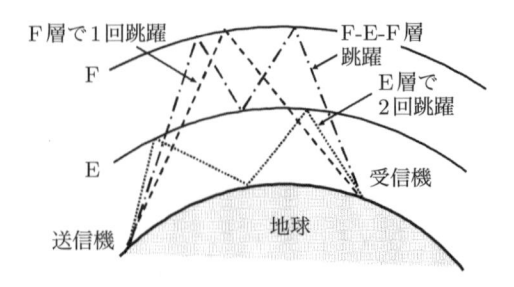

図 5.29 信号周波数,電離層の状態,および送信機と受信機の位置関係によって,送信機から遠方の受信機までの伝搬経路がいくつか存在しうる.

こりうる.E層を突き抜けても,F層で1回以上跳躍が起こることもある.これは,夜間はF2層,昼間はF1層における反射となる.個々の層の局所密度によってはさらにF層からE層へ跳躍し,それがF層へ戻り,そして最後に地上へ至るという跳躍もありうる.

上空波伝搬からの受信電力 P_R は,次式で予測される.

$$P_R = P_T + G_T + G_R - (L_B + L_i + L_G + Y_P + L_F)$$

ここで,

P_T:送信電力
G_T:送信アンテナ利得
G_R:受信アンテナ利得
L_B:拡散損失
L_i:電離層吸収損失
L_G:(複数回跳躍における)大地反射損失
Y_P:雑損失(集束,マルチパス,偏波など)
L_F:フェージング損失

である.

5.10 衛星回線

通信衛星（communication satellite; CS）は，Hz 単位で賃貸される帯域幅を持ち，衛星回線（satellite link）の性能を計算するには，地上回線とはまったく異なるアプローチがある．本節の目的は，地球系から衛星への，または衛星から地球系への送信を処理する方法を説明することにある．

最初に，衛星と，その送受信先である地球局（ground station）との距離がどれほどであるかを考えよう．2 時間ごとに地球を周回する低高度衛星（low-Earth satellite）の場合，その平均高度は 1,698km である（図 5.30 参照）．衛星が地球局の局地水平線上空 5° にある場合，回線距離は 4,424km となる．衛星が静止軌道（synchronous orbit）にある（すなわち，赤道上空の 1 点に留まっている）場合の高度は約 36,000km である．衛星が地球局から水平線上空 5° にあれば，その経路長は 41,348km となる（図 5.31 参照）．衛星が静止軌道にあり，図 5.32 に示すような地球覆域アンテナ（earth-coverage antenna）を持っている場合，そのアンテナのビーム幅は 17.3° である．

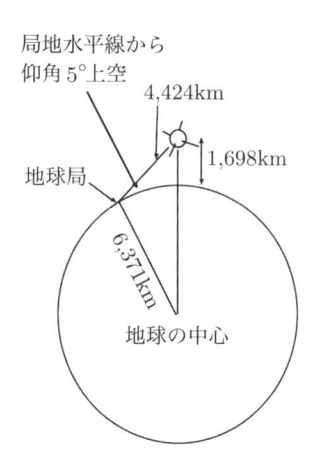

図 5.30　低高度衛星までの距離

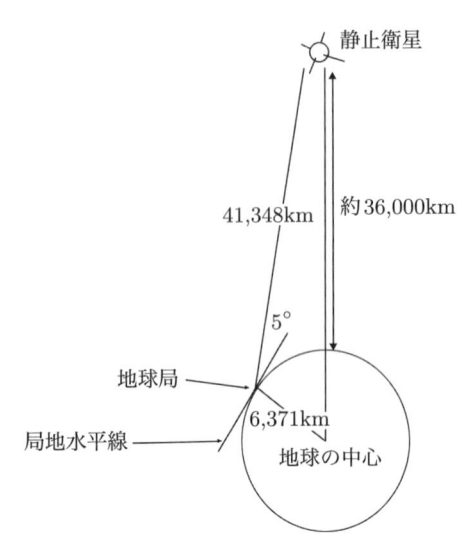

図 5.31　静止衛星までの距離

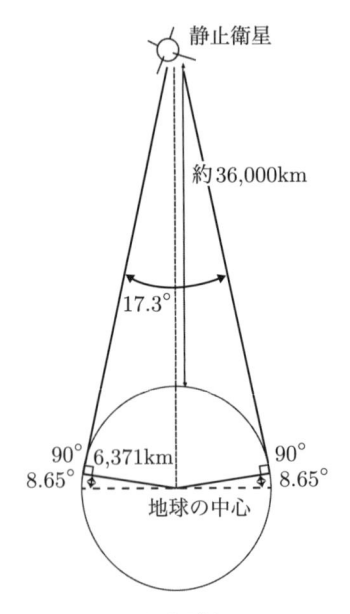

図 5.32　地球覆域アンテナ

5.10.1 自由空間損失

衛星回線は間違いなく見通し線伝搬の基準に適合しているので，自由空間損失は次式で計算できる．

$$自由空間損失 = 32.44 + 20\log(距離) + 20\log(周波数)$$

5.10.2 大気損失

大気損失は図 5.33 から求められる．この図は，地球局からの衛星の仰角と送信周波数に対する，全大気通過による減衰量を与えるグラフである．

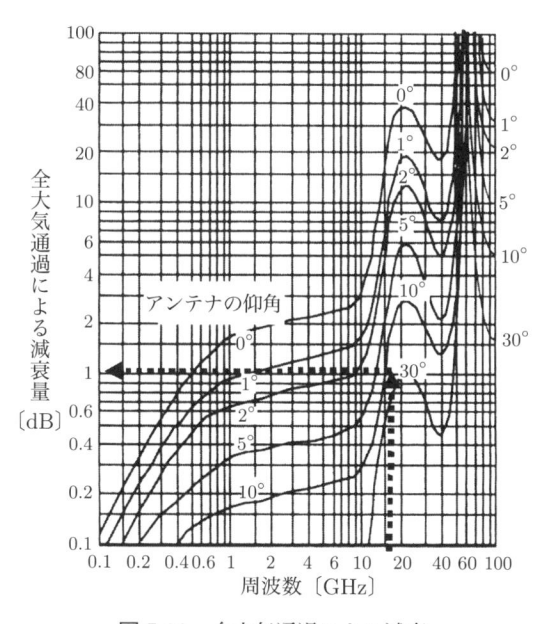

図 5.33　全大気通過による減衰

5.10.3 降雨損失

雨はあくまでも 0°C 等温線（isotherm）高度からしか降らないので，降雨損失は自由空間損失や大気損失よりもう少し複雑である．0°C 等温線とは，大気が氷点（freezing point）となる高度のことである．この 0°C 等温線は，緯度に対応

して氷点が既定の高度，またはそれより下方に存在する確率を表す曲線として，多くの通信衛星の書籍に見られる．以下で一例として用いる標本値は，緯度 40°（南緯または北緯）において，0°C 等温線が高度 3.3km 以下にある確率が 0.01% というものである．これから，地球局と 0°C 等温線の間に収まる経路長を計算する必要がある．この降雨域内の経路長は，図 5.34 で示される位置関係において，地球局から衛星に対する仰角の正弦値をとり，その値で 0°C 等温線の高度を割ることにより計算される．降雨域内の経路長がわかると，その距離に図 5.26 の km 当たりの損失を掛けたものが降雨損失となる．

例を示そう．緯度 40° にある地球局が，その局地水平線の 5° 上空に位置する静止衛星からの信号を，周波数 5GHz で捕捉しており，0°C 等温線確率が 0.01% である大雨の中で運用したい場合の回線例について考えてみよう．

この場合の回線損失は，

$$\text{LOS 損失} = 32.44 + 20\log(5,000) + 20\log(41,348) = 198.7 \text{ [dB]}$$

である．

- 5GHz で仰角 5° の場合の大気損失は，0.4dB．
- 降雨域内の経路長は，$3.3\text{km}/\sin(5°) = 37.9\text{km}$．
- 大雨は，5GHz で km 当たり 0.43dB の損失をもたらす．
- 降雨損失は，$37.9 \times 0.43\text{dB} = 16.3\text{dB}$．

したがって，全回線損失は $198.7 + 0.4 + 16.3 = 215.4\text{dB}$ となる．

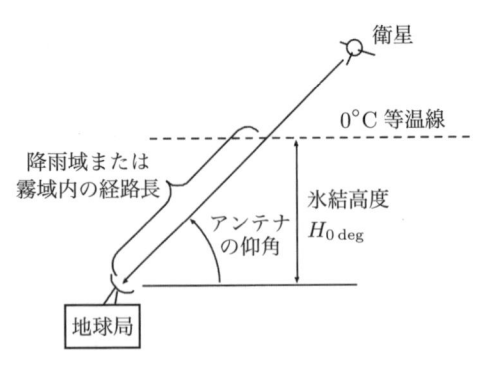

図 5.34 降雨域と霧域内の経路長

第6章

通信電波源の捜索

　軍隊組織は，自身が運用する周波数が敵に知られることのないよう多大な努力を払う．また一方，各種の EW 運用の実行には，敵が使用している周波数を知る必要があるのが普通である．それゆえ，周波数捜索（frequency search）は重要な EW 機能の一つである．EW 受信システムが指向性アンテナを使用する場合には，角度捜索（angular search; 到来角捜索）もまた課題となる．本章では，通信電波源の角度捜索と周波数捜索の双方について説明する．しかしながら，通信の受信システムの大多数が 360° 覆域（360° coverage; 全周）の電波源位置決定システムを使用していることから，その力点は周波数捜索となる．捜索技法については，まず，全般捜索（general search）における考慮事項から始め，次に，在来型の通信信号に使われる捜索技法を取り上げ，最後に低被傍受/探知確率（LPI）信号に対する捜索技法を取り上げる．

　理想的には，EW システムの受信部は，あらゆる方位を同時に，また，どの周波数においても，さらに，あらゆる変調方式に対して，極めて高感度に調べることができるものとなるだろう．このような受信システムは設計可能ではあるものの，その規模，複雑さ，およびコストは，ほとんどのアプリケーションにとって非現実的なものとなるだろう．それゆえ，実際の EW 受信サブシステムでは，上述した要件のすべてが与えられた大きさ，質量，電力およびコストの範囲内で最良の傍受確率を達成するための得失評価項目となる．LPI 通信の存在と利用の増大が，この問題をかなり厳しいものにしている．

6.1　傍受確率

傍受確率（POI）には別の諸定義が用いられることもあるが，EW では，一般に次の定義が受け入れられている．

> ある特定の脅威信号が EW システムの位置に最初に到達したときから EW システムがその任務を実行するには手遅れとなるまでの間に，その信号の存在といくつかのパラメータを探知できる確率．

ほとんどの EW 受信機は，規定のシナリオ中に規定の信号群が存在するとき，その脅威リストにある信号のそれぞれに対して，一定の期間内に，90～100% の傍受確率を達成できる仕様になっている．

6.2　各種捜索法

一般に，脅威信号の捜索に用いられる方策は，下記の一つである．

- 全般捜索（general search）
- 指定捜索（directed search）
- 逐次絞り込み捜索（sequential qualification search）

6.2.1　全般捜索

全般捜索は，特定の対象信号の存在について事前の知識がないことを前提にしており，しばしば「世界の始まりの日」のやり方と呼ばれる．また，やや砕けて，「ごみ収集」（garbage collection）とも言われている．電波到来方向や周波数に選り好みや優先順位を付けることなく，可能性のあるすべてが考察される．全般捜索の成果物は，さらに高度なその後の捜索あるいは暴露した敵の重要アセットに対する直接行動を可能にする，電波環境の「案内図」である．

6.2.2　指定捜索

指定捜索では，電波環境に関する多少の知識を活用する．これは小規模の受信システムにおいても，多数の信号の周波数，変調および優先順位を保存するのに

役に立つ．具体的な対象信号に高優先順位が割り当てられている場合，それらの周波数は（適切な場合，電波到来方向も），最初に記憶装置から呼び出され，照合される．そのとき，他の環境は優先順位に従ってしまい込まれている．次に，最も重要（おそらくは，最も危険）な周波数帯または位置が照合され，その後，他の環境が捜索される．対象になっていない既知の周波数や位置は，時間節約のために省略される．関心の高い信号の周波数や位置が頻繁にアクセスされる一方で，優先順位の低い信号は，あまりアクセスされない．

6.2.3 逐次絞り込み捜索

逐次絞り込みにおいては，検出されたすべての信号について，いくつかのパラメータ（諸元）を迅速に測定し，その結果に基づき，この電波源に関するさらなるパラメータ探索にさらに時間を費やすべきかを判断するための優先順位付けを行う．通常，最少時間で測定できるパラメータが，最初の分類用パラメータになる．

その最も一般的なやり方では，いかなる信号エネルギーにおいても，最大の優先順位が付けられた周波数範囲をまず捜索する．これにはチャンネル当たりほんの数 μsec 程度しか時間がかからないかもしれない．エネルギーが検出されると，時間はもっぱら次のパラメータを見つけ出すために使用される．

第 2 段階は，その信号の変調または概略位置を見つけ出すことであろう．変調はスペクトル解析（spectral analysis）によって確定することが可能で，高速フーリエ変換（FFT）を使用できれば，かなり速い．概略位置（すなわち，電波源が我が方に位置しているのか，敵方に位置しているのか）は，EW システムが位置決定機能を保有している場合，通常，最短時間で得られる．第 7 章で説明するように，電波源位置決定システムは通常，最高確度の電波源位置決定報告の作成に先立って，多数のデータ収集と平均計算を行う．通常，最初の計算は，報告作成時間のごくわずかな時間で完了する．この最初の計算結果を利用できる場合，それは一般に最終報告よりずっと低い精度ではあるが，その捜索において，さらに絞り込むためのパラメータの測定に数 msec を費やすべきかどうかを決定するのには十分である．

このようないくつもの絞り込みのレベルは，信号の長時間収集や解析を開始する前に，使用される場合がある．

6.2.4 捜索に役立つツール

図 6.1 に，周波数捜索法の開発や評価の援助に一般によく使われるツールを示す．これは，目標信号の特性と 1 台あるいは複数の受信機の時間対周波数覆域を描くための周波数対時間のグラフである．周波数目盛りは，対象周波数の全範囲（または，その範囲のある部分）をカバーするものとし，時間目盛りは捜索法を明らかにするのに十分な長さとする．信号の描写は，各信号帯域幅（signal bandwidth）に対する信号の予想持続時間を示している．信号が断続的であるか，あるいは何らかの予測可能な方法で周波数が変化する場合，これらの特性をグラフ上に表すことができる．受信機は，自身の帯域幅で，かつ特定の周波数増分をカバーする間の時間を使って特定の周波数に同調されていることを示す．

一般的な掃引受信機（sweeping receiver）を用いる方法を図 6.2 に示す．平行四辺形は掃引受信機の周波数対時間覆域を示している．受信機の帯域幅が任意の周波数における平行四辺形の高さになり，その傾きが受信機の同調速度（tuning rate）になる．信号 A は，最適に（自身の全持続時間の始めから終わりまでに自身の全帯域幅が）受信されていることに注目しよう．信号 B はその帯域幅全体を調べなくてもよい場合に受信され，信号 C はその持続時間全体を調べなくてもよ

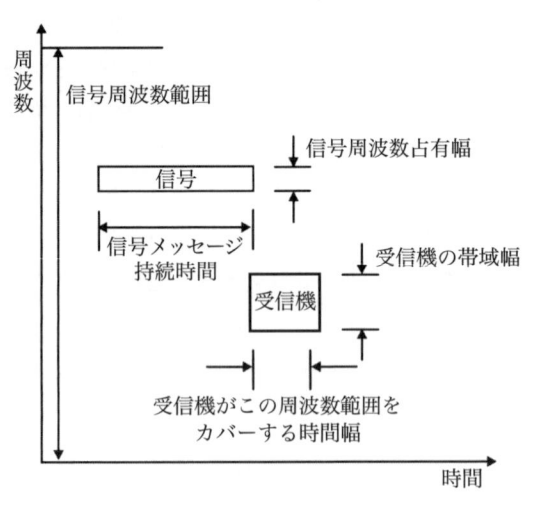

図 6.1　捜索立案ツール

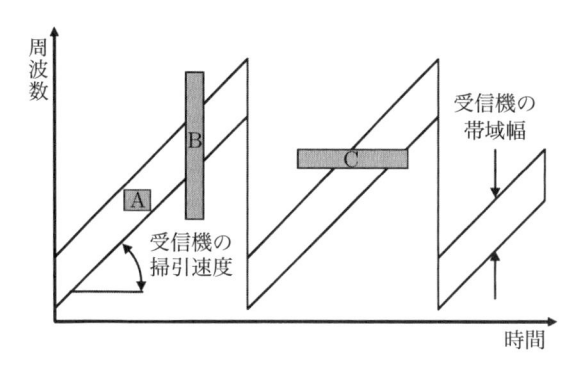

図 6.2　対象信号に対する受信機の掃引

い場合に受信されている．読者は信号の種類と捜索目的に合わせてルールを設定することができる．

6.2.5　捜索に影響する実務上の考慮事項

理論上，受信機は，その帯域幅の逆数に等しい時間（例えば，帯域幅 1MHz で 1μsec）は，受信機の帯域幅内で信号が残存できるほどの速度で掃引できる．しかしながら，システムソフトウェアには信号が存在しているかどうかを判定する時間が必要である．これには $100\sim200\mu$sec 程度の時間が必要になる可能性があり，これは帯域幅の逆数に相当する時間よりかなり大きくなりうる．

存在している各信号の処理（例えば変調解析（modulation analysis）や電波源位置決定など）の実行には，その信号を対象信号と特定するのに，概してより長時間を要する．この処理のレベルでは，検出された信号ごとに 1msec 以上の時間がかかる可能性がある．

6.2.5.1　技術的問題

昔は，軍用の傍受受信機は機械的に同調していたので，カバーする帯域全部をおおよそ線形の 1 回掃引により手動同調あるいは自動同調で捜索する必要があった．この方法は，環境内のすべての信号を調べて，その後，対象信号ではないものを含む膨大な信号群の中から少数の対象信号を拾い出す必要があったため，俗にごみ収集と呼ばれていた．対象信号の識別は，熟練のオペレータによるかなり

複雑な解析を必要とした．50年前を思い出すと，コンピュータは真空管でいっぱいの大規模な強制空冷が必要な部屋であり，その能力は現代のコンピュータに比べて極めて小さいものであった．

デジタル同調受信機（digitally tuned receiver）や巨大メモリと高速処理能力を持つ筐体一つ（ゆくゆくはワンチップ）のコンピュータが使用できるようになって，より一層洗練された捜索法が現実的なものになってきた．今では既知の対象信号の周波数を蓄積し，新規の対象信号を捜索する前に蓄積した各周波数を各自が自動的にチェックすることができる．コンピュータによるスペクトル解析を可能にするため，対象信号である可能性がある信号に対して高速フーリエ変換（FFT）を実行することができる．対象であるか非対象であるかの判定は，スペクトル解析の結果で行える．この判定の精度は，（システムが方探や位置決定能力を有する場合）概略の放射源位置を一瞥することでさらに改善できるかもしれない．

6.3　システム構成

EWシステムの構成には，無限の実現性がある．本節の目的は，あくまでも捜索に影響を与えるシステム構成の特徴について説明することにある．考えられる一般的なシステム構成には，

- 単一受信機
- 捜索・監視受信機（search and monitor receiver）
- 捜索・監視受信機と専用受信機（special receiver）
- 電波源位置決定機能を持つシステム

が挙げられるが，本節ではシステム内の受信機の組み合わせに注目した，上記の最初の三つの構成を取り上げる．

◻ 単一受信機

図6.3に示すように，システムに受信機が1台しかない場合，その受信機は，対象信号を捜索したあとは，捜索を再開できるまで必要な限りその信号を監視しなければならない．このやり方はシステムを簡素化できる一方で，急激に変動す

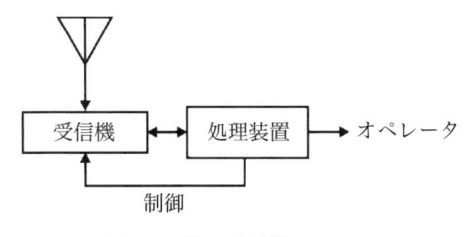

図 6.3　単一受信機システム

る環境下や，優先順位が異なる各種の対象信号が存在している場合の傍受確率に大きな不都合を有している．

□ 捜索受信機と監視受信機

長期間の監視やデータ収集においては，対象信号ごとに受信機を割り当てるより，1 台の受信機を捜索に使用し，それとは別にもう 1 台あるいは複数台の受信機を持つやり方が非常に一般的である．捜索受信機は，監視受信機と同じ種類でも，あるいは周波数だけを測定する広帯域受信機でもよい（図 6.4 参照）．

□ 専用受信機

専用受信機（special receiver）は，特に逐次絞り込み捜索法を使用するシステムに必要に応じて用いられるという，特殊な性格を持つ．図 6.5 に，捜索・監視受信機を専用受信機で補完した受信システムを示す．専用受信機の例として，

- デジタル変調解析受信機（digital modulation analysis receiver）

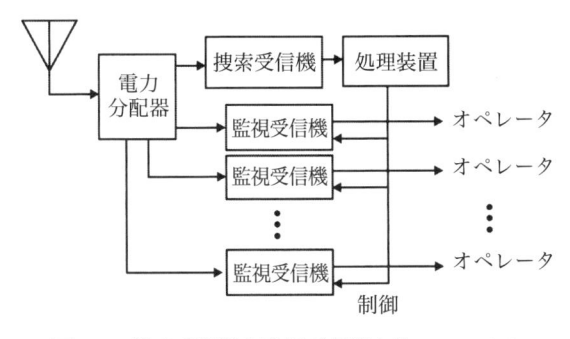

図 6.4　捜索受信機と監視受信機を持つシステム

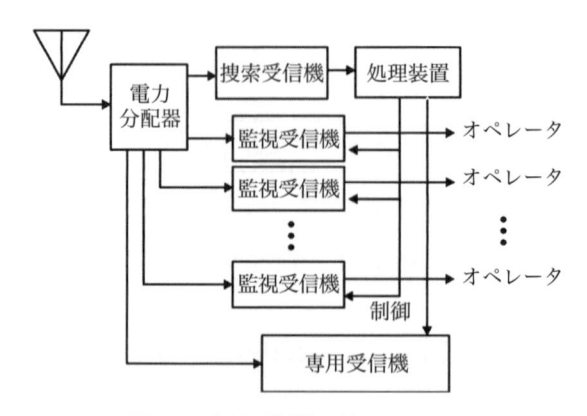

図 6.5　専用受信機を持つシステム

- 方探受信機（direction-finding receiver）
- LPI 信号専用受信機

が挙げられる．

　通常の捜索受信機は，信号に遭遇すると，周波数を測定するだけである．この情報は，監視受信機をその信号に割り当てるかどうかを決定するには不十分かもしれない．デジタル受信機は，信号の周波数スペクトルを取り出すために FFT を実行することができる．このスペクトルの解析によって，

- 信号の変調
- 各種変調パラメータ
- 信号が暗号化されている場合は，その暗号方式

が究明可能になる．

　これらの情報はすべて，システムの監視受信機の 1 台をその信号に割り当てるか否かを決定する目的で，信号に優先順位を付けるためには十分であろう．

　方探受信機は，方探（DF）システムの一部であり，通常，それぞれのアンテナアレイを有している．ほとんどの方探システムは，信号の到来波入射角（angle of arrival; AOA; 到来電波入射角）の推定を迅速に行えるが，それほど正確ではない．この測定結果は，信号の優先順位決定に役立つパラメータとして処理装置に提出することができる．方探システムはその後，指定された精度を満たす電波

到来方向（DOA）を決定するため，通常は数回の測定結果と計算結果の平均計算を行う．信号に割り当てられた優先順位は，その信号が，最高確度の電波到来方向を明らかにするために処理時間を費やすに値するかどうかを判定するのに使用されることがある．

6.3.1 捜索に使用される受信機の種類

EW・偵察システムに使用される受信機の種類には，表6.1に示すものがある．これらの受信機の種類については4.1節に記述したので，この表では捜索問題に対応した特徴だけを示す．

スーパーヘテロダイン受信機は，周波数を測定し，いかなる種類の信号変調も再生する．これらは通常は，一度に1信号しか受信しないので，多数同時信号の影響を受けない．それらは，帯域幅に応じて良好な感度を持ちうる．スーパーヘテロダイン受信機の重要な特徴の一つは，周波数範囲と感度の得失評価を行う限り，ほとんどすべての帯域幅を考慮した設計が可能であることである．

チャネライズド受信機は，多数信号が別々のチャンネルにある限り，それらの周波数を同時に測定するとともに，すべての変調を再生することができる．この受信機はさらに，チャンネルの帯域幅に応じて良好な感度を与えることもできる．しかしながら，与えられた周波数範囲をカバーするためには，その帯域幅が

表6.1　捜索受信機

受信機の種類	感度	解明される情報
瞬時周波数測定	低	周波数のみ出力，一度に1信号のみを処理可能
スーパーヘテロダイン	高	周波数を出力，変調を再生，多数同時信号中の一つを受信
チャネライズド	高	周波数を出力，変調を再生，多数同時信号を受信可能
コンプレッシブ（マイクロスキャン）	高	周波数のみ出力
デジタル	高	周波数，変調を再生，多数同時信号を受信可能，スペクトルその他の解析を実施

狭いほど，より多くのチャンネルを必要とする．

コンプレッシブ（またはマイクロスキャン）受信機は，広い周波数範囲を極めて迅速に掃引するが，掃引範囲は多くの場合，単一パルス幅内である．この受信機は，多数同時信号の周波数と受信信号強度を測定し，かつ良好な感度を有するが，信号変調を再生することができない．

デジタル受信機は，広い周波数セグメントをデジタル化した後，そのセグメントをソフトウェアでフィルタにかけて復調する．この受信機は，多数同時信号の周波数を測定するとともに，すべての変調を再生することができる．デジタル受信機は良好な感度を提供することができる．

以下に，捜索に使用される各種受信機について，その細部を説明する．

6.3.2 デジタル同調受信機

図6.6にデジタル同調スーパーヘテロダイン受信機を示す．デジタル同調受信機は，シンセサイザ局部発振器と同調範囲内の任意の信号周波数の極めて高速な選択が可能な電子同調プリセレクタ（electronically tuned preselector）を有している．同調は，オペレータあるいはコンピュータ制御によって行える．

図6.7にPLL（phase-locked loop）シンセサイザのブロック図を示す．電圧同調発振器（voltage-tuned oscillator）は，正確で安定した水晶発振器の周波数の倍数に位相ロックされていることに注意しよう．これは，デジタル同調受信機の同調が正確であり再現可能であること，すなわち前述した捜索法に役立つことを意味する．シンセサイザ内のフィードバックループ帯域幅は，低雑音の信号出力（すなわち，狭ループ帯域幅）と高速な同調速度（すなわち，広ループ帯域幅）と

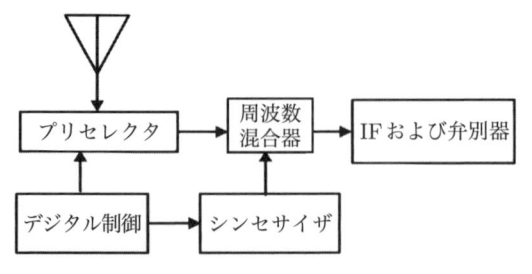

図6.6　デジタル同調スーパーヘテロダイン受信機システム

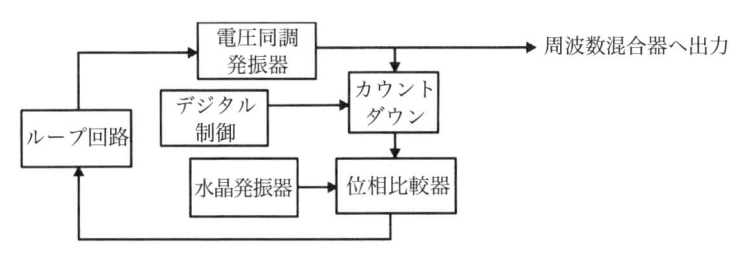

図 6.7　PLL シンセサイザ

の間の最適妥協点に設定されていることに注意しよう．捜索モードでは，選択した瞬時受信帯域幅内のどのような信号も，解析を開始する前にシンセサイザを安定させるための時間が必要になることを考慮に入れなければならない．

デジタル同調受信機を捜索モードで用いる場合，受信機は図 6.8 に示すように，離散的な周波数配置に同調される．これによる捜索は，対象帯域全体を直線的に移動させる必要はなく，所望する任意の順序で特定の周波数をチェックしたり，関心の高い周波数サブバンドをスキャンしたりすることができる．受信機の同調ステップは，50% ずつオーバラップさせることが望ましいことが多い．これによって，対象信号の帯域端傍受（band-edge intercept）を防ぐことができる．一方で，50% のオーバラップには，対象信号範囲をカバーする時間の 2 倍もの時間が必要となる．オーバラップ量は，特定の状況にあわせて捜索を最も効果的に行うための得失評価事項である．

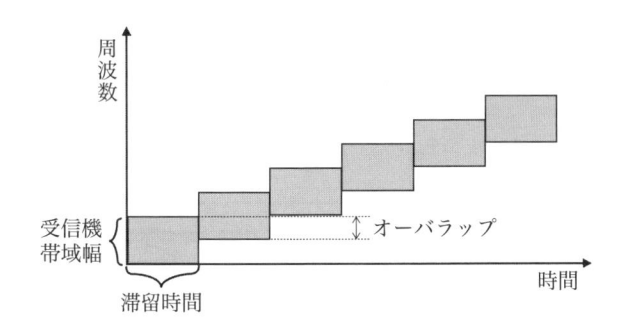

図 6.8　デジタル同調受信機による捜索

6.3.3 デジタル受信機

デジタル受信機は柔軟性が極めて大きいことから,いつか捜索・監視業務のすべてを担当するようになるかもしれない.これらの能力は,(サイズや所要電力と対比して)デジタル化やコンピュータ処理の技術到達水準の制約を受けている——しかし,この分野の技術水準は,毎日のように変わりつつある.近い将来のデジタル受信機に期待しよう.捜索モードにおけるデジタル周波数の使用については,6.3.2項で述べた.

6.3.4 周波数測定受信機

図 6.9 は,もう一つの捜索・監視受信のアプローチを示す.この場合も先と同様に,アンテナ出力は電力分配されなければならず,1台の受信機が多数の狭帯域受信機に追跡情報を与えている.とはいえ,今度は1台の広帯域周波数測定受信機が使用されている.この周波数測定受信機には,IFM受信機,コンプレッシブ(圧縮)受信機,あるいは(もし実用になるなら)ブラッグセル受信機を使用することができる.この受信機は目下の信号の周波数を測定できるだけであるので,処理装置は,周波数だけを基準に追跡受信機を割り当てなければならない.この処理装置は,最近探知されているすべての信号の記録を保持することになる.通常は,新規または高優先順位の信号に対してのみ監視受信機を割り当てることになるだろう.

一部の周波数測定受信機は,狭帯域追跡受信機より感度が貧弱であるので,感度が十分なら監視できたかもしれない一部の信号を受信できないことがある.こ

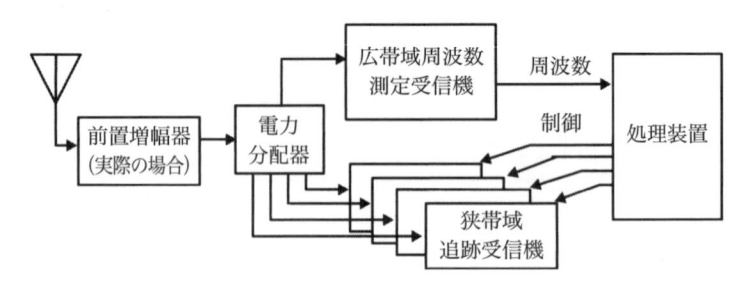

図 6.9 広帯域周波数測定受信機による捜索

れを軽減する一つの要素は，信号の全変調を得るために必要とされる受信信号強度より，信号の存在を探知してその RF 周波数を測定する受信信号強度のほうが弱く済むことがよくあるということである．

6.3.5 エネルギー探知受信機

例えば DSSS 信号などの擬似雑音信号は，在来型の信号を取り扱う従来型受信機で用いられる明白な変調パラメータを持っていない．広範囲に拡散された信号は，雑音レベルをわずかに上回った程度の低 SN 比を示す．そのような信号の存在を遠距離から探知するには，エネルギー探知受信機（energy detection receiver）のようなものが必要である．DSSS 信号の探知に役立つさまざまな種類の受信機がある．ここでは次の代表的な 3 種類について説明する．

- 積分・ダンプ型（integrate and dump）
- 相関検波器（correlative detector）
- チップ検波器（chip detector）

6.3.5.1 積分・ダンプ型

例えば DSSS 信号などの擬似雑音信号を探知しようとする場合，在来型の信号を扱う受信機で観測できる変調パラメータは通常は観測できない．

図 6.10 に基本的な積分・ダンプ型受信機を示す．このべき乗則検波器（power law detector）は，入力電力に比例した出力電圧を発生する．受信機出力は，ある有意な期間にわたって積分される．例えば，ある DSSS 信号のおおよそのチップレートがわかっている場合は，積分期間はそのチップ周期となるだろう．受信機は，この積分期間の終わりに信号をサンプリングしてレジスタに積分値を保持する．その後，積分器は積分を繰り返せるようにゼロクリアされる．

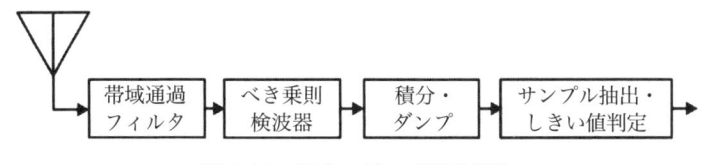

図 6.10　積分・ダンプ型受信機

積分・ダンプ型の変形には，二つのチャンネルを使用する変形版がある．これは，図 6.11 に示すように，チャンネルの一つを積分期間の半分だけ遅延させる．チップ周期はわかっているが，信号に位相ロックできないと仮定すると，いつチップ遷移（chip transition）が起きるかはわからない．この 2 チャンネル法では，常にチップの後半分の測定値を持っている．それは，前半分の期間より大きい積分値を持つことを意味する．

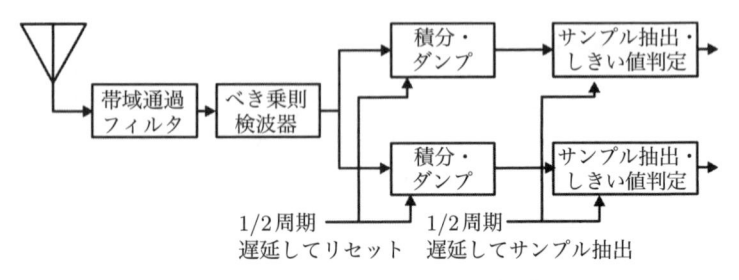

図 6.11　並列積分・ダンプ型受信機

6.3.5.2　相関検波器

図 6.12 に示すシステムは，独立した 2 台の増幅器からなる受信機を持ち，それぞれがアンテナに接続されている．二つのアンテナは，2 台の受信機の相互結合（cross coupling）を回避する必要がある．各受信機からの雑音は，受信機自体の内部で発生した kTB 雑音である．2 台の受信機の増幅器に続く掛け算器出力は，二つの雑音信号に相関がないので，比較的低い相関値を示す．しかしながら，二つのアンテナに擬似雑音信号が入れば，その雑音が，2 台の受信機の出力における相関を大きくする．

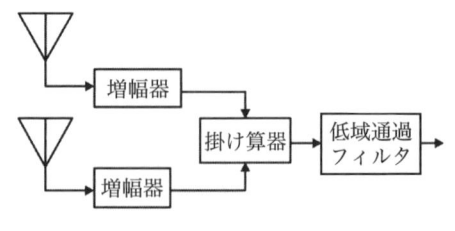

図 6.12　相関形放射計

6.3.5.3 チップ検波器

オシロスコープでランダムなデジタル信号を正の同期で観測すると，図 6.13 のように見えるだろう．DSSS 信号のチップレートは，同期と逆拡散を可能にするため極めて安定していなければならないことに注意しよう．これによって，このチップ遷移部が，梯子パターンで示すように互いに重なるようになる．受信機が，（図 6.14 に示すように）チップ周期間隔のタップを持つタップ付き遅延線を持っていれば，各チップからのエネルギーは互いに折り重ねられて，検知できるほど大きい信号を生み出し，これによってチップ検波受信機はスペクトル拡散信号の存在を探知できるようになる．タップ付き遅延線は，ハードウェアとソフトウェアのどちらでも実現できることに注意しよう．

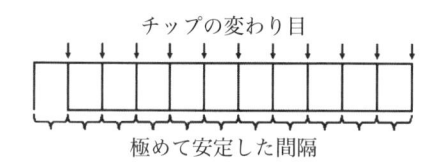

図 6.13　オシロスコープで見た擬似ランダムデジタル信号

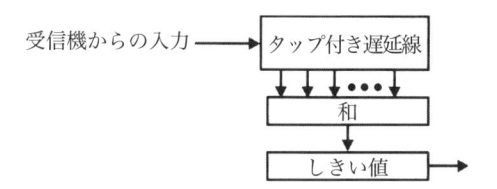

図 6.14　時間折り畳みしきい値

6.3.5.4　2 進移動ウィンドウ

「2 進移動ウィンドウ」(binary moving window) と呼ばれる二重しきい値法 (double thresholding technique) は，不明瞭な信号の検知に役立つ．この考え方を図 6.15 に示す．DSSS 信号捜索の場合は，各チップのエネルギーを測定するために積分・ダンプ法を用いることになる．これらのエネルギーをしきい値と比較することで，信号が存在しているかどうかを判定する．このしきい値は，信号不在レベルを明らかに上回る値ではないので，信号を高信頼度で探知することはできない．しかしながら，探知判定基準として相当長期間にわたるヒット数が用い

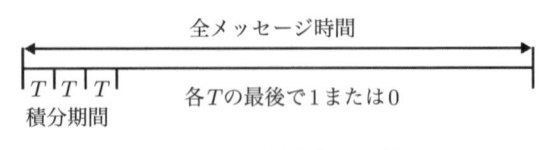

```
          |←―――――― 全メッセージ時間 ――――――→|
          |T|T|T|
           積分期間    各Tの最後で1または0
```

図 6.15　2進移動ウィンドウ

られる場合は，探知の信頼度が著しく高まる．傍受状況下で有意義な結果を得るには長時間を要し，その一つの好例は，標準的な伝送時間とされる 5 秒間となるだろう．

6.4　信号環境

　信号環境とは，受信機がカバーする周波数範囲内で，その受信機のアンテナに到達するすべての信号として定義される．この環境には，当該受信機が受信を意図する脅威信号だけでなく，友軍が輻射させた信号や，中立軍や非戦闘員が発生させた信号も含まれる．その環境には脅威信号よりも多くの味方信号や中立信号が存在するかもしれないが，受信システムは対象外の信号を除外したり，脅威を識別したりするために，自身のアンテナに到達する信号はすべて処理しなければならない．

　しばしば言われる一般論を繰り返すなら，信号環境は極めて密度が高く，その密度はますます高まりつつある．ほとんどの一般論と同様，この一般論はたいてい当たっているが，その一部始終を伝えているわけではない．EW・偵察システムがその任務を果たすべき信号環境は，そのシステムの位置，高度，感度，および自身が扱う具体的な周波数範囲の関数である．さらに，その環境は，受信機が検出すべき信号の性質や，対象信号を識別するためにそれらの信号からどの種の情報を復元しなければならないかに強く影響される．

6.4.1　角度捜索範囲

　艦艇搭載および地上車載型 EW システムにおいては，任務にもよるが，一般に捜索範囲は方位角で 360°，かつ水（地）平線からの仰角で 10°～30° である．これらのシステムは，あらゆる高度の経空脅威に対して防護を可能にする必要があ

6.4 信号環境

るが，図 6.16 に示すように，これより高仰角の脅威量が比較的少ないのは，こういった仰角に脅威電波源が存在する時間がほとんどないことを意味している．また，もう一つの要因は，脅威電波源の搭載プラットフォームが高仰角で観測されるころには，受信信号の電力レベルが，プラットフォームの探知回避が困難な高さになるほど，そのプラットフォームが近接しているということである．

航空機搭載受信システムは空中にあるので，地上設置システムよりずっと遠くを「見る」ことができる．実際に，この種の運用に使用されるプラットフォームは，主としてヨー平面（水平面）飛行（yaw plane level）（例えば，固定翼機における翼面水平飛行（wings level; ウィングレベル））でその任務を遂行する．電波源の位置決定は，通常は捜索過程の一部であり，対象電波源の緯度と経度のみを報告するのが普通である．したがって，その航空機が直線方向や水平方向以外にある場合は位置決定誤差（location error）が存在する．これらの誤差は，電波源の実際の俯角を測定することによって回避できる可能性はあるが，これがシステムの複雑度（system complexity）を著しく増大させることになる．このジレンマに対する一つの一般的な解決策は，航空機の飛行姿勢が水平以外の場合は位置データを報告しないことである．有効データの基準は，ロール角（roll angle）で与えられる．上下いずれの方向でも，例えば 10° を有効な位置データの基準最大値としてもよい．これは全捜索範囲が図 6.17 に示すようになることを意味する．

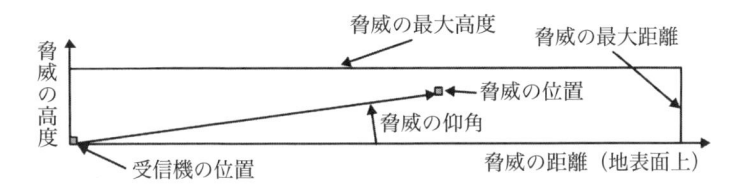

図 6.16　地表面上の受信機から脅威信号への距離と仰角

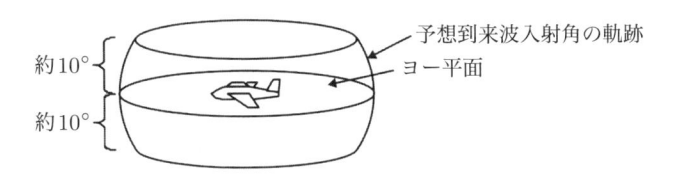

図 6.17　偵察機からの範囲捜索

6.4.2 チャンネル占有

ほとんどすべての装備に多大な機動力を必要とする現代戦は，無線通信の依存度が高い．これには，音声およびデータ双方を伝送するための多数の回線が含まれる．戦術通信環境は，チャンネル占有（channel occupancy）が10%であるとよく言われている．これは，マイクロ秒ほどのどの瞬間にも，利用可能な全RFチャンネルの10%しか使用されていないという誤解を招くおそれがある．仮にチャンネルごとに数秒間でも居続けるとしたら，その占有率（occupancy rate; 利用率）は極めて高くなり，100%に近づく．これは，特定電波源のどのような捜索でも，非標的電波源の深い森の中からそれを探し出さなければならないことを意味している．

この特性解析の主要な価値は，かなり低い密度環境で信号を見ることを期待する捜索スキームは，どれも，滅多にない希薄な信号環境においてしか役立たないという理解を与えることにある．多数の信号の存在は，探索を停止して見つかった信号をさらに解析するいかなる高速探索手法に対しても，大きな影響を及ぼす．

6.4.3 感度

信号密度を決定するもう一つの要素が，受信機の感度（それに加えて関連したいくつかのアンテナ利得）である．第5章で詳細に説明したように，伝搬モードにもよるが，受信信号強度は送・受信機間の距離の2乗，あるいは4乗に比例して減少する．受信機感度とは，受信機がその信号から所望の情報を再生できる最小の信号として定義される——そして，ほとんどのEW受信機には，ある種のしきい値処理のメカニズムが組み込まれ，その感度レベル以下の信号を考慮する必要がないようになっている．したがって，低感度の受信機や低利得アンテナを使用する受信機は，高感度の受信機あるいは高アンテナ利得の恩恵を受ける受信機に比べて，はるかに少ない信号を取り扱うことになる．これは，脅威電波源の識別においてシステムが検討しなければならない信号の数を削減することにより，捜索問題を簡素化することになる．

6.5　電波水平線

　見通し線伝搬に限定されるVHF帯以上の周波数の信号については，電波水平線（radio horizon）より上にある信号のみが信号環境内にあると考えられる．電波水平線とは，受信機から最も遠い送信機までの見通し線電波伝搬が可能な地表面距離のことである．これは，基本的には地球の曲率（curvature of the Earth）の関数であり，大気の屈折により光学水平線（optical horizon）より（平均で約15％）伸長される．電波水平線を決定する通常の方法は，図6.18に示す三角形を解くことである．この図の地球半径は，(4/3等価地球半径（4/3 Earth）係数と呼ばれる）屈折率（refraction factor）を計算に入れると，実際の地球半径の1.33倍になる．送・受信機間の見通し線距離は，次式で得られる．

$$D = 4.11 \times \left(\sqrt{H_T} + \sqrt{H_R} \right)$$

ここで，

　　D：送・受信機間の見通し線距離〔km〕
　　H_T：送信機高度〔m〕
　　H_R：受信機高度〔m〕

である．

　したがって，電波水平線は，受信機とそこにある任意の送信機の双方の高度によって相対的に定義される．その他の条件が同じであれば，受信機から見える電

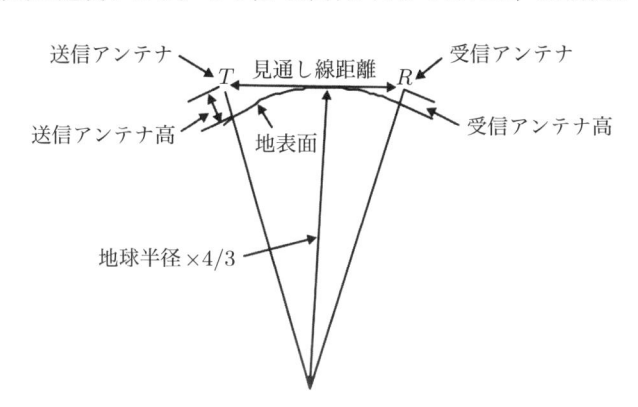

図6.18　電波水平線の幾何学的形状

波源数は，その電波水平線距離内にある地表面積に比例することが予期できる．なぜなら言うまでもなく，電波源密度もまたその距離内で生起している事象に依存しているからである．

図 6.19 に，上式に基づいた 4/3 地球電波水平線ノモグラフを示す．その有用性は，水平線計算に地形の特徴を取り込むことが可能になることである．このチャートは，送・受信機間の水平線限界最大距離の決定に使用できるだけでなく，レーダと目標の間の限界距離の決定にも使用できることに注意しよう（以下の説明では，受信機をレーダに，送信機を目標に置き換える）．

図 6.20 は，海水面における電波水平線を計算するために，図 6.19 のチャート上に作図した結果を示している．この例では，送信機が海抜 1,500m にあり，受信機が海抜 500m にある．500m の標高線に沿って左側へ，1,500m の標高線に沿って右側へ曲線を描くと，500m の線は横軸と 90km で交わり，1,500m の線は 160km で交わることがわかるだろう．これらの二つの値を足して，水平線距離は 250km（90km + 160km）と計算される．

図 6.21 は，この計算値に局地標高 1,000m が加えられている．ということは，受信機は局地地上高 500m，つまり海抜 1,500m にあるということである．送信

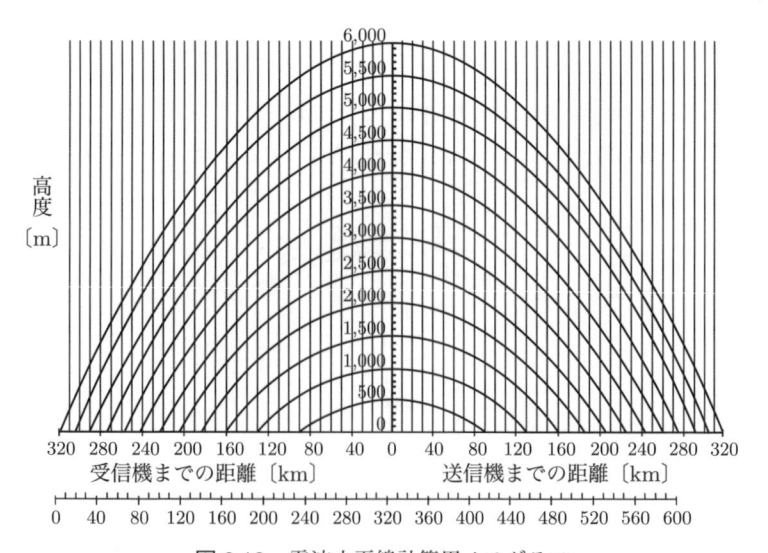

図 6.19　電波水平線計算用ノモグラフ

6.5 電波水平線　175

電波水平線距離 = 90 + 160 = 250km

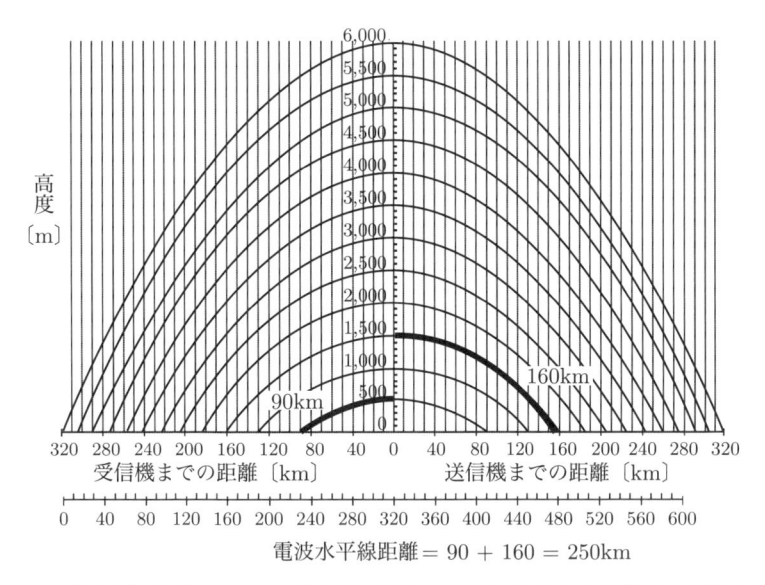

図 6.20　送信機が海抜 1,500m，受信機が海抜 500m にある場合の電波水平線の計算

電波水平線距離 = 160 + 86 = 246km

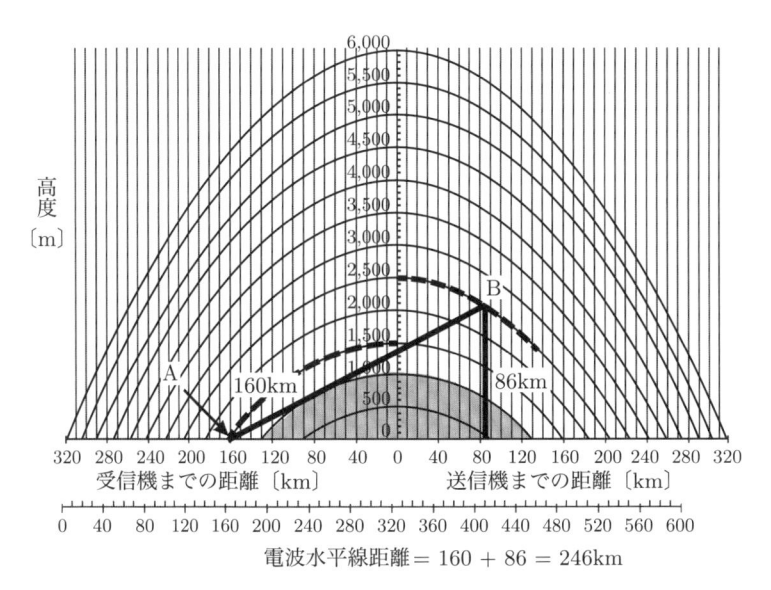

図 6.21　局地標高 1,000m において，送信機が地上高 1,500m，受信機が地上高 500m にある場合の電波水平線の計算

機は，局地地上高 1,500m，つまり海抜 2,500m にある．局所地形を示すために，1,000m 標高線から下の範囲を網掛けする．それから，1,500m の標高線に沿って 160km の横軸との交点（点 A）に移動する．次に，点 A から，局所地形面に接して，右側の 2,500m 標高線を終点（点 B）とする直線を引く．点 B から横軸に垂線を下ろす．そうすると，横軸の目盛りから 86km が得られ，水平線距離は計算すると 246km（160km + 86km）となる．

図 6.22 は，局地標高 2,000m の稜線，あるいは，山を受信機から 180km の位置に付加したものである．左側の 1,500m 標高線と横軸との交点（点 A）から，右側 180km の位置にピークを持つ 2,000m 標高線上の稜線（点 B）に線を描く．点 B は，横軸の（右へ）20km 地点の上方にあることに注意しよう．ここで，点 B を通って右側の 2,500m 標高線まで直線を引く（点 C）．最後に，点 C から垂線を横軸に下ろす．横軸の目盛りから 52km が得られ，水平線距離は計算すると 212km（160km + 52km）となる．

受信機が低域周波数，特に 30MHz 以下で動作している場合，その信号は顕著な「超水平線」（beyond the horizon）伝搬モードを持つので，信号密度が直ちに

電波水平線距離 = 160 + 52 = 212km

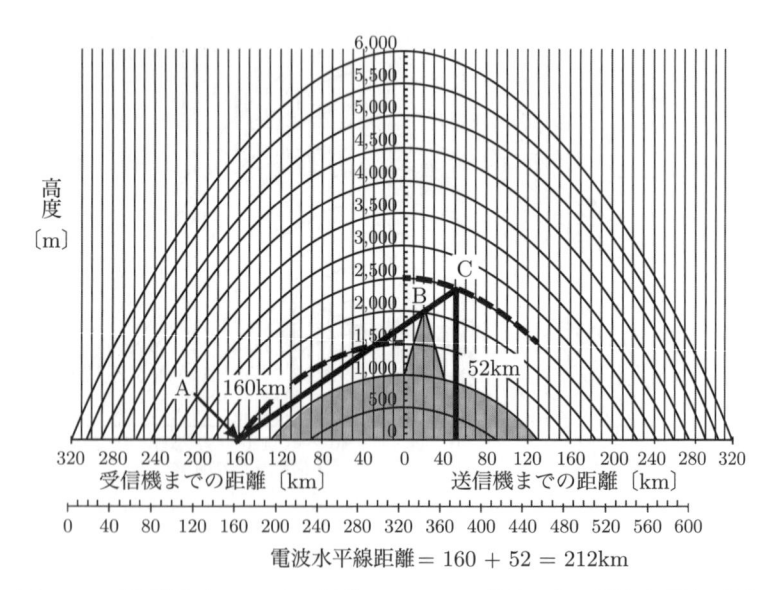

図 6.22　受信機から 180km の距離に 2,000m の稜線がある電波水平線の計算

高度に関係することにはならない．VHF・UHF帯の信号も見通し線外で受信される可能性はあるが，その受信信号強度は，周波数とそれらが伝送される地球上の位置関係によって変わる．周波数が高いほど，かつ見通し線外角度が大きいほど，減衰は大きくなる．実用的には，マイクロ波信号の伝送距離は電波水平線までが限界と見ることができる．

6.6 低被傍受/探知確率信号の捜索

　低被傍受/探知確率（LPI）信号は，(意図的に) それらを探知しようとする受信システムにとっては，困難だが取り組みがいがある．LPI信号には，その信号の探知をより困難にしたり，あるいは電波源の位置決定を困難にしたりする，あらゆる特性を含んだ非常に広い定義がなされている．最もわかりやすいLPIの特徴は，輻射管制（emission control; EMCON），すなわち，脅威信号（レーダまたは通信）が，それと同類の受信機において，かろうじてSNRを得られる最低水準まで送信電力を低減することにある．送信電力が低いほど，いかなる特殊な敵の受信機でも，送信信号を探知できる距離は短くなる．同様のLPI手段に，各種の狭ビームアンテナまたはサイドローブ抑圧アンテナの使用がある．これらのアンテナは軸外の電力放射が少ないので，敵の受信機にとって探知がより困難になる．信号持続時間が短くなると，受信機が信号の周波数や到来波入射角を捜索する時間はさらに少なくなり，したがって，その傍受確率が低下する．

　しかし，われわれがLPI信号について考えるときは，2.4節に記述したように，ほとんどの場合，信号の探知可能性（detectability; 可探知性）を低下させる信号変調が念頭に浮かぶ．LPI変調は，図6.23に示すように，送信信号の周波数スペ

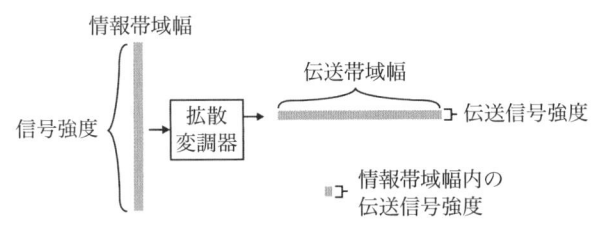

図6.23　スペクトル拡散信号強度

クトルを，信号の情報の搬送に必要な情報帯域幅より何桁も広くできるように，信号エネルギーを周波数領域で拡散する．信号エネルギーが拡散することによって，情報帯域幅当たりの信号強度が低下する．受信機内の雑音は，（4.4 節で述べたように）帯域幅の関数であるので，その全（拡散）帯域幅内の信号を受信して処理しようと試みるどの受信機の SN 比も，この信号拡散によって大幅に低下する．この図に示すように，情報帯域幅に等しい帯域幅を備えた受信機は，拡散信号からずっと低い信号強度を受信する．

あらゆる LPI 変調が捜索機能に突きつける難問は，感度対帯域幅の難しいトレードオフである．ある場合には，拡散技法の仕組みは受信機にいくつかの利点をもたらすが，これにはその変調特性についてのある程度の知識が必要とされ，また，受信機や関連する処理装置の複雑さを著しく増加させることがある．

基本的な LPI 捜索技法には，傍受帯域幅の最適化，およびスペクトル拡散信号の種類に特有なその他の考慮事項が常に必要である．本節では，次の3種類のスペクトル拡散信号の捜索について説明する．

- 周波数ホッピング（FH）信号
- チャープ信号
- DS スペクトル拡散（DSSS）信号

6.6.1　周波数ホッピング信号

周波数ホッピング（FH）信号は，その全送信電力をある一つの情報帯域幅へ一度に移動させるので，探知が最も容易なスペクトル拡散信号である．厄介な問題は，「低速 FH 信号」では数 msec ごとに，「高速 FH 信号」では数 μsec ごとに，周波数が擬似ランダム的に選択された値に変わってしまうことである．低速 FH 信号はホップ当たり多数の情報ビットを持ち，高速 FH 信号は情報ビット当たり多数のホップ数を持つ．いずれの場合も，周波数ホッパの識別は電波源の位置決定処理に依存する．非ホッピング信号がその電波源位置で単一の周波数を持つのに対し，周波数ホッパは単一位置で多数周波数を持つだろう．周波数ホッパの位置決定技法については，第 7 章で説明する．

6.6.1.1　低速 FH 信号

　低速 FH 信号の探知には二つのやり方がある．一つは，狭帯域受信機を使用してホッピング範囲全域を捜索する方法である．統計的には，掃引中の受信機が送信中のホップ周波数にランダムに遭遇したときに少しは傍受するだろう．通常そのような受信機は，空白のホップスロット（hop slot; ホップ時間枠）を数十 μsec で捜索できるが，発見したすべての信号に対して（通常は，電波到来方向の測定を含め）解析を行うために，msec のオーダで停止しなければならない．それらに遭遇する頻度を最大化するため，掃引受信機の帯域幅は，多数の情報帯域幅をカバーする．最適捜索帯域幅は，周波数ホッパのチャンネル帯域幅（情報帯域幅）の 4～6 倍もの広さである．捜索受信機の帯域幅がこのレベルより大きい場合，ホッピング範囲内で送信中の単一周波数に停止することは，捜索を過度に遅延させることになる．周波数ホッパの傍受数を変えるためには，2 進移動ウィンドウ法が使用される．例えば，単一の到来波入射角において異なる周波数で 5 または 10 ヒットすると，その電波到来方向で周波数ホッパの探知が報告される．

　二つ目の方法は，FFT 処理が可能なデジタル受信機を使用して，出現するすべての信号の周波数をホップ期間のわずかな間に決定する方法である．この周波数捜索のタイミングについては，デジタル受信機の説明とともに 4.3.2 項に記述した．電波到来方向は周波数ホッパの識別に不可欠であるので，周波数捜索の間に見つかったどの信号についても電波到来方向の解析を行わなければならない．これについては，第 7 章で説明する．

6.6.1.2　高速 FH 信号

　高速 FH 信号は，ビット当たり多数回ホップするので，低速 FH 信号より探知はずっと困難である．高速ホッパは周波数を極めて速く変更しなければならないため，多数の発振器を持っており，そのため，たいがい低速 FH 信号用のシンセサイザよりかなり複雑な直接シンセサイザを使用している．このことから，高速ホッパはさほど多数のホップ周波数を持っていないだろうと考えることは理に適っている．したがって，各ホップ周波数ごとに一つのチャンネルを持つチャネライズド受信機を使用するのが役に立つかもしれない．各チャンネルの出力の解析によって，高速 FH 信号の存在を探知することができる．

ホッピングチャンネル数と受信信号の SN 比によっては，エネルギー探知技法 (energy detection technique) もまた望ましいかもしれない．

6.6.2 チャープ信号

探知に対するチャープ信号の弱点は，その全信号電力がチャープ範囲内のすべての周波数を通過することである．これは，(変調は捕捉せずに) 受信信号の周波数だけを測定するように作られた受信機に，チャープ信号を多数「ヒット」させることができる可能性を示唆する．このデータを解析することで，その信号がチャープ化されていることがわかり，また，その周波数走査特性に関する情報がある程度明らかになる．信号変調の再生に必要とされるより大きい感度対瞬時 RF 帯域幅を備えた「搬送周波数だけを受信する」受信機を設計することは可能である．

6.6.3 DS スペクトル拡散信号

DS スペクトル拡散 (DSSS) 信号の存在を探知するためには，二つの基本的な方法がある．一つは，各種のフィルタ除去選択を伴うエネルギー探知を介する方法である．一般に，これには受信信号が極めて強力であることが必要である．もう一つのやり方は，送信信号のいくつかの特性をうまく利用することである．2 位相偏移変調 (BPSK) 信号を，その送信周波数の 2 倍の周波数で観測すると，そのすべてのビットは同相である．図 6.24 に，BPSK 信号の位相ダイヤグラムを，送信周波数とそれを 2 倍にした周波数について示すことによって，この考え方を図解する．同様に，4 位相信号の各ビットは送信周波数の 4 倍で同相になる．し

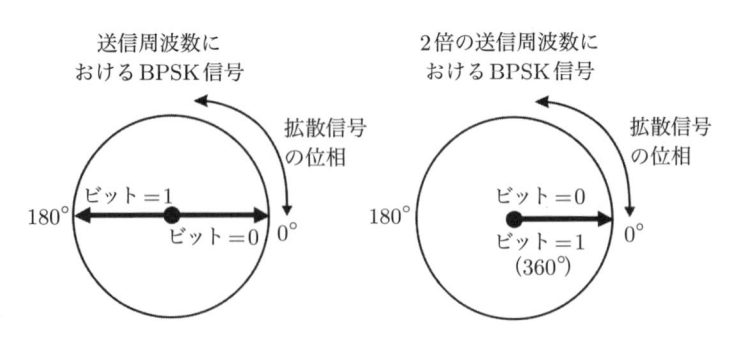

図 6.24　BPSK 信号の位相ダイヤグラム

たがって，送信信号の 2 次または 4 次高調波では信号が逆拡散されており，拡散変調は見えなくなる．残念ながら，出力増幅器と送信アンテナがこれらの高調波を大いに低減するので，この技法はおそらく，目標送信機から極めて短距離においてしか使いものにならないだろう．

6.3.5 項で説明したチップ検波器およびエネルギー探知器もまた，DSSS 信号の存在を探知する実用的方法である．

6.7　ルックスルー

一般に，どのような EW 受信システムも，捜索機能で使用できるわずかな時間で，存在するすべての脅威信号を探知することが課題となっている．ほとんどの場合，カバーすべき周波数範囲は広く，その一方で，狭帯域受信機材だけで受信できる信号の種類は知れている．このプロセスは，妨害装置が受信機と同じプラットフォームに搭載されている場合，あるいは近接して動作している場合に，より一層厳しくなる．なぜならば，妨害装置は，到来信号に対して受信機を盲目にしてしまう可能性があるからである．EW 受信機の感度が $-65 \sim -120\mathrm{dBm}$ であり，妨害装置の出力が一般に数百〜数千 W であると考えよう．100W の妨害装置 ERP は，+50dBm にアンテナ利得を加えたものとなり，したがって，妨害装置の出力は，受信機が捜索している信号より 100〜150dB（あるいはそれ以上）強力であると予測できる．

可能ならばいつでも，受信機と連携する妨害装置は，運用上離隔される．つまり，妨害が実施されていないわずかな間に帯域あるいは周波数範囲を捜索できるように，受信機は妨害装置に連携して捜索機能を発揮するのである．スポット妨害（spot jamming）や，ある種の欺まん妨害（deceptive jamming）が用いられる場合，妨害装置が受信機のフロントエンド構成部品を飽和（saturation）させない程度の離隔があれば，この運用上の離隔によって，受信機はかなり効果的な捜索を行うことが可能になる．

残念ながら，これによってすべての問題が解決することは滅多になく，他の手段も用いなければならない．広帯域妨害（wideband jamming）が用いられる場合，通常，十分なアイソレーションが達成されない限り，すべての帯域で受信機が無力化されてしまう．

第1選択であるルックスルー（look through; LT）方策は，妨害装置と受信機との間に可能な限りの離隔を実現しようとするものである．アンテナの利得パターンによるアイソレーションは重要であるが，通信波帯域の無線機と妨害装置によく見られる広角アンテナ（wide-angle antenna）で実現することは困難である．妨害される脅威方向に対する妨害アンテナの利得と，自身の受信アンテナに対する妨害アンテナの利得とのいかなる差も，妨害干渉を低減する．同様に，脅威方向に対する受信アンテナの利得と妨害装置方向に対する受信アンテナの利得とのいかなる差も，役に立つ．広ビームアンテナ（wide-beam antenna）や全方位覆域アンテナ（full-azimuth coverage antenna）は，それらが互いに物理的に遮られている場合，アイソレーションを実現することができる（例えば，一方のアンテナが航空機の頂部で，もう一方が機の底部に配置されている場合）．

アンテナを物理的に離隔することも，アイソレーション確保に役立つ．短距離における二つの無指向性アンテナ（全方位アンテナ）間の拡散損失は

$$L = -27.6 + 20\log_{10}(f) + 20\log_{10}(d)$$

で表される．ここで，

L：拡散損失〔dB〕

f：周波数〔MHz〕

d：距離〔m〕

である．

短距離における空間損失についても，図 5.10 に示したように，本書のアンテナ・電波伝搬計算尺で計算することができる．

したがって，妨害装置が受信機から 10m 離隔した位置において 4GHz で運用されているとき，妨害アンテナと受信アンテナを離隔するだけで 64.4dB のアイソレーションを得ることになる．

妨害アンテナと受信アンテナの偏波が異なる場合は，さらにアイソレーションが得られる．例えば，右旋と左旋の円偏波アンテナ間のアイソレーションは，おおむね 25dB となる．一般に，偏波によるアイソレーションは，広帯域アンテナではこれより小さく，超狭帯域アンテナではこれより大きい値になる．

最後に，さらにアイソレーションを得るため，特に高域マイクロ波帯では，レーダ波吸収材（radar-absorptive material; RAM）を使用することができる．

妨害アンテナと受信アンテナとの間で十分なアイソレーションを得られない場合においても，図 6.25 のコヒーレント妨害キャンセラにより受信機入力部で妨害信号を相殺することが役に立つことがある．これには，もう一つのアンテナを妨害装置に指向させる必要がある．これが直接経路や多数の反射経路から妨害信号を受信することになる．図 6.25 に示すように，この 2 次的な妨害信号は，その後，180° 位相偏移されて受信機入力部に加えられる．

ジャマーキャンセレーション（jammer cancellation; 妨害信号の相殺）が現実的でない場合には，図 6.26 に示すように，短いルックスルー期間（look-through period）を設ける必要があり，その間に受信機は自身の捜索機能を実行することができる．ルックスルー期間のタイミングと持続時間は，受信機による脅威信号の傍受確率と妨害効果との得失評価により決まる．ルックスルー期間は，被脅威受信機が，ルックスルー期間内に送信された情報を再生するために非妨害信号を適正に受信できないほど短い期間でなければならない．デジタル信号は，その信号が有効な誤り訂正符号化能力を持っていない限り，33% の妨害に負けてしまうことを覚えておこう（第 9 章参照）．

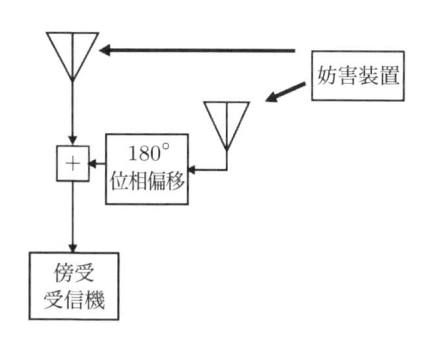

図 6.25 コヒーレント妨害キャンセラ

図 6.26 時分割ルックスルー

6.8 友軍相撃

友軍相撃（fratricide; 同士討ち）とは，味方通信に対する不測の妨害をいう．これはまさしく，敵信号を捜索している味方の受信機に対して妨害を仕掛けるようなものである．これはいかに近代的な軍事作戦地域においても，非常に大きな問題である．無線信号を送信する多種多様の商用機器によって起動される即製爆発物（improvised explosive device; IED; 簡易爆発物）が存在する状況においては，IED の爆発を防止するために妨害装置を使用する必要がある．広帯域妨害装置（broadband jammer; barrage jammer）が使用される場合，味方の枢要な指揮統制のための通信や敵の起動用信号の捜索を極めて困難にする．妨害装置が活動中の敵の送信にのみ対抗して使用されるのであれば問題は少ない．

一般に，最も功を奏する友軍相撃防止策は，味方を防護するため味方の妨害電力とデューティサイクルを制限することや，敵の武器起動用の送信信号周波数を含まない可能性がある周波数スペクトル部分を最大限活用する綿密な通信計画を立案することにかかっている．

敵の LPI 信号を妨害する場合，味方の LPI 送信信号も同じ周波数範囲を使用していることを自覚することが重要である．敵の受信機に極力近接して配置する妨害装置や，敵の受信機に向けた（味方の受信機から離れた）指向性アンテナを活用することは，大いに役立つ．

6.9 代表的な捜索方法例

6.9.1 狭帯域捜索

狭帯域捜索（narrowband search）では，信号が存在していることが予期される時間内に，単一受信機を対象信号が含まれる周波数範囲全体に極力迅速に同調させる必要がある．一般に，捜索受信機の同調速度（単位時間当たりに捜索される周波数スペクトルの総計）には，以上のとおり，信号が帯域幅の逆数時間に等しい時間はその帯域幅内に滞留していることが必要なことから，限界がある．最新のデジタル同調受信機では，このことを，帯域幅の逆数時間に等しい期間，同調

ステップそれぞれに滞留していればよいと解釈している．これは「帯域幅の逆数の速度での捜索」と言われることが多い．一部の受信システムにおける制御と処理の速度に対する制約が，捜索速度をさらに制限する可能性があることに注意しよう．

捜索法に対する制約がさらに二つある．一つ目は，受信機の帯域幅は，探知される信号を受け入れるのに十分広くなければならないこと，そして二つ目は，受信機には相応の品質で信号を受信する十分な感度がなくてはならないことである．4.4節で説明したkTB因数が含まれているので，この感度は帯域幅の関数となる．

周波数帯域が30～88MHz，帯域幅が25kHzの通信用信号を探知したいとしよう．信号は1/2secの間オンであると仮定する．この短い信号はおそらく「電鍵クリック」(key click) 程度であり，かつては傍受システムが心配するほかなかった最短信号であったことに注目しよう．この例では，各時間は直近のmsec単位に四捨五入することにする．

受信アンテナは方位を360°カバーし，捜索受信機の帯域幅は25kHzである．受信機は各同調ステップに少なくとも帯域幅の逆数時間に等しい時間は滞留しなければならない．帯域の端で傍受することを避けるため，各同調ステップは50%だけオーバーラップさせる．したがって，

$$\text{滞留時間} = \frac{1}{\text{帯域幅}} = \frac{1}{25\text{kHz}} = 40 \text{ [}\mu\text{sec]}$$

となる．

図6.27は，6.2.4項で取り上げた捜索問題をダイヤグラム形式で示している．受信機の受信範囲をオーバーラップさせるため，周波数は同調ステップごとに12.5kHzしか変化させられないことに注意しよう．

対象信号の探知確率を100%にするためには，受信機は0.5sec内に58MHzの全帯域幅をカバーしなくてはならない．この信号の範囲をカバーするために必要な帯域幅数は，

$$\frac{58\text{MHz}}{25\text{kHz}} = 2{,}320$$

となる．

第6章 通信電波源の捜索

```
周波数
88MHz ─── ┬── 25kHz
          │◄──────── 1/2sec ────────►│
          │
          ▼
   58MHz
  ─────────────── = 4,640 ステップが必要
  12.5kHz/ステップ

              40μsec × 4,640
              = 186msec          4,640 ステップ

       40μsec
                      12.5kHz
                  25kHz
30MHz ───
                                     時間
```

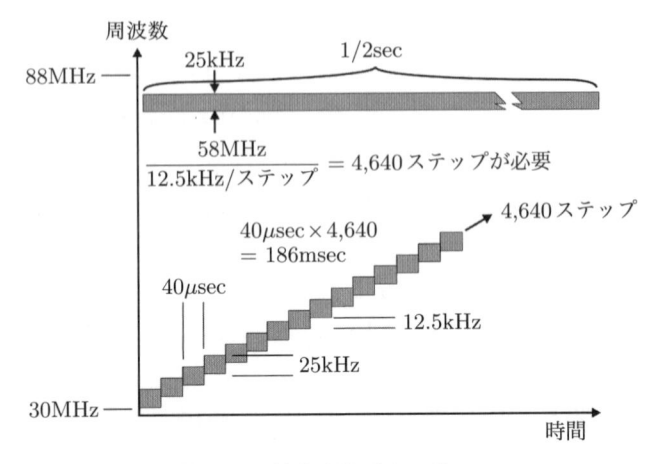

図 6.27 捜索立案ダイヤグラム

50% オーバーラップさせると，58MHz の周波数範囲には，4,640 の同調ステップが必要となる．

各ステップに 40μsec 滞留すれば，4,640 ステップには 186msec が必要になる．

このことは，受信機は想定した最小信号接続時間の半分未満で対象信号を探知できるので，100% 傍受確率は容易に達成できることを意味している．

6.9.1.1 信号識別には長い滞留が必要

上記の解析では，最適条件での捜索を行うとともに，その信号がわれわれの対象信号であると瞬時に見分けられることを前提にしている．問題をさらに興味深くするため，信号の変調を 200μsec 以内で見分けることができる処理装置を持っていることを前提にしてみよう．捜索立案ダイヤグラムは，図 6.28 に示すように変更される．これは，各周波数において滞留時間を確保しなければならないので，58MHz の捜索範囲をカバーするには 928msec が必要になることを意味する．すなわち，

$$200\mu\text{sec} \times 4{,}640 = 928 \text{ [msec]}$$

である．

この捜索では，規定の 0.5sec 以内に信号を探知しない．

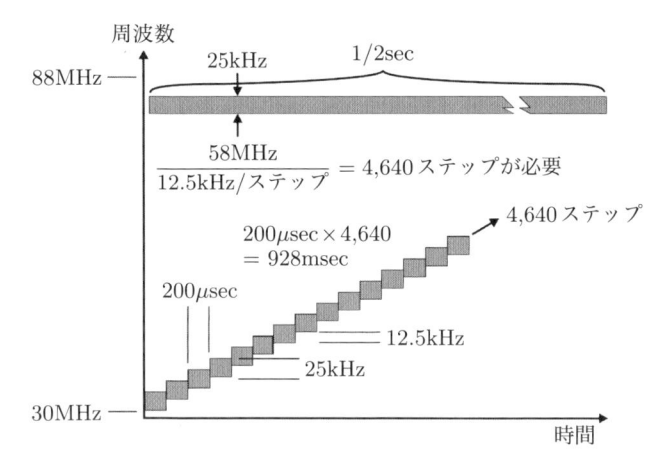

図 6.28 滞留時間 200μsec の捜索立案ダイヤグラム

6.9.1.2 受信機帯域幅の増大

捜索受信機の帯域幅が 150kHz（6 目標信号チャンネルをカバー）に増大し，同様に処理時間 200μsec で帯域幅内の信号周波数の測定が可能であるとすれば，捜索は強化される（図 6.29 参照）．この場合は，対象信号の周波数範囲をカバーするのに，773 ステップしかかからない．

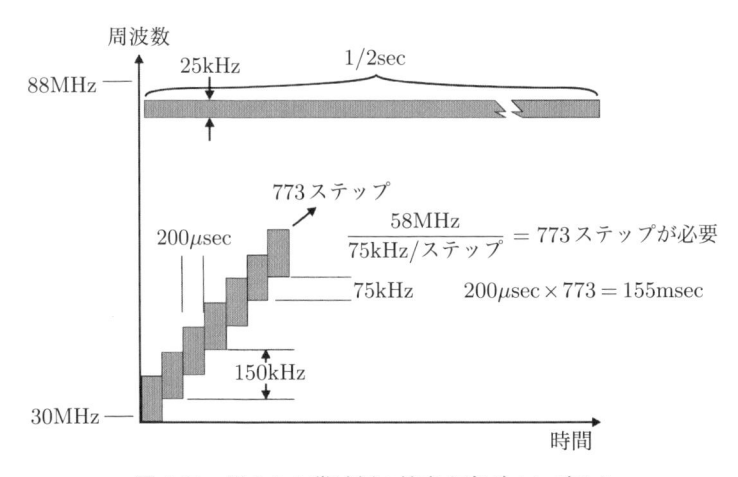

図 6.29 増大した帯域幅の捜索立案ダイヤグラム

$$\frac{4,640}{6} = 773$$

受信機の同調ステップ当たり 200μsec なので，(50% のオーバーラップで) 2,320 チャンネルをカバーするのに 155msec しかかからない．

$$773 \times 200\mu\text{sec} = 155 \text{ [msec]}$$

この帯域幅の増大により，受信機の感度がほぼ 8dB 低下することに注意しよう．受信機の帯域幅がこれより非常に広くなった場合，帯域内の多数信号の可能性が高まることが問題になってくる．

6.9.1.3 DF 要件の追加

問題をさらに興味深くするため，受信機が方探システムの一部であり，対象信号の電波到来方向 (DOA) を測定しなければならないと仮定しよう．この方探システムは DOA 測定に 1msec を要するとすれば，仮に他の信号が存在しない場合には，1msec を捜索時間に追加するだけでよい．

6.9.2 広帯域受信機からの移管

通信 EW システムを対象とした広帯域受信機の捜索方法には，推奨されるものが二つある．一つは，数台の受信機のうち 1 台を捜索専用とし，その帯域幅を対象とする目標の情報帯域幅より大きく設定するやり方である．この受信機の出力部にある FM 弁別器により，発見した対象信号の周波数を正確に測定し，残余の受信機のうちの 1 台が正確な追跡を行うことができる．

二つ目の方法は，例えばコンプレッシブ（圧縮）受信機など，広帯域周波数測定受信機を使用して，存在するすべての信号の周波数を測定する方法である．コンプレッシブ受信機は，見つけたすべての信号の周波数を処理装置に移管する．この処理装置は，蓄積されている対象信号や，（見直す必要のない）それ以前に解析された信号，対象ではない既知信号の周波数などから対象信号を識別する．その後，処理装置あるいは統括者が，遭遇したどの信号が監視受信機を割り当てるに値する高い優先順位を有しているかを決定する．対象信号の詳細解析，監視あるいは記録は，監視受信機を使用して行われる．

6.9.3 デジタル受信機による捜索

この方法は，6.3.2 項でデジタル受信機の説明とあわせて議論した．構成されたデジタル受信機は，20MHz 帯域幅内にある対象信号の周波数を，25kHz のチャンネル間隔で，25μsec の時間で提供することができた．58MHz の捜索範囲をカバーするには，20MHz の受信機の同調ステップを三つ必要としたので，周波数は 75μsec で見つかったことになる．58MHz 範囲内に存在するすべての信号の周波数は，6.9.2 項で説明したように，監視受信機に割り当てられる．

第7章

通信電波源の位置決定

EWシステムにおける最も重要な要件の一つは，脅威電波源の位置決定である．とりわけ通信電波源は比較的低い周波数特有の課題を提起する．低い周波数ほど波長は長く，ゆえにアンテナの開口部は大きい．一般に，通信電子戦支援（ES）システムは，瞬時360°の覆域と遠方の電波源を位置決定するのに十分な感度を備える必要がある．これらは一般に，低被傍受/探知確率（LPI）伝送に使われることもある方式を含め，あらゆる通信変調方式に対応できなければならない．あらゆる場合において，通信ESシステムは非協調的な（すなわち，敵性の）電波源を相手にする．したがって，協調的なシステムの位置決定に使用可能な技法は，明らかに利用できない．

本章では，その一般的な手法と最も重要な技法について説明する．まず在来型の（すなわち非LPI）電波源の位置決定技法について説明し，次にLPI電波源の位置決定技法について説明する．あらゆるシステム応用の議論において，現代の軍事環境で予期される高信号密度は重要な考慮事項となるだろう．

7.1 電波源位置決定方策

ここに記載された方策は，捕捉の位置関係に依存する．すべての技法がすべての位置決定技法に適用できるわけではない．

7.1.1 三角測量

三角測量は，非協調的な電波源の位置決定の最も一般的な方策である．図7.1に示すように，これには異なる位置にある二つ以上の受信システムを使用する必

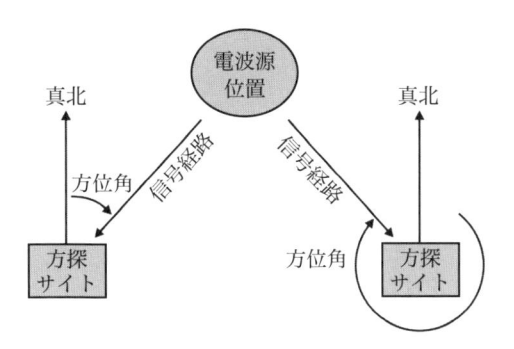

図 7.1　三角測量の位置関係

要がある．このようなシステムのそれぞれが，目標信号の到来方向（DOA）を測定できなければならない．それはまた，角度基準（angular reference）（一般には真北（true north））を確立する何らかの方法を持っていなければならない．以下の説明においては，便宜上これらのシステムを方探（DF）システムと呼ぶことにする．

地形障害または他の何らかの状況によっては，（特有の信号密度環境において）一つの信号を二つの方探システムが別の信号と認識するかもしれないので，少なくとも三つの方探システムを使用して三角測量を行うのが一般的なやり方である．図 7.2 に示すように，三つの方探システムからの DOA ベクトルは，三角形を形成する．理想的には，3 本すべてが電波源位置で交差するであろう．さらに，その三角形が十分小さい場合，報告する電波源位置を算出するために，3 交会点

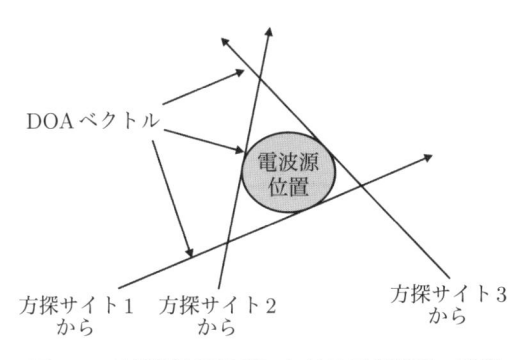

図 7.2　目標電波源位置における三角測量の細部

を平均することができる．

　通常これらの方探サイトは互いにかなり離隔しているので，DOA 情報が一つの分析所に通知されてからでなければ，電波源位置決定計算は行えない．このことは各方探サイトの位置が既知であることも意味している．

　方探サイトのそれぞれが目標信号を受信できることが重要である．方探システムが飛行プラットフォームに搭載されている場合は，通常，目標電波源までの見通し線が確保されているはずである．地上設置システムは，地形的に見通し線が確保できれば，さらに高い精度の位置を提供することを期待できるが，それはそれとして，ある程度の許容精度をもって見通し外にある電波源の位置決定ができなければならない．

　三角測量の最適配置は，電波源位置から見て，二つの方探サイト間の角度が 90° をなす配置であることに注意しよう．

　図 7.3 に示すように，三角測量は単一の移動方探システムによっても実行できる．これは通常，航空プラットフォームに対してのみ適用される．この場合の方位線（line of bearing; 方測線）も，やはり目標位置で 90° に交差しなければならない．したがって，方探システムを搭載したプラットフォームの速度および飛行経路と目標との距離が，正確な電波源位置決定に必要な時間を決定する．

　例えば，DF プラットフォームが速度 100 ノットで，目標電波源から約 30km の位置を通過する場合，最適位置関係を実現するのにだいたい 10 分を要する．

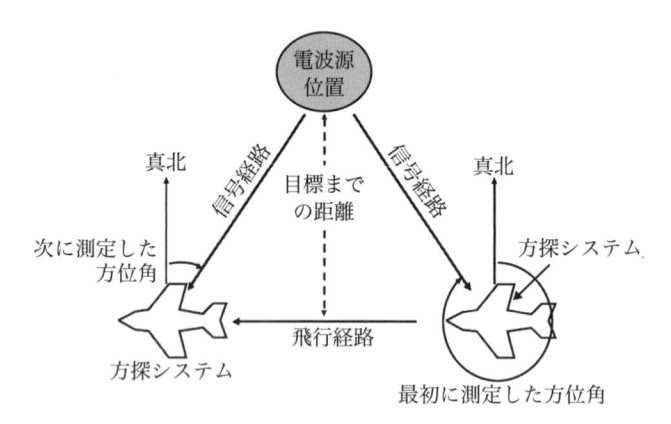

図 7.3　移動方探システムによる三角測量

これは静止目標に対してはかなり役立つかもしれないが，移動している電波源を追尾するには時間がかかりすぎることがある．この方法で許容精度を得るには，データ収集時間の始めから終わりまで，目標電波源の移動量が所望の位置決定精度を超えてはならない．最適な位置関係（したがって，位置決定精度）が満たされないことを容認することが，作戦としては最善の成果をもたらすかもしれないことに注目しよう．

7.1.2　単一局方向探知

単一の電波源位置決定サイトからの方位と距離によって敵の送信機の位置を決定できる事例を二つ挙げよう．一つは約 30MHz 以下の信号を扱う地上設置システムへの適用事例であり，もう一つは航空機搭載システムへの適用事例である．

約 30MHz 以下の信号は，図 7.4 に示す単一局方向探知装置（SSL）によって位置決定することができる．これらの信号は，電離層で屈折される．図 7.5 に示す

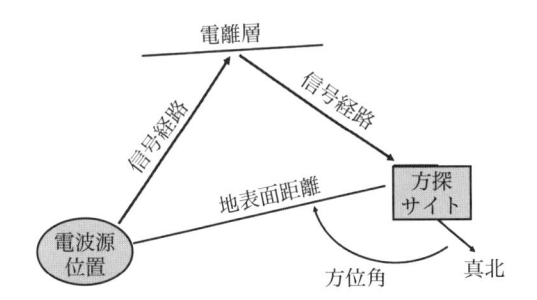

図 7.4　30MHz 以下での仰角による距離測定

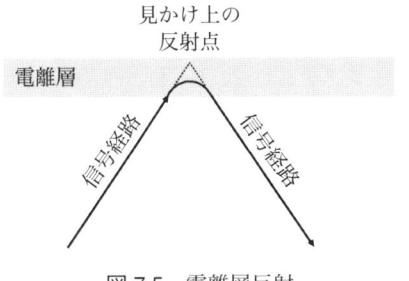

図 7.5　電離層反射

ように，それらは入射角と同じ角度で戻るので，電離層で「反射される」と言われている．電波源位置決定サイトに到来した信号の方位角と仰角の両方を測定すると，送信機の位置を特定することができる．距離は，電離層からの反射角が入射角と同じであることから，仰角と「反射」点における電離層の「高度」から計算される．この処理の最も困難な部分は，反射点における電離層の正確な特性解析である．通常，距離計算は方位測定よりも著しく精度が低く，位置決定の確率域の形状は細長くなる．

7.1.3 方位角と俯角

航空機搭載電波源位置決定システムが地上の非協調的電波源の方位角と俯角の双方を測定すれば，電波源位置は図 7.6 に示すように計算することができる．距離測定には，航空機が地上における自己位置と自己の高度を知っている必要がある．局所地形のデジタル地図も持っていなければならない．電波源までの地表面距離は，機体直下点から信号経路ベクトルと地面との交点までの距離になる．

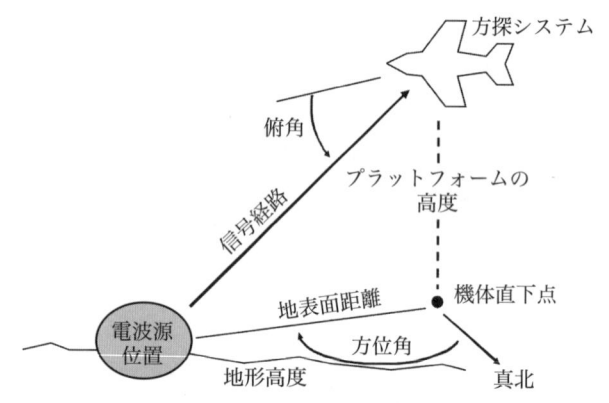

図 7.6 航空機搭載 DF システムからの方位角と仰（俯）角による電波源位置決定

7.1.4 その他の位置決定方策

後述する精密電波源位置決定（precision emitter location）法では，図 7.7 に示すように，離隔した 2 か所の方探サイトで受信した目標信号諸元を比較することで，数学的に生成される予想電波源位置の軌跡を計算する．使用される技法

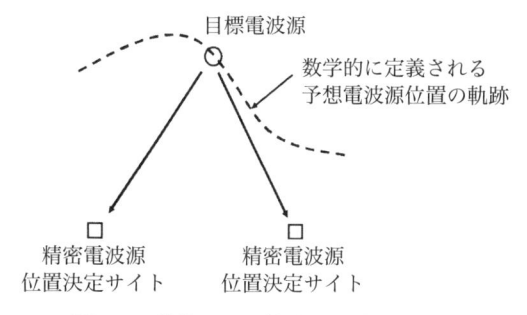

図 7.7　計算による軌跡上の電波源位置

では，電波源はこの軌跡にかなり近いと判定できるが，この軌跡は概して何 km もの長さになる．3 番目の方探サイトを加えることにより，2 番目と 3 番目の軌跡曲線を計算することができる．これら 3 本の軌跡曲線は，電波源位置で交差する．

7.2　精度の定義

電波源位置決定システムが提供する位置決定精度は，位置決定情報のアプリケーションにとって重要である．例えば，電波源位置決定の目的が電子戦力組成 (electronic order of battle; EOB) の作成を支援することならば，1〜2km の精度で事足りる．その目的がターゲティング（targeting; 目標捕捉; 目標指向）であれば，その位置は使用される兵器の炸裂半径（burst radius）以内にある必要がある．

精度の定義は，異なるシステムや方策を比較する手段である．

7.2.1　RMS 誤差

一般に電波到来方向（DOA）測定システムの精度は，2 乗平均誤差（root mean square error; RMS error）の観点から表される．この値は，方探システムの実効精度（effective accuracy）と見なされる．これは出現するかもしれないピーク誤差（peak error; 最大誤差）を明らかにするものではない．ごく少数の大きいピーク誤差があるにもかかわらず，システムはどうしても比較的小さな RMS 誤差を

持っているはずである．方探システムの RMS 誤差を定義するとき，各種の誤差は，例えば雑音などのランダムな変動条件によって引き起こされることは当然と考えられる．システムによっては，その実装方法に起因することがわかっている大きなシステム誤差（systematic error; 定誤差）を持っている．これら少数の大きい誤差が，多数のより小さい誤差と一緒に平均されるとすれば，許容しうる RMS 誤差は一定の基準に収まるはずである．また一方，RMS 誤差値の数倍もの誤差に悩まされる状況があれば，電波源位置の作戦上の信頼性を低下させることになる．この種の既知のピーク誤差を処理することで補正される場合は，適切な RMS 誤差規格が得られる．

　RMS 誤差の確定は，ほぼ一様に割り振られた周波数と到来電波入射角における膨大な量の DF 測定値を収集することでなされる．データは通常，2 次元システムにおいては 360° の全方位にわたって収集され，あるいは方位および仰（俯）角システムにおいては，4π ステラジアン（steradian; 立体角）で収集される．各データ収集ポイントにおいては，真の到来電波入射角がわかっていなければならない．これは，地上システムにおいては，方探装置を載せた較正（calibration; 校正）済みのターンテーブルを使用することによって，あるいは，方探システムで規定されている精度よりはるかに高い精度（理想的には，1 桁以上）で試験用送信機の真の方位角を測定する独立した追尾装置を使用することによって，達成される．航空機搭載 DF システム（airborne DF system）においては，真の到来電波入射角は，試験用送信機の既知の位置と自身の慣性航法システム（inertial navigation system; INS）による航空機プラットフォームの位置と方向から計算される．

　方探システムで（このシステムの試験中に）DOA が測定されるたびに，真の到来電波入射角から DOA が差し引かれる．その後，この誤差測定値は 2 乗される．この 2 乗誤差は平均され，平方根がとられる．これがシステムの RMS 誤差である．この RMS 誤差は，次のように二つの成分に分けることができる．

$$(\text{RMS 誤差})^2 = (\text{標準偏差})^2 + (\text{平均誤差})^2$$

　したがって，平均誤差（mean error）が数学的に取り除かれれば，RMS 誤差は，真の到来電波入射角からの標準偏差（standard deviation）に等しくなる．実際には，平均誤差の除去は，計算された平均誤差を相殺するために，すべての出力測

7.2 精度の定義 197

定値が相殺されることを意味する．平均誤差は主として，アンテナアレイの不均衡，あるいはアンテナアレイの周囲に極めて近い位置からの反射に起因するものであるので，この修正は通常はかなり妥当である．

誤差の原因が正規分布するものとすれば，その標準偏差 (σ) は 34.13% である．したがって，図 7.8 に示すように，± RMS 誤差線は，測定された到来電波入射角がすべて含まれる見込みが真の方測線を中心に 68.26% となる領域を表して

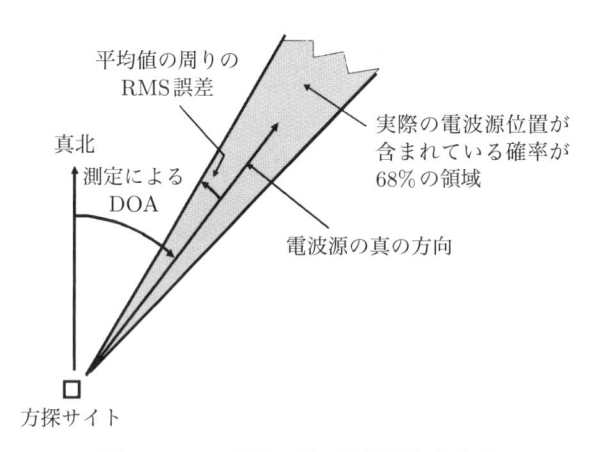

図 7.8 RMS 誤差に基づく位置決定確率

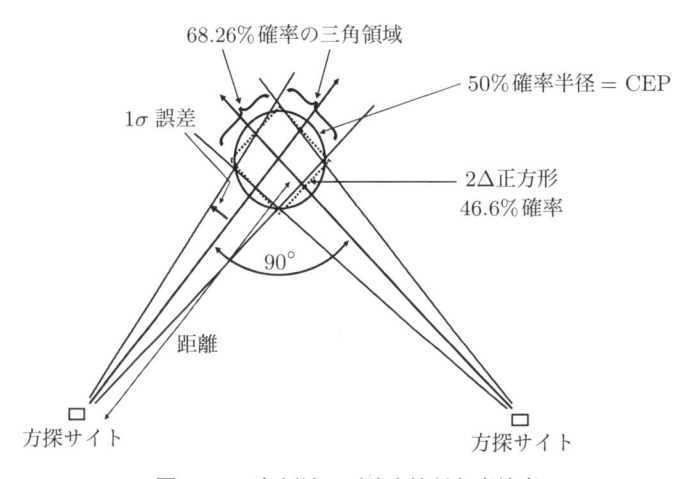

図 7.9 三角領域の不確実性対角度精度

いる．別な見方をすれば，これは，システムがある特定の角度を測定すると，示されたくさび形の範囲内に真の電波源位置が存在する可能性が 68.26% あることを意味する．2 か所の方探サイトが位置決定される電波源から等距離にあり，かつその電波源から見て 90° 離れている場合，最良の位置決定精度が得られることから，それらの方探サイトは理想的な位置にあると言われる．図 7.9 に示すように，理想的に配置された 2 か所の方探サイトは，実際の電波源位置を含む確率が 46.6%（すなわち，$68.26\%^2$）となる二つの三角領域が交わった共通部分を作る．言うまでもなく，これは，測定された平均誤差がデータ処理中に除去されていることを仮定している．

7.2.2 円形公算誤差

円形公算誤差 (circular error probable; CEP; 半数必中界) は，1 本の標桿 (aiming stake) の周囲に爆弾や砲弾の半数が落達する円の半径を指す砲爆撃用語である．図 7.10 に示すように，この用語は，電波源位置決定システムの評価において，真の電波源位置を含む確率が 50% となる測定電波源位置を囲む円の半径を表すのに用いられる．システムの精度は CEP が小さいほど高い．真の電波源位置を含む可能性が 90% の測定位置を囲む円を表す "90% CEP" という用語も用いられる．

この状況における CEP を近似するため，まず，図 7.9 に示すような理想的に配

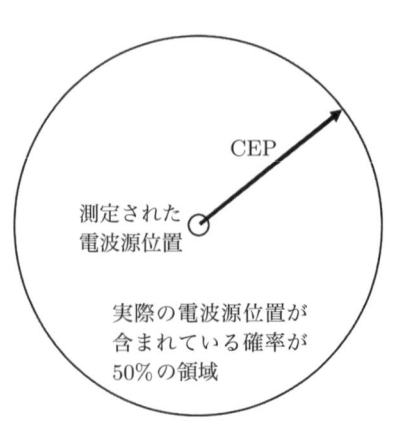

図 7.10　円形公算誤差

置された2か所の方探サイトの±RMS誤差角範囲内に収まる領域を確定する．この領域は，1辺が2Δ（デルタ）の正方形として近似される．ここで，Δは，計算した電波源位置とどちらか一方の側のRMS誤差線の間の距離である．CEPは，この正方形と同じ面積を持つ円の半径である．

　方探システムにおけるおおよそのCEPは次式から計算できる．これは，理想的な位置決定の位置関係にあることを前提としている．これはほんの簡便な近似にすぎないことに注意しよう．実測されるCEPは，実際の位置関係に強く依存する関数である．

$$\mathrm{CEP} = 1.17 d \tan(\mathrm{RMS})$$

ここで，

　CEP：円形公算誤差〔km〕
　　d：各方探サイトからの距離〔km〕
　RMS：方探システムのRMS誤差〔°〕

である．

　CEPは，電波源位置を含む確率が50％の円であることを思い出そう．90％CEPの式（この場合もやはり近似式である）は，

$$90\%\mathrm{CEP} = 1.57 d \tan(\mathrm{RMS})$$

である．

　例えば，電波源から100kmの位置に理想的に配置された，RMS誤差角1°の方探サイトでは，平均誤差が取り除かれ，CEPが2km，90％CEPが2.7kmとなる．

7.2.3　楕円公算誤差

　楕円公算誤差（elliptical error probable; EEP）は，目標に対して理想的な配置にない二つの方探サイトによって位置を測定する際，実際の電波源位置を含む確率が50％となる楕円形である．しばしば90％EEPでも検討される．EEPはRMS誤差と傍受配置から計算することが可能で，図7.11に示すように，測定された電波源の位置を表示するだけでなく，指揮官が位置測定における信頼度を評価できるように地図上に描かれることもある．

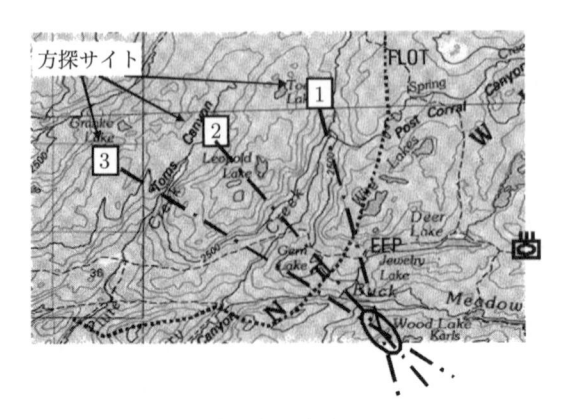

図 7.11　地図上に表示された EEP

CEP はまた，EEP から次式によって決定することもできる．

$$\text{CEP} = 0.75 \times \sqrt{a^2 + b^2}$$

ここで，a および b は EEP 楕円形の長半径および短半径である．

CEP と EEP は精密電波源位置決定技法においても定義されるが，これらについては後述する．

7.2.4　較正

較正（calibration; 校正）は，前に述べたように，誤差データの収集に関係している．また一方，この誤差データは較正テーブル（calibration table）を作成するのに用いられる．これらの較正テーブルは，コンピュータのメモリ内にあり，「実測された」DOA や周波数の多数の数値に対する修正角度を保持している．ある特定の周波数で電波到来方向が測定されるたびに，それが計算済みの誤差角度で補正されて，修正済みの到来電波入射角が報告される．測定された DOA が（角度および周波数，またはそのどちらかの）二つの較正点の中間に落ち込んだ場合，格納されている最も近い二つの較正点の間で補間することによって，補正率（correction factor; 修正率）が決定される．一部の特定の DF 技法に対しては，少し異なった較正体系がより良い結果をもたらすことに注意しよう．これらについては，それぞれの DF 技法と一緒に説明する．

7.3　方探サイト位置と基準北

　三角測量や電波源の単局方探を実行するには，各方探サイトの位置がわかっており，それが処理に入力されなければならない．到来電波入射角（AOA）システムにおいては，さらに方位基準（directional reference）（たいてい真北を基準とする）がなければならない．方探サイト位置は，前述の精密電波源位置決定技法にも必要である．図 7.12 に示すように，方探サイト位置や基準方位の誤差は，目標電波源の AOA 測定での誤差を引き起こす．この図は誤差の影響を表すために意図的に誇張されている．方探サイト配置や基準方位の各誤差は概して，測定精度誤差の大きさとほぼ同じ程度である．言うまでもなく，これらの誤差は通常ほんの数度である．

　図 7.13（これも意図的に誇張されている）に，測定誤差，方探サイト位置誤差，および方位基準誤差によって引き起こされる位置決定誤差を示す．ある誤差の寄与が一定ならば，この誤差は位置決定精度にそのまま加えなければならない．通常，方探サイト位置誤差（location error）は一定であると考えられる．その一方で，誤差の原因がランダムかつ互いに無関係であれば，それらは一緒に「2 乗平均誤差化」される．すなわち，結果として生ずる RMS 誤差は，各種誤差の寄与

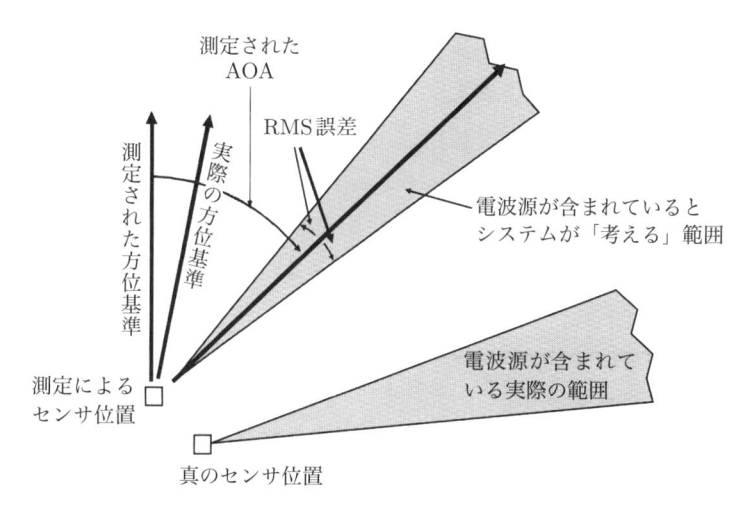

図 7.12　方探サイト位置と基準方位の誤差との関係

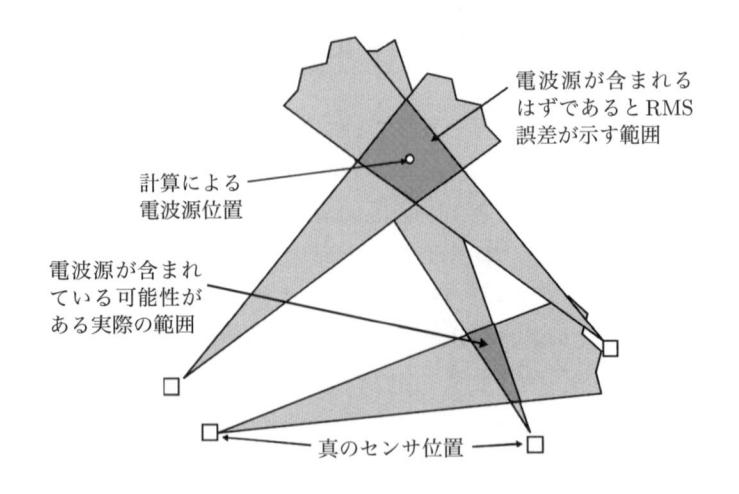

図 7.13 電波源位置決定精度に対する方探サイト位置および方位基準の影響

分の 2 乗和の平方根となる.

1980 年代半ば以前は,方探サイトの位置決定は極めて骨の折れるものであった.地上設置の方探システムでは,方探サイト位置を測量技法によって決定し,それをシステムに手作業で入力する必要があった.基準北は,DF アンテナアレイを特定の方向に向けて固定するか,あるいは,アンテナアレイの指向方向を自動的に測定して入力する必要があった.移動方探サイトには,自動北方位検出機能が特に重要であった.

磁力計(magnetometer)は,局所磁場(local magnetic field)を感知し,電子的に出力するために当時使われていた装置である.機能的には,これはデジタル読み取り式の磁気コンパスである.地上設置システムのアンテナアレイの中に磁力計を組み込むと,その(磁極の)基準北を三角測量を実行するコンピュータに自動的に取り込むことができた.それぞれの方探サイトからの方位基準を計算するためには,局地偏角(local declination)(すなわち,磁北と真北との偏角)を手動でシステムに入力しなければならなかった.磁力計の精度は通常約 1.5° であった.図 7.14 に示すように,磁力計は AOA システムの DF アレイと一体化されることが多かった.これによって,アンテナアレイを磁北に向ける面倒な作業

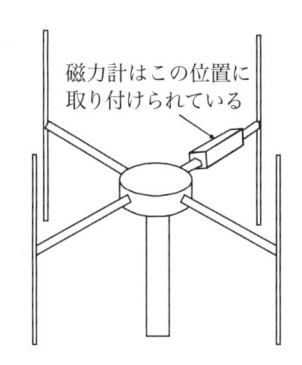

図 7.14　DF アンテナアレイに取り付けられた磁力計

を避けることができ，システムの展開時間が大幅に削減できた．

　大型プラットフォーム上の艦載方探システムでは，艦艇の航法システムから自身の位置と方位基準を得られるが，その精度は，何年にもわたってかなり正確に維持されている．持続的に位置と方位の精度を確保するため，艦艇の慣性航法システム（INS）は，熟練した航海士が手動で修正することができる．

　もちろん，航空機搭載 DF システムでも，各方探システムの位置と方向がわかっていて，これらを三角測量計算に取り入れる必要があった．これらは航空機の INS から提供されていたが，各機は飛行任務開始前にかなりの初期設定作業を必要とした．図 7.15 に示すように，INS は，（方向が 90° 異なる）2 台の直交配向機械式回転型ジャイロスコープ（mechanically spinning gyroscope）からは自身の基準北を，そして 3 台の直交配向加速度計（orthogonally oriented accelerometer）からは自身の横位置基準（lateral location reference）を得ていた．各ジャイロス

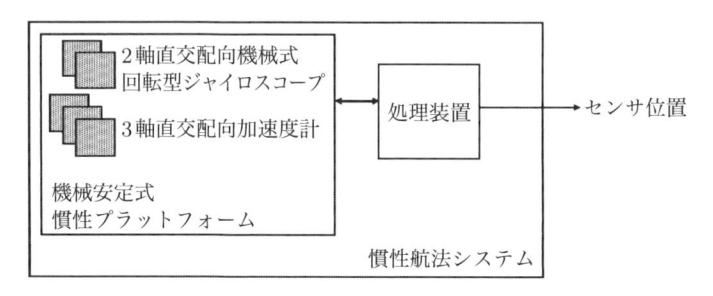

図 7.15　機械安定式の慣性プラットフォームが必要とされた旧式の慣性航法システム

コープは，自身の回転軸に直交する角運動しか測定できないので，3次元方向を決めるためには，2台のジャイロスコープを必要とした．加速度計の各出力は，最初は横方向の速度を与え，2回目は（それぞれ1次元の）位置変化を与えるために積分される．ジャイロスコープと加速度計は，航空機の移動に従って，安定配向（stable orientation）を保つINS内の機械的に制御されたプラットフォームに搭載された．航空機が飛行場のコンパス調整場（compass rose）から離れるか，空母から発進したあとは，ジャイロスコープのドリフト（drift; 定偏）と加速度計の累積誤差（accumulated error）のために，時間経過とともに位置と方向の精度が直線的に低下する．したがって，航空プラットフォームが提供する電波源位置決定精度は，飛行任務継続時間の関数であった．

また，実際の航空機搭載DFシステムでは，（容積が約2立方フィートの）INS装置を収容するのに十分な大きさを持つプラットフォームにしか配置できなかった．

1980年代末には，GPS（全地球測位システム）衛星が軌道上に配置され，小型，安価で頑丈なGPS受信機が利用できるようになった．GPSは，われわれの移動装備の位置特定手段に顕著な影響を及ぼした．現在では，小型機，地上車両，さらに徒歩兵士の位置さえも，電波源位置決定のサポートに十分な精度で（電子的に）自動測定できるようになった．これによって，多くの低価格方探システムに極めて良好な位置決定精度を提供できるようになった．

GPSはまた，INS装置を使用した作業にも大きな影響を与えた．いつでも絶対位置をすぐに測定できるので，INSによる位置決定精度はもはや飛行任務継続時間の関数ではなくなった．図7.16に示すように，GPS拡張型慣性航法システムでは，慣性プラットフォームからの入力は，GPS受信機からのデータを使用して更新される．位置はGPSによって直ちに測定され，角度の更新情報は複数の位置測定値から求められる．

新式の加速度計やジャイロスコープの開発と電子機器の超小型化によって，今では寸法・質量が極めて小さく，また可動部品のないINSシステムが実現できるようになった．リングレーザジャイロスコープ（ring laser gyroscope）は，（3枚の精密な鏡を用いて）閉路の中でレーザパルスを反射させ，環状経路を移動する時間を測定することによって角速度を測定する．角速度は方位角を測定するために積分される．3軸方向測定には，三つのリングレーザジャイロスコープが必要

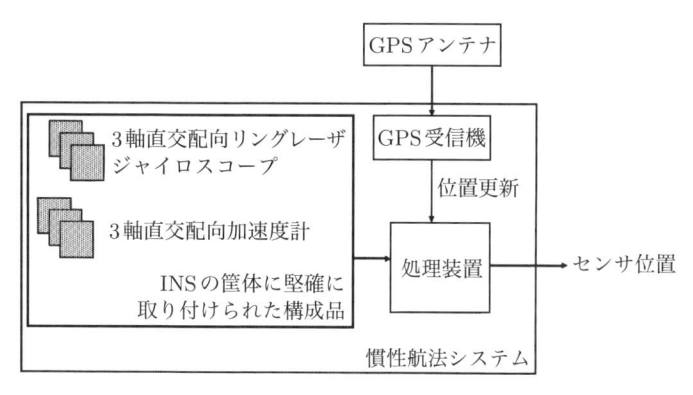

図 7.16　GPS 拡張型慣性航法システム

である．いまや旧式の荷重バネ型の加速度計は，圧電型加速度計（piezoelectric accelerometer）に置き換えられている．また，角速度を測定する圧電型ジャイロ（piezoelectric gyroscope）もある．

　GPS の副次的価値は，固定式や移動式の位置決定サイトに極めて正確な時計を提供することにある．この時計機能は，後述する精密位置決定技法に必須である．GPS 受信機/処理装置は，自身の時計を GPS 衛星の持つ原子時計（atomic clock）と同期させる．これは，1 枚のプリント基板にアンテナを加えた仮想の原子時計を作る働きを持っている（実際の原子時計の大きさは「大きめの弁当箱大」であることに注意）．こうして，GPS は小型のプラットフォームで精密電波源位置決定技法を使用できるようにしている．

7.4　中程度精度技法

　中程度精度システムといっても，方探装置（direction finder; DF）であることには変わりがないので，その精度は RMS 角度精度の観点から規定するのが最も都合が良い．中程度の精度として，2.5° の RMS 誤差角はまずまず良い数値である．これは，ほとんどの DF 技法において較正なしで実現しうる精度である．較正については後ほどさらに論ずるが，さしあたり，「較正」とは，送信信号の到来電波入射角測定において体系的な測定と誤差の補正を行うことを意味している．

　使われているシステムには中程度の精度を有するものが多数あり，これらは

EOB 情報の作成には十分な精度を提供すると考えられている．すなわち，存在する部隊組織の種類，物理的近接度，およびそれらの活動の分析を可能にするのに十分な精度で，敵の送信機の位置を決定できるということである．この情報は，専門の分析要員による敵の戦力組成を究明したり，敵の戦術的企図を予測したりするために用いられる．

これらのシステムは比較的，小型，軽量かつ安価でもある．一般的に，システムの精度が高いほど方探サイト位置と基準の精度は高いに違いない．このことは，より小規模（より安価）なシステムにとっては大きな問題である．しかしながら，小型で廉価な慣性計測ユニット（inertial measurement unit; IMU）の可用性の向上に伴って，これはかなり容易になってきた．IMU は，GPS の位置基準と組み合わせることによって，中程度の精度の方探システムに対して位置と角度の適正な基準を提供することができる．

通信電波源位置決定に用いられる代表的な中程度精度技法は，ワトソン-ワット（Watson-Watt）方探とドップラ（Doppler）方探の二つである．

7.4.1 ワトソン-ワット方探技法

図 7.17 に示すように，ワトソン-ワット方探（Watson-Watt DF）システムは，偶数（4 本以上）のアンテナに配列の中心の基準アンテナを加えて環状に配列されたアンテナに接続された三つの受信機からなる．この円形アレイの直径は，約

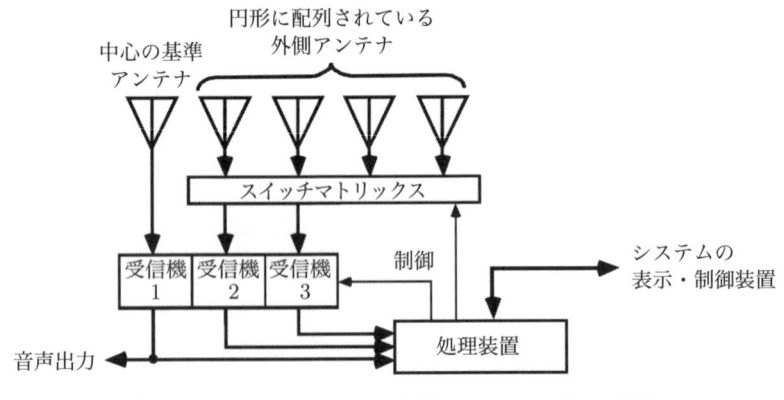

図 7.17 ワトソン-ワット方探システムのブロック図

1/4 波長である．

　外側のアンテナの（アレイ中で互いに向かい合っている）2 本は，受信機 2 と受信機 3 に切り替えられるようになっており，中心の基準アンテナは受信機 1 に接続されている．処理中に，外側の 2 本のアンテナの信号間の振幅差は，中心の基準アンテナの振幅と照合（すなわち除算）される．信号のこの組み合わせにより，3 本のアンテナの周囲に図 7.18 に示すような，（利得対電波到来方向の）カージオイド利得パターン（cardioid gain pattern）が生成される．向き合ったアンテナの別の組がそれぞれ受信機 2 と受信機 3 に切り替えられて接続されることにより，2 番目のカージオイドパターンが形成される．その結果，切り替えの瞬間にカージオイド上に 2 点を得る．向き合ったアンテナの組のすべてが順次何回か切り替えられたあとで，信号の到来方向が計算できる．

　ワトソン−ワット技法は，あらゆるタイプの信号の変調方式に対して機能し，較正することなくおおむね 2.5° の RMS 誤差角を達成することができる．

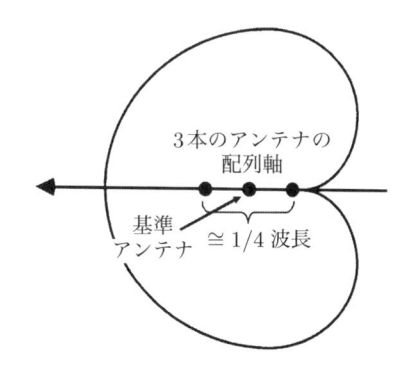

図 7.18　外側の二つのアンテナの信号の差は，基準アンテナに対して正規化される．

7.4.2　ドップラ方探技法

　図 7.19 に示すように，一つの移動アンテナ（A）がもう一つの固定アンテナ（B）の周囲を回転しているとき，A は B と異なる周波数で送信信号を受信する．移動アンテナが送信機方向に近づくにつれ，ドップラ偏移（Doppler shift）の分，受信周波数が増加する．遠ざかるにつれ，周波数は減少する．この周波数の変動は正弦曲線（sinusoidal）状になり，送信信号の到来方位の決定に利用することが

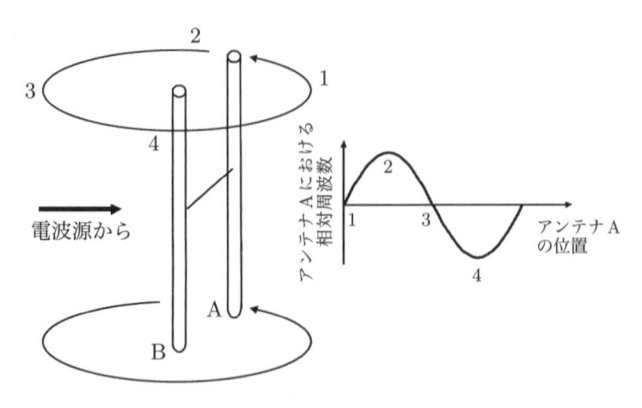

図 7.19　ドップラ方探システムの基本概念

できる．電波源は，この図で生ずる正弦波形が下降して横軸とゼロ交差するときのアンテナ A の方向（すなわち点 3）にあることに注意しよう．

実際には，図 7.20 に示すように，円形に配列された複数のアンテナは順次切り替えられて一つの受信機（A）に接続されているのに対し，もう 1 台の受信機（B）はアレイの中心にあるアンテナに接続されている．システムが外側のアンテナの一つを受信機 A に切り替えるたびに，受信信号の位相変化が測定される．数回の回転後，システムは位相変化データから（アンテナ B に対するアンテナ A の）周波数の正弦変化を作成でき，その結果，送信信号の到来方位を決定することができる．

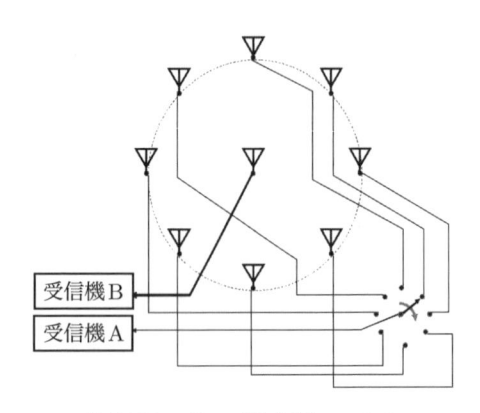

図 7.20　ドップラ方探システム

ドップラ技法は，わずか三つの外側のアンテナに中心の基準アンテナを加えるだけで済み，民間のアプリケーションに広く用いられている．これで，精度としてはだいたい 2.5° の RMS 誤差角が得られる．しかし，この技法は，外側のアンテナの順次切り替えによる見かけ上のドップラ偏移と変調周波数とを明確に分離できない限り，周波数変調方式の信号が原因となる問題が生ずる．

7.5 高精度技法

高精度位置決定技法について話すときは，通常，インターフェロメータ (interferometer; 干渉計) 方探を取り上げる．一般にインターフェロメータでは，1° オーダの RMS 誤差角を提供するために調整される．構成によって，これより良い精度が得られることもあれば，劣ることもある．インターフェロメータは一種の方探装置であり，信号の到来電波入射角のみを測定するものである．電波源位置は，7.1.1 項で議論した (三角測量などの) 技法の一つによって決定することができる．

まず，単一基線インターフェロメータ (single baseline interferometer) を説明し，その後，複数基線精密インターフェロメータ (multiple baseline precision interferometer) と相関形インターフェロメータ (correlative interferometer) を取り上げる．

7.5.1 単一基線インターフェロメータ

単一基線インターフェロメータ (single baseline interferometer) は，一度に 1 本の基線を使用するインターフェロメータである．ただし，ほぼすべてのインターフェロメータシステムは，複数基線を用いている．基線が複数存在することによって，アンビギュイティ (ambiguity; 曖昧性; 多義性) の解消が可能になる．さらに，多数の，かつ独立した測定の平均をとることを可能にし，マルチパスやその他の装置に由来する誤差発生源の影響を軽減することができる．

図 7.21 は，インターフェロメータを用いた方探システムの基本的な機能図である．二つのアンテナからの信号は位相が比較され，実測された位相差から信号の到来方位が決定される．送信信号は光速で伝搬する正弦波であることを思い出

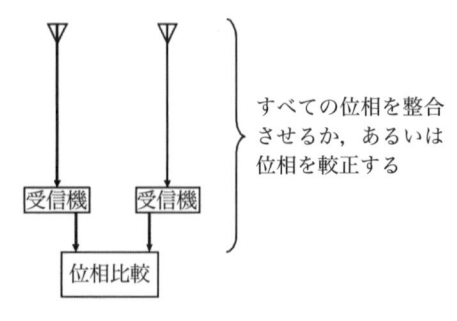

図 7.21 インターフェロメータの機能図

してほしい．伝搬する正弦波の1周期（360°位相）を波長と呼ぶ．送信信号の周波数とその波長との関係は，次式で定義される．

$$c = \lambda f$$

ここで，

c：光の速度（3×10^8 m/sec）

λ：波長〔m〕

f：1sec 当たりの周波数（単位は Hz）

である．

インターフェロメータの原理は，図 7.22 に示す干渉三角形（interferometric triangle）の考え方によって最も良く説明できる．図から，二つのアンテナが1本の基線を形成している．二つのアンテナ間の距離と正確な位置は既知であるとする．「波面」とは，方探サイトに到来する信号の方向と直交する線のことである．

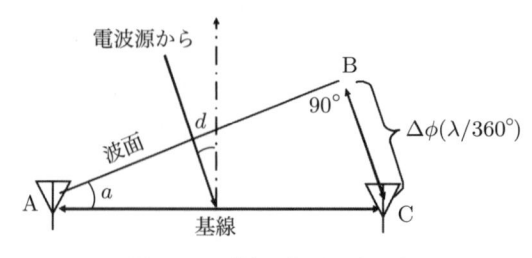

図 7.22 干渉三角形の考え方

これは到来信号の位相が一定の線である．信号は送信アンテナから球状に広がるので，波面は実際には弓形となる．しかしながら，基線は送信機からの距離よりもずっと短いと見なせるので，この図で波面を直線として描くことは極めて妥当と考えられる．受信サイトの正確な位置を基線の中央にとる．信号は波面に沿って同じ位相を持つことから，点 A と点 B の位相は同じである．したがって，二つのアンテナ（つまり，点 A と点 C）間の信号の位相差は，点 B と点 C の信号間の位相差に等しい．

線分 BC の長さは次式で得られる．

$$\text{BC} = \Delta\phi \left(\frac{\lambda}{360°} \right)$$

ここで，

$\Delta\phi$：位相差
λ：信号の波長

である．

この図の点 B の角度は定義から 90° であるので，点 A の角度 a は，次のように規定される．

$$a = \arcsin\left(\frac{\text{BC}}{\text{AC}} \right)$$

ここで，AC は基線の長さである．

信号の到来電波入射角は，基線の中央点において基線に垂直な線との相対角度として報告される．これは，インターフェロメータが，この角度において最高の精度を与えるからである．位相と方向の角度との比が，ここで最大になることに注意しよう．構造的に，d は a に等しいことがわかる．

インターフェロメータは，ほとんどの種類のアンテナでも利用できる．図 7.23 に，航空機外板や艦艇の船体表面といった，金属表面上に装着される一般的なインターフェロメータアレイを示す．図に示すような水平アレイは到来方位角を測定し，一方，垂直アレイは到来仰（俯）角を測定する．これらのアンテナは，キャビティバックスパイラルアンテナであり，高フロント・バック比（front-to-back ratio; 前後電界比）を有しているがゆえに，180° の角度覆域しか備えていない．このアレイのアンテナ間隔が，精度とアンビギュイティを決定す

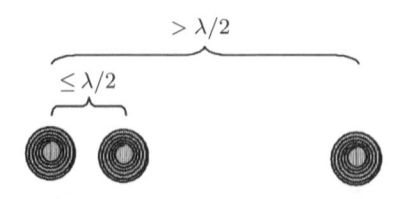

図 7.23　平坦な表面上にあるインターフェロメータのアレイアンテナ

る．端と端の各アンテナは極めて大きい間隔を持ち，したがって，優れた精度を与える．また一方，それらの位相応答（phase response）は図 7.24 に示すようになる．（二つのアンテナの信号間の）位相差が同じでも，いくつかの異なる到来電波入射角を示すことがあることに注意しよう．このアンビギュイティは，左側の二つの間隔を半波長以下にしてアンビギュイティをなくしたアンテナによって解消される．

地上設置型のシステムでは，図 7.25 に示すような垂直ダイポール（vertical dipole）のアレイをよく用いる．図 7.24 に示すアンビギュイティを回避するため

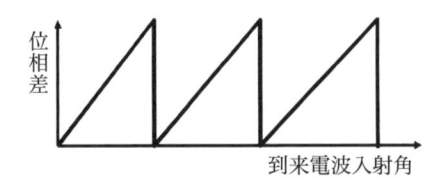

図 7.24　長アレイにおける位相対到来電波入射角

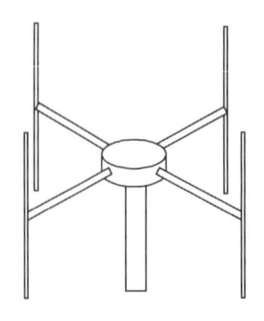

図 7.25　一般的な地上設置型インターフェロメータアンテナアレイ

には，アンテナ間隔を半波長未満にしなければならない．一方，アンテナ間隔が10分の1波長未満であると，インターフェロメータの精度は不十分と見なされる．したがって，単一のアレイでは5:1の周波数範囲でしか方探ができなくなる．システムによっては，多数のダイポールアレイを垂直に積み重ねていることもある．各アレイは異なる間隔の，長さが異なるダイポール（小さく間隔も狭いダイポールほど，高い周波数範囲で用いられる）を有する．図 7.26 に示すように，四つのアンテナは 6 本の基線を形成することに注意しよう．

　これらのダイポールアレイは 360° 方位をカバーするので，このインターフェロメータは図 7.27 に示すような前後方向のアンビギュイティを持つ．これは図示したような，二つの方向からのいずれの信号の到来に対しても，同じ位相差が生じるからである．この問題は，図 7.28 に示すように，別のアンテナ対を使用し

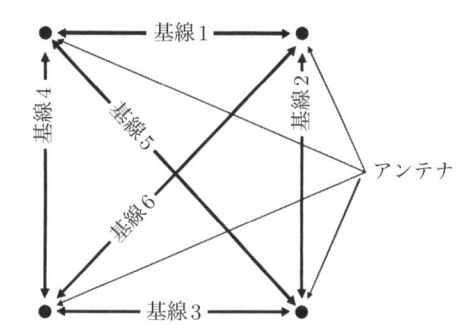

図 7.26　4 アンテナのアレイにおける 6 本の基線構成

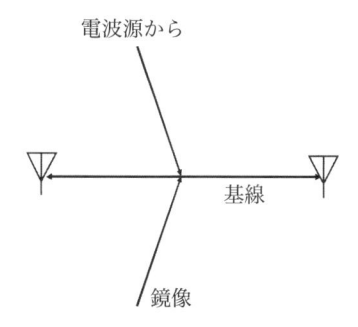

図 7.27　前後のアンビギュイティ

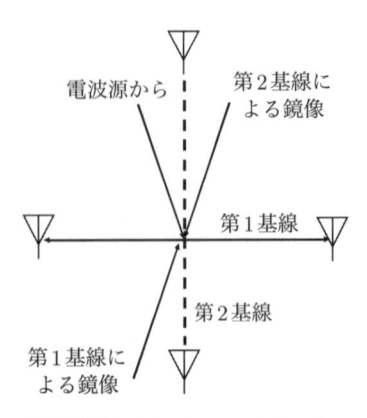

図 7.28 複数基線を用いたアンビギュイティの解消

て2回目の測定を行うことによって，解消される．正しい到来電波入射角は，二つの測定値間で相関性を持つのに対し，アンビギュイティを持つ到来電波入射角は相関がとれない．

図 7.29 に，代表的なインターフェロメータ方探システムを示す．各アンテナは，位相比較器（phase comparator）に二つ同時に切り替えられ，到来方位が測定される．四つのアンテナがある場合，6本の基線が順次用いられる．多くの場合，各基線は信号伝搬経路長のいかなるわずかな差異をも相殺するため，二つのアンテナ入力が切り替えられて2回測定される．その後，12 の到来電波入射角の測定結果が平均され，電波到来方向が報告される．

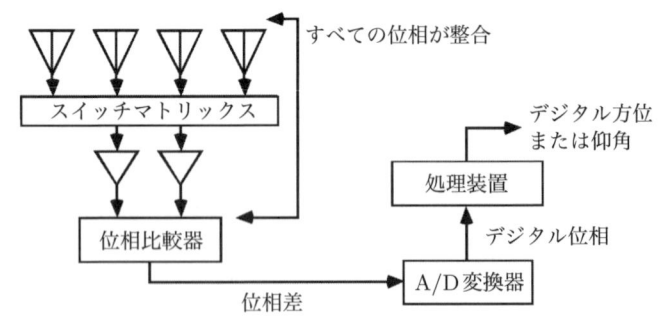

図 7.29 インターフェロメータ方探システムのブロック図

7.5.2 複数基線精密インターフェロメータ

一般に複数基線精密インターフェロメータ (multiple baseline precision interferometer) はマイクロ波帯に限って適用されるが，アンテナアレイの長さが適合する限りは，どのような周波数範囲においても利用することができる．図 7.30 に示すように，複数の基線を持ち，そのすべてが 1/2 波長を超えている．図では，基線長は 5 半波長，14 半波長，15 半波長である．

到来電波入射角を決定するとともに，すべてのアンビギュイティを解消するために，モジュロ演算 (modulo arithmetic) を用いると，1 回の計算に 3 本すべての基線からの位相測定値を使用することになる．この種のインターフェロメータの利点は，単一基線インターフェロメータの最大 10 倍の精度を生み出せることである．低域周波数のときの欠点は，アレイが極めて長大になることである．

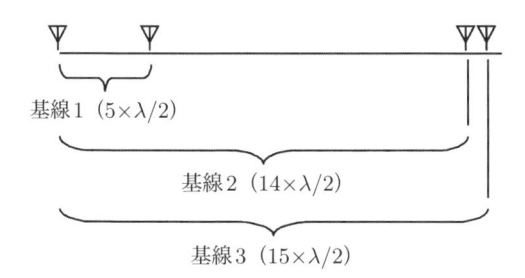

図 7.30 複数基線精密インターフェロメータのアンテナアレイ

基線 1（$5 \times \lambda/2$）
基線 2（$14 \times \lambda/2$）
基線 3（$15 \times \lambda/2$）

7.5.3 相関形インターフェロメータ

相関形インターフェロメータ (correlative interferometer) システムでは，一般的には 5〜9 個の多数のアンテナが用いられる．一対のアンテナがそれぞれ基線を形成するので，多くの基線が存在する．各アンテナの間隔は半波長以上であり，図 7.31 に示すように，一般的には 1〜2 波長空けられている．全基線による計算には，アンビギュイティが存在する．しかしながら，多数の電波到来方向測定によって，相関データのしっかりとした数学的な解析が可能になる．正確な到来電波入射角は，より大きい相関値を持つので，その入射角が報告されることになる．

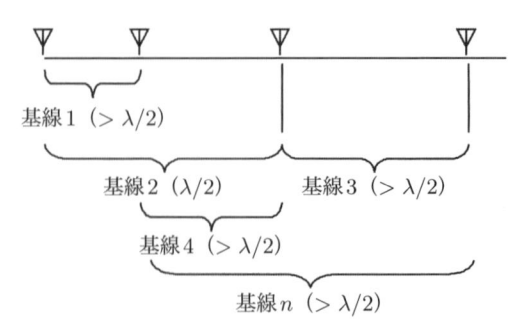

図 7.31 相関形インターフェロメータのアンテナアレイ

7.6　精密電波源位置決定

精密電波源位置決定は，一般に，ターゲティングに十分な精度を提供できると考えられる．その精度によってしばしば「初弾効力射」(first round fire for effect) が可能になるとされている．これは，砲兵が重要電波源の位置決定結果だけを用いて，決定された座標 (location) に射撃できることを意味している．GPS 誘導ミサイル (GPS-guided missile) の導入により「単発炸裂半径」の精度で位置がわかると，遠隔目標を極めて高い精度で打撃できる．精密位置決定が極めて望ましいと考えられるその他の状況として，例えば，二つの電波源が同一場所に配置されているかどうかを知ることが重要な場合などがある．

次の二つの技法によって，非協調電波源の精密電波源位置決定が可能になる．すなわち，到着時間差法 (time difference of arrival; TDOA) と到来周波数偏差法 (frequency difference of arrival; FDOA) である．

7.6.1　到着時間差法

信号は光速で伝搬するので，信号がいつ送信機を離れて，いつ受信機に到達したかがわかると，その経路長がわかる．協調的な信号（例えば GPS など）や自前のデータリンクを扱う場合は，信号を符号化することによって出発時刻を測定できる．しかしながら，敵性電波源に対処する場合，信号がいつ送信機を離れたのかを知る手段はない．測定しうる唯一の情報は，いつ信号が到着したかだけである．しかしながら，2 か所の受信サイトにおける到着時間差を測定することに

よって，送信所がある双曲線沿いに所在していることがわかる．到着時間差が極めて正確に測定されれば，電波源位置はその線に極めて近接していることになるが，双曲線は無限曲線であるので，位置決定問題は依然として解決されない．

図 7.32 に，単一送信機からの信号を受信している 2 か所の受信サイトを示す．この 2 か所の受信サイトは 1 本の基線を形成する．不確実性領域（area of uncertainty）とは対象電波源が含まれているかもしれない領域のことである．電波源に対するそれぞれの受信サイトからの距離の差で到着時間差が決まることに注意しよう．図 7.33 に，無数にある双曲線の一部を示す．各曲線が特定の到着時刻を表すことから，これらは「等時線」（isochrone）と呼ばれている．

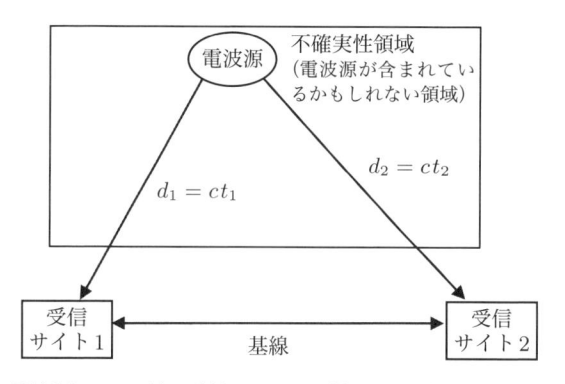

図 7.32 電波源は 2 か所の受信サイトで受信され，各受信サイトの到着時間差が決定される．

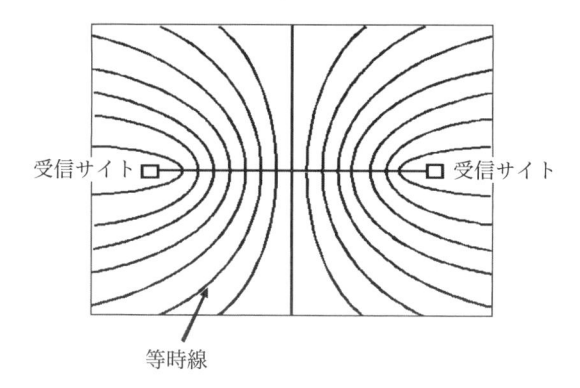

図 7.33 到着時間差の等しい双曲線形の等時線

7.6.1.1 通信信号における TDOA 差

パルス信号におけるパルスの前縁（leading edge）は，正確な局地時計と対照して記録することができる極めて好都合な電波到来時刻特性である．これにより，2 か所における到着時間差は容易に測定される．しかしながら，ほとんどの通信信号は（送信周波数に）連続搬送波を持ち，その搬送波の周波数振幅，あるいは位相を変調して情報を搬送する．搬送波は波長（概して 1m 未満）ごとに繰り返すことから，二つの受信機で到着時刻を測定するために相互に関連付けることができる唯一の信号属性が変調である．到着時間差は，受信機の一つで時間遅延を変化させて受信信号を何度もサンプリングすることによって測定される．この時間遅延は，電波源が所在しうる領域全体で最小時間差から最大時間差をカバーするのに十分な範囲で変化させなければならない．各サンプルはデジタル化，時間符号化されて，二つのサンプル間の相関を計算できる共通場所に送られる．

この相関は，図 7.34 に示すように遅延量の差，すなわち遅延差（differential delay）の関数で変化する．ここで留意すべきなのは，この相関曲線の頂点はかなり滑らかであるが，そのピークは，一般に遅延増分の 10 分の 1 の精度で測定されるということである．

TDOA 処理は，アナログ信号においては，サンプルを多数取り込まなければならないので比較的低速になる上に，十分な位置決定精度を得るためにはサンプル当たりのビット数が多数必要であることから，相当なデータ伝送帯域幅を必要とする．

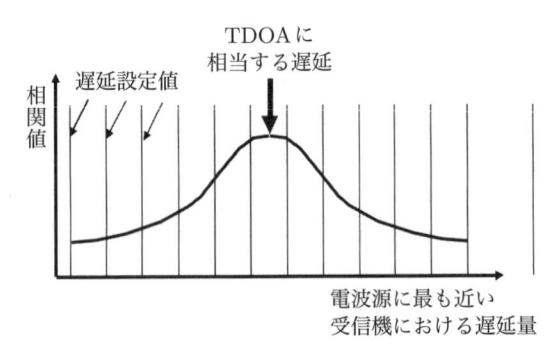

図 7.34　2 か所の受信サイトで受信されたアナログ信号の相関

7.6.1.2 位置決定

電波源の実際の位置を決定するには，少なくとも 2 本の基線ができるように，3 番目の受信サイトが必要である．図 7.35 に示すように，各基線は双曲線状の等時線をそれぞれ 1 本形成する．この 2 本の双曲線は電波源位置で交差する．受信サイトが 3 か所あるので，他の 2 本の交点を通過する 3 番目の等時線が存在する．

正確な電波源位置を得るためには，受信サイトの位置が正確にわかっている必要がある．GPS を利用できることで，小型車両や下車オペレータであっても正確な位置決定に使用が可能である．もちろん，受信機が移動している場合，等時線を作成したり電波源位置を計算したりする際には，測定の瞬間の受信機位置を考慮する必要がある．

TDOA システムにおける EEP および CEP は，等時線の「幅」から計算することができる．すなわち，システム内の各種誤差源によって引き起こされる等時線の位置の不正確性のことである．各受信サイトの時間基準が極めて正確であるため，その位置決定精度は一般に数十メートルとなる．

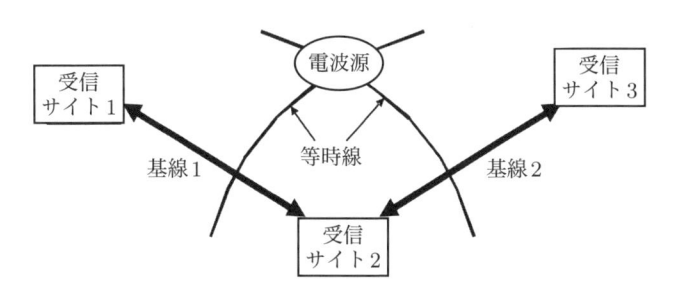

図 7.35　電波源の位置は 2 本の基線による等時線の交点にある．

7.6.2　到来周波数偏差法

FDOA は精密電波源位置決定を実現する技法の一つである．これには，移動している 2 台の受信機で受信した（ほとんどの場合，移動していない）単一送信機からの各周波数の差の測定が伴う．受信された周波数の差はドップラ偏移の差によるものであることから，FDOA は差動ドップラ（differential Doppler; DD）とも呼ばれる．

7.6.2.1 移動受信機における到来周波数偏差法

まず，受信機が移動している場合の固定送信機からの信号の受信周波数について考えてみよう．図 7.36 に示すように，受信周波数は，送信周波数，受信機の速度，および送信機に向かうベクトルと受信機の速度ベクトルの間の正確な球面角によって決まる．その受信周波数は次式で与えられる．

$$F_R = F_T \left(1 + \frac{V_R \cos(\theta)}{c}\right)$$

ここで，

- F_R：受信周波数
- F_T：送信周波数
- V_R：受信機の速度
- θ：受信機の速度ベクトルと送信機方向がなす角度
- c：光速

である．

さて，図 7.37 に示すように，移動しながら異なる位置で同一信号を受信する 2 台の受信機について考えてみよう．2 台の受信機の瞬時位置が 1 本の基線を形成する．2 台の受信機における受信周波数差は，θ_1 と θ_2 の差，ならびに各受信機の速度ベクトルの関数である．二つの受信周波数の差は次式で与えられる．

$$\Delta F = F_T \frac{V_2 \cos(\theta_2) - V_1 \cos(\theta_1)}{c}$$

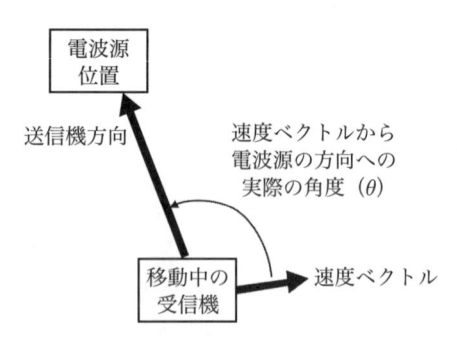

図 7.36　移動受信機における受信周波数

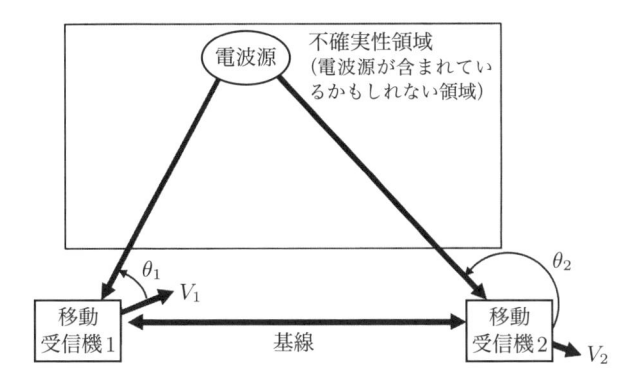

図 7.37 2台の移動受信機における受信周波数

ここで,

ΔF：差周波数
F_T：送信機の周波数
V_1：受信機1の速度
V_2：受信機2の速度
θ_1：受信機1から送信機方向の正確な球面角
θ_2：受信機2から送信機方向の正確な球面角
c：光速

である.

現在の条件下では，測定周波数差を生ずることが見込まれる送信機位置をすべて定義する3次元曲面が存在する．この曲面と平面（例えば，地面）との交線を考えたときに描かれる曲線は，しばしば「等周波数線」(isofreq) と呼ばれる．2台の受信機は，異なる方向に異なる速度で移動することが可能であるので，システムのコンピュータによって，速度・配置・周波数差の各条件に従った正確な等周波数線を描くことができる．また一方，視覚的にわかりやすくするため，図 7.38 に，2台の受信機が同一方向に同一速度で移動する（必ずしも追従運動する必要はない）際の，さまざまな周波数差に対する一連の等周波数線を示す．ここで留意すべきなのは，この一連の曲線が全空間に広がっていることである．これは（2台の受信機を高校の物理教科書に出てくる棒磁石の両端に見立てて）磁

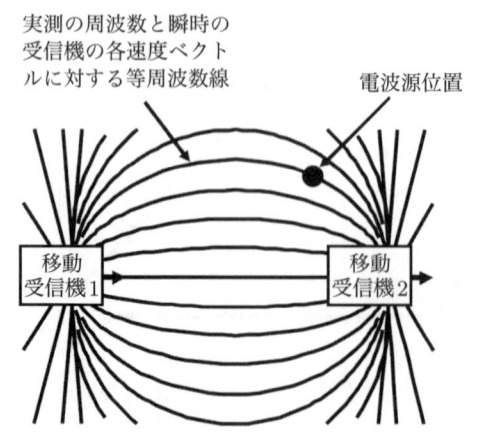

図 7.38 同一方向に同一速度で移動する 2 台の受信機の基線による等周波数線

束線（line of magnetic flux）のように見える．

　TDOA と同様に，2 台の受信機による周波数差の測定は，位置を明確にするのではなく，単に可能性のある位置を連ねた曲線（すなわち，等周波数線）を明示するだけである．けれども，周波数差が正確に測定されれば，送信機の位置は等周波数線の曲線と極めて近いことになる．3 番目の移動受信機を使用すると，測定基線を 3 本持つことになり，それぞれが FDOA データを収集し，等周波数線を計算することができる．その結果，2 本の基線による等周波数線の交点から送信機の位置を決定することができる．もちろん，同じ位置で他の 2 本と交わる等周波数線を生成する 3 番目の基線がある．

　TDOA と同様に，EEP および CEP は，等周波数線の「幅」，すなわち，システム内の各種誤差源によって生ずる等時線の位置の不正確性から計算することができる．各受信サイトで受信された周波数は，極めて正確な局地時間と対照して測定されるので，FDOA システムの位置決定精度は一般に数十メートルとなる．

7.6.2.2　移動送信機に対する FDOA 法

　（移動中の受信機を用いた）移動中の送信機の FDOA 位置決定に付随する深刻な問題がある．ここで測定される周波数差は，正確にわかっている 2 台の受信機の速度ベクトルによって生ずるドップラ偏移に由来している．送信機も移動している場合は，移動する受信機に由来する偏移と同程度のドップラ偏移をもたらす

が，送信機の速度ベクトルはわからない．これが電波源位置決定の計算にもう一つの変数を持ち込むことになる．この変数は数学的に解決できるが，必要な計算量（つまり，コンピュータに要求される計算能力と時間）は格段に上がる．それゆえ，一般に FDOA は，移動中の航空機搭載受信機で固定の，あるいは極めてゆっくり移動する送信機の位置決定を行う場合に限って適切であると見なされている．

7.6.3 FDOA と TDOA の併用

周波数と時刻の測定はともに極めて正確な周波数基準を必要とするので，同じ2台の受信機で両方の機能を果たすことは当然である．これは多くの精密位置決定システムで行われている．2台の受信機による1本の基線に対して計算された（TDOA による）1組の等時線と（FDOA による）1組の等周波数線について，図 7.39 で考えてみよう．送信機の位置が等時線と等周波数線の交点にあることに気づくだろう．このようにすると，2台の受信機で形成される1本の基線によって，正確な電波源位置が確定するのである．

実際には，位置決定システムは一般に3台以上のプラットフォームを使用するので，TDOA または FDOA の単独使用，さらに TDOA と FDOA の併用によって，多くの解が計算されることがある．この解の多重度が，広範な運用条件において最も正確な計算結果を与えることになる．

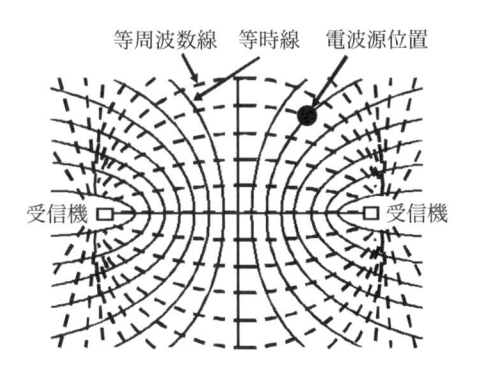

図 7.39　2 か所の受信サイトで TDOA および FDOA の双方を用いた電波源位置決定

7.7 電波源位置決定——誤差配分

電波源位置決定システムの最も重要な価値尺度に，位置決定精度がある．システムの仕様において誤差の原因となるすべての要因をすべて計上することが必要である．これは誤差配分（error budget；誤差割り当て）と呼ばれる．複数の電波源位置決定技法の種類に共通する要因もあるが，多くの要因は技法ごとに異なる．

7.7.1 誤差要因の組み合わせ

多様な電波源位置決定誤差の発生源が存在しており，それらにはランダムなものと一定のものがある．一般に，誤差の発生源がランダムで，かつ相互に独立している場合，それらは統計的に組み合わされる．その総合誤差は次式に示すように，誤差要素の2乗和の平方根で表される．

$$総合\,\text{RMS}\,誤差 = \sqrt{誤差_1^2 + 誤差_2^2 + 誤差_3^2 + \cdots + 誤差_n^2}$$

ここでは，独立かつランダムな誤差発生源が n 個あるとしている．

一方，誤差発生源がランダムでない場合には，それらはそのまま合計されなければならない．

システム誤差を極めて正確かつ完全に測定できる場所，例えば計測機器を備えた試験場では，すべての位置測定値や電波到来方向測定値を統計的な平均誤差の分だけ相殺することが実際的である．そうすると，システムのRMS誤差は実測の誤差データの標準偏差に等しくなるであろう．ここで留意すべきなのは，これは著しい位置誤差がないことを前提にしており，むしろ，誤差の主たる発生源はプラットフォームに関連しているということである．機体からの反射が大きなAOA誤差の原因になることがある一方で，マルチパス反射源はその測定システムから離れているので，航空機プラットフォーム搭載のDOAシステムはたいていこの特徴を有している．

7.7.1.1 AOA誤差に及ぼす反射の影響

目標電波源からAOA方探サイトに至る伝搬経路近傍に位置する反射体は，マルチパスを発生させることで誤差を引き起こす．AOA方探サイトは，そのアン

テナに到来する直接波成分とすべてのマルチパス成分とのベクトル和を比較する．図 7.40 に示すように，目標電波源近傍の反射体は，（航空機搭載システムではよくある）比較的小さい誤差をもたらす，相対的に小さいオフセット角で到来するマルチパス信号（multipath signal）を引き起こす．一方，AOA 方探サイト近傍にある反射体は，相対的に大きい角度で到来する可能性のあるマルチパス信号を引き起こす．これらの反射は，比較的大きい誤差をもたらす．地上設置 AOA システムは，至近距離にある地形から深刻な影響を受ける．また一方，すべての AOA システムは，搭載（航空または地上）ビークルによる大きなマルチパス誤差（multipath error）を有する．信号の入射角と対比して近い，あるいは反対の面からの反射は，最も深刻な誤差をもたらす．したがって，電波源位置決定システムは，周囲にできるだけ障害物がない位置に設置することが望ましい．

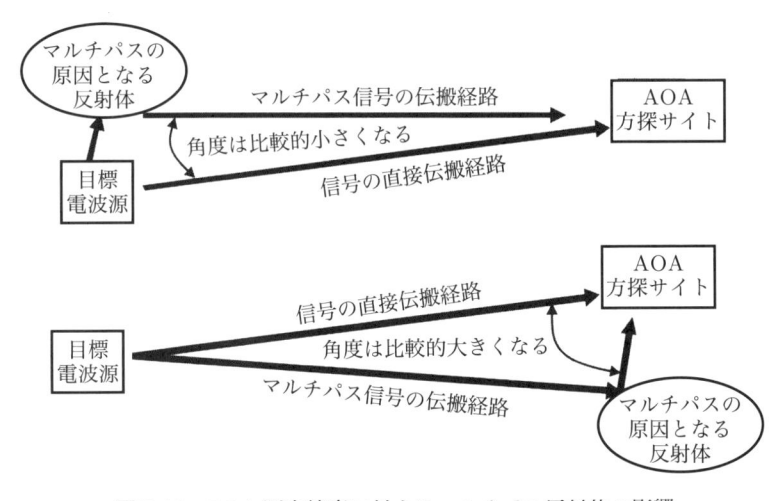

図 7.40　DOA 測定精度に対するマルチパス反射体の影響

7.7.1.2　信号対雑音比に関係がある誤差

システムに対して，強力な信号を受信することについての位置決定精度の仕様を定めることは，一般的なことである．しかしながら，そのシステムは概してそれより非常に弱い信号にも対処しなければならない．方探システムの感度の仕様を定める一つの方法は，受信信号強度に応じた一連（通常 5〜10）の測定値を利

用することである．強力な信号に対しては，すべての AOA 測定値は非常に近い（通常はまったく同じ）値となる．そこで，信号強度が低下するにつれて，低下した SN 比は AOA 測定値の変動を引き起こす．そのシステム感度はしばしば，これらの測定値の標準偏差が 1° に等しくなる受信信号強度として提示される．任意に指定した SN 比によって引き起こされる RMS 角度誤差成分を計算することも可能である．

7.7.1.3　較正誤差

高精度な測定を実現するあらゆる AOA システムは，アンテナの実装配置や処理に起因する固定誤差（fixed error）の影響を除去するために較正（校正）される．この較正には，何がしかの正確な距離において AOA を測定すること，および，較正中の測定誤差を除去するため，より最近の運用で測定されたデータを補正することが含まれる．較正データの精度は，さらなる角度誤差の発生源である．

7.8　スペクトル拡散電波源の位置決定

前述したように，LPI 通信技法には送信スペクトルの拡散を伴うので，スペクトル拡散技法とも呼ばれている．一般に，本章に記述する電波源位置決定アプローチは，いずれもスペクトル拡散送信機の位置決定に使用することができる．しかしながら，三つのスペクトル拡散技法のそれぞれに特有の考慮事項がいくつかある．精密電波源位置決定技法のある状況が，その技法のスペクトル拡散信号への適用を非常に困難にしている．

どのような場合でも，電波源位置決定に用いられる 1 台または複数台の受信機は，目標信号を探知して受信できなければならない．第 6 章で述べた LPI 捜索技法と同様に，LPI 電波源位置決定は傍受配置に強く影響される．障害のない見通し線や短距離回線は，高 SN 比の強力な受信信号をもたらす．推奨されている技法の一部は，高い受信 SN 比になって初めて機能することを後に示す．

本節では，周波数ホッピング，チャープ，および DS スペクトル拡散の各電波源の位置決定のための技法について記述する．

7.8.1 周波数ホッパの位置決定

2.4.2項で述べたように，周波数ホッピング信号は，その送信信号のすべてが単一の情報帯域幅内にセットされるが，数ミリ秒ごとに別の送信周波数に擬似ランダムにホップする（図7.41参照）．ホップ周期とは，信号が一つの周波数に留まっている時間のことである．

周波数ホッパは，数ミリ秒の期間は一つの周波数に全放射電力をセットするので，スペクトル拡散送信機の位置決定は最も容易である．その課題は，送信機が別の周波数にホップする前に周波数を測定することにある．

この問題に対してよく使用される二つのアプローチがある．多くの中程度の価格のシステムで用いられるアプローチは，簡単な掃引受信機/方向探知機を用いて，送信中に遭遇したいかなる信号も数ホップでその電波到来方向を決定する方法である．二つ目は，高速デジタル受信機/方向探知機を使って，各ホップ期間中に電波到来方向を決定するやり方である．

特殊状況では期待できるかもしれないその他のアプローチについても，7.8.1.3項以降で説明する．

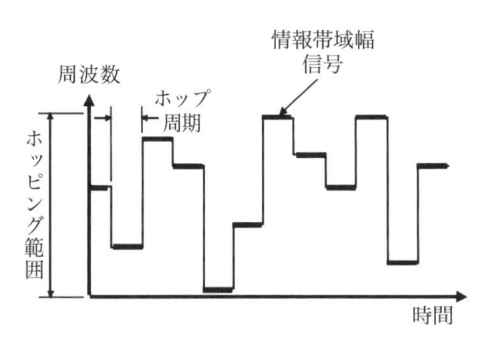

図7.41　周波数ホッピング信号

7.8.1.1　掃引受信機によるアプローチ

この技法では，各方探サイトが，図7.42に示す全般ブロック図にある方探システムを保有している．通常この受信機は，高速で掃引し，ステップごとに信号の存在の有無を判定するのに足りる時間だけ一時停止する．ある周波数に信号電力があれば，受信機はその信号のDFの実行に必要な時間，停止する．一般的にこ

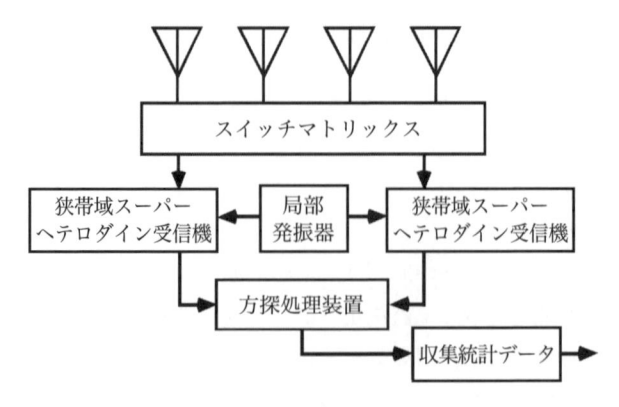

図 7.42　周波数掃引ホッパ型方探システム

の種の方探システムは，ホップのうち適度な割合しか捕捉しないが，測定できるたびに電波到来方向を記録する．このシステムは，単一到来角での DF 測定値をある程度収集した後，その方向に周波数ホッピング送信機があることを報告する．

データはコンピュータのファイルに収集され，図 7.43 に示すような到来電波入射角（AOA）対周波数表示上で，オペレータに提示される場合もある．ディスプレイ上の各点は受信信号を表している．周波数は異なるが，同一角度にいくつか傍受点があることに注意しよう．これが周波数ホッパの特徴である．1 回の（一般にわずか数秒で特定される）信号送信の間に同じ到来電波入射角のヒットが，ある回数探知されると，周波数ホッパの電波到来方向（DOA）が報告される．三角測量で送信機を位置決定できるように，同様の作業が 2 番目（と，なる

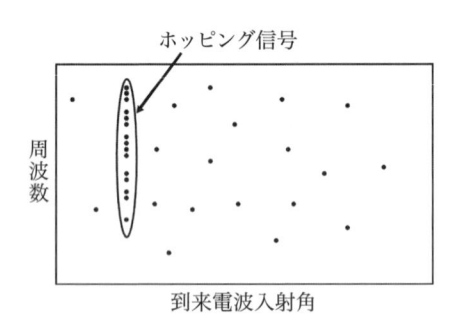

図 7.43　到来電波入射角対周波数表示

べくなら3番目）の方探サイトで繰り返される．多数の方探サイトを持つシステムでは，図7.44に示すように，オペレータに対して信号位置と対比して周波数を表示することができる．

第2章で論じたように，戦術環境における通信信号の密度は，極めて高くなることがある．これが三角測量の問題を複雑にする．図7.45に示すように，二つのホッピング電波源が二つの方探システムで測定されるという，極めて単純な環境を考察してみよう．この簡単な事例でも4か所の電波源位置の可能性があり，実際はさらに悪い状況になることがわかる．

最も頻繁に適用される解決法は，二つのシステムを一緒の掃引ステップにすることである．それぞれの周波数ホッパは，任意のステップにおいてそのホップ範囲内のどの周波数にも存在しうるが，2台の受信機が一緒の動作に固定されると，それらは常に同一の周波数を見ることになるので，同一ホップの同一電波源を捕捉することになる．

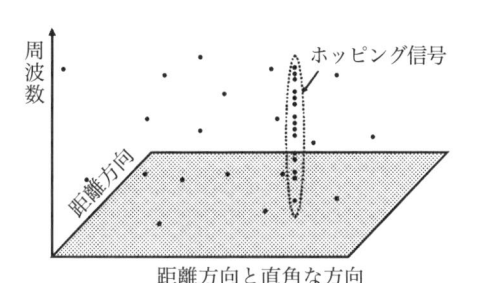

図 7.44　電波源位置対周波数表示

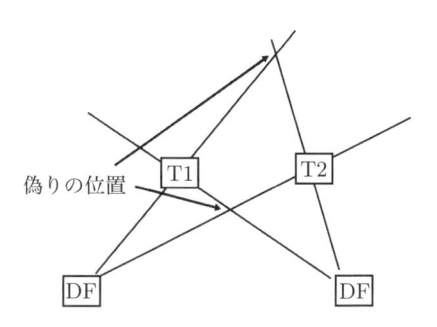

図 7.45　複数の周波数ホッパの位置決定におけるアンビギュイティ

7.8.1.2　高速フーリエ変換

デジタル受信機を用いたホップ周波数の測定については 4.3.2 項で説明し，電波源の位置を知ることの主な重要性については第 6 章で触れた．ここでは，デジタル受信機を使用した周波数ホッパの位置決定について説明する．

ここで説明するデジタル受信機システムは，図 7.46 に示すようなものである．これは，7.5.1 項で説明したインターフェロメータの原理を用いて信号の到来方向を測定するものである．インターフェロメータでは，基線を形成する二つのアンテナの信号位相を同時に測定する必要がある．地上設置型のインターフェロメータにおける一般的なやり方では，図 7.25 に示したような，正方形のアレイに 4 本のダイポールアンテナを配置する．これらの 4 本のアンテナは，図 7.26 のように 6 本の基線を形成する．アンテナのペアはそれぞれ，二つの受信機チャンネルに順次切り替えて入力され，通常，2 回目は二つのアンテナ出力が逆になって入力される．その結果，電波到来方向を計算するたびに 12 回の位相比較（phase comparison）が行われる．

IF 帯域幅 20MHz に対して 1,000 点の FFT 計算を行う場合，1,000 サンプルを収集しなければならない．位相情報を保存するには，I&Q デジタル化処理を用いなければならない．図 7.47 に示すように，このアプローチにおける I&Q デジタル化処理には，インターフェロメータ基線を形成する二つのアンテナのそれぞれに 2 台並列のデジタイザが必要になる．I&Q には 1/4 波長の間隔があるので，

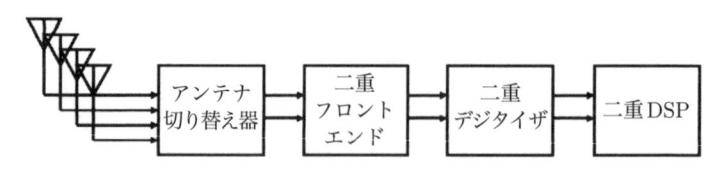

図 7.46　デジタル受信機を用いた方探装置

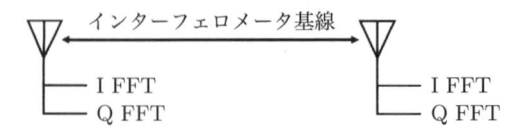

図 7.47　位相偏差データ収集のためのデジタル化

（並列デジタイザを用いた）測定ごとに 2 サンプル，すなわち，IF 帯域幅当たり 2,000 サンプルを得る．2,000 点の FFT によって，この帯域幅の 1,000 チャンネルを解析することができる．したがって，I&Q のそれぞれ 1,000 サンプルによって，20MHz の IF 帯域幅全域のどの 20kHz 幅の周波数増分内にも存在するどのような信号の位相も保存される．3 回の同調ステップで，VHF 帯の Jaguar V FH 送信機の 30〜88MHz のホッピング範囲（よりやや広め）が完全にカバーされる．

4.3.2 項で述べたように，サンプリング速度 40M サンプル/秒（つまり，1 サンプル当たり 25nsec）を仮定する．したがって，$25\mu sec$ で 1,000 個の I&Q サンプルを収集する．3 回の同調ステップには，合計 $75\mu sec$ が必要である．これは，$75\mu sec$ 内に 20kHz の周波数分解能で，どの受信信号の位相もホッピング範囲全域をデジタル化したことを意味している．これは Jaguar V が 25kHz のチャンネル間隔であることから許容できるチャンネル化である．

12 組のサンプル（基線当たり 2）を得るので，合計の位相データ収集時間は，次のようになる．

$$12 \times 75\mu sec = 900 \ [\mu sec]$$

6.4.2 項で説明したように，サンプリングを極めて迅速に行うので，信号が占有するチャンネルはホッピングチャンネル数の 10% になると見なすべきである．（58MHz/25kHz から）2,320 の信号チャンネルが存在しうる．10% が占有されると，232 の信号が存在することになる．

ここで，データ群中に存在すると考えられる 232 の信号に対して，電波到来方向の計算を実施しなければならない．1 回の電波到来角測定の処理に 100 DSP (digital signal processing; デジタル信号処理) サイクルを要すると仮定する．これは，著者の経験に基づく見積もりである．DF 計算当たり 100 DSP サイクルで，かつ信号当たり（基線当たり 2 回で）12 回の計算では，278,400 DSP サイクルを要する．600 MFLOP/sec DSP を使用すると，電波到来方向測定の一切には，

$$\text{DF 時間} = \frac{278,400 \text{FLOPS}}{600 \text{MFLOPS/sec}} = 464 \ [\mu sec]$$

を要する．

このDF時間を位相データ収集に要する900μsecに加えると，このデジタル受信機は，58MHzの周波数範囲内に存在するすべての信号の到来方向を1.364msecで測定できることがわかる．協同するこれらの受信機システム一組で，すべての信号の位置を決定できることになる．ホッパは，その多数の周波数が単一位置にあることによって識別される．敵のホッピング送信機の位置が決定されると，その位置に関連した周波数に対して追随妨害装置 (follower jammer) が割り当てられ，それによって，敵の信号のどのホップもことごとく妨害することができる．しかしながら，敵の信号は送信機の位置でしか識別することができない．味方の周波数ホッパや多数の固定周波数送信機も同じ周波数範囲を使用している．したがって，存在する各信号の周波数と到来方向をホップ期間のわずかな部分で見つけ出さなければならない．もっと良い方法は，協同する2か所のDOAシステムを使用して各送信機の位置を決定することである．いったん敵の周波数ホッピング送信機の位置が判明すると，その位置から到来する信号の周波数に妨害装置を同調させることによって，周波数ホッパのどのホップもすべて妨害できることになる．

7.8.1.3　専用受信機を用いる方法

これらのアプローチは魅力的ではあるが，実用上の配慮から，特殊な環境に対する有用性が制限されている．

7.8.1.4　チャネライズド受信機

6.6.1.2項で述べたように，各ホップ周波数にチャンネルを有するチャネライズド受信機は，周波数ホッピング信号の存在を探知することができる．この受信機は，各チャンネルの出力部のエネルギー探知によって，ホップ滞留時間 (hop dwell time) のわずかな部分で信号周波数を迅速に測定できる．その後，狭帯域方探システムをホップ周波数に同調させて，到来電波入射角を決定することができる．このアプローチは，ホップ周波数があまり多くなく，信号環境の密度があまり高くない場合には，実用的かもしれない．

高密度環境中には多くの非ホッピング信号が存在することを予測できるので，このアプローチでは，どのチャンネルで見つかった信号の電波到来方向もすべて測定する必要がある．その前の各DOA測定値との相関によって，所望の目標信号の位置を分離することができるかもしれない．

7.8.1.5　コンプレッシブ受信機

　コンプレッシブ（圧縮）受信機は，その検波前帯域幅内に存在する各信号の周波数を迅速に測定する．この周波数は，新しい各ホップの周波数に狭帯域方探システムを同調させるのに使用できるデジタル信号として出力される．図7.48は，このようなシステムを一般化したブロック図であり，周波数を測定するために，このシステムは，チャネライズドあるいはコンプレッシブ受信機のいずれかを使用することができる．

　方探システムの一部として2チャンネルのコンプレッシブ受信機を使用する実験システムは，少なくとも一つ開発されたが，高密度環境で多数の非ホッピング信号と周波数ホッピング信号とを選別することが困難であるため，その実験は中止されてしまった．

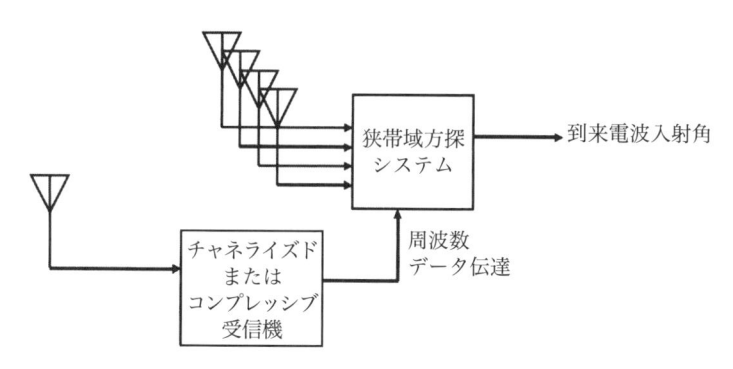

図7.48　広帯域周波数測定受信機の指示で動作を開始する狭帯域方探システム

7.8.2　チャープ電波源

　チャープ信号が探知できれば，前に説明したほとんどの方探技法を送信機の位置決定に使用することができる．一般に，選択された技法を実装するためには，到来電波入射角を測定するのに十分なだけ，搬送波信号の間欠受信が得られなければならない．したがって，信号が複数のアンテナで同時に受信される技法が最適と思われる．これは，ワトソン-ワット方探システムでうまく実現されている．

7.8.3 DSスペクトル拡散電波源

DSSS送信機の位置決定には，その信号を探知できる受信機が必要である．多数アンテナを使用した振幅比較法（amplitude comparison approach）が最適であると思われる．概してDS送信機の位置決定は，強力な信号が受信されればかなり容易であり，微弱信号に対しては極めて複雑になる．

8.3.3項では，短拡散符号のDSSS信号の性質について説明する．そのような信号では，狭帯域受信機内の1本のスペクトル線を受信することが実際に役に立つかもしれない．そうだとしたら，前に説明したDF技法はどれでも役に立つことになる．

DSSS信号がより長い拡散符号を持つ場合，探知アプローチとしては，エネルギー探知しか役立たないかもしれない．図7.49に示すような別個のアンテナを持つ2台のエネルギー探知受信機によって，広角の瞬時DFが可能になるであろう．図7.50のような狭ビーム指向性アンテナの出力部に単一のエネルギー探知受信機を使用すると，DSSS信号のような「雑音状」信号の到来電波入射角を測

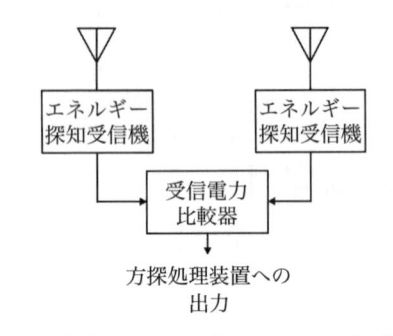

図7.49 複数アンテナを備えたエネルギー探知器

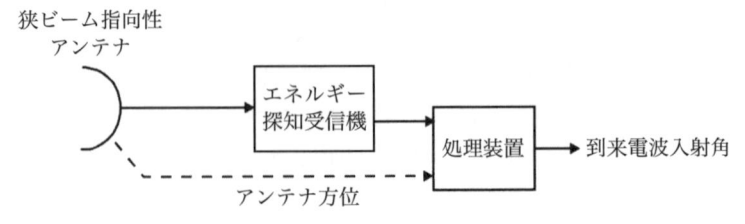

図7.50 狭ビーム指向性アンテナを備えたエネルギー探知器

定することができる．このような二つのシステムは，電波源位置の三角測量を実行できる．

7.8.3.1　チップ検波器を用いた位置決定

チップ（信号の拡散に使用されるデジタルビット）は，ソフトウェアにタップ付き遅延線を組み込むことで，信号の存在を探知可能にする十分予測可能な遷移時間を必ず持っている．アンテナにそれぞれ接続された2台のチップ検波器で，電波到来方向を測定できるかもしれない．このようなシステムを二つ使うことで，電波源位置を三角測量することができる．

7.8.4　LPI電波源に対する精密電波源位置決定技法

精密電波源位置決定技法を用いたスペクトル拡散電波源の位置決定は，通信用信号がAM，FM，位相変調などの連続変調を用いていること，さらにそれによってホップ時間よりはるかに長い相関時間を必要としていることから，困難だがやりがいがある．チャープやDSSS信号の擬似ランダム性のパラメータもまた相関処理の実現を極めて困難にしている．この重要な問題は，いくつかの現今の博士号取得のためのテーマとなっている．

第8章

通信信号の傍受

　一般に通信信号の傍受とは，信号が伝達する情報を解読するために，敵の受信機あるいはそれと同等の手段でその信号を受信，復調する行為と考えられている[1]．傍受は，通信情報（communications intelligence; COMINT）とも呼ばれている．また一方，一般に通信 ESM（electronic support measures; 電子支援対策）とは，例えば周波数，電波源位置，変調など，信号の外観を相手にすることである．これは敵の編成や，できれば企図（intention）を判断できる電子戦力組成（EOB）の解明といった電子戦活動に大いに役立つ．多くの通信信号は暗号化されているので，内部の情報を解読することは現実的でないかもしれない．したがって，傍受の価値は信号の外面の再生や利用に限定される可能性がある．

　本章では，主として敵の各種通信信号の受信および復調の技術的側面を扱う．いかなる場合でも，敵の信号の送信機から傍受受信機への伝搬は，第 5 章で説明した一つ以上の伝搬モードに従う．傍受受信機の感度は，4.4 節で明らかにした技法によって決まる．本章で説明する技法によって，傍受のための実効距離（effective range）を回線パラメータの関数として求めることができるようになる．

　第 6 章では，対象信号の捜索を取り上げた．捜索システムに受信機が 1 台しかない場合，その受信機は対象信号が識別された後，傍受機能を果たす．捜索・監視受信機を備えたシステムでは，本章で説明されているように，傍受機能が割り当てられた監視受信機によって実行される．

　本章ではさらに，LPI 通信信号で伝達される情報の再生についても説明する．

---

[1]. 通信信号は，受信権限を持つ受信機による受信を意図して送信される．通信信号の傍受とは，敵対組織が運用する，受信権限のない受信機を用いた，その信号の受信，復調とも言える．

8.1　傍受回線

図 8.1 に一般的な傍受回線を示す．傍受受信機における受信電力は，次式で与えられる．

$$P_R = P_T + G_T - L + G_R$$

ここで，

　　P_R：傍受アンテナから傍受受信機への入力信号強度〔dBm〕
　　P_T：送信機の出力電力〔dBm〕
　　G_T：傍受受信機方向の送信アンテナ利得〔dB〕
　　L：送信機から傍受受信機までの妥当な伝搬モードを用いた伝搬損失〔dB〕
　　G_R：送信機方向の傍受システムの受信アンテナ利得〔dB〕

である．

　送信アンテナ利得は，所望受信機の方向と傍受受信機の方向によっては同一とならないかもしれないことに注意しよう．受信電力が傍受受信機のシステム感度（system sensitivity; 総合感度）より大きい場合，傍受可能である．理想的には，傍受受信機の帯域幅は，被傍受信号の変調に整合させる必要がある．これによって最高感度，ひいては最大傍受距離が得られる．

　傍受を遂行しうる最大距離を確定するには，受信電力を傍受受信システムの感度に等しいとした後，伝搬損失の距離成分について解く．これを以下のいくつかの例で説明する．

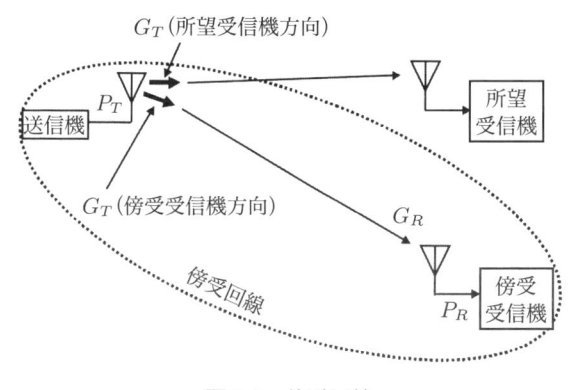

図 8.1　傍受回線

8.1.1 指向送信の傍受

図 8.2 に示す状況は，敵の受信機によるデータリンクの傍受を示している．送信機は所望受信機の方向を向いた指向性アンテナを有し，敵の受信機は送信アンテナパターンの主ローブ (main lobe) 中にはいない．送信機と受信機はともに高い地形上に設置されているので，局所地形からの顕著な反射を受けていない．このことは，伝搬損失が，5.4 節で説明した見通し線モデルから決定されることを意味している．

傍受受信機における受信電力は，送信機電力，傍受受信機方向の送信アンテナ利得による増加，伝搬損失による減少，および送信機方向の受信アンテナ利得によって増大した電力となる．したがって，その受信電力は次式で計算される．

$$P_R = P_T + G_T - (32.4 + 20\log(d) + 20\log(f)) + G_R$$

ここで，

- P_R：受信電力〔dBm〕
- P_T：送信機電力〔dBm〕
- G_T：(受信機方向の) 送信アンテナ利得〔dBi〕
- G_R：(送信機方向の) 受信アンテナ利得〔dBi〕
- d：回線距離〔km〕
- f：送信周波数〔MHz〕

である．

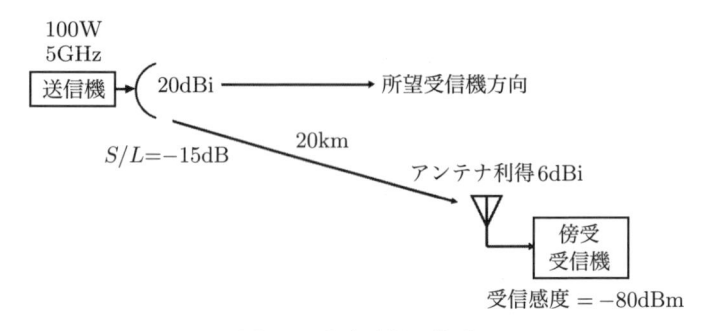

図 8.2 指向送信の傍受

回線の送信機は送信アンテナに，周波数 5GHz で 100W（50dBm）を出力する．送信アンテナはボアサイト利得が 20dBi であり，受信機は 20km 離れて，−15dB のサイドローブ内（すなわち，主ビームのピークより 15dB 利得が低い）に設置されている．したがって，傍受回線方向の送信アンテナ利得は 5dBi となる．受信アンテナは送信機の方向を向いており，利得 6dBi を持つ．傍受受信機の受信電力は，次のように計算される．

$$P_R = +50\text{dBm} + 5\text{dBi} - ((32.4 + 26 + 74)\text{dB}) + 6\text{dBi} = -71.4 \,[\text{dBm}]$$

受信感度が −80dBm であるので，この信号は 8.6dBm のマージンで首尾良く傍受される．傍受を達成しうる最大距離を決定するには，受信電力を感度と等しいとして，次式により伝搬損失の距離成分について解く．すなわち，

$$20 \log(d) = P_T + G_T - 32.4 - 20 \log(f) + G_R - S$$

である．ここで，S は受信システム感度を表す．図 8.2 の値を代入すると，

$$20 \log(d) = 50 + 5 - 32.4 - 74 + 6 - (-80) = 34.6$$

が得られる．

そこで，最大傍受距離は，

$$d = \text{antilog}\left(\frac{20 \log(d)}{20}\right) = \text{antilog}(1.73) = 53.7 \,[\text{km}]$$

となる．

8.1.2 無指向送信の傍受

図 8.3 に示す傍受の状況においては，送信機と受信機はともに地面に近く，また広角度覆域アンテナを持っていることから，見通し線あるいは平面大地（2 波）伝搬のいずれかに従う．相応する伝搬モードは，5.6 節のフレネルゾーン距離計算式で判定できる．すなわち，

$$\text{FZ} = \frac{h_t h_r f}{24{,}000}$$

である．ここで，

FZ：フレネルゾーン距離〔km〕

第 8 章 通信信号の傍受

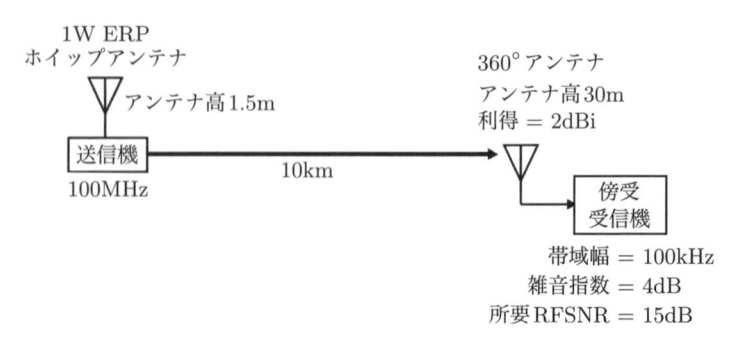

```
1W ERP
ホイップアンテナ                    360°アンテナ
      ▽ アンテナ高 1.5m           アンテナ高 30m
  ┌─────┐                         利得 = 2dBi
  │ 送信機 │ ──── 10km ────→ ▽
  └─────┘                         ┌─────┐
   100MHz                          │ 傍受 │
                                   │受信機│
                                   └─────┘
                              帯域幅 = 100kHz
                              雑音指数 = 4dB
                              所要 RFSNR = 15dB
```

図 8.3　無指向送信の傍受

h_t：送信アンテナ高 〔m〕
h_r：受信アンテナ高 〔m〕
f：送信周波数 〔MHz〕

である．

送信機から受信機までの経路長がフレネルゾーン距離より短い場合は，見通し線伝搬が適用される．経路長がフレネルゾーン距離より長い場合は，平面大地伝搬が適用される．

ここでの目標電波源は，地上高 1.5m のホイップアンテナを持つ携帯型プッシュ・トゥ・トーク（push-to-talk）方式である．ホイップアンテナの実効高は，ホイップの基部の高さであることに注意しよう．受信アンテナ利得は 2dBi とする．目標電波源の実効放射電力は，周波数 100MHz で 1W（30dBm）とする．このフレネルゾーン距離は，

$$\frac{1.5 \times 30 \times 100}{24{,}000} = 188 \ \text{〔m〕}$$

となる．

フレネルゾーン距離は，経路長 10km よりはるかに短いので，平面大地伝搬が当てはまる．

5.5 節の公式から，伝搬損失は，

$$120 + 40\log(d) - 20\log(h_t) - 20\log(h_r)$$

である．

したがって，傍受受信機位置における受信電力は，次のとおり計算される．

$$P_R = \text{ERP} - (120 + 40\log(d) - 20\log(h_t) - 20\log(h_r)) + G_R$$

図 8.3 の値を代入すると，

$$P_R = 30\text{dBm} - (120 + 40 - 3.5 - 29.5)\text{dB} + 2\text{dBi} = -95\,[\text{dBm}]$$

が得られる．この信号が首尾良く傍受されるかどうかを判定するには，4.4 節で示された技法を用いて受信感度を計算する必要がある．すなわち，

$$S = \text{kTB} + \text{NF} + \text{所要 RFSNR}$$

であり，ここで，

S：受信感度〔dBm〕
NF：受信機の雑音指数〔dB〕
所要 RFSNR：所要検波前信号対雑音比〔dB〕

である．

感度は，受信機が受信でき，なおかつその機能を果たせる最小の信号強度であることを思い出そう．

$$\text{kTB} = -114\text{dBm} + 10\log\left(\frac{\text{帯域幅}}{1\text{MHz}}\right) = -124\,[\text{dBm}]$$

受信システム雑音指数を 4dB とし，所要 RFSNR を 15dB とすると，受信感度は，

$$S = -124 + 4 + 15 = -105\,[\text{dBm}]$$

となる．

信号は受信システムの感度レベルより 10dB 高いレベルで受信されているので，この傍受受信機は 10dB の性能余裕を達成している．

最大傍受距離は，次式で決定される．

$$40\log(d) = \text{ERP} - 120 + 20\log(h_t) + 20\log(h_r) + G_R - S$$

図 8.3 の値と上記の感度を代入して，

$$40\log(d) = 30 - 120 + 3.5 + 29.5 + 2 - (-105) = 50$$

が得られる．そこで，最大傍受距離は次式から

$$d = \mathrm{antilog}\left(\frac{40\log(d)}{40}\right) = \mathrm{antilog}(1.25) = 17.8 \,\mathrm{[km]}$$

となる．

8.1.3　航空機搭載傍受システム

図 8.4 の傍受システムは，敵の送信機から 50km にある局所地形上高度 1,000m のヘリコプタに搭載されている．目標電波源は，400MHz において ERP 1W で送信している携帯型送信機である．ホイップアンテナ基部は地上高 1.5m にある．

まず，前出の計算式を用いて，傍受回線のフレネルゾーン距離を計算する必要がある．すなわち，

$$\mathrm{FZ} = \frac{h_t h_r f}{24{,}000} = \frac{1.5 \times 1{,}000 \times 400}{24{,}000} = 25 \,\mathrm{[km]}$$

となる．

伝送路長がフレネルゾーン距離より長いので，平面大地伝搬が存在する．そこで，

$$P_R = \mathrm{ERP} - (120 + 40\log(d) - 20\log(h_t) - 20\log(h_r)) + G_R$$

から，傍受信号の受信強度は，

$$P_R = 30\mathrm{dBm} - (120 + 68 - 3.5 - 60)\mathrm{dB} + 2\mathrm{dBi} = -92.5 \,\mathrm{[dBm]}$$

となる．

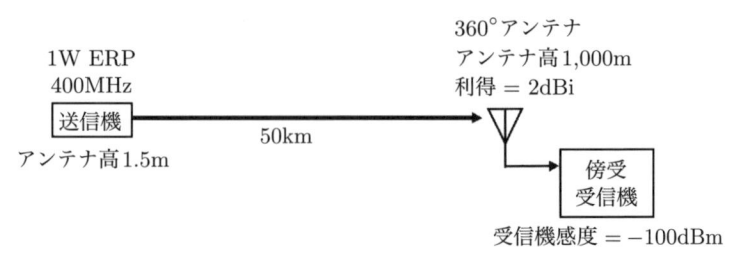

図 8.4　航空機搭載受信機による地上伝送の傍受

感度が -100 dBm であるので，7.5dB のマージンのために，この傍受は成功する．

そこで，最大傍受距離は次式から決まる．

$$40\log(d) = \text{ERP} - 120 + 20\log(h_t) + 20\log(h_r) + G_R - S$$

図 8.4 の値と上記の感度を代入して，

$$40\log(d) = 30 - 120 + 3.5 + 60 + 2 - (-100) = 75.5$$

が得られる．そこで，最大傍受距離は次式から，

$$d = \text{antilog}\left(\frac{40\log(d)}{40}\right) = \text{antilog}(1.89) = 77.2 \,[\text{km}]$$

となる．

8.1.4 見通し線外における傍受

図 8.5 に，電波源から 11km にある稜線を越えて行う戦術通信電波源の傍受について示す．この問題においては，送信機から傍受受信機方向の回線距離を 31km，送信アンテナ高を 1.5m，傍受用アンテナ高を 30m とする．送信信号の ERP は 150MHz で 1W とし，また，受信アンテナ利得 (G_R) を 12dBi とする．

5.7 節で述べたように，回線損失には，(地形障害を無視した) 自由空間損失に，ナイフエッジ回折 (KED) による損失因子が加わる．稜線が (平面大地と仮定すれば) 局所地面より上に 210m そびえているとすると，稜線は二つのアンテナ間の見通し線より 200m 上方にあることになる．

5.4 節の式を用いると，見通し線 (LOS) 損失は，

$$32.4 + 20\log D + 20\log f$$

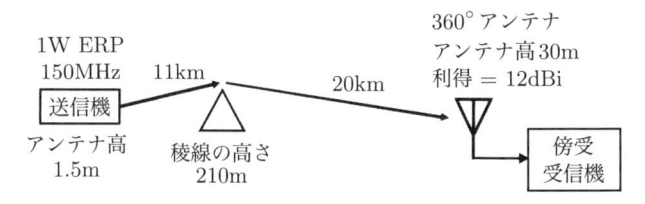

図 8.5 見通し線外地上伝送の傍受

となる.

ここで全回線距離に大文字の D を用いているのは，KED 損失判定に使用される小文字の d との混同を避けるためである．図 8.5 の値を代入すると，

$$\text{自由空間損失} = 32.4 + 20\log(31) + 20\log(150) = 32.4 + 29.8 + 43.5$$
$$= 105.7 \,[\text{dB}]$$

となる．

KED 損失を決定するため（5.7 節で説明したように），まず次式から d を計算する．

$$d = \frac{\sqrt{2}}{1 + d_1/d_2} d_1$$

ここで，

d：KED 損失ノモグラフに使用する距離項
d_1：送信機から稜線までの距離
d_2：稜線から受信機までの距離

である．

この問題では，$d = (\sqrt{(2)}/1.55) \times 11 = 10\text{km}$ となるが，精度の低い KED 判定においては，単に $d = d_1$ としても差し支えないことを覚えておこう．

図 8.6 は，ナイフエッジ回折（KED）損失を計算するのに使用した 5.7 節のノモグラフである．ここでは，この問題の値（$d = 10\text{km}$, $H = 200\text{m}$, $f = 150\text{MHz}$）から，KED 損失が 20dB となることを示している．したがって，全回線損失は，

$$\text{全回線損失} = \text{自由空間損失} + \text{KED 損失} = 105.7\text{dB} + 20\text{dB} = 125.7 \,[\text{dB}]$$

となる．

そこで，傍受受信機の受信電力は，

$$P_R = \text{ERP} - \text{全回線損失} + G_R = 30\text{dBm} - 125.7\text{dB} + 12\text{dBi} = -83.7 \,[\text{dBm}]$$

となる．

最大傍受距離は，受信信号電力を傍受受信機感度に等しいとすることにより求められる．全許容損失から KED 損失（20dB）を除いて，LOS 損失がこの計算値

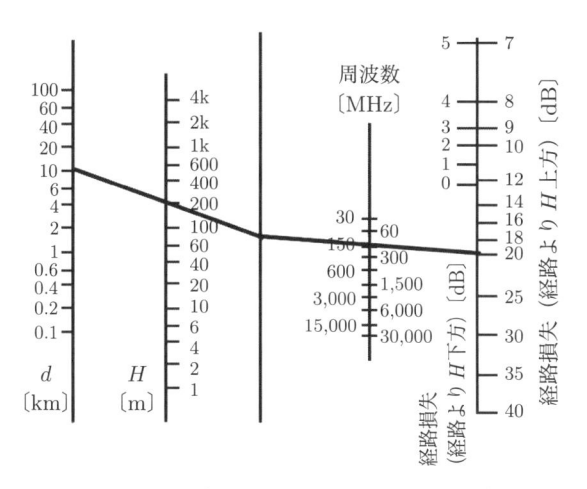

図 8.6　見通し線外傍受における KED ノモグラフ

になるとして距離を求める．しかしながら，稜線がこの処理を複雑にする．傍受受信機または目標送信機が稜線から（最大距離まで）遠くに移動すると，KED の位置関係が変化し，その結果，KED 損失も変化する．この新しい KED 損失値によって，許容最大 LOS 損失が変化することになり，最大距離を再計算する必要が生じる．これが再び KED 位置関係を変化させることになる．このプロセスはコンピュータを使うとかなり容易であり，それを数回繰り返すことで，最大距離を許容精度まで計算することができる．もちろん，受信機は送信機同様，できる限り稜線から遠くに置かなければならないという，5.7 節の KED の制約を承知しておく必要がある．この制約は，最大傍受距離の決定にあたっての要素になるかもしれない．

8.2　強力信号がある環境における微弱信号の傍受

多くの場合，通信傍受システムは強力信号の存在下で微弱信号を傍受できなければならない．したがって，そのシステムダイナミックレンジは，何よりも重要である．自動利得制御（AGC）は，最も強力な信号に対して受信機の動作を最適化するので，たとえ 100dB 以上の範囲にわたって信号を受信する必要があっても，傍受システムが AGC を持てないことは一種の普遍的規則になっている．理

想的には，傍受受信機の瞬時ダイナミックレンジは，すべての対象信号を処理するのに十分な広さであることが望まれる．それが実行不可能な場合，広範な（非瞬時の）ダイナミックレンジの拡張を可能にする切り替え式の利得制御（または，入力減衰）を用意することが適切かもしれない．

次の傍受システムを考えてみよう．

- 感度：-110 dBm
- 瞬時ダイナミックレンジ：80 dB

これは，このシステムが，-31 dBm の不要信号が存在する中で -110 dBm の信号を受信および復調できることを意味する．

8.3　LPI信号の傍受

LPI 信号の働きについては，2.4 節で詳細に説明した．本節では，その情報に基づいて，そのような信号からの変調の再生について議論しよう．

8.3.1　周波数ホッピング信号の傍受

周波数ホッピング信号は，数ミリ秒ごとに擬似ランダム的に選択された新しい周波数に変わることから，その情報を再生する唯一の実用的方法は，できる限り速やかにその新しい周波数に同調することである．例えば少数かつ短めのホッピングパターンを持つ民間システムのように，ホッピング符号が入手可能であれば，同調は容易であろう．その信号が現れるまで，考えられるパターンを試してみるだけでよい．しかしながら，秘匿された軍用システムでは，ホッピング符号は保護されており，長期間繰り返されることはない．したがって，ホップ期間の一部分で新しい周波数を特定するため，高速フーリエ変換（FFT）解析を行うデジタル受信機が必要となる．さらに，一つの信号に追随するためには，ホップごとに電波源位置を見つけ出さなければならない．それができれば，傍受受信機は，既知の目標送信機位置における信号の周波数に同調することができる．

第 6 章では，FFT 処理装置で周波数を見つける方法を説明した．第 7 章では，電波源の位置決定を説明した．これらの処理はどちらも時間がかかる．この時間

遅延の間にも脅威信号の情報は存続している．図 8.7 に示すようなシステムが利用できれば，その傍受チャンネルは，傍受受信機が目標信号の全体を受信できるほど十分に遅延される．デジタル高周波メモリ（DRFM）は，数ミリ秒の遅延が可能であることに注意しよう．

周波数ホッパが作動する周波数範囲は，干渉が激しいスペクトル範囲を避けるように調整することができる．敵の周波数ホッピング信号のアクティブチャンネル（active channel; 使用チャンネル）は，図 8.8 に示すようなスペクトル解析によって究明できる．

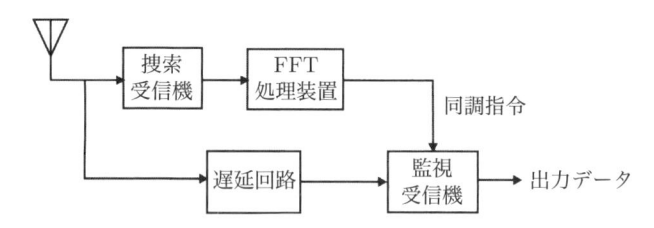

図 8.7　遅延チャンネルを備えた周波数ホッピング信号傍受システム

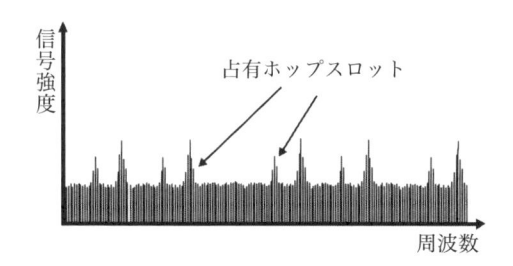

図 8.8　周波数ホッピング信号のスペクトル

8.3.2　チャープ信号の傍受

チャープ信号を傍受する（すなわち，その信号が伝達する情報を再生する）ためには，事実上，その信号の変調の連続出力を起こす必要がある．これを行う明白な方法は，チャープ送信機と同じ同調傾斜を持つ掃引受信機を準備し，何とかして受信機の掃引を信号の掃引に同期させることである．

同調傾斜パターンが，一連の搬送周波数の傍受から計算できれば，正確な受信機の同調曲線の生成は容易である．擬似ランダム掃引同期方式を解くことができ

れば，掃引から掃引までのタイミングを予測することができる．別のアプローチは，全チャープ範囲をデジタル化し，ソフトウェアで曲線の当てはめ（curve fitting）を行うことで，ある程度の処理遅延をもってその変調を再生する方法である．

どちらにしても，掃引傾斜の擬似ランダム的な選択，あるいは掃引同期を用いてチャープ信号の同調を再生することは，技術的には興味深いことである．図8.9に示すような遅延チャンネルが役に立つのであれば，捜索受信機の出力の解析によって，擬似ランダム掃引の同期遅延時間を決定したり，傍受信号に同期した（監視受信機のための）同調信号を生成したりすることを実行することができる．擬似ランダム掃引同期符号長が短ければ，この処理はかなり容易であるが，より長い符号に対しては，巨大なコンピュータの能力が必要になるだろう．

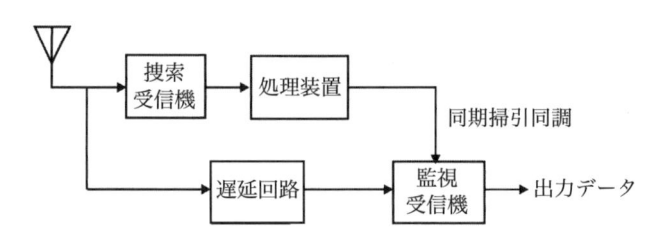

図8.9 遅延チャンネルを備えたチャープ傍受システム

8.3.3 DSスペクトル拡散信号の傍受

すべてのスペクトル拡散信号と同じく，DS信号は傍受すること（つまり，伝送された情報を再生すること）が難しい．拡散符号が既知であれば，それを適用して信号を逆拡散することができる．いくつかの公に知られた符号があれば，信号がその非拡散形式で出現するまで順次試すことが可能である．

8.3.3.1 秘匿化長拡散符号

秘匿化長拡散符号を使用したDSSS信号の傍受は極めて難しいが，傍受受信機が十分な受信信号強度を得られるほど送信機に近接している場合に役立つかもしれないやり方がある．

DS スペクトル拡散信号の一つの興味深い特徴は，拡散信号のスペクトル線のそれぞれが非拡散変調を持っているということである．図 8.10 に示すように，拡散信号のスペクトルは，搬送周波数から（Hz に換算された）チップレートの位置にヌルを持つ．スペクトルの主ローブ内に $2n$ 本（n は変調符号内のビット数）のはっきりと見える線がある．例えば，チップレートが 1Mbps で符号長が 31 の場合，32.258kHz ごとに区切られた 62 本のスペクトル線がある．図 8.11 は，個々の線上の変調を示している．スペクトル線が互いに変調が干渉しない程度に離れるほど符号が十分短い場合，受信機を 1 本の線に同調させることによって，その非拡散信号を再生することができる．これにはもちろん，受信機が 1 本の線を受信するのに十分な感度を持っていることが必要である．信号電力は各スペクトル線の間で拡散係数分の 1 に分割されることを覚えておこう．

別のアプローチは，解析により拡散符号を見つけ出して逆拡散器を考案することである．チップレートは，図 8.12 に示すように拡散信号のスペクトルから

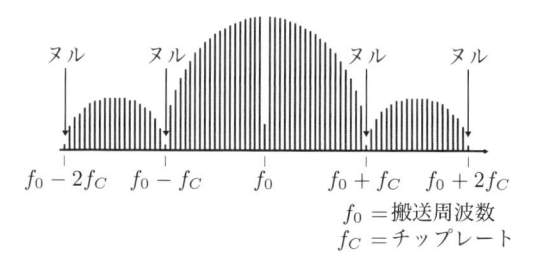

図 8.10　スペクトル線で表した DSSS 信号のスペクトル

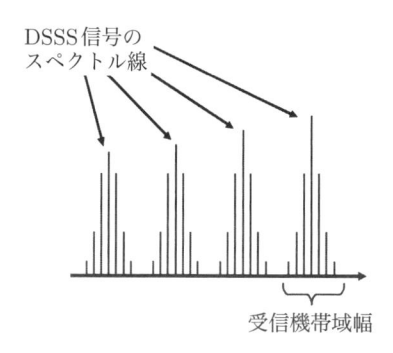

図 8.11　変調を伴った DSSS 信号のスペクトル線

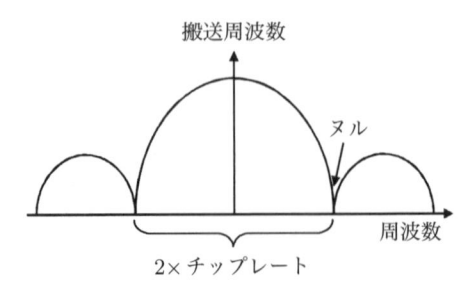

図8.12 DSSS信号のスペクトル

究明することができる．RF変調は，オシロスコープの波形を見ることによって判定できる．これは一般に，より低いIF周波数において，言えるであろう．図8.13は，デジタルRF変調のオシロスコープ表示例である．図の変調は，2位相偏移変調（BPSK）であり，このオシロスコープは正方向同期で信号に同期している．

一連のビットは，コンピュータのレジスタに保存され，符号長とシーケンスを判定するために解析される．この符号は2.4.1項で説明したような最大長の符号であろう．いったん符号が判定されると，符号を再生するために（2.4.1項で説明した）フィードバックループを持つシフトレジスタが設計でき，その結果，信号を逆拡散することができる．

このアプローチは，拡散符号が短い場合にはかなり容易であるが，より長い符号では，巨大なコンピュータの能力が必要になるだろう．

図8.13 BPSK変調のオシロスコープ表示

8.3.3.2 携帯電話伝送の傍受

携帯電話に用いられるTDMAやCDMAの体系は公に知られた仕組みなので，それらは傍受者に利用されるであろうことが推測される．もちろん，それらは携帯電話会社が用いる業務用機器を手に入れることによって，何よりも容易に実行

できる．携帯電話伝送を傍受するには，受信機を正確な周波数チャンネルに同調し，目標とする伝送の情報を再生するために適切なタイムスロットや拡散符号を使用する必要がある．

　この実行に関する法的・政治的考慮事項は，どちらも本書の範囲を超えている．

第 9 章

通信妨害

通信の目的は，情報をある位置から別の位置に移動させることである．次の伝送信号の種類はすべて通信であると考えられる．

- 音声通信
- コンピュータ間通信
- 指令回線
- データ回線
- 射撃統制回線
- 携帯電話

通信妨害の目的は，情報の伝送を妨げることにある．通信妨害の要件は信号の変調方式，回線の位置関係，および送信信号電力によって決まる．

図 9.1 に通信妨害における位置関係を示す．一般的なレーダは，送信機と連携した受信機の両方が同位置に所在しているのに対し，通信回線の役割は，ある位

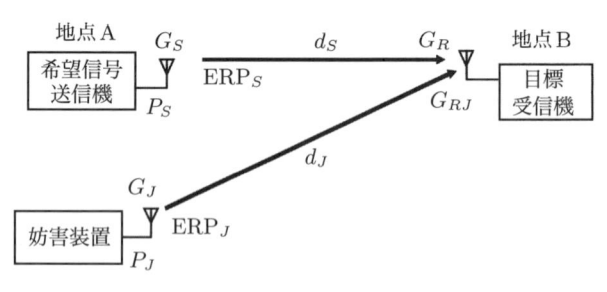

図 9.1　通信妨害の位置関係

置から別の位置へ情報を運ぶことにあることから，受信機は常に送信機と異なる位置に所在している．

ここで留意すべきなのは，妨害できるのは受信機だけだということである．もちろん通信は（それぞれが送信機と受信機の両方を有する）トランシーバを使用して行われることが多いが，図の地点 B の受信機のみが妨害されるのである．トランシーバ使用時に，別の方向からその回線を妨害したければ，妨害電力を地点 A に到達させなければならない．

トランシーバを使用しない重要な通信の事例も，一部存在する．例えば，図 9.2 に示すような UAV 回線である．この図は，妨害を受けているデータ回線（すなわち，「ダウンリンク」）を示している．この場合もやはり，その受信機を妨害するのである．

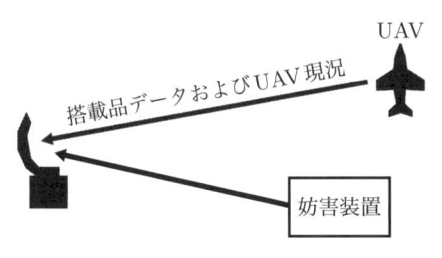

図 9.2　UAV 回線妨害における位置関係

9.1　妨害対信号比

妨害装置の有効性の正確なテストでは，情報の流れを完璧に止められるかどうかが評価される．最近では普通，熟練の通信要員が文章を読み，熟練の聴取者がその聴取内容を書き取ることによって検証される．妨害がひどくなるにつれ，単語の正解率が低下する．この試験の一つの問題は，人間の脳によるパターン認識（pattern recognition）によって，オペレータが低品質の信号から情報を取り出せるところにある．われわれは自らの言語を知っているがゆえに，過去の経験から言葉や文章を補完できるのである．この問題を打開する一つの方法は，正確を期して，一つの通信文を送るたびに文章のキーワードを変更し，そのキーワードだけを数えるようにすることである．別のやり方は，ランダムな言葉のリストを用

いることである．

　通信妨害装置により通信を妨害するメカニズムは，目標の受信機が受信中の任意の希望信号にある何らかの不要信号を混ぜ込むことである．この不要信号は，その受信機が希望する信号から所望の情報を再生できなくなるほど十分に強力でなければならない．（受信機内の）目的とする（希望）信号と（受信機内の）妨害信号との比を，妨害対信号比（jamming-to-signal ratio; J/S）と呼ぶ．この比は一般に dB 単位で規定される．効果的妨害のための所要 J/S（required J/S; 所望 J/S）は，送信変調によって決まるが，任意の変調に対する J/S 計算は，以下のやり方を用いて行える．

　図 9.1 の妨害装置と受信機間の回線，および希望送信機と受信機間の回線には，第 5 章で説明したどの伝搬モデルでも使用できる．それらは同一の伝搬モデルである必要はない．したがって，本節での妨害対信号比の公式には損失の一般項が含まれている．通信 J/S の公式は以下のとおりである．

$$J/S = ERP_J - ERP_S - L_J + L_S + G_{RJ} - G_R$$

ここで，

J/S：被妨害受信機の入力部での希望信号電力に対する妨害電力の比〔dB〕
ERP_J：妨害装置の実効放射電力〔dBm〕
ERP_S：希望信号送信機の実効放射電力〔dBm〕
L_J：妨害装置から受信機までの伝搬損失〔dB〕
L_S：希望信号送信機から受信機までの伝搬損失〔dB〕
G_{RJ}：妨害装置方向の受信アンテナ利得〔dBi〕
G_R：希望信号送信機方向の受信アンテナ利得〔dBi〕

である．

　多くの場合，目標とする受信機の受信アンテナは 360° の方位覆域を持つ．そのようなアンテナの例には，ホイップアンテナや航空機搭載のモノポールアンテナがある．受信機が 360° 覆域のアンテナを持っている場合，通信 J/S 式は，次のように簡略化される．

$$J/S = ERP_J - ERP_S - L_J + L_S$$

受信アンテナは，妨害装置方向と希望信号送信機方向に同じ利得を持つので，二つのアンテナ利得の項は相殺される．

実効放射電力の項は，使用する送信機電力〔dBm〕と目標とする受信機方向の送信アンテナ利得〔dBi〕の和である．

(妨害装置と対象となる信号の各回線に対して) 使用する伝搬損失の各項は，周波数と伝搬位置関係によって決まる．表 9.1 に使用する伝搬モデルを示す．妨害回線と希望信号回線における伝搬損失モデルの選択は，完全に独立であることに注意しよう．

それぞれの伝搬モデルについては，第 5 章で説明し，それぞれに対する計算技法を提示した．

表 9.1 使用する伝搬モデル

信号と回線経路の状況	適用伝搬モデル	
高域周波数を使用している場合と，回線経路が地面から離隔しており狭ビームアンテナを使用している場合の，一方または両方が該当する場合	見通し線	
地面または水面に近く，かつマイクロ波より周波数が低い信号の場合	フレネルゾーン距離より短い回線	見通し線
	フレネルゾーン距離より長い回線	平面大地 (2 波)
信号経路が稜線または丘の近傍を通る場合	見通し線＋ナイフエッジ回折損失	

9.1.1 その他の損失

拡散損失は支配的要素であり，各 J/S 式は通常上記のように説明されるが，妨害信号と希望信号それぞれの伝搬経路にも大気損失があり，また，見通し線外損失あるいは降雨損失に左右される可能性もある．二つの距離，あるいは見通し線条件の間に大きな差がある場合，これらを計算し，それに応じて J/S 比が修正されなければならない．大気損失と降雨損失については，5.8 節を参照してほしい．

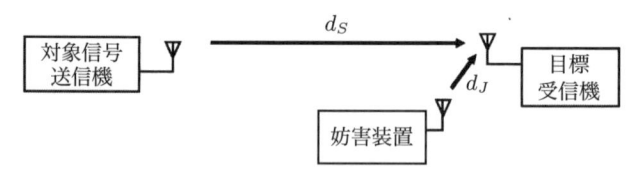

9.1.2 スタンドイン妨害

スタンドイン妨害（stand-in jamming）とは，図 9.3 に示すように，目標の受信機に近接して妨害装置を配置することである．その効果は，妨害装置と受信機との間の距離を短縮することによって，2 乗（つまり，短縮された距離の 4 倍の電力）分，J/S を増加させることにある．この技法は，同一の J/S を達成するための妨害電力を低減できる利点を持つ．派生的な利点としては，目標の敵受信機より妨害装置からおそらくずっと離れているであろう味方の受信機は妨害されないことが挙げられる．これにより，友軍相撃（同士討ち），すなわち味方通信への意図しない妨害を回避することができる．

スタンドイン妨害技法には，布置型妨害装置（emplaced jammer），UAV 搭載型妨害装置，および砲発射散布妨害装置（artillery-delivered jammer）が挙げられる．

スタンドイン妨害は，受信機の処理利得（processing gain）に打ち勝つ必要から，長距離からの妨害が困難なスペクトル拡散通信に対して特に好都合である．

図 9.3 スタンドイン妨害

9.2 デジタル信号とアナログ信号に対する妨害効果の考え方

アナログ変調の通信信号を妨害する場合，通常は高 J/S 比（多くの場合，10dB が適切と考えられている）を実現する必要がある．同様に通常，デューティサイクル 100% での妨害が必要である．これは，受信機のオペレータが「順応して」聴取する，かなりの能力を持っていることから，必須である．すべてのアナログ通信では，前後関係から低品質の伝送における「空白部を埋める」ことができる．これは重要な情報が，かなり厳格な様式で送信される戦術レベルの軍用通信に特に当てはまる．標準的な 5 か条からなる作戦命令（five-paragraph operations order）や音標文字（phonetic alphabet）はその例である．

デジタル変調された通信信号を妨害する場合は，デジタル復調器が判読できないようにすることによって信号を攻撃する．それによって同期化を妨げたり，ビットエラー（ビット誤り）を生じさせたりすることができる．ただ，同期化は妨害に対して極めて強靭となる傾向にあるので，基本的な方法はビットエラーを生じさせることである．

図 9.4 に示すように，デジタル受信機入力の信号対雑音比と，それが生み出すデジタル出力に現れるビット誤り率との間には，非線形の関係がある．通信理論の教科書には，これらのビットエラーレートの曲線群（デジタルデータの伝達に使用される変調技法ごとの曲線）が記載されている．図 9.4 の信号品質は，ビットエラーレート対 E_b/N_o から見たものである．この値は，次式による検波前信号対雑音比と関係がある．

$$E_b/N_o = \text{RFSNR} \times \frac{\text{帯域幅}}{\text{ビットレート}}$$

ここで，RFSNR は無線周波数の信号対雑音比である．

各種変調に対する曲線はすべて，基本的形状としてこの例に示す形状を持つ．曲線の頂部は，ビットエラー 50% で平坦になっている．デジタル信号では 50% のエラーが最悪状態のエラーであることを考えると，道理に適っている．ビットエラーレートが 50% を超える場合は，出力は伝送メッセージにもっと一致してわかりやすくなる．曲線はすべて，信号対雑音比が約 0dB（つまり，信号＝雑音）で，この 50% 点に到達する．これは，用いられる変調方式にかかわらず，雑音レ

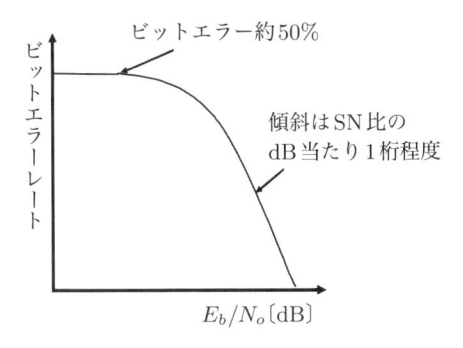

図 9.4　ビットエラーレート対 E_b/N_o

ベル（または妨害レベル）が受信信号レベルに等しければ，妨害レベルが増加してもビットエラーレートは増加しないことを意味している．増加した妨害対信号比は検波前信号対「雑音」比を低下させるので，代表的なデジタル変調におけるビットエラーレートへの妨害の影響は，図 9.5 のように示すことができる．この図では，ビットエラーレートを（左へ行くほど増加する）J/S 比の関数として表している．J/S が 0dB に到達すると，ビットエラーレートは 50% に極めて近くなり，J/S を増加させてもビットエラーレートが大幅に増加することはないことに注意しよう．したがって，一般にデジタル信号の受信信号品質は，1（すなわち 0dB）より大きい J/S 値により，それ以上低下させられることはないと考えられている．この 0dB が，回路中で RF 変調からデジタル波形が再生される点として適用されていることを明確に理解することが大事である．受信機内での処理利得を見込めるスペクトル拡散信号においては，実際の J/S はその処理利得の分だけ低下する．

ある種の情報（例えば遠隔制御用コマンドなど）には，極めて低いビットエラーレートが求められるが，一方，音声通信はもっと高いエラーレートも許容できる．

さらに，信号が時間にして 3 分の 1 の間（短期的に）読み取り不能であれば，実用にならないと考えられている．これは，デジタル信号に対しては，時間にして 3 分の 1 を J/S 0dB で妨害すればよいのに対し，アナログ信号では 100% の時間 J/S をプラスにする必要があることを意味する．一部の文献には，デジタル信号の完璧な妨害に必要な妨害デューティサイクルとして 20% という値が記述されているが，33% がより一般に受け入れられている．この 33% は，通話の音節

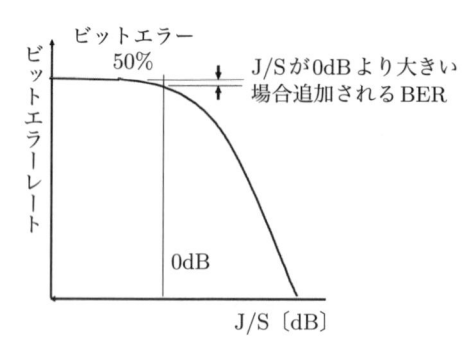

図 9.5 ビットエラーレート対 J/S

レート（syllabic rate）に満たない時間，あるいはデジタルデータに相当する期間にわたって妨害を加える必要があるということである．

ここで留意すべきなのは，誤り訂正符号によって，妨害が引き起こしたビットエラーの一部が訂正されるので，デジタル信号に対する所要妨害デューティサイクルが引き上げられることである．

2.4 節で特定の種類の LPI 信号を取り上げた際に説明した理由から，すべての LPI 信号はほとんどの状況において，それらの情報をデジタル形式で搬送していることが予想できる．

9.2.1　パルス妨害

パルスの尖頭電力（peak power；ピーク電力）は，連続信号送信機からの一定電力よりはるかに高くなりうる．デジタル信号の妨害では，その 3 分の 1 の時間を妨害すればよいので，デューティファクタ（duty factor）が 33% のパルスは効果的な妨害に十分である．尖頭電力を増大させることで J/S は高まる．図 9.6 に示すように，デューティサイクルが 3 分の 1 に削減されると，同等の全送信エネルギーが実効放射電力の 3 倍に匹敵する電力を作り出す．

誤り訂正符号は，受信機がビットエラーのある割合を訂正することを可能にし，また，いくつかの符号は，誤りのあるデータブロック全体を置き換えるよう工夫することができる．このことは，多数のビットエラーを伴うデータブロックをもたらすパルス妨害は有効でない場合があることを意味している．一般に，誤り訂正符号が存在する場合は，大きな妨害デューティサイクルでデジタル信号を妨害する必要がある．

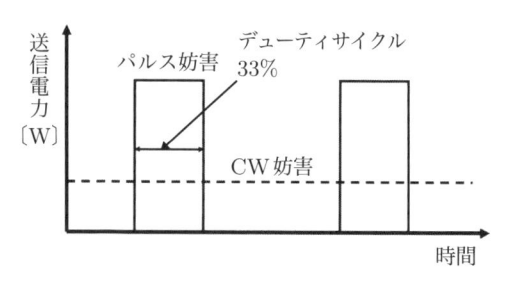

図 9.6　パルス妨害

9.3 スペクトル拡散信号の妨害

低被探知確率（LPI）通信信号は，送信機から受信機へ情報を単に搬送するのに必要な範囲より広い周波数範囲の全域に，そのエネルギーを（擬似ランダム的に）拡散する．そのため，それらはスペクトル拡散信号とも呼ばれている．通信伝送に必要な最小帯域幅が「情報帯域幅」である．「伝送帯域幅」とは，信号が拡散されるか，あるいは迅速に同調される周波数範囲全体のことである．

スペクトル拡散信号用の希望受信機は，送信機の拡散回路に同期した逆拡散機能，つまり，信号を元の非拡散形式に戻す機能を持つ．敵の受信機は，それに同期した逆拡散能力を持っていない．したがって，信号の傍受妨害および電波源の位置決定は非常に複雑となる．第4章から，受信機内の雑音電力はその有効帯域幅に比例していることを思い出そう．したがって，スペクトル拡散信号を受信するのに足りるほどの帯域幅を持つ敵の受信機の雑音電力は，その信号を隠してしまうほどに高くなる．

2.4 節で論じたように，スペクトル拡散変調には三つの基本的な方式，すなわち，周波数ホッピング，チャープ，直接拡散がある．どの方式も信号を拡散するやり方であるが，各変調方式の電力対周波数対時間分布の性質により，どの方式にも妨害に対するさまざまな脆弱性が生じる．

スペクトル拡散信号は，他のすべての信号と同じ妨害方程式に従うが，同一スペクトル拡散通信系内の協調的受信機のスペクトルを崩壊させる能力が，妨害効果を減ずる「処理利得」をその受信機にもたらす．一般に処理利得の有利性は，拡散係数（すなわち，伝送帯域幅と情報帯域幅の比率）と同じである．これはまた，（DSSS 信号において拡散に使う）符号レート（code rate; 符号化率）をデータレートで除算したものとも定義されている．もう一つの当てはまる用語に，次式で規定される「妨害マージン」(jamming margin) がある．

$$M_J = G_P - L_{\text{SYS}} - \text{SNR}_{\text{OUT}}$$

ここで，

M_J：妨害マージン〔dB〕
G_P：処理利得〔dB〕
L_{SYS}：システム損失〔dB〕

SNR$_{OUT}$：所要出力信号対雑音比

である．

9.3.1 パーシャルバンド妨害

これは，ある種のスペクトル拡散信号に対する妨害装置の出力を最適化する妨害技法である．名称からわかるとおり，パーシャルバンド妨害（partial band jamming）は，図9.7に示すように，スペクトル拡散信号の全周波数範囲の一部分のみを妨害対象にするものである．前述したとおり，スペクトル拡散信号はデジタル形式であることが予測される．したがって，最適J/Sはおおむね0dBであり，妨害デューティサイクルを比較的小さくすることができる．周波数ホッピングやチャープ信号は，それらの周波数スペクトルの一部分を選択して占有するので，パーシャルバンド妨害は，最適J/Sで低デューティサイクルの妨害を引き起こす一つの方法である．

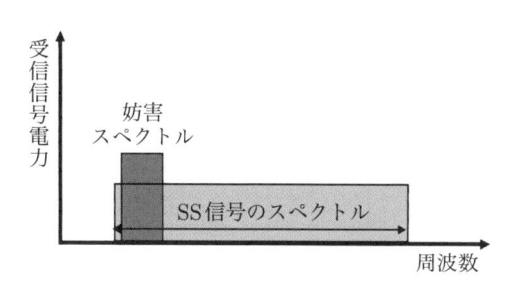

図 9.7 パーシャルバンド妨害

9.3.1.1 パーシャルバンド妨害の計算

この技法を用いるには，妨害装置の受信機で目的とする信号のレベルを測定する必要がある．その後，図9.8に示すように，各ホップ周波数で目標受信機における妨害電力と目的とする信号電力とを同じレベルにするべく最大の周波数範囲にわたって，妨害電力が拡散される．通常この妨害電力は，各被妨害チャンネルのJ/Sが0dBとなるのに十分な数のホッピングチャンネルにわたって拡散される．2次的な拡散技法がある場合，処理利得を適用した後に，この0dBを加える．

第 9 章 通信妨害

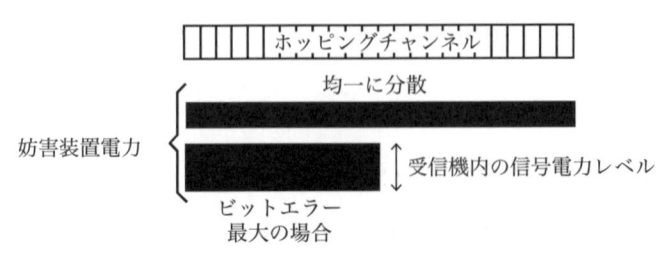

図 9.8 チャンネル当たりの最大ビットエラー

図 9.9 に，妨害の位置関係を示す．この例では，対象の送信機や目標の受信機は，ホイップアンテナ，または 360° の方位覆域を持つ他の何らかのアンテナを有することを前提にしている．被妨害回線が指向性アンテナを使用している場合，問題はさらに複雑になるが，それでも解決は可能である．ここでの議論は，妨害装置が電波源位置決定システムの支援を受けていることから，目的とする信号の送信機と目標受信機の位置が既知であることを前提としている．一般に，通信網はトランシーバを使用しているので，各通信所が送信した時点で，その位置決定が可能である．妨害装置の受信機において目的とする信号の強度を測定することによって，実効放射電力を計算することができる．目的とする信号送信機の ERP は，次式のように，伝搬損失分を増加させた（妨害装置の受信アンテナ利得

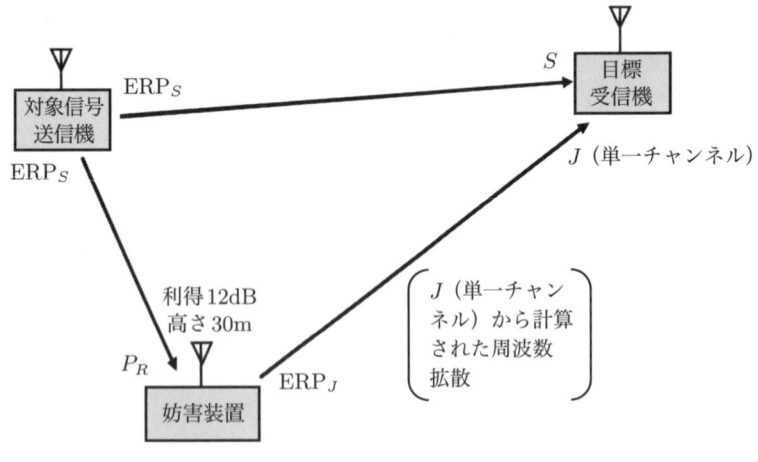

図 9.9 パーシャルバンド妨害の位置関係

を差し引いて調整された）受信信号強度となる．

$$\mathrm{ERP}_S = P_R + L_{SJ} - G_{RJ}$$

ここで，

ERP_S：目的とする信号送信機の実効放射電力〔dBm〕
P_R：妨害装置の受信機における，目的とする信号送信機からの受信電力〔dBm〕
L_{SJ}：目的とする信号送信機から妨害装置の受信機までの伝搬損失〔dB〕
G_{RJ}：目的とする信号送信機方向の妨害装置の受信アンテナ利得〔dBi〕

である．

ここのステップと次のステップでは，第5章の該当する式を使用して損失を計算する．

次に，目標となる受信機における目的の信号送信機からの受信電力を，次式を用いて計算する．

$$S = \mathrm{ERP}_S - L_S + G_R$$

ここで，

S：目標受信機における，目的の信号送信機からの受信信号強度〔dBm〕
ERP_S：目的の信号送信機の実効放射電力〔dBm〕
L_S：目的の信号送信機から目標受信機までの伝搬損失〔dB〕
G_R：目的の信号送信機方向の目標受信機の受信アンテナ利得〔dB〕

である．

さて，目標受信機における妨害装置からの受信電力を次式で計算する．

$$J = \mathrm{ERP}_J - L_J + G_{RJ}$$

ここで，

J：目標受信機における妨害装置からの受信信号強度〔dBm〕
ERP_J：妨害装置の実効放射電力〔dBm〕

L_J：妨害装置の送信機から目標受信機までの伝搬損失〔dB〕

G_{RJ}：妨害装置方向の目標受信機の受信アンテナ利得〔dBi〕

である．

ここで，目標となる受信機における総合 J/S を決定するには，妨害信号強度（J）から目的の信号の受信強度（S）を差し引く．

ここでは単一チャンネルの J/S を計算したが，これは信号がスペクトル拡散でない場合に実現される J/S である．しかしながら，周波数ホッピング信号やチャープ信号は，広い周波数範囲の全域にその帯域を移動させるので，妨害信号は，できるだけ広い周波数範囲にわたって最適 J/S（すなわち 0dB）をもたらすように拡散されなければならない．

この処理は，ホッピング信号の単一チャンネルの J/S またはチャープ信号の情報帯域幅の J/S を，1.4 節の技法によって非 dB 形式に戻すことから始まる．次に，その非 dB 形式の比に目標とする信号の情報帯域幅を乗算する．結果の帯域幅が，J/S 0dB を維持することができる帯域幅である．具体的なホッピングとチャープの信号パラメータを使った数値例を，後ほど示す．

9.3.2　FH 信号の妨害

周波数ホッピング受信機を狭帯域妨害（narrow-bandwidth jamming）信号で妨害する場合，その妨害信号は，受信機がたまたまその周波数にホップした場合にのみ受信される．このことは，妨害効果の大幅な低下をもたらす．例えば，CW 妨害信号が（30〜88MHz の間で，最大 2,320 の 25kHz 幅のチャンネルにわたってランダムにホップする）Jaguar V 受信機に加えられても，受信機はその時間のわずか 0.043% しか，その妨害信号に遭遇しない．代わって，妨害信号が 2,320 チャンネルの周波数全体に拡散されると，チャンネル当たりの J/S は 33.65dB 低減する．したがって，周波数ホッピング信号に対しては，より複雑な妨害装置が必要となる．このとき，パーシャルバンド妨害または追随妨害（follower jamming）のいずれかを使用することができる．

9.3.2.1 パーシャルバンド妨害

周波数ホッパへの効果的なパーシャルバンド妨害を実現するためには，妨害装置は少なくともホッピングチャンネルの 33% に J/S 0dB を与えなければならない．この妨害方法を説明するのに，Jaguar V の周波数ホッピング信号に対して 9.3.1 項に記述した技法を当てはめることができる．図 9.10 は妨害の位置関係を示しており，そこでは目的の信号送信機と目標受信機の位置が既知であることが前提となっている．

図から，妨害装置から目的の信号送信機までの距離と，目標受信機までの距離はともに 50km であり，一方，目的の信号送信機と目標受信機間の距離は 10km であることがわかる．妨害装置は高さ 30m のマスト上に 12dBi アンテナを有し，また，目的の信号送信機と目標受信機は，ともに地上高 2m のホイップアンテナを有している．平均送信周波数は 59MHz である．妨害装置の受信機の受信信号強度は −110dBm，妨害装置の送信機電力は 150W とする．受信アンテナがホイップであるので，$G_{RJ} = G_R$ である．損失計算のすべてに，第 5 章で述べた技法を用いる．

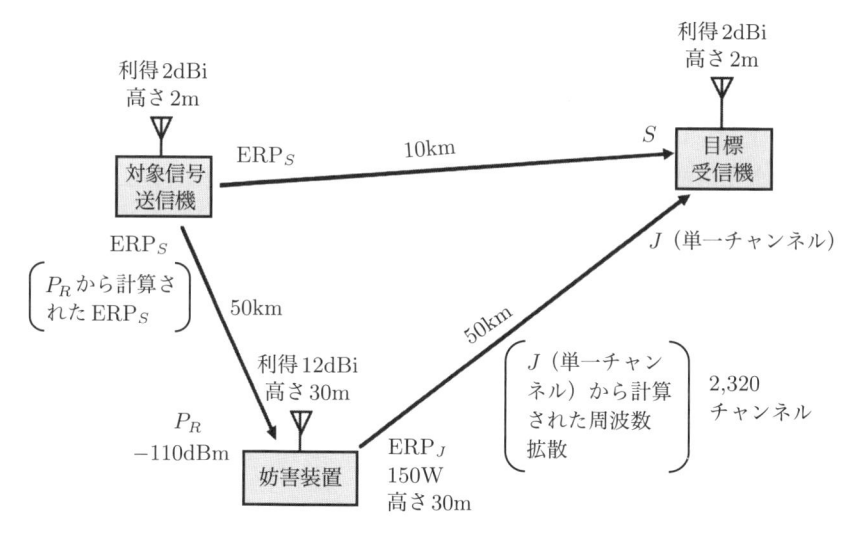

図 9.10　Jaguar V に対するパーシャルバンド妨害

第9章 通信妨害

□ 単一チャンネルの J/S 計算

- 送信機から妨害装置方向へのフレネルゾーンは，km 単位で，

$$\frac{アンテナ高〔m〕× 周波数〔MHz〕}{24,000} = \frac{2 \times 30 \times 59}{24,000} = 148 〔m〕$$

となる．これは 50km 未満であるので，平面大地（2 波）伝搬損失モデルを用いる．

- 回線損失は，$120 + 40\log(50) - 20\log(2) - 20\log(30) = 152.5$dB である．
- ERP_S は，$P_R + 損失 - G_J = -110 + 152.5 - 12 = 30$dBm = 1W である．
- 目的の信号送信機から目標受信機までのフレネルゾーン距離は，$(2 \times 2 \times 59)/24,000 = 10$m であり，10km よりずっと短いので，平面大地（2 波）伝搬損失モデルを適用する．
- 目的の信号送信機から目標受信機までの損失は，$120+40\log(10)-20\log(2)-20\log(2) = 148$dB である．
- 目標受信機の目的信号電力 (S) は，$\text{ERP}_S - L_S + G_R = 30 - 148 + 2 = -116$dBm である．
- 妨害装置から目標受信機までの損失は，目的の信号送信機から目標受信機までと同じ 152.5dB である．
- 妨害装置出力 150W は 51.8dB，アンテナ利得 12dB を有する妨害装置の ERP は 63.8dBm である．
- 目標受信機における妨害装置の信号電力 (J) は，$\text{ERP}_J - L_J + G_{RJ} = 63.8 - 152.5 + 2 = -86.7$dBm である．
- したがって，$\text{J/S} = J - S = -86.7\text{dBm} - (-116\text{dBm}) = 29.3\text{dBm}$ となる．

□ パーシャルバンド妨害のための理想的な周波数拡散幅の計算

- 29.3dB は，非 dB 比で 851 倍である．
- したがって，パーシャルバンド妨害の帯域幅は，$851 \times 25\text{kHz} = 21.3\text{MHz}$ となる．

□ 妨害効果の評価

- 2,320 チャンネル中 851 チャンネルが J/S 0dB で妨害される．
- これは，33% を上回る 36.7% であるので，妨害は有効である．

パーシャルバンド妨害には，さほど精巧な妨害装置を必要としないが，いくつかのチャンネル数にわたって妨害するのに十分な妨害電力が必要である．この妨害は多数の妨害装置を展開することにより利用できる技法である．一つの欠点は，味方の周波数ホッピング通信に対する同士討ちの危険性があることである．敵のスペクトルの被妨害部分が不変である場合，敵は被妨害周波数を避けるであろうから，パーシャル妨害の帯域はランダムに選ばなければならない．

9.3.2.2　追随妨害

追随妨害は，敵の1台の送信機が各ホップで使用する周波数のみを妨害する．したがって，味方の通信への干渉はごく小さい．

周波数ホッパは，各ホップ周波数を擬似ランダム処理によって選択するので，次の周波数を予測する方法はない．しかしながら，ホップのほんの一部の期間に周波数を測定できれば，そのホップの残りの期間は妨害装置をその周波数に合わすことができる．その結果，その信号に対してJ/S 0dBをもたらすのに十分な妨害電力を準備するだけでよくなる．妨害デューティファクタ33%を実現するには，ある程度高性能の受信機で，図9.11に示すように，ホッピングシンセサイザを整定した後のホップ時間の67%までに周波数を測定しなければならない．整定時間にはホップ周期の約15%を見込むので，これは，周波数測定と妨害装置による攻撃準備をホップ周期の57%で完了しなければならないことを意味している．例えば，ホッピング速度が100ホップ/秒の場合，捜索と攻撃準備に5.7msecが使用可能となる．

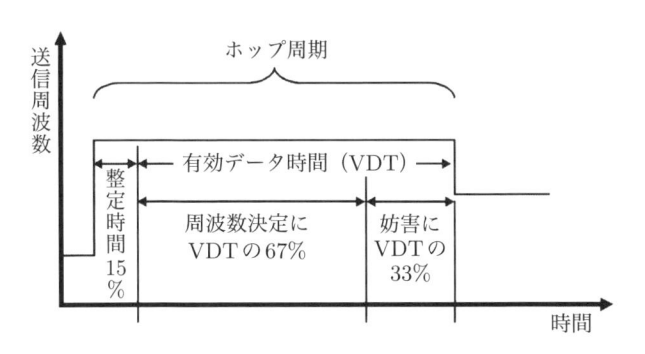

図9.11　追随妨害のタイミング

追随妨害には，高速フーリエ変換（FFT）処理装置を備えたデジタル受信機が必要である．そのような受信機については，4.3.2 項で説明した．その処理については，7.8.1 項でデジタル受信機を使用して行う周波数ホッパの位置決定について記述した際，明確にしている．追随妨害の完全な意義を理解するには，運用環境について議論する必要がある．そこには，おそらく彼我双方の周波数ホッパを含む多数の信号が存在するだろう．妨害すべき特定のホッパを特定する唯一の方法は，その位置によるほかはない．したがって，各信号の三角測量を行うには，その環境にあるデジタル受信機を使用した 2 台の電波源方探装置が連携する必要がある．そうすると，その環境内の各信号の周波数と位置についてのデータファイルが必要となる．追随妨害装置は，目標電波源位置にある信号の周波数に設定される．図 9.12 は，周波数環境空間（地理的な位置と周波数）の 3 次元表示である．一般的に多数の信号が信号空間全体にランダムに広がって存在している．この図には二つの周波数ホッピング信号が表されている．それぞれは，1 か所から到来する多数の周波数を持っていることに注意しよう．

追随妨害を行う場合，味方の電波源が目標電波源と同じ周波数にホッピングする可能性は極めて小さい（0.043%）ので，友軍相撃は回避される．

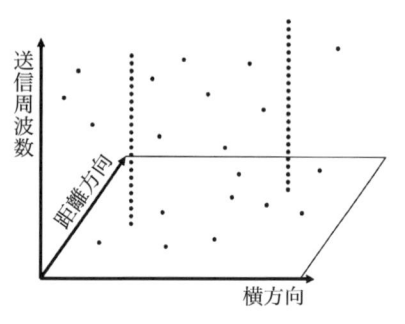

図 9.12 周波数ホッパを含む信号環境

9.3.3　チャープ信号の妨害

2.4.3 項では，チャープ信号の周波数対時間曲線について説明した．その掃引速度は，信号の情報帯域幅を持つ受信機ではその信号を観察できないほど速い（これには帯域幅の逆数に相当する帯域内滞留時間が必要になる）．希望受信機は

送信機と同期して掃引するので，情報帯域幅に近い帯域幅を使用することが可能である．敵の受信機が送信機と同期することを困難にするには，各掃引開始時刻をランダムにすることと，掃引傾斜を非線形にすることの両方または一方を実施する．

チャープ信号の周波数範囲は，スペクトルアナライザで測定できるが，「追随」妨害を実行するためには，掃引の正確な傾斜と開始時刻を知る必要がある．掃引は非線形傾斜を持っているだろうから，そこにはさらに厄介な問題が存在している．とはいえ，チャープ送信機が予測可能な掃引同期を用いているならば，その掃引傾斜は FFT を備えたデジタル受信機で測定することが可能になり，妨害装置が掃引に同期して追随妨害装置を起動できるようになる．

同様に，予測どおりの掃引同期が用いられている場合，デジタル RF メモリ（DRFM）で最初の掃引を記憶して，それに続く掃引をチャープ信号にぴったり合わせるように発生させることも可能である．

9.3.1 項で述べたように，チャープ信号に対してパーシャルバンド妨害を加えることができる．チャープ信号は，掃引の帰線（fly-back）の間，および掃引開始時の擬似ランダム遅延の間のドロップアウトを避けるため，デジタルでなければならないので，J/S 0dB と 33% の妨害デューティサイクルが十分であることが期待されている．

チャープ偏移（chirp excursion）が 5MHz で情報帯域幅が 25kHz の場合，1.65MHz の妨害帯域幅は 33% の妨害デューティファクタを与えることになる．この妨害範囲の全域において，情報帯域幅ごとに J/S 0dB を実現するには，単一チャンネルに整合同調する妨害装置と比べて，さらに 18.2dB の妨害電力を必要とする．

9.3.4 DS スペクトル拡散信号の妨害

DS スペクトル拡散（DSSS）信号は，2.4.4 項で述べたように，拡散周波数スペクトルを連続的に占有するという点で，周波数ホッピングおよびチャープ信号とは異なる．この信号は極めて高速のビットレートで 2 次デジタル変調を加えることによって生成される．信号の帯域幅はビットレートに比例するので，その信号エネルギーは極めて広い帯域幅にわたって拡散される．同様に，図 9.13 に示すように，これは信号強度対周波数を低下させる．図では，下端の（拡散）信号は

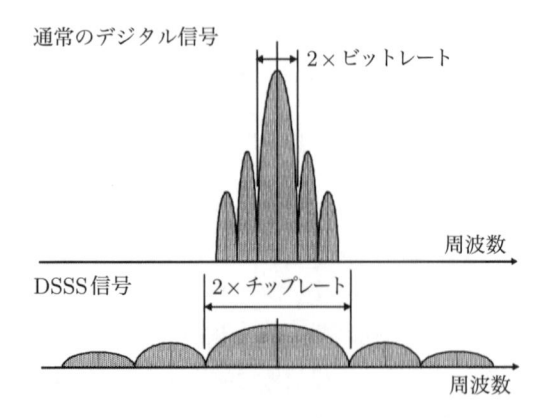

図 9.13 通常のデジタル信号と DSSS 信号の周波数スペクトル

標準的なデジタル信号のビットレート（「チップレート」と呼ばれる）の 5 倍にすぎない．標準的な DSSS 信号は，一般的に 100〜1,000 以上の非常に高いビットレート比を持っているので，拡散およびその結果起こる信号密度（対周波数）は非常に大きく減少する．

　他のスペクトル拡散信号と同じように，DSSS 信号はその情報をデジタル変調で搬送する．それゆえ，逆拡散後は 33% のデューティファクタと J/S 0dB で妨害されうる．しかしながら，DSSS 受信機は，擬似ランダム拡散信号（pseudo-random spreading signal）を除去することによって，顕著な処理利得をもたらす．拡散係数が 1,000 の場合，逆拡散回路は，（厳密に正確な位相の）正確な擬似ランダム符号を持たないあらゆる信号のレベルを 30dB 減少させる．

　CW 信号が DSSS 受信機に入力されると，図 9.14 に示すように，CW 信号は (dB に変換した) 拡散係数の分だけ低減される．妨害装置は処理利得の恩恵を受けないので，妨害信号は希望信号に比べて低減されることに注意しよう．したがって，実際の J/S（すなわち実効 J/S）は，（拡散係数を dB に変換した）処理利得の分だけ低減される．しかしながら，CW 発振器は比較的簡単な装置であるので，逆拡散処理利得に打ち勝ち，さらに J/S 0dB をもたらすのに十分な追加電力を備えた CW 妨害装置を準備するほうが，現実的かもしれない．

　妨害信号は 33% の時間だけ存在すればよいので，パルス妨害装置は一般に使用可能電力を著しく増大させることが可能である．また，伝搬モードにもよる

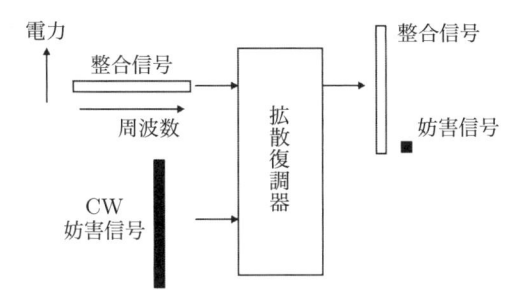

図 9.14 逆拡散器を通った狭帯域妨害

が，妨害信号の減衰が短縮距離の 2 乗，あるいは 4 分の 1 で低減されるので，非常に短距離から極めて大きい J/S をもたらすスタンドイン妨害装置を使用することも実際的かもしれない．CW 妨害装置やパルス妨害装置は，その簡素さゆえ，遠く離れて配置・運用されるスタンドイン妨害装置の優れた候補の一つとなる．

9.3.5　複合モードのスペクトル拡散信号の妨害

　複合モードのスペクトル拡散信号は，妨害装置の課題を大幅に増加させる．極めて一般的な複合技法の達成法は，周波数ホッピングを用いた DSSS である．運用中の周波数を攻撃するパルス CW 妨害装置は，信号を効果的に妨害する．しかし，CW 信号は周波数が正確である必要がある．したがって，使用中の周波数を迅速に測定する手法を使用する必要がある．次に，パルス妨害装置に正確な周波数を設定する必要がある．通常のデジタル受信機は FFT 処理装置で周波数を測定する十分な信号を持っていないかもしれないので，これには，6.3.5 項で述べたような，複数チャンネルのエネルギー探知器を使用する必要があるかもしれない．

　ほんのわずかなホップ周波数しかない場合の別の手段は，ホップ周波数ごとにパルス妨害装置を設けることであろう．

9.4　妨害への誤り訂正符号化の影響

　デジタル信号にビットエラーを引き起こさせる目的で妨害を行うので，誤り検出符号化（error detection coding；誤り検出コーディング）は妨害効果に直接的に影響する．したがって，誤り訂正機能に打ち勝つには，さらに妨害電力が必要になるかもしれない．

　信号に付加される誤り訂正ビットが多いほど，所要 J/S は増加する．このメカニズムの好例は，広く用いられている (31, 15) リードソロモン（Reed Solomon）ブロック符号である．これによって，31 バイト送信するごとに不良バイトを 8 バイトまで訂正することができる．この符号は一般的に，最高で連続 8 ビットまで妨害されることを見込んで，インターリービングとともに使用されるものである．防護された信号が周波数ホッパで送信されると，ホップ当たり 31 バイトあり，各バイトは少なくとも 4 ホップにわたって拡散されるので，1 回のホップで最大 8 バイトまでの隣接バイトが伝送される．パーシャルバンド妨害が実行された場合，この誤り訂正符号は，妨害によって引き起こされた多数のビット誤りを訂正することができる．これは，11dB の J/S がある中で，（訂正後の）許容範囲の出力ビットエラーレートを見越して余裕を持たせるという最終的な効果を有している．したがって，順方向誤り訂正（forward error correction；FEC；前進型誤信号訂正）がある場合には，妨害デューティサイクルを増加させなければならない．

9.4.1　携帯電話の妨害

　携帯電話システムとそれらの運用法について，2.4.6 項で議論した．携帯電話網全体が携帯電話システム制御局（mobile system control；MSC）で制御されているので，このシステム内のコンピュータに適切にアクセスすれば，何らかの高度な手段により特定のユーザによる通信や特定の位置における通信を妨害できることは明らかである．もちろん，これは，政治的思惑によることであり，本書の範囲を超える．そこで，携帯電話とのやりとりを行う無線回線の妨害についてのみ焦点を合わせることにする．

　携帯電話システムがアナログ方式の場合，通話当たり単一の周波数チャンネルを使用しているので，そのチャンネルが既知であれば，アップリンクとダウンリ

ンクのどちらに対しても，通常の通信妨害技法を適用することができる．

携帯電話システムがデジタル方式の場合，各 RF チャンネルでの多重通話を可能にするため，時分割多元接続方式（TDMA）あるいは符号分割多元接続方式（CDMA）のいずれかが使用されているだろう．これは，妨害装置が通常の通信妨害技法を用いて RF チャンネル全体を妨害できることを意味する．しかしながら，特定の通話を妨害するのであれば，適切なタイムスロットに，また適切な符号で妨害しなければならず，そのためには，その携帯電話システムが使用しているものと同じ変調機器を用いる必要があるだろう．

携帯電話を妨害するにあたっての大きな問題の一つは，非軍用携帯電話の通話への干渉妨害である．非対称戦が常態である紛争地域における問題は，有線電話サービスを定着させることが極めて難しいため，ほとんどの住民が携帯電話に依存していることである．したがって，帯域全体あるいは RF チャンネル全体を妨害することは，（本書の範囲を超える）大きな政治的問題を引き起こすことになるかもしれない．以下の例では，この問題の（はるかに容易な）技術的部分のみを考察する．

9.4.2　アップリンク妨害

アップリンク妨害（up link jamming）の一例を考える．図 9.15 に示すような GSM システムの単一の RF チャンネルを妨害しよう．使用周波数は 1,800MHz であり，携帯電話基地局の高さは 50m である．この携帯電話は，実効放射電力（ERP）が 1W（30dBm）で，地上高 1m にあり，基地局から 1km 離れている．妨害装置の ERP は 100W（50dBm），アンテナ高は 2m であり，基地局から 2km 離

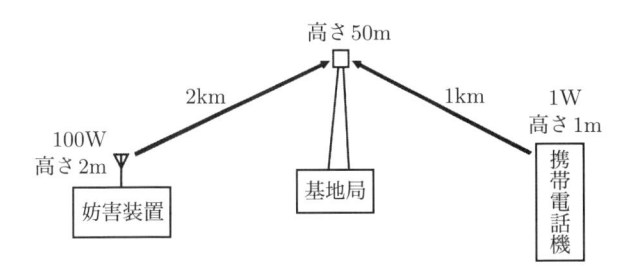

図 9.15　携帯電話のアップリンクへの妨害

れている．基地局は受信機であるので，この妨害回線は妨害装置から基地局まで，また，希望信号回線は携帯電話から基地局までである．

まず，希望信号回線と妨害回線に適用する伝搬モードを決定する必要がある．計算尺を使用してフレネルゾーン距離を手早く決定することができる．すなわち，

- 携帯電話から基地局まで：3.8km
- 妨害装置から基地局まで：11.3km

となる．

これは，（各回線距離が各フレネルゾーン距離より短いので）両方の回線に対して見通し線伝搬を適用できることを意味する．二つの回線損失は，計算尺を使用して，すぐに計算できる．すなわち，

- 携帯電話から基地局まで：97.6dB
- 妨害装置から基地局まで：103.8dB

となる．9.1 節から，

$$J/S = \mathrm{ERP}_J - \mathrm{ERP}_S - L_J + L_S$$

であり，J/S は次のように計算される．

$$J/S = 50 - 30 - 103.8 + 97.6 = 13.5 \,[\mathrm{dB}]$$

GSM 携帯電話システムはデジタル方式であるので，0dB が必要なだけであり，したがって妨害効果に十分なマージンがある．

9.4.3　ダウンリンク妨害

ここでは，図 9.16 に示すダウンリンク妨害（down link jamming）について考える．この場合，希望信号回線は基地局から携帯電話まで，また妨害回線は妨害装置から携帯電話までである．ここでの希望信号 ERP を 50W（47dBm）とする．この場合も先と同様に，最初のステップは，伝搬モードを決定するためのフレネルゾーン距離を計算することである．計算尺を使用してフレネルゾーン距離を手早く決定することができる．すなわち，

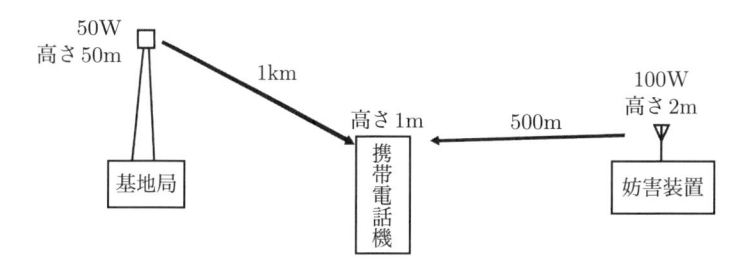

図 9.16　携帯電話のダウンリンクへの妨害

- 基地局から携帯電話まで：3.8km
- 妨害装置から携帯電話まで：220m

となる．

　これは，希望信号回線では見通し伝搬を用いる一方で，妨害回線では平面大地伝搬を用いるということである．希望信号回線（基地局から携帯電話）は，前記のアップリンク妨害の場合と同じ損失（97.6dB）となる．しかしながら，妨害回線は平面大地伝搬であるだけでなく，距離が 1km より短いので，計算尺の目盛りから外れている．妨害回線の損失は次式で計算できる．

$$損失 = 120 + 40\log(0.5) - 20\log(1) - 20\log(2)$$
$$= 120 - 12 - 0 - 6 = 102 \text{ [dB]}$$

妨害対信号比は，次式で計算される．

$$J/S = \text{ERP}_J - \text{ERP}_S - L_J + L_S$$

したがって，次のように計算される．

$$J/S = 50 - 47 - 102 + 97.6 = -1.4 \text{ [dB]}$$

　残念ながら，これは携帯電話による通信を阻止するのに十分な J/S ではない．もし 1.4dB だけ高い妨害電力（つまり，138W ERP）を加えるならば，所要 J/S 0dB が実現できるだろう．

付録 A

問題と解法

　この付録は，本書のすべての主題を扱った計算問題集である．取り扱う問題項目は，以下のとおりである．

- アンテナパラメータについてのトレードオフ
- 受信システム感度
- 受信システムのダイナミックレンジ
- 片方向回線方程式（見通し線）
- 片方向回線方程式（平面大地）
- フレネルゾーン
- 大気損失
- 降雨損失
- 衛星回線損失
- 実効距離
- 傍受確率
- 通信妨害
- DSスペクトル拡散信号の妨害
- 周波数ホッピング信号のパーシャルバンド妨害
- 携帯電話の妨害

　これらの問題を提示し，詳細な解法を述べる．いずれの場合にも，その技法を説明した本書の節を明らかにした．

付録 A　問題と解法　277

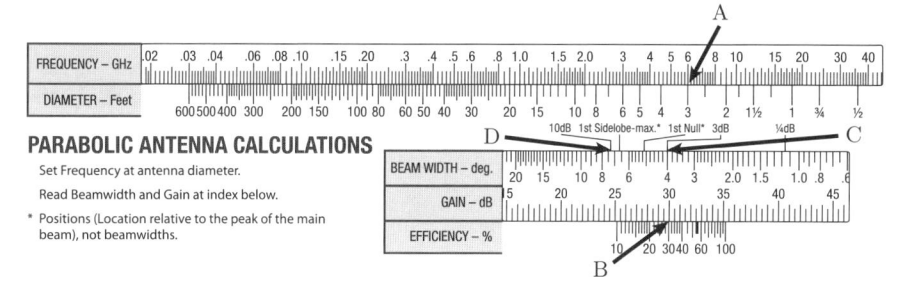

図 A.1　問題 1 における計算尺の設定

| 問題 1 | [アンテナ利得とビーム幅]
対称パラボラアンテナの直径，効率および使用周波数の関数として，その利得とビーム幅を求める問題である．アンテナは直径 3 フィート，効率 30% で，使用周波数を 6GHz とする．そのボアサイト利得および 3dB と 10dB ビーム幅を求めよ． | 3.7 |

図 A.1 の A 部に示すように，計算尺の面 1 のアンテナ目盛りの 6GHz を 3 フィートに合わせ，B 部の効率 30% における利得（約 30dB）を読み取る．C 部と D 部で，それぞれ 3dB ビーム幅（4°）と 10dB ビーム幅（7.3°）を読み取る．

利得 (dB) は，3.7 節の式から同様に決定できることに注意しよう．

$$\text{利得 (効率 55\%)} = -42.2 + 20\log(\text{直径 [m]}) + 20\log(\text{周波数 [MHz]})$$
$$= -42.2 + 20\log(0.91) + 20\log(6,000)$$
$$= -42.2 - 0.8 + 75.6 = 32.6 \text{ [dB]}$$

表 3.4 から，効率 30% のアンテナは利得を 2.6dB 減算することになる．したがって，32.6 − 2.6 = 30.0dB となる．

| 問題 2 | [非対称アンテナの利得]
図 A.2 に示すように，垂直方向のビーム幅を 40°，水平方向のビーム幅を 3°，効率を 50% とする．アンテナの寸法と効率から，非対称パラボラアンテナの利得を求めよ． | 3.7 |

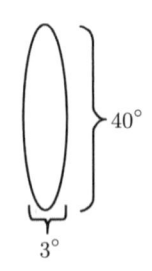

図 A.2　問題 2 におけるアンテナビーム幅

表 A.1　利得およびビーム幅対周波数

周波数	ボアサイト利得	3dB ビーム幅
2GHz	18dB	18.2°
8GHz	30dB	4.6°
18GHz	37.2dB	2°

利得（非 dB 値）は，$29{,}000 \div$ (垂直方向の BW × 水平方向の BW) $= 29{,}000 \div (40 \times 3) = 241.7$ となる．dB 変換すると，$\log 241.7 \approx 23.8\text{dB}$ である．表 3.4 から，効率 50% の場合，この利得は効率の減少分に対して，0.4dB 低下するので，利得は，$23.8 - 0.4 = 23.4\text{dB}$ となる．

問題 3	[アンテナ利得と帯域幅対周波数] 8GHz で効率 40% の場合の利得 30dB のアンテナにおいて，周波数が 2GHz，8GHz，18GHz の場合の利得と 3dB ビーム幅を計算尺を用いて求めよ．	3.7

利得と 3dB ビーム幅の値は，表 A.1 に示すとおりである．

まず，図 A.3 の A 部に示すように，計算尺の 30dB を 40% 効率に合わせる．B 部に示すように，8GHz におけるアンテナ直径は，2 フィートよりわずかに小さいことに注意しよう．

ここで，図 A.4 の A 部に示すように，2GHz がアンテナ直径（約 2 フィート）と同じになるように，スライドを移動させる．次に，B 部の効率 40% における利得（18dB）を読み取り，C 部で 3dB ビーム幅（18.2°）を読み取る．

付録 A 問題と解法　279

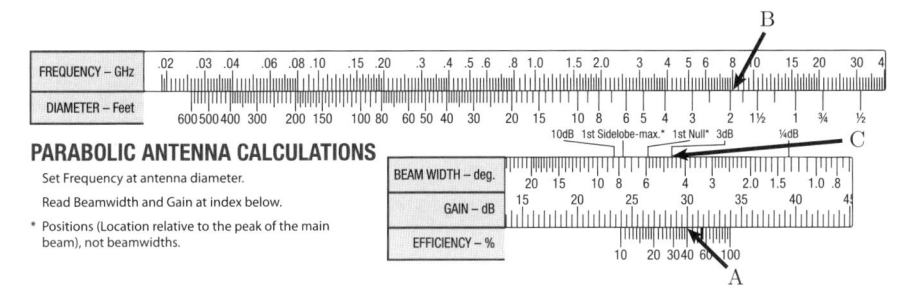

図 A.3　問題 3 における計算尺の最初の設定

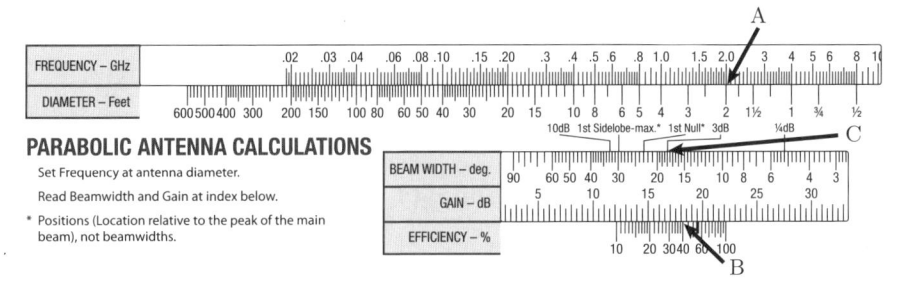

図 A.4　問題 3 における計算尺の 2 番目の設定

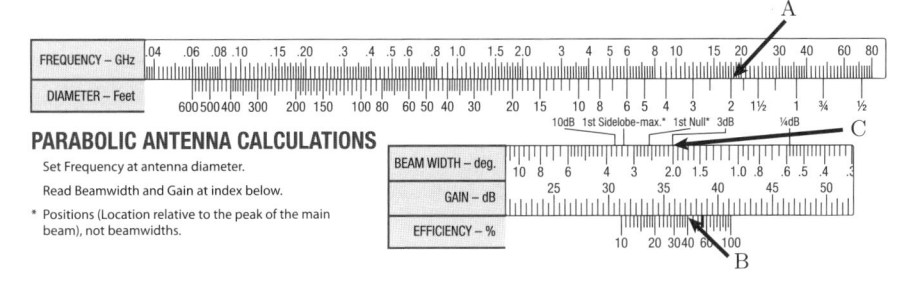

図 A.5　問題 3 における計算尺の 3 番目の設定

さて，図 A.5 の A 部に示すように，18GHz がアンテナ直径の 2 フィートに合うようにスライドを移動する．その次に，B 部で効率 40% における利得（37.2dB）を，また C 部で 3dB ビーム幅（2°）を読み取る．

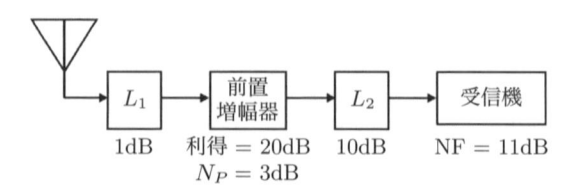

図 A.6 問題 4 の受信システムのブロック図

| 問題 4 | ［受信システム感度］100kHz の有効帯域幅（BW）を有し，検波前信号対雑音比（RFSNR）15dB を必要とする受信機がある．そのブロック図を図 A.6 に示す．このシステム感度を求めよ． | 4.4 |

まず，システムの雑音指数を決定しなければならない．前置増幅器より前の損失 L_1 は 1dB であることに注意しよう．前置増幅器の利得は 20dB，その雑音指数 N_P は 3dB である．前置増幅器以降の損失 L_2 は 10dB，受信機の雑音指数は 11dB である．

図 A.7 から，劣化係数は 2dB である．これがシステムの雑音指数となる．すなわち，システムの雑音指数は，

$$L_1 + N_P + 劣化係数 = 1\text{dB} + 3\text{dB} + 2\text{dB} = 6 \text{ (dB)}$$

となる．kTB は，

$$-114 + 10\log\left(\frac{\text{BW}}{1\text{MHz}}\right) = -114 + 10\log\left(\frac{100\text{kHz}}{1\text{MHz}}\right)$$
$$= -114 - 10 = -124 \text{ (dBm)}$$

となり，受信システム感度は，

$$\text{kTB} + システムの雑音指数 + 所要 \text{RFSNR} = -124\text{dBm} + 6\text{dB} + 15\text{dB}$$
$$= -103 \text{ (dBm)}$$

となる．

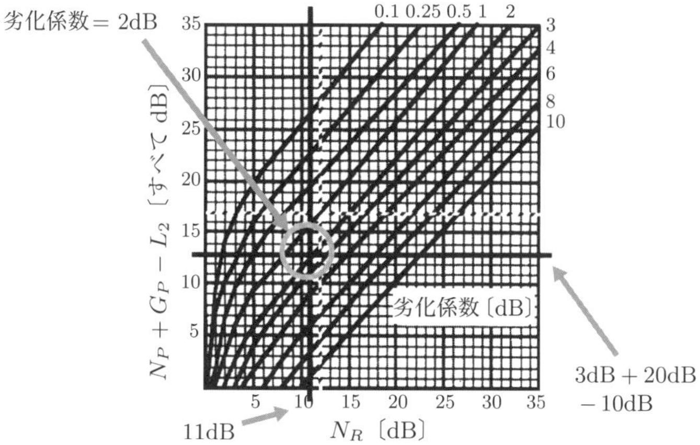
劣化係数＝2dB
0.1 0.25 0.5 1 2
3
4
6
8
10
35
30
25
20
15
10
5
$N_P + G_P - L_2$〔すべて dB〕
劣化係数〔dB〕
3dB＋20dB
−10dB
5 10 15 20 25 30 35
11dB
N_R〔dB〕

図 A.7　問題 4 の雑音指数劣化係数グラフ

問題 5	[アナログ受信機のダイナミックレンジ] 受信機の感度レベルが（上流側のすべての利得と損失の調整後の前置増幅器の出力で）−90dBm，2 次インターセプトポイントが +60dBm，3 次インターセプトポイントが +30dBm である場合の受信システムのダイナミックレンジを求めよ．	4.5.2

図 A.8 に前置増幅器のインターセプトポイント図を示す．2 次線は +60dBm で基本線と交わり，3 次線は +30dBm で交わることに注意しよう．感度線は −90dBm のレベルに引かれている．これは，（アンテナの出力部における）システム感度に前置増幅器の利得を加え，アンテナと前置増幅器の間のあらゆる損失を差し引くと，−90dBm になることを意味する．

この問題では，2 次スプリアスはフィルタリングにより除去されると仮定すると，システムのダイナミックレンジは，3 次スプリアスによって制限されることになる．

3 次線と感度線が交差する点 A から基本線の点 B まで垂直線を引く．この線の長さは 75dB（−15dBm から −90dBm まで）であるので，受信システムのダイナミックレンジは 75dB となる．

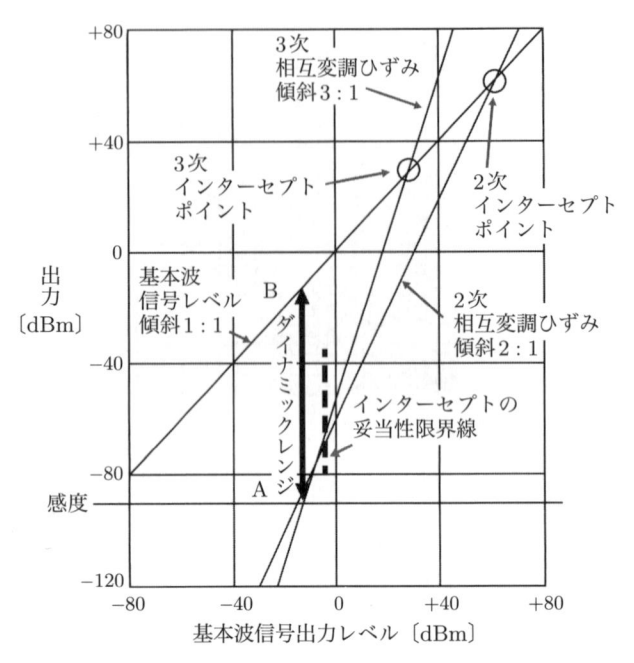

図 A.8 問題 5 のインターセプトポイント図

問題 6	[デジタル受信機のダイナミックレンジ] 12 ビットのデジタル化を行うデジタル受信機のダイナミックレンジを求めよ．	4.5.3

ダイナミックレンジ $= 20\log(2^n)$ である．ここで $n = 12$ なので，ダイナミックレンジは $20\log(4,096) = 72.2\text{dB}$ となる．

問題 7	[片方向回線方程式] 送信機電力が 1W であり，送信アンテナ利得が 2dBi，受信アンテナ利得（送信機方向）が 2dBi，また（どの伝搬モードでも）回線損失が 100dB である場合，図 A.9 に示す回線の受信電力を求めよ．	5.2

$$P_R = P_T + G_T - 損失 + G_R = 30\text{dBm} + 2\text{dBi} - 100\text{dB} + 2\text{dBi}$$
$$= -66\,[\text{dBm}]$$

図 A.9　問題 7 の片方向回線

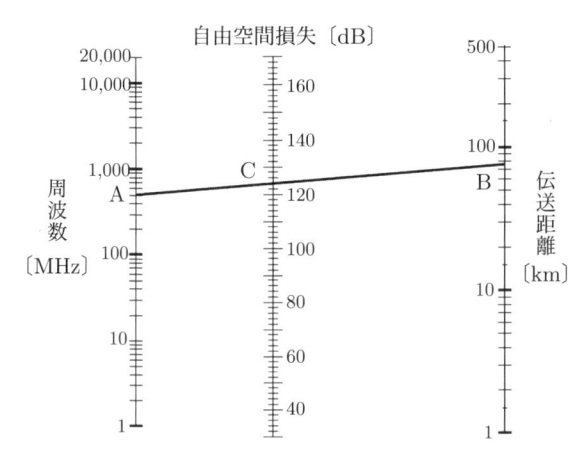

図 A.10　問題 8 における自由空間損失ノモグラフ

| 問題 8 | ［見通し線内伝搬損失］
周波数が 500MHz で，距離が 75km の場合の（地面から遠い）二つの等方性アンテナ間の伝搬損失を求めよ． | 5.4 |

$$\text{損失 (LOS)} = 32.4 + 20\log(\text{距離 [km]}) + 20\log(\text{周波数 [MHz]})$$
$$= 32.4 + 20\log(75) + 20\log(500)$$
$$= 32.4 + 37.5 + 54.0 = 123.9 \text{ [dB]}$$

また，図 A.10 のノモグラフからこの損失を求めることもできる．A（500MHz）から B（75km）へ直線を引く．この線は，中央の目盛り線と（124dB よりわずかに小さい）C で交差することに注意しよう．

また，図 A.11 に示す計算尺の面 1 からこの損失を求めることもできる．0.5GHz が A 部の窓の中央に来るまでスライドを移動させる．B 部（75km）で，伝搬損失（124dB よりわずかに小さい）を読み取る．

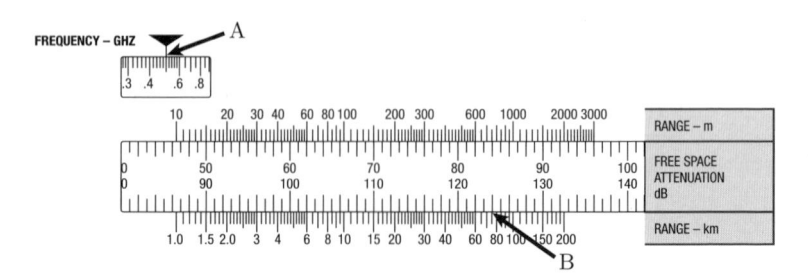

図 A.11　問題 8 における計算尺の設定

| 問題 9 | [平面大地（2 波）伝搬損失]
15km 離隔した，地上高 2m の送信アンテナと地上高 20m の受信アンテナの間の伝搬損失を求めよ．この問題では，平面大地（2 波）伝搬モデルが適合するものとする． | 5.5 |

（平面大地（2 波）伝搬）損失
$$= 120 + 40\log(距離〔km〕) - 20\log(送信アンテナ高〔m〕)$$
$$\quad - 20\log(受信アンテナ高〔m〕)$$
$$= 120 + 40\log(15) - 20\log(2) - 20\log(20)$$
$$= 120 + 47 - 6 - 26 = 135〔dB〕$$

となる．

また，図 A.12 のノモグラフからこの損失を求めることもできる．A (2) から B (20) に直線を引き，次に，C から D (15km) を経由して E (135dB) まで直線を引く．

また，図 A.13 に示す計算尺の面 2 からこの損失を求めることもできる．A 部に示すように，スライドを動かして 15km と 2m を合わせる．B 部（20m）で減衰量（135dB）を読み取る．

| 問題 10 | [フレネルゾーン]
周波数が 400MHz の場合，地上高 2m の送信アンテナと地上高 200m の受信アンテナとの間のフレネルゾーン距離を求めよ． | 5.6 |

付録 A 問題と解法　285

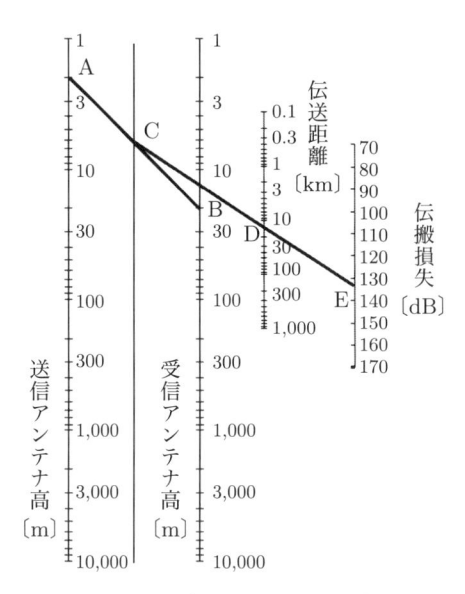

図 A.12 問題 9 におけるノモグラフ

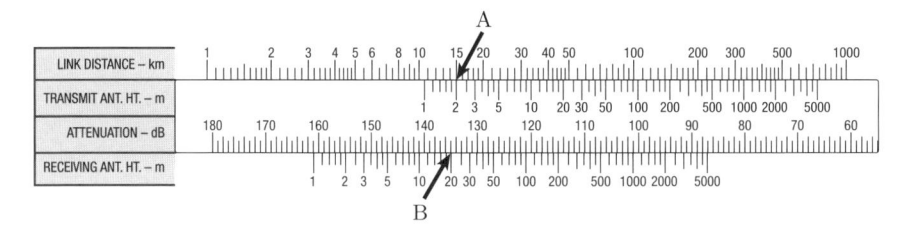

図 A.13 問題 9 における計算尺の設定

$$\text{フレネルゾーン距離 [km]} = \frac{h_t[\text{m}] \times h_r[\text{m}] \times \text{周波数 [MHz]}}{24,000}$$

$$= \frac{2 \times 200 \times 400}{24,000} = 6.7 \text{ [km]}$$

これは，回線距離が 6.7km より短い場合は自由空間損失を適用し，6.7km より長い場合には平面大地損失を適用するということを意味する．

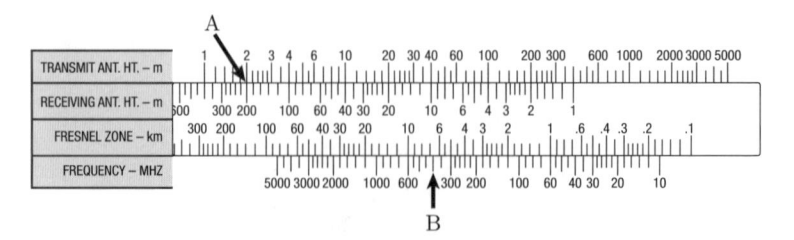

図 A.14　問題 10 における計算尺の設定

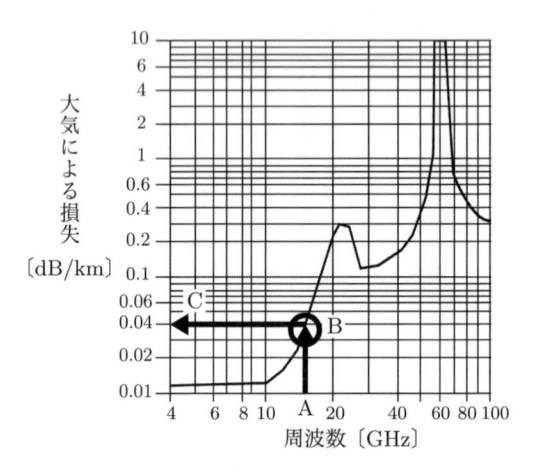

図 A.15　問題 11 における大気損失

また，図 A.14 に示すように，計算尺からフレネルゾーンを求めることもできる．A 部に示すように，スライドを動かして 2m と 200m を合わせる．次に，B 部（400MHz）でフレネルゾーン距離（6.7km）を読み取る．

問題 11	[大気損失] 海水面上の回線距離が 50km である周波数 15GHz の回線の大気損失を求めよ．	5.8

図 A.15 で，A（15GHz）から大気損失曲線の点 B まで垂直線を引き，次に，縦軸の 1km 当たりの大気損失 C（0.04dB）まで水平線を引く．大気損失は，$0.04\mathrm{dB/km} \times 50\mathrm{km} = 2$〔dB〕となる．

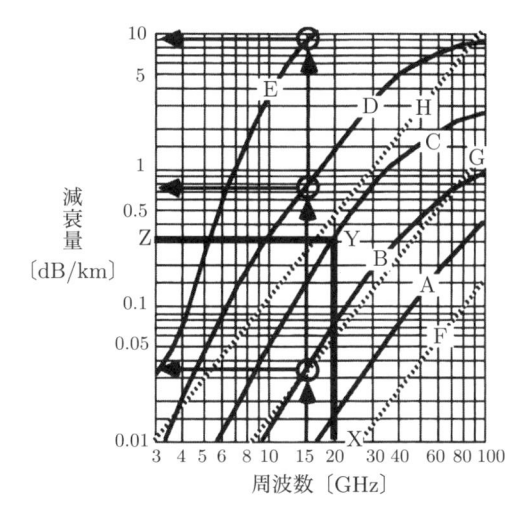

図 A.16　問題 12 の降雨損失

| 問題 12 | [降雨損失]
周波数 20GHz の回線が並雨の降雨区間距離 50km を通過する場合の降雨損失を求めよ． | 5.8 |

　図 A.16 の曲線 C で示されるような，並雨（4mm/hr）がもたらす損失を，表 5.3 から求めることができる．X（20GHz）から曲線 C の Y まで垂直線を引き，次に，0.3dB/km（点 Z）まで水平線を引く．すると，降雨損失として，0.3dB/km × 50km ＝ 15dB が得られる．

| 問題 13 | [衛星回線損失]
図 A.17 に示すように，低高度衛星の方向に向いた利得 15dBi のアンテナを有する地球局受信機で，衛星からの周波数 5GHz の信号を傍受するものとする．衛星は，地球局受信機の局地水平線上空，仰角 5°，距離 4,000km に位置している．予測される 0°C 等温線高度は 4km で，大雨存在下でも傍受を成功させる必要がある．100W の ERP を有するこの衛星からの信号を受信すべき地球局受信機に必要とされる感度を求めよ． | 5.10 |

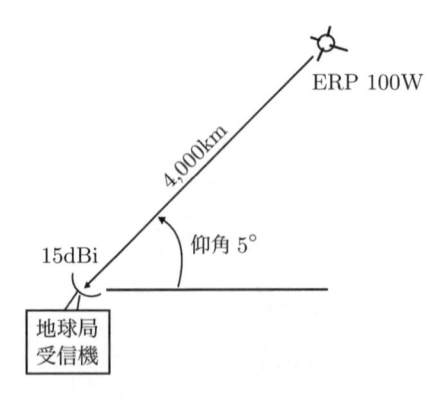

図 A.17 問題 13 の衛星回線

受信信号強度と等しくなるべき感度は，

$P_R = \mathrm{ERP} - \mathrm{LOS}\,損失 - 大気損失 - 降雨損失 + 受信アンテナの利得$

である．

図 A.18 のグラフにおいて，A（5GHz）から 5° 損失線の B へ垂直線を引き，そこから C まで水平線を引くと，大気損失 $\approx 0.4\mathrm{dB}$ が得られる．

降雨損失の位置関係は，図 A.19 で決まる．地球局から 0°C 等温線までの経路長は，$4\mathrm{km}/\sin 5° = 4\mathrm{km}/0.087 = 45.9\mathrm{km}$ である．

1km 当たりの降雨損失は，図 A.20 において，X（5GHz）から曲線 D（大雨）の Y まで垂直線を引き，次に Z まで水平線を引くと，$0.045\mathrm{dB/km}$ が得られる．

$\quad$ 降雨損失 $= 0.45\mathrm{dB/km} \times 45.9\mathrm{km} = 2\,[\mathrm{dB}]$

$\quad$ 受信アンテナ利得 $= 15\,[\mathrm{dBi}]$

$\quad \mathrm{LOS}\,損失 = 32.44 + 20\log(4{,}000\,[\mathrm{km}]) + 20\log(5{,}000\,[\mathrm{MHz}])$
$\quad \qquad\qquad = 178.4\,[\mathrm{dB}]$

したがって，受信信号強度，すなわち所要感度は，

$\quad \mathrm{ERP} - \mathrm{LOS}\,損失 - 大気損失 - 降雨損失 + 受信アンテナ利得$
$\quad\quad = 50\mathrm{dBm} - 178.4\mathrm{dB} - 0.2\mathrm{dB} - 2\mathrm{dB} + 15\mathrm{dBi} = -115.6\,[\mathrm{dBm}]$

となる．

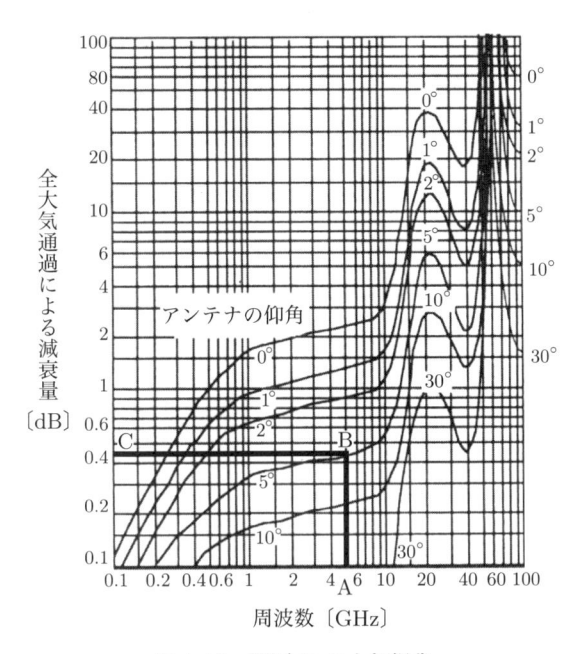

図 A.18　問題 13 の大気損失

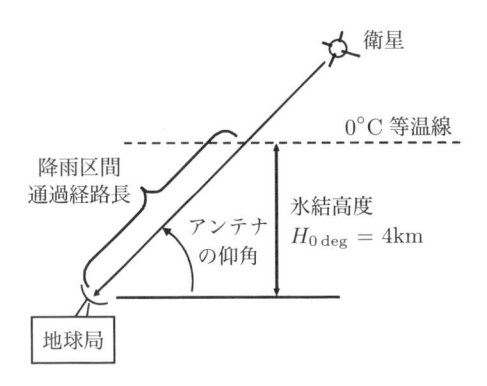

図 A.19　問題 13 の降雨損失の位置関係

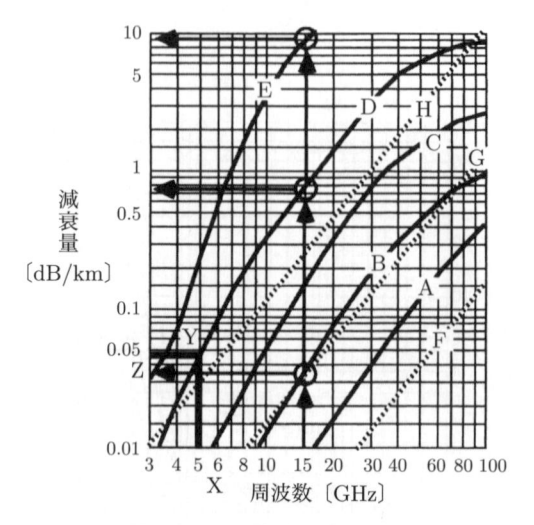

図 A.20　問題 13 の降雨損失

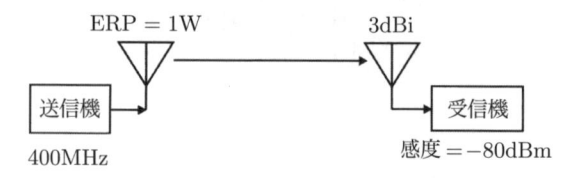

図 A.21　問題 14 の回線図

問題 14	[実効距離（見通し線回線）] 感度 $-80\mathrm{dBm}$，アンテナ利得 3dBi の受信機が，周波数 400MHz，ERP 1W の信号を受信できる距離を求めよ．各アンテナは，見通し線伝搬が見込める程度に地上から離隔しているものとする（図 A.21 参照）．	第 5 章

5.4 節から，

$$P_R = \mathrm{ERP} - 32.4 - 20\log(d) - 20\log(F) + G_R$$

である．d は距離 [km] で，F は周波数 [MHz] であることを思い出そう．
P_R が感度に等しいとし，$20\log(d)$ 項について解く．

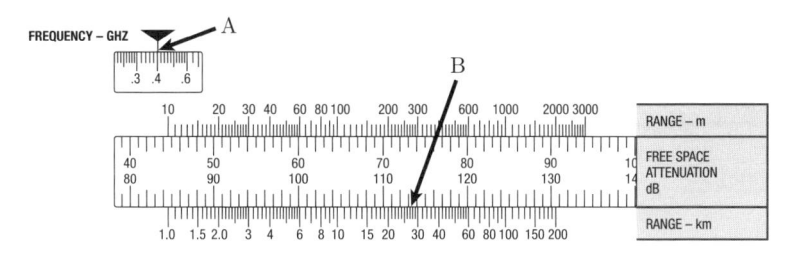

図 A.22　問題 14 における計算尺の設定

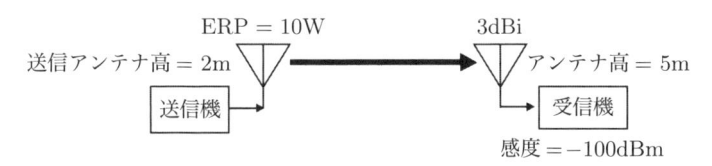

図 A.23　問題 15 の回線図

$$20\log(d) = \text{ERP} - 32.4 - 20\log(F) + G_R - 感度$$
$$= +30 - 32.4 - 20\log(400) + 3 - (-80)$$
$$= 30 - 32.4 - 52 + 3 + 80 = 28.6$$
$$d = \text{antilog}\left(\frac{20\log(d)}{20}\right) = \text{antilog}\left(\frac{28.6}{20}\right) = 26.9 \text{ [km]}$$

この問題はまた，図 A.22 に示すように，計算尺の面 1 を用いて解くこともできる．まず，伝搬損失を取り出すと，

$$\text{ERP} + 受信アンテナ利得 - 感度 = 30 + 3 - (-80) = 113 \text{ [dB]}$$

となる．次に，計算尺の A 部で 0.4GHz に合わせる．減衰が 113dB となる B 部を見ると，その距離は 26.9km になるとわかる．

問題 15	[実効距離（平面大地回線）]	第 5 章
	感度 −100dBm，アンテナ利得 3dBi，アンテナ地上高 5m の受信機で，周波数 400MHz，送信アンテナ高 2m，ERP 10W の信号を受信できる距離を求めよ（図 A.23 参照）．	

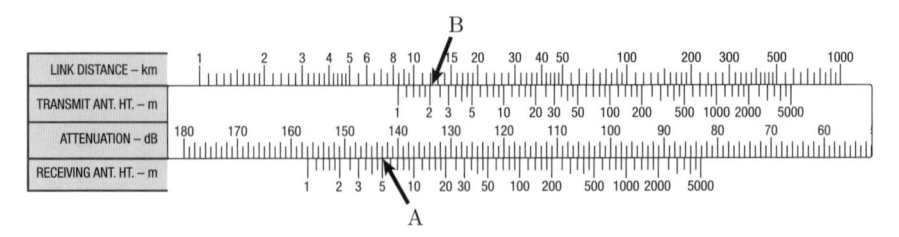

図 A.24　問題 15 における計算尺の設定

　まず，妥当な伝搬モードを判定するために，フレネルゾーンを調べなければならない．FZ $= (2 \times 5 \times 400)/24,000 = 167$m であるので，この伝搬モードは，ほぼ間違いなく，平面大地（2 波）伝搬である．実効距離が 167m を下回れば，問題をやり直す必要があるだろう．

　5.5 節から，受信電力は，

$$P_R = \text{ERP} - 120 - 40\log(d) + 20\log(h_t) + 20\log(h_r) + G_R$$

である．距離の単位は km で，二つのアンテナ高の単位は m であることを思い出そう．受信電力が感度に等しいとして，$40\log(d)$ 項について解く．すると，

$$\begin{aligned}
40\log(d) &= \text{ERP} - 120 + 20\log(h_t) + 20\log(h_r) + G_R - 感度 \\
&= 40 - 120 + 20\log(2) + 20\log(5) + 3 - (-100) \\
&= 40 - 120 + 6 + 14 + 3 + 100 = 43
\end{aligned}$$

$$d = \text{antilog}\left(\frac{40\log(d)}{40}\right) = \text{antilog}\left(\frac{43}{40}\right) = 11.9 \,[\text{km}]$$

となる．

　この問題はまた，図 A.24 に示すように，計算尺の面 2 で解くこともできる．まず，伝搬損失を計算する．これは，ERP− 感度 + 受信アンテナ利得であり，

$$伝搬損失 = 40 + 100 + 3 = 143 \,[\text{dB}]$$

となる．最初に，計算尺の A 部で，受信アンテナの高度（5m）に減衰量 143dB を合わせる．次に，送信アンテナの高度（B 部）で距離を読み取る．その距離は 11.9km であるとわかるであろう．

問題 16	［狭帯域捜索における傍受確率］ある受信機は帯域幅が 200kHz であり，25kHz 幅の信号を見つけるため，30〜88MHz 間を掃引する．この受信機は，その帯域幅内の信号エネルギーを 100μsec 以内で測定することが可能であり，また探知しいかなる信号も，その各変調パラメータと実際の信号周波数を含めて 1msec 以内で解析することができる．チャンネルの 5% が占有されている場合，この受信機が（測定したパラメータから識別可能な）特定の関心信号を 0.5sec 以内に見つける確率を求めよ．信号を掃引する際は，50% の帯域幅オーバラップを用いるものとする．	第 6 章

まず，どれほどの信号が存在しているのだろうか？ $88-30=58$MHz が 25kHz の各信号チャンネルでカバーされる．これによって，信号は 2,320 か所に位置することが見込まれる．信号は，2,320 か所の 5%，すなわち 116 か所に存在する．

探知した信号の解析にどの程度時間を費やすだろうか？ それには 116×1msec $= 116$msec の時間を要する．

受信機が信号の捜索に費やせる時間はどれくらいだろうか？ 58MHz には 290 の 200kHz 帯域幅が含まれている．その周波数範囲を 50% オーバラップでカバーするには，580 ステップを要する．受信機は，同調ステップ上にどのような信号が存在しているかを判定するために，1 ステップにつき 100μsec の間，一時停止しなければならない．すなわち，

$$580 \text{ ステップ} \times 100\mu\text{sec}/\text{ステップ} = 58 \text{ [msec]}$$

である．すなわち，受信機は掃引に 58msec を費やさなければならない．

したがって，全範囲の捜索と探知した信号すべての解析に，$116+58=174$msec を要する．それゆえ，対象となる信号は，存在していれば 174msec で見つかるであろう．傍受確率は 100% となる．

傍受確率を調べる別の方法は，受信機がカバーしうる全周波数範囲と関心信号の周波数範囲を比較することである．

5％の占有があれば，1MHz 当たり平均して二つの信号がある．すなわち，

$$\frac{58\text{MHz} \times 0.05/25\text{kHz}}{58} = 2$$

である．50％ オーバラップで 1MHz をカバーするのに，10 の同調ステップを要する．すなわち，

$$\frac{1\text{MHz}}{200\text{kHz}} \times 2 = 10$$

である．各同調ステップに $100\mu\text{sec}$ が必要である．これは，1MHz を掃引するのに

$$0.1\text{msec}/\text{ステップ} \times 10\ \text{ステップ}/\text{MHz} = 1\ [\text{msec}]$$

を要することを意味する．探知した信号それぞれに 1msec の解析時間が必要であるので，探知した2信号を解析するには，1MHz 当たり 2msec を要する．

したがって，1MHz をカバーするのに 3msec が必要である．この受信システムは，0.5sec で 166.7MHz（500msec/3msec）内に存在するすべての信号を捜索し，解析することができる．傍受確率（POI）は，カバーする全周波数範囲を信号が存在する可能性がある周波数範囲で割った比率であり，すなわち 287％ となる．しかしながら，POI が 100％ を超える事例を選んだので，答えは 100％ となる．

問題 17〜23 に関する注意

これらの解法では，フレネルゾーンと伝搬損失の計算に各公式を用いている．これらの数値を計算するのに，計算尺あるいは第 5 章の伝搬ノモグラフを利用することもできる．計算尺では，フレネルゾーン距離が目盛りの右に外れてしまうことがよくある．これはフレネルゾーン距離が 100m 未満であることを意味するが，回線距離が 100m より長い場合は，平面大地（2波）伝搬を適用するという意味になる．

付録 A　問題と解法　295

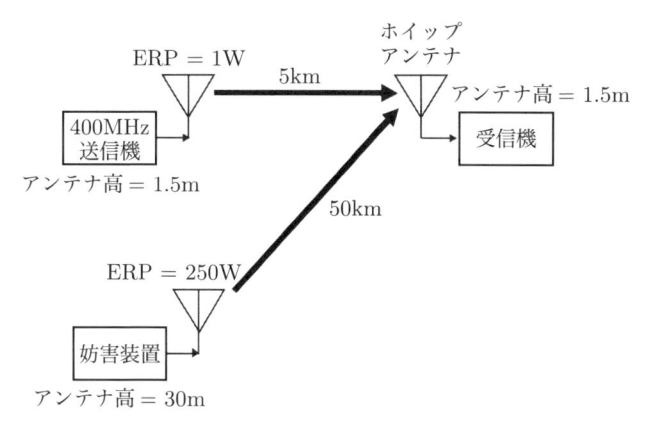

```
                    ホイップ
                    アンテナ
    ERP = 1W    5km    ▽
       ▽ ━━━━━━━━━▶  ▽  アンテナ高 = 1.5m
 ┌─────┐            ┌─────┐
 │400MHz│            │受信機│
 │ 送信機│            └─────┘
 └─────┘         ╱
 アンテナ高 = 1.5m  ╱
              ╱ 50km
    ERP = 250W ╱
       ▽
 ┌─────┐
 │妨害装置│
 └─────┘
 アンテナ高 = 30m
```

図 A.25　問題 17 の回線図

問題 17	[通信 J/S] 図 A.25 に示す妨害配置を考えてみよう．妨害装置から 50km 離れた位置にある，通信所間が 5km の敵のプッシュ・トゥ・トーク網を妨害する．目標の送受信機はホイップアンテナを使用している．この図は標準的な目標回線を示している．もちろん，受信機（すなわち，目下受信中の送受信機）を妨害するのである．この場合の J/S を求めよ．	9.1

送信機から受信機への FZ は，$(1.5 \times 1.5 \times 400)/24{,}000 = 37.5$m であるので，伝搬は平面大地（2 波）伝搬となる．妨害装置から受信機への FZ は，$(30 \times 1.5 \times 400)/24{,}000 = 750$m であるので，伝搬は平面大地（2 波）伝搬となる．送信機の ERP は，30dBm である．妨害装置の ERP は，54dBm である．送信機から受信機までの損失は，

$$120 + 40\log(5) - 20\log(1.5) - 20\log(1.5) = 120 + 28 - 3.5 - 3.5 = 141 \, \text{[dB]}$$

となり，妨害装置から受信機までの損失は，

$$120 + 40\log(50) - 20\log(30) - 20\log(1.5) = 120 + 68 - 29.5 - 3.5 = 155 \, \text{[dB]}$$

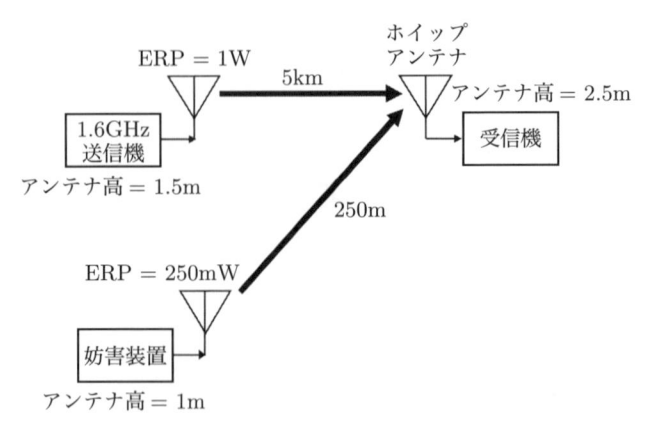

図A.26 問題18の回線図

となる．したがって，

$$\mathrm{J/S} = \mathrm{ERP}_J - \mathrm{ERP}_S - 損失_J + 損失_S = 54 - 30 - 155 + 141 = 10 \,[\mathrm{dB}]$$

となる．

これは，アナログ目標信号に対しては十分である．敵がデジタル変調を使用している場合は，0dBで十分となる．

問題18	[通信 J/S] 図A.26に示す妨害配置を考えてみよう．これは，受信機の非常に近く（250m）に配置された低電力妨害装置（1/4W）を使用した「スタンドイン妨害」である．この場合のJ/Sを求めよ．	9.1

送信機から受信機へのFZは，$(1.5 \times 2.5 \times 1{,}600)/24{,}000 = 250$m であるので，平面大地（2波）伝搬である．妨害装置から受信機へのFZは，$(1 \times 2.5 \times 1{,}600)/24{,}000 = 167$m であるので，平面大地（2波）伝搬である．送信機のERPは，30dBmである．妨害装置のERPは，$10\log(250) = 24$dBmである．送信機から受信機までの損失は，

$$120 + 40\log(5) - 20\log(1.5) - 20\log(2.5) = 120 + 28 - 3.5 - 8 = 136.5 \,[\mathrm{dB}]$$

付録 A　問題と解法　297

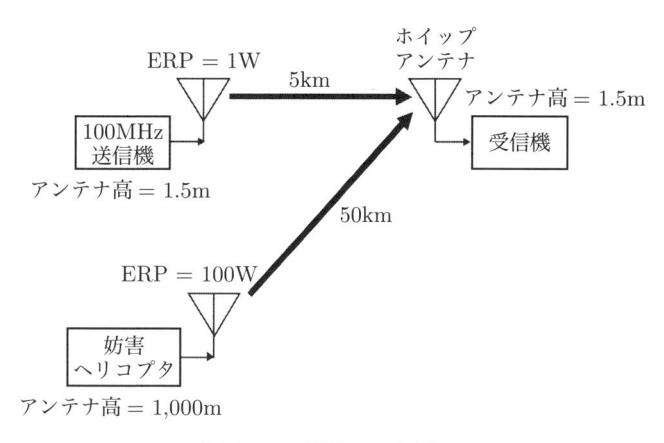

図 A.27　問題 19 の回線図

となり，妨害装置から受信機までの損失は，

$$120 + 40\log(0.25) - 20\log(1) - 20\log(2.5) = 120 - 24 - 0 - 8 = 88 \,[\mathrm{dB}]$$

となる．したがって，

$$\mathrm{J/S} = \mathrm{ERP}_J - \mathrm{ERP}_S - 損失_J + 損失_S = 24 - 30 - 88 + 136.5 = 42.5 \,[\mathrm{dB}]$$

となる．

問題 19	[通信 J/S] 図 A.27 に示す妨害配置を考えてみよう．この問題では，敵のプッシュ・トゥ・トーク網からの距離が 50km，高度が 1,000m の位置でホバリング中のヘリコプタに搭載された妨害装置を使用する．この場合の J/S を求めよ．	9.1

送信機から受信機への FZ は，$(1.5 \times 1.5 \times 100)/24{,}000 = 9.3\mathrm{m}$ であるので，平面大地（2 波）伝搬である．妨害装置から受信機への FZ は，$(1{,}000 \times 1.5 \times 100)/24{,}000 = 6.25\mathrm{km}$ であるので，平面大地（2 波）伝搬である．送信機の ERP は，30dBm である．妨害装置の ERP は，50dBm である．送信機から受信機までの損失は，

$$120 + 40\log(5) - 20\log(1.5) - 20\log(1.5) = 120 + 28 - 3.5 - 3.5 = 141 \,[\mathrm{dB}]$$

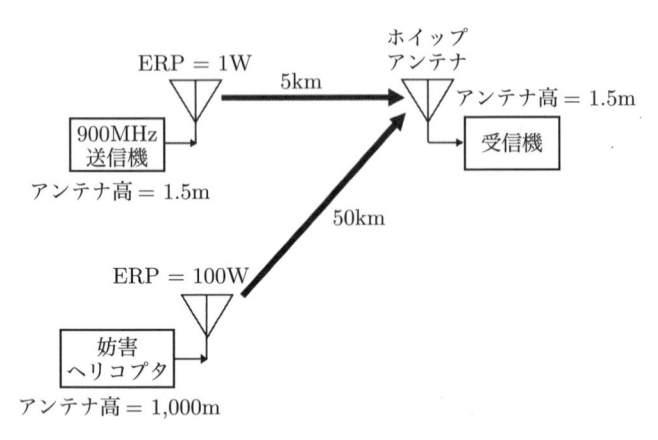

図 A.28　問題 20 の回線図

となり，妨害装置から受信機までの損失は，

$$120 + 40\log(50) - 20\log(1,000) - 20\log(1.5) = 120 + 68 - 60 - 3.5 = 124.5 \, [\text{dB}]$$

となる．したがって，

$$\text{J/S} = \text{ERP}_J - \text{ERP}_S - 損失_J + 損失_S = 50 - 30 - 124.5 + 141 = 36.5 \, [\text{dB}]$$

となる．

問題 20	[通信 J/S] 図 A.28 に示す妨害配置を考えてみよう．これは問題 19 と同じであるが，今度は目標の通信網が 900MHz で運用中とする．この場合の J/S を求めよ．	9.1

送信機から受信機への FZ は，$(1.5 \times 1.5 \times 900)/24,000 = 84$m であるので，伝搬は平面大地（2 波）伝搬である．妨害装置から受信機への FZ は，$(1,000 \times 1.5 \times 900)/24,000 = 56$km であるので，伝搬は見通し線伝搬である．送信機の ERP は，30dBm である．妨害装置の ERP は，50dBm である．送信機から受信機までの損失は，

$$120 + 40\log(5) - 20\log(1.5) - 20\log(1.5) = 120 + 28 - 3.5 - 3.5 = 141 \, [\text{dB}]$$

付録 A　問題と解法　299

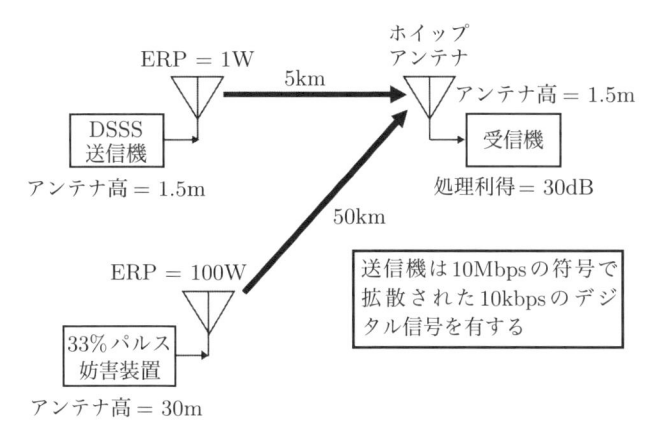

```
                ホイップ
                アンテナ
ERP = 1W   5km  ▽ アンテナ高 = 1.5m
  ▽ ────────→
┌──────┐            ┌──────┐
│ DSSS │            │ 受信機│
│ 送信機│            └──────┘
└──────┘         処理利得 = 30dB
アンテナ高 = 1.5m
              50km
ERP = 100W
  ▽           ┌─────────────────┐
┌──────┐      │送信機は10Mbpsの符号で│
│33%パルス│    │拡散された10kbpsのデジ│
│妨害装置│    │タル信号を有する      │
└──────┘      └─────────────────┘
アンテナ高 = 30m
```

図 A.29　問題 21 の回線図

となり，妨害装置から受信機までの損失は，

$$32.4 + 20\log(900) + 20\log(50) = 32.4 + 59 + 34 = 125.4 \text{ [dB]}$$

となる．したがって，

$$\text{J/S} = \text{ERP}_J - \text{ERP}_S - 損失_J + 損失_S = 50 - 30 - 125.4 + 141 = 35.6 \text{ [dB]}$$

となる．

問題 21	[通信 J/S] 図 A.29 に示す妨害配置を考えてみよう．これは問題 19 で取り上げたものと同じ状況であるが，今度の回線は，10Mbps の拡散符号と，10kbps の情報ビットレートを有する DS スペクトル拡散（DSSS）信号を使用している．これは，受信機で 30dB の処理利得を生み出す．この場合の J/S を求めよ．	9.1

問題 19 から，DSSS 信号でない場合の J/S は 36.5dB となる．一方，30dB の処理利得によって，実際の J/S は 6.5dB に低減される．目標信号はデジタルであり，J/S は 0dB より大きいので，この J/S は十分である．さらに，デューティサイクルが 33% であるので，デジタルの目標信号は効果的に妨害される．

図 A.30 に示すような配置を考える。

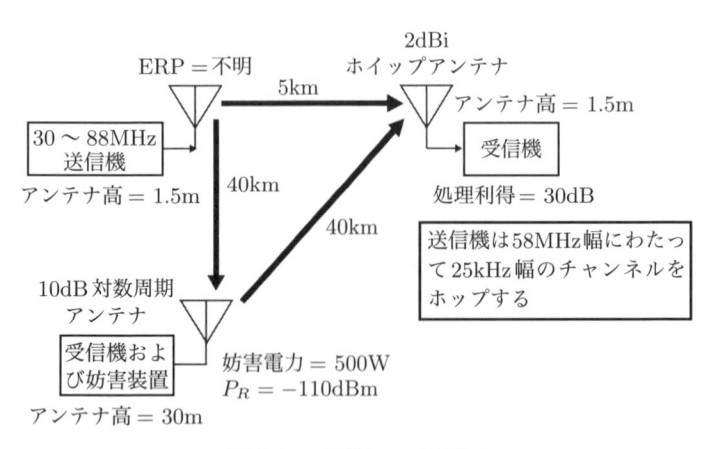

```
                        2dBi
                        ホイップアンテナ
    ERP＝不明       5km
         △ ─────────→ ▽  アンテナ高＝1.5m
  ┌─────────┐             ┌──────┐
  │30〜88MHz │              │受信機│
  │ 送信機  │              └──────┘
  └─────────┘40km
  アンテナ高＝1.5m          処理利得＝30dB
              │      40km
              ↓  ╱         ┌──────────────────┐
           △                │送信機は58MHz幅にわたっ│
      10dB 対数周期          │て25kHz幅のチャンネルを│
       アンテナ              │ホップする         │
  ┌──────────┐              └──────────────────┘
  │受信機およ│  妨害電力＝500W
  │び妨害装置│  $P_R = -110$dBm
  └──────────┘
  アンテナ高＝30m
```

図 A.30　問題 22 の回線図

問題 22	[パーシャルバンド妨害] 図 A.30 に示す妨害配置を考えてみよう．これは，30〜88MHz（58MHz 幅）の範囲にわたってホップするチャンネル帯域幅 25kHz を有する周波数ホッピング網である．送信機の ERP は，電波管制されているので不明である．網内の送受信機は 5km 離れている．妨害装置は網から 40km 離隔しており，受信能力を有している．この妨害装置は，30m のマスト上に利得 10dB の対数周期アンテナを持っている．送信された目標信号は，妨害装置の受信機で -110dBm で受信される．J/S 0dB で目標信号を妨害できる妨害距離の割合を求めよ．	9.3.1

平均送信周波数は 59MHz である．送信機から受信機までの FZ は，$(1.5 \times 1.5 \times 59)/24{,}000 = 5.5$m であるので，平面大地（2 波）伝搬である．送信機から妨害装置までの FZ は，$(1.5 \times 30 \times 59)/24{,}000 = 110$m であるので，平面大地（2 波）伝搬である．妨害装置から受信機までの FZ は同じであるので，平面大地（2 波）伝搬を適用する．妨害装置の ERP は，500W ＋ アンテナ利得 ＝ 57 ＋ 10 ＝ 67dBm である．送信機のホップ周波数の総数は，58MHz/25kHz ＝ 2,320 である．

送信機の ERP は，妨害装置位置における受信電力から計算することができる．

$$P_R = \text{ERP} - (120 + 40\log(40) - 20\log(1.5) - 20\log(30)) + G_R$$

ERP について解くと，

$$\begin{aligned}\text{ERP} &= P_R + (120 + 40\log(40) - 20\log(1.5) - 20\log(30)) - G_R \\ &= -110 + 120 + 64 - 3.5 - 29.5 - 10 = 31\,[\text{dBm}]\ (=1.3\text{W})\end{aligned}$$

となる．

目標受信機で受信される希望信号電力は，

$$\begin{aligned}P_R\,(つまり\,S) &= 31 - (120 + 40\log(5) - 20\log(1.5) - 20\log(1.5)) + 2 \\ &= 31 - 120 - 28 + 3.5 + 3.5 + 2 = -108\,[\text{dBm}]\end{aligned}$$

であり，目標受信機で受信される妨害の信号電力は，

$$\begin{aligned}P_R\,(つまり\,J) &= 67 - (120 + 40\log(40) - 20\log(30) - 20\log(1.5)) + 2 \\ &= 67 - 120 - 64 + 29.5 + 3.5 + 2 = -82\,[\text{dBm}]\end{aligned}$$

である．したがって，

$$\text{J/S}\,[\text{dB}] = J\,[\text{dBm}] - S\,[\text{dBm}] = -82 - (-108) = 26\,[\text{dB}]$$

となる．これは単一チャンネルの J/S であり，ホッピングを無視している．

妨害信号が，チャンネル当たり 0dB にするのに十分な数のチャンネルに拡散される場合，カバーされるチャンネル数は，次式で得られる．

$$\text{antilog}(26/10) = 400\,[\text{チャンネル}]$$

これは，妨害装置が 10MHz にわたって拡散されることを意味する．

2,320 チャンネル中の 400 チャンネル，すなわち 17% しか妨害されないことに注意しよう．これは，効果的妨害を考えると十分ではないが，この妨害配置においては，この妨害装置で可能な最良の妨害性能をもたらすと言えよう．

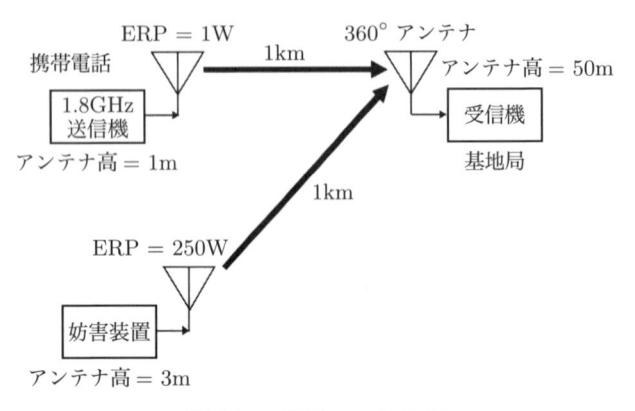

```
                    ERP = 1W        360° アンテナ
        携帯電話         1km
                 ▲ ─────────────→ ▼  アンテナ高 = 50m
         1.8GHz                    ┌─────┐
         送信機                    │受信機│
       アンテナ高 = 1m              └─────┘
                                    基地局
                          1km
                      ↗
         ERP = 250W
             ▲
         ┌─────┐
         │妨害装置│
         └─────┘
       アンテナ高 = 3m
```

図 A.31　問題 23 の回線図

| 問題 23 | ［携帯電話のアップリンク妨害］
図 A.31 に示す妨害配置を考えてみよう．ここでは携帯電話のアップリンクを妨害している．これは，携帯電話の基地局の受信機を妨害しなければならないことを意味する．携帯電話は周波数 1.8GHz，ERP 1W であり，基地局から 1km 離れて地上高 1m にある．基地局は地上高 50m である．妨害装置は，地上高 3m のアンテナからの ERP が 250W で，基地局から 1km 離れている．この場合の J/S を求めよ． | 9.4 |

送信機から受信機への FZ は，$(1 \times 50 \times 1,800)/24,000 = 3.75\text{km}$ であるので，見通し線伝搬となる．妨害装置から受信機への FZ は，$(3 \times 50 \times 1,800)/24,000 = 11.3\text{km}$ であるので，見通し線伝搬となる．送信機の ERP は，30dBm である．妨害装置の ERP は，54dBm である．送信機から受信機までの損失は，

$$32.4 + 20\log(1,800) + 20\log(1) = 32.4 + 65 + 0 = 97.4 \text{ (dB)}$$

となる．妨害装置から受信機までの損失は，信号損失 = 97.4dB と同じである．
したがって，

$$\text{J/S} = \text{ERP}_J - \text{ERP}_S - 損失_J + 損失_S = 54 - 30 - 97.4 + 97.4 = 24 \text{ (dB)}$$

となる．

付録 A 問題と解法 303

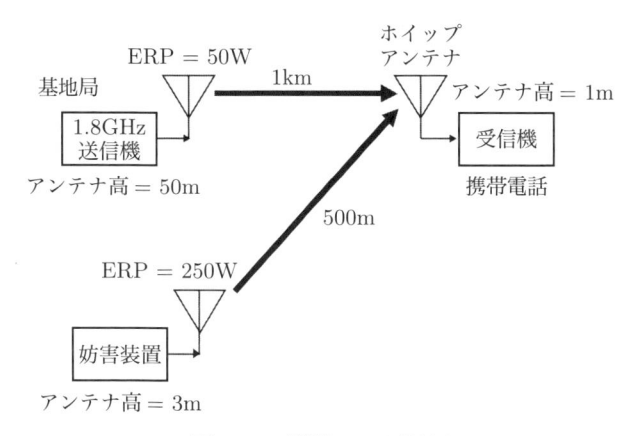

```
                    ERP = 50W        ホイップ
                       ▽            アンテナ
        基地局       ／   1km       ▽  アンテナ高 = 1m
        ┌─────┐ ／              ┌─────┐
        │1.8GHz│／                │受信機│
        │送信機│                  └─────┘
        └─────┘                  携帯電話
        アンテナ高 = 50m
                        ／
                    500m
                ／
        ERP = 250W
           ▽
        ┌─────┐
        │妨害装置│
        └─────┘
        アンテナ高 = 3m
```

図 A.32　問題 24 の回線図

携帯電話が，GSM 方式であれば，（わずか J/S 0dB しか必要としない）デジタル変調であるので，この値は数個のチャンネルにわたって拡散するのに十分な J/S となる．

| 問題24 | ［携帯電話のダウンリンク妨害］ 図 A.32 に示す妨害配置を考えてみよう．ここでは携帯電話のダウンリンクを妨害している．これは，携帯電話の受信機を妨害しなければならないことを意味する．基地局は周波数 1.8GHz，ERP 50W で，携帯電話（地上高 1m）から 1km 離隔している．基地局は地上高 50m である．妨害装置は，地上高 3m のアンテナからの ERP は 250W で，携帯電話から 500m 離れている．この場合の J/S を求めよ． | 9.4 |

送信機から受信機への FZ は，$(50 \times 1 \times 1{,}800)/24{,}000 = 3.75$km であるので，見通し線伝搬となる．妨害装置から受信機までの FZ は，$(3 \times 1 \times 1{,}800)/24{,}000 = 225$m であるので，平面大地（2 波）伝搬となる．送信機の ERP は，47dBm である．妨害装置の ERP は，54dBm である．送信機から受信機までの損失は，

$$32.4 + 20\log(1{,}800) + 20\log(1) = 32.4 + 65 + 0 = 97.4 \text{ [dB]}$$

となり，妨害装置から受信機までの損失は，

$$120 + 40\log(0.7) - 20\log(3) - 20\log(1) = 120 - 12 - 9.5 - 0 = 98.5 \text{ (dB)}$$

となる．

したがって，

$$\text{J/S} = \text{ERP}_J - \text{ERP}_S - 損失_J + 損失_S = 54 - 47 - 98.5 + 97.4 = 5.9 \text{ (dB)}$$

となる．

これは効果的な妨害である．

付録 B

参考文献一覧

　以下の書籍は，通信電子戦に関する参考文献として推奨されるものである．ほとんどの書籍がより広範なテーマを扱っているが，通信 EW の問題を扱う際の参考になると思われる情報が含まれている．これらの書籍は，本書の執筆過程で参考資料として使用したものでもある．読者に役立つであろう書籍はほかにもあり，このリストはスタート地点を提供するにすぎない．

　おおむね以下の参考文献は，本書より多くの数学的説明を通して，考え方や処理過程を解説している．本書が，これらの参考文献に含まれるより深い内容に踏み込もうとしている読者の一助となることを願うものである．

- *EW 101*（D. Adamy 著，2001 年 Artech House 刊，ISBN 1-58053-169-5）．
  　── 数学をほとんど使用せず，電子戦（EW）分野の RF の特徴を扱っている．*Journal of Electronic Defense* 誌に 1994 年 10 月から連載された EW101 コラムをもとにしたものである．
- *EW 102*（D. Adamy 著，2004 年 Artech House 刊，ISBN 1-58053-686-7）．
  　── EW101 の姉妹本で，脅威，レーダの原理，IR と EO，通信 EW，電波源位置決定精度，および通信衛星回線を扱っている．*Journal of Electronic Defense* 誌の EW101 コラムをもとにしたものである．
- *Electronic Warfare in the Information Age*（D. C. Schleher 著，1999 年 Artech House 刊，ISBN 0-89006-526-8）．
  　── 物理学および数学の両方の特性を使用して電子戦分野を取り上げている．MATLAB 5.1 で計算した多様な例題を盛り込んでいる．この書籍は，EW 分野の大部分を取り上げているが，通信 EW に役立つかなりの情報が

（書籍全体に広く）含まれている．

- *Applied ECM* (L. Van Brunt 著, EW Engineering Inc. 刊, ISBN 0-931728-00-2 (Vol.1, 1978 年), ISBN 0-931728-01-0 (Vol.2, 1982 年), ISBN 0-931728-04-5 (Vol.3, 1995 年), ISBN 0-931728-05-3 (3 巻セット))．

　　—— 3 巻にわたり，ECM の範囲を完全かつ厳格に扱う．出版社（EW Engineering Inc., P.O. Box 28, Dunn Loring, VA 22027）からのみ入手可である．

- *Introduction to Electronic Defense Systems* (F. Neri 著, 1991 年 Artech House 刊, ISBN 0-89006-553-5)．

　　—— EW 分野全体の非数学的取り扱い．ほとんどがレーダ EW であるが，4, 5, 6 章には，通信 EW の題材がいくつか入っている．

- *Spread Spectrum Systems with Commercial Applications* (R. Dixon 著, 1994 年 John Wiley & Sons 刊, ISBN 0 471-59342-7)．

　　—— スペクトル拡散信号の概要と数学的特性解析を扱う．

- *Detectability of Spread Spectrum Signals* (R. Dillard, G. Dillard 共著, 1989 年 Artech House 刊, ISBN 0-89006-299-4)．

　　—— スペクトル拡散信号の探知のためのエネルギー探知法を網羅している．エネルギー探知技法の結構な範囲が盛り込まれている．

- *Spread Spectrum Communications Handbook* (M. K. Simon ほか著, 1994 年 McGraw-Hill 刊, ISBN 0-07-057629-7)．

　　—— この分野の専門家による，スペクトル拡散通信についての信頼できる研究論文の編集物．

- *Advanced Techniques for Digital Receivers* (P. Pace 著, 2000 年 Artech House 刊, ISBN 1-58053-053-2)．

　　—— デジタル信号，受信機設計，性能分析に関する大学院レベルの書籍．

- *Introduction to Communication Electronic Warfare Systems* (R. Poisel 著, 2002 年 Artech House 刊, ISBN 1-58053-344-2)．

　　—— 通信信号とその伝搬のほか，それらの信号に対する EW の原理と実践を広範にカバーしている．

- *Practical Communication Theory* (D. Adamy 著, 1994 年 Lynx Publishing 刊, ISBN 1-8885897-04-9)．

——片方向通信回線について記述するとともに，実際の傍受問題に使える簡単な dB 公式を提供している．
- *Tactical Battlefield Communications Electronic Warfare* (D. Adamy 著，2005 年 Lynx Publishing 刊，ISBN 1-885897-17-0)．
——本書と同じアンテナ・電波伝搬計算尺を同梱している．通信波帯伝搬，通信妨害およびアンテナパラメータのトレードオフを扱う．計算尺の使用法を収録している．28 ページからなるこの小冊子は，軍の EW 要員の配置にあたって，その準備のためのブリーフィングに使用されることもある．
- *Electronic Warfare for the Digitized Battlefield* (M. R. Frater，M. Ryan 共著，2001 年 Artech House 刊，ISBN 1-58053-271-3)．
——現代の電子戦場とそれに見合った EW 技法について運用に焦点を置く．重要な新通信 EP の作戦レベルの記述である．
- *Introduction to Electronic Warfare Modeling and Simulation* (D. Adamy 著，2003 年 Artech House 刊，ISBN 1-58053-495-3)．
——EW のモデリングおよびシミュレーションの一般的な入門書である．用語，概念，アプリケーションを扱う．基本的な題材を後押しするのに十分な EW 入門書である．主にレーダ EW のシミュレーションとモデリングに焦点を置いているが，通信 EW に関する若干の資料も付いている．
- *The Communications Handbook* (J. D. Gibson 編，IEEE 協力，1977 年 CRC Press 刊，ISBN 0-8493-8349-8)．
——伝搬モデルを網羅した，幅広い通信テーマについての論文集である．
- *Information Warfare: Principles and Operations* (E. Waltz 著，1998 年 Artech House 刊，ISBN 0-89006-511-X)．
——著者が見つけた情報戦に関する最良の書籍である．公式の定義，用語，概念を網羅している．その分野の詳細な細目と支援技術が含まれている．紛争のすべての段階における戦略についての講義集である．
- *The Comprehensive Guide to Wireless Technologies* (L. Harte ほか著，2000 年 APDG Publishing 刊，ISBN 0-965-06584-7)．
——第 4 章で携帯電話システムと運用の大要を説明している．
- *ECM and ECCM Techniques for Digital Communication Systems* (R. Pettit

著,1982 年 Wadsworth, Inc. 刊,ISBN 0-534-97932-7).

—— (スペクトル拡散を含む) 変調方式,符号化,誤り訂正符号やその他の通信 EW における重要な関連項目を取り上げている.

- *Telecommunications Primer* (E. B. Carne 著, 1995 年 Prentice-Hall 刊, ISBN 0-13-206129-5).

—— 数学をほとんど用いず,物理的性質を通じて,通信信号や通信システムの深い論議を行っている.

付録 C

原著同梱の CD のデータについて

原著に同梱されている CD 内のデータは，東京電機大学出版局のホームページからダウンロードできる．

http://www.tdupress.jp/
［メインメニュー］→［ダウンロード］→［電子戦の技術 通信電子戦編］

本書の読者は，ダウンロードで提供される原著同梱 CD の Excel ファイルにパラメータの値を入力し，数学的処理に対する答えを読み取ることによって，問題を解くことができる．読者のコンピュータに Microsoft Windows XP 以降と Microsoft Excel がインストールされていれば，これらのファイルを利用できる．

目的の Excel ファイルをコンピュータのハードディスクドライブにコピーし，所定の位置に要求された数値を入力して，表示された位置の解答を読み取る．これらのファイルを使って計算できる項目は，以下のとおりである．

- 見通し線の片方向回線方程式
- 平面大地片方向回線方程式
- ナイフエッジ回折
- フレネルゾーン距離
- 受信感度
- 受信システムの雑音指数
- アナログ受信機のダイナミックレンジ
- デジタル受信機のダイナミックレンジ
- RMS 誤差による CEP

- EEP による CEP
- 通信 J/S
- パーシャルバンド妨害における周波数拡散
- 片方向回線の受信電力
- 片方向回線の実効距離

☐ LOS.xls —— 見通し線の片方向回線方程式

1. A4 に回線距離〔km〕を入力
2. A5 に周波数〔MHz〕を入力
3. A10 の自由空間損失〔dB〕を読み取る

☐ 2ray.xls —— 平面大地片方向回線方程式

1. A4 に回線距離〔km〕を入力
2. A5 に送信アンテナ高〔m〕を入力
3. A6 に受信アンテナ高〔m〕を入力
4. A10 の平面大地損失〔dB〕を読み取る

☐ KED.xls —— ナイフエッジ回折

1. A4 に送信機から稜線までの距離〔km〕を入力
2. A5 に稜線から受信機までの距離〔km〕を入力
3. A6 に見通し線と稜線の高さの差〔m〕(稜線が見通し線より上であれば正の値，下であれば負の値) を入力
4. A7 に見通し線が稜線より上か下かの状態 (A または B) を入力
5. A10 のナイフエッジ回折損失〔dB〕を読み取る

☐ FZ.xls —— フレネルゾーン距離

1. A4 に送信アンテナ高〔m〕を入力
2. A5 に受信アンテナ高〔m〕を入力
3. A6 に周波数〔MHz〕を入力
4. A10 のフレネルゾーン距離〔km〕を読み取る

◻ Sens.xls ——受信感度

1. A4 に受信システムの実効帯域幅〔MHz〕を入力
2. A5 に受信システムの雑音指数〔dB〕を入力
3. A6 に所要検波前 SN 比〔dB〕を入力
4. A10 の受信システム感度〔dBm〕を読み取る

◻ NF.xls ——受信システムの雑音指数

1. A4 に前置増幅器より前の損失〔dB〕を入力
2. A5 に前置増幅器の利得〔dB〕を入力
3. A6 に前置増幅器の雑音指数〔dB〕を入力
4. A7 に前置増幅器と受信機との間の損失〔dB〕を入力
5. A8 に受信機の雑音指数〔dB〕を入力
6. A10 の受信システムの雑音指数〔dB〕を読み取る

◻ ADR.xls ——アナログ受信機のダイナミックレンジ

1. A4 に受信システム感度〔dBm〕を入力
2. A5 にフロントエンドと前置増幅器の間の総合利得〔dB〕を入力
3. A6 に前置増幅器の 2 次インターセプトポイント〔dBm〕を入力
4. A7 に前置増幅器の 3 次インターセプトポイント〔dBm〕を入力
5. A10 の受信システムの 2 次スプリアスフリーでのダイナミックレンジを読み取る
6. A11 の受信システムの 3 次スプリアスフリーでのダイナミックレンジを読み取る

◻ DDR.xls ——デジタル受信機のダイナミックレンジ

1. A4 に量子化ビット数を入力
2. A10 の受信機のダイナミックレンジ〔dB〕を読み取る

付録 C　原著同梱の CD のデータについて

☐ CEP_RMS.xls ── RMS 誤差による CEP

1. A4 に RMS 誤差〔°〕を入力
2. A5 に両方の各受信機から電波源までの距離〔km〕を入力
3. A10 の CEP〔km〕を読み取る

☐ CEP_EEP.xls ── EEP による CEP

1. A4 に EEP の長径〔km〕を入力
2. A5 に EEP の短径〔km〕を入力
3. A10 の CEP〔km〕を読み取る

☐ JtoS.xls ── 通信 J/S

1. A4 に希望信号送信機の受信機方向への ERP〔dBm〕を入力
2. A5 に妨害装置の受信機方向への ERP〔dBm〕を入力
3. A6 に妨害装置から目標受信機までの距離〔km〕を入力
4. A7 に対象信号送信機から目標受信機までの距離〔km〕を入力
5. A8 に対象信号送信機のアンテナ高〔m〕を入力
6. A9 に妨害装置のアンテナ高〔m〕を入力
7. A10 に目標受信機のアンテナ高〔m〕を入力
8. A11 に周波数〔MHz〕を入力
9. A12 に対象信号送信機方向の目標受信機のアンテナ利得〔dB〕を入力
10. A13 に妨害装置方向の目標受信機のアンテナ利得〔dB〕を入力
11. A15 の J/S〔dB〕を読み取る

☐ PBJ.xls ── パーシャルバンド妨害における周波数拡散

1. A4 に目標信号の情報帯域幅〔kHz〕を入力
2. A5 に目標信号のホッピング範囲〔MHz〕を入力
3. A6 に信号チャンネルの J/S〔dB〕を入力
4. A10 の最適妨害帯域幅〔MHz〕を読み取る
5. A11 の妨害のデューティサイクル〔%〕を読み取る

▢ RcvPwr.xls —— 片方向回線の受信電力

1. A4 に送信電力〔dBm〕を入力
2. A5 に目標受信機方向の送信アンテナ利得〔dB〕を入力
3. A6 に対象送信機方向の受信アンテナ利得〔dB〕を入力
4. A7 に回線距離〔km〕を入力
5. A8 に送信アンテナ高〔m〕を入力
6. A9 に受信アンテナ高〔m〕を入力
7. A10 に周波数〔MHz〕を入力
8. A12 の受信信号電力〔dBm〕を読み取る

▢ EffRng.xls —— 片方向回線の実効距離

このファイルは伝搬モード（見通し線または平面大地）を判定し，実効距離を計算するものであることに注意されたい．ここでは，広ビーム幅アンテナが使用され，地形の障害はないものと仮定している．アンテナに指向性があるか，あるいは伝搬経路が谷から離れている場合は，実効距離は「LOS 距離」であるとする．大気および降雨による減衰は含まれていない．

1. A5 に送信機出力〔dBm〕を入力
2. A6 に受信機方向の送信アンテナの利得〔dB〕を入力
3. A7 に送信機方向の受信アンテナの利得〔dB〕を入力
4. A8 に送信アンテナ高〔m〕を入力
5. A9 に受信アンテナ高〔m〕を入力
6. A10 の周波数〔MHz〕を入力
7. A11 に受信システム感度〔dBm〕を入力
8. A18 の実効距離〔km〕を読み取る
9. 狭帯域アンテナまたは伝搬経路が谷から離れている場合は，B15 の実効距離（LOS）を読み取る

補遺：用語集

　この補遺部分は，初めて電子戦に接する読者が，電子戦を支える技術あるいは運用に関して，一般に馴染みのない用語や考え方について，本書の内容とあわせて理解していただきたいとの思いから訳者が付け加えたものである．電子戦用語は，一般の国語辞書にある語義と異なる場合がある．さらに，陸・海・空の各自衛隊間でさえ，関連用語の表現，意義，使い方が異なることも少なくない．そのため，読者が混乱せず理解できるよう努めたつもりである．

- 各用語はおおむね本書における出現順に列挙した．各章で取り上げている内容に対して，どのような用語が関連しているかがわかるようにした．
- 本文中で説明されていない用語のうち，内容の理解に役立つと思われる主要な用語について簡単に説明した．
- 本文中で説明されている内容であっても，さらに理解を深めるのに役立つもの，あるいは多様な解釈ができるものについて，短く説明した．
- 用語には，英語表現（あるものは英略語も）を付記した．
- 本用語集作成にあたって主として参考にした文献・資料などを末尾に記載した．さらに詳しく知りたい方は，これらを参照されたい．

■ 第 1 章：序論

ジャーナル・オブ・エレクトロニックディフェンス〔Journal of Electronic Defense; JED〕
　米国の軍事通信電子月刊誌．

電子支援対策〔electromagnetic (electronic) support measures; ESM〕　通信電子情報活動（陸自）ともいう．差し迫った脅威の認識を目的として，作戦指揮官の直接の指揮下で講じられる処置のうち，放射された電磁エネルギーの発射源を捜索，傍受，識別および位置決定（標定）する活動に関わる電子戦の一つの区分をいう．したがって，電子支援対策は対電子（ECM），対電子対策（ECCM），脅威回避，ターゲティング，その他の部隊の作戦運用などにおける即時の決心に必要な情報（資料）を提供するものである．ESM によって得られた知識は，通信情報（COMINT）および電子情

(ELINT) とともに信号情報 (SIGINT) の作成にも活用される．近年，電子戦支援 (ES) と呼ばれるようになった．

電子対策〔electromagnetic (electronic) countermeasures; ECM〕　電子対策，対電子（空自），攻撃的電子戦（陸自）ともいう．敵の電磁スペクトルの効果的利用を妨げ，あるいは減ずるために講じられる処置に関する電子戦 (EW) の一つの区分であり，近年の電子攻撃 (EA) と同義である．

対電子対策〔electromagnetic (electronic) counter-countermeasures; ECCM〕　防御的電子戦（陸自）ともいう．敵の電子戦に対抗して味方の電磁スペクトルの有効な利用を確保するために講ずる対策を含む電子戦 (EW) の一つの区分であり，近年の電子防護 (EP) と同義である．

電子戦支援〔electronic warfare support; ES〕　差し迫った脅威の認識を目的として，作戦指揮官から任務付与され，あるいはその直接の統制下で講じられる処置のうち，意図的あるいは非意図的に放射された電磁エネルギーの発射源を捜索，探知，傍受，識別および位置決定する活動に関わる電子戦の一つの区分をいう．したがって，電子戦支援は電子戦運用，ならびに脅威回避，ターゲティングおよび自動追尾など，その他の作戦運用における即時の決心に必要な情報（資料）を提供するものである．ES によって得られた知識は，通信情報 (COMINT) および電子情報 (ELINT) とともに信号情報 (SIGINT) の作成にも活用できる．以前は，前述の電子支援対策 (ESM) と呼ばれた．

電子攻撃〔electronic attack; EA〕　敵の戦闘力を低下，無力化，あるいは撃破する目的で，人員，施設または装備を攻撃するため，電磁エネルギーあるいは指向エネルギーを使用する電子戦 (EW) の一つの区分をいう．対電子，電子対策 (ECM) とも呼ばれる．電子攻撃には次が含まれる．[1] 妨害および電磁欺瞞などにより，敵による電磁スペクトルの効果的利用を妨げるか低下させる活動．[2] 主要な破壊機構（レーザ，電波利用兵器，粒子ビーム）として電磁エネルギーまたは指向エネルギー (DE) を利用する武器の使用をいう．

電子防護〔electronic protection; EP〕　EP は電子妨害および友軍同士の意図しない電子妨害，干渉といった EW の困難な状況にも対処するものであり，以前は，対電子対策 (ECCM) と呼称された．視点の違いから，以下の表現がされることもある．[1] 味方の戦闘能力を低下，無力化あるいは破壊する彼我の電子戦運用による影響から人員，設備および装備を防護するために講じられる活動に関する電子戦の一つの区分．[2] 電子攻撃 (EA) を打破するために使用される対策を含む情報戦 (IW) の区分の一つ．

指向エネルギー兵器〔directed-energy weapon〕　[1] 指向エネルギー (DE) を使用し

て敵の装備，施設や人員などを無力化，損傷または破壊する兵器またはシステムをいう．[2] 粒子ビーム，高エネルギーレーザ，レーザ銃や，ギガワット（GW）級の出力を持ち，エネルギーが 100〔J/パルス〕で通信電子機器を攻撃する高出力マイクロ波（high-power microwave; HPM）など，指向エネルギーを使用するハードキル ECM 武器をいう．ただし，高空における核爆発で生ずる無指向性電磁波の EMP（electro-magnetic pulse）は，指向エネルギー兵器には含めない．

指向エネルギー〔directed energy; DE〕　電磁エネルギー，原子粒子，あるいは素粒子を集中させてビームを発生させる技術に関する包括的用語．この技術を用いたものに，上記の「指向エネルギー兵器」や，破壊兵器以外の用途を持つ指向エネルギー応用器材，例えばレーザ測距機，光に敏感なセンサに対して用いる指示器などの指向エネルギー装置（directed-energy device）がある．なお，指向エネルギー兵器，装置およびそれらの対抗策の使用によって展開される電磁スペクトルを巡る軍事行動（EW の一環）を，指向エネルギー戦（direct-energy warfare; DEW）と呼ぶ．

信号情報〔signal intelligence; SIGINT〕　通信情報（COMINT），電子情報（ELINT），および外国信号計測情報（FISINT）のいずれかを個々に，あるいはすべてを組み合わせた情報・知識の総称．

通信情報〔communications intelligence; COMINT〕　外国の通信活動を主たる資料源として得られる情報および通信に関する技術的知識をいう．COMINT は SIGINT の下位区分の一つである．

電子情報〔electronic intelligence; ELINT〕　外国の発射する通信用以外の電磁波信号源からの電子的放射（核爆発または放射能源から放射されるものを除く）を収集・分析して得た情報および電子に関する技術的知識をいう．この収集活動は戦争状態や特定任務の実施に先行して主として平時に継続して行われる点が ESM と異なる．ELINT は SIGINT の下位区分の一つである．

バースト通信〔burst communications〕　バーストの語義は，「爆発（する）」，「破裂（する）」，「勢いよく出る」などである．データ転送において，連続したデータを送受信する際にアドレス指定などの手順を一部省略して，データをまとめて一気に送る方式をバースト伝送（burst transmission）という．本書では「バースト通信」と表現している．そのような転送方式をバーストモード（burst mode）という．

帯域幅〔bandwidth; BW〕　データ伝送に使われる最高周波数と最低周波数の差（周波数の幅）をいい，単位はヘルツ〔Hz〕である．電波や電気信号を用いたアナログ通信では，この幅が広いほど単位時間に送られる情報の量が大きくなる．デジタル回線でも単位時間に送られる情報の量の意から帯域幅と通信速度はほぼ同意義で使用され，転送可能なビットレートを指し，単位はビット/秒〔bps〕で表す．

比帯域，比帯域幅〔percentage bandwidth〕 比帯域＝帯域幅÷周波数で表される比率をいう．これは，周波数が高くなるほど，比帯域は同じでも使える帯域幅が広くなるため，伝送可能な情報量が大きくなることを意味する．

無人航空機〔unmanned aerial vehicle; UAV〕 無人機ともいう．基本的には，操縦手が搭乗せず，遠隔操作要員から継続的あるいは間欠的に指令を受信し，目的の飛行任務を行う，固定翼または回転翼を持つ飛翔体や気球をいう．飛翔体および気球は一般に回収可能である．無人航空機は，飛翔体本体と飛行に必要な（推進装置，航空電子装置，燃料，航法装置，データリンクなどの）統合設備からなる．最近は，無人航空機，搭載機器，（遠隔操作要員などの）人的要素，武器システムのプラットフォーム，ディスプレイ，通信アーキテクチャ，ライフサイクル支援および航法支援体制，運用部隊などを含めた構成を，無人航空機システム（unmanned aerial system; UAS）と呼ぶのが一般的である．

■ 第2章：通信信号

変調〔modulation〕 変調とは，情報を伝送するために，情報信号を変換して得た伝送信号によって搬送波の振幅，位相，周波数を変化させて変調された搬送波，すなわち被変調信号を生成する過程をいう．簡単に言えば，搬送波に情報を載せることである．そのための伝送信号を変調信号（変調波）と呼び，情報を載せるための波を搬送波（キャリア; carrier）と呼ぶ．通常，搬送波には正弦波が用いられる．変調された波（被変調波）を変調波と呼ぶこともあるので注意を要する．

周波数領域/時間領域〔frequency domain/time domain〕 時間的に変化する波は，周波数の異なる多数の正弦波の集合（和）として表すことができる．時間領域のグラフは，信号が時間とともにどのように変化するかを表し，周波数領域のグラフは，その信号に位相情報も含めてどれだけの周波数成分が含まれているかを示す．つまり，信号を周波数成分の集まりとして見れば周波数領域，それを時間的変化として見れば時間領域ということになる．

側帯波〔sideband〕 搬送波を信号波で変調したとき，搬送周波数を中心としてその高域・低域に発生する周波数成分をいう．側波，側波帯ともいう．振幅変調を総称してAM変調と呼ぶが，その搬送波の抑圧（除去）の有無によって，(1) 全搬送波両側波帯（double sideband with carrier; DSB-WC（AM）；単にDSBと呼ばれている），(2) 全搬送波単側波帯（single sideband with carrier; SSB-WC），(3) 抑圧搬送波両側波帯（double sideband suppressed carrier; DSB-SC），(4) 抑圧搬送波単側波帯（single sideband suppressed carrier; SSB-SC）に区分される．全搬送波には被変調波に搬送波成分が含まれ，抑圧搬送波には搬送波成分が含まれない．

フィルタリング〔filtering〕　帯域外の周波数成分を低減するなどの目的で，信号に帯域制限などのフィルタをかける操作をいう．本書の 2.1 節では，側帯波を除去する方法の一つとして示している．なお，フィルタリングに対して，ピーク電力を低減するために信号に振幅制限をかけ，一定以上の振幅をクリップする（切り落とす）ことを，クリッピング（波形整形）という．後出の「フィルタ」（p.333）も参照されたい．

所要帯域幅〔required bandwidth〕　所要周波数帯域幅．情報の伝送に必要な周波数帯域幅であり，その値は回線の目的，伝送容量，変調方式など，通信サービスの内容に依存する．本書の表 2.1（p.24）では，デジタル変調方式に対する被変調波の周波数スペクトルの，主ビームのヌル間帯域幅，3dB 帯域幅，1 次サイドローブレベル，ロールオフ率を対比している．

ロールオフ率〔roll-off rate〕　デジタル信号の周波数スペクトルは，非常に広帯域の信号である．したがって，周波数の有効利用の観点から，通信システムの構築においては，データをできるだけ狭帯域にして伝送することが求められる．矩形パルス信号は広帯域の周波数スペクトルを持っているので，同じ伝送路を複数のユーザが使用すると，チャンネル間干渉を起こすことがある．そのため，デジタル通信システムにおいては，伝送信号である矩形パルス信号の帯域を制限しなければならない．ただ，帯域を制限しすぎるとパルス波形ではなくなり，受信された信号を正確に復調できなくなる可能性が高くなる．これを避けるために帯域制限されたデジタル信号が相互に干渉しないでパルス信号として扱うことのできる基準（ナイキスト基準と呼ぶ）が設けられている．現実には，正確な矩形スペクトルを持つパルスを回路的に実現することはできないので，矩形パルス信号の肩をロールオフした，すなわちなだらかにしたパルスが用いられる．このナイキスト基準を満たした上で帯域制限を行うロールオフフィルタの周波数特性を，「ロールオフ特性」という．ここで，ロールオフの程度を「ロールオフ率」といい，この値が大きいほどスペクトルの肩はなだらかになる．逆に，ゼロに近いほど振幅特性が鋭くなり周波数利用効率は上がるが，シンボルの判定タイミングがずれるとビットエラーを生じやすくなる．

干渉〔interference〕　二つ以上の波動が重なったときに，波が強め合ったり弱め合ったりする現象をいう．通信波における干渉には，[1] 他通信の電波による干渉（他干渉）として，同一周波数の他通信波による同一チャンネル干渉と，隣接周波数の他通信側帯波による干渉が挙げられ，いずれも混信による信号ひずみの原因となる．[2] 移動通信波自身による干渉（自干渉）として，マルチパスフェージングが挙げられ，そのうちレイリーフェージング環境で狭帯域信号に生じるフラットフェージングは，多重波の位相の相殺によるものであり，信号強度の大幅な変動を引き起こす．また，同環境で広帯域信号に生じる周波数選択性フェージングは，多重波の伝搬路長差（伝搬遅

延)によるものであり，符号間干渉を引き起こす．自干渉の本質的な原因は，主に送信機と受信機の位置関係が不定である（つまり，いずれかが移動することで伝搬環境が変動する）という移動通信の特質にあるとも言える．

耐干渉性〔tolerance to interference〕 上記の「干渉」に対して通信を確保するため，その影響を排除あるいは軽減できる電波の変調特性をいう．一般にアナログ変調におけるFM変調は耐干渉性を有しており，また，デジタル変調は一般に耐干渉性を有し，その中でも特にスペクトル拡散通信は，耐干渉性に優れ，無線伝送路でのマルチパス干渉やひずみに強いといった特徴を有する．2.1節では，FM変調の変調指数の高さを耐干渉性の理由として説明しているが，それと引き換えに，FM波は所要帯域幅が広くなるという短所も持つことになる．

アナログ変調〔analog modulation〕 アナログ変調とは，アナログ信号により搬送波の振幅，位相，周波数を連続的に変化させる変調方式をいう．

デジタル変調〔digital modulation〕 デジタル変調とは，デジタル信号により搬送波の振幅，位相，周波数に不連続な変化を与える変調方式をいう．アナログ変調に比べ，デジタル変調では，秘匿性に優れるなどの情報伝達の信頼性の向上，情報容量の向上，デバイスの高集積化による小型化・低消費電力化，限りある周波数資源を有効利用するための複雑な信号処理が可能になる．デジタル変調の長所の一つは雑音に強いことであるが，短所は1無線チャンネル当たりの占有周波数帯域幅が広がることである．周波数資源の有効利用のため，狭帯域化技術，多値変復調技術，波形整形技術，高能率符号化技術などの所要帯域幅を少なくする技術が用いられる．

シンボル〔symbol〕 デジタル伝送では，変調により"1"と"0"の情報を信号の振幅，位相，あるいは周波数に置き換えて送るが，このとき1回の変調で送られる一まとまりのデジタルデータをシンボルという．また，シンボルは，情報をどのような形で伝送するかという送信側と受信側の取り決めとも言える．

シンボルレート〔symbol rate〕 シンボル速度．変調速度のことで，伝送路に符号（シンボル）を送り出す速度をいい，ある変調状態が継続する最小時間の逆数で表される．すなわち，シンボルレート = (ビットレート) ÷ (1シンボルで送ることができるビット数) と定義される．単位はシンボル/秒〔sps〕，あるいはボー〔baud〕である．必要となるデジタル通信伝送路（チャンネル）の帯域幅は，ビットレートではなくシンボルレートによって決まる．シンボルレートはボーレートとも呼ばれるが，ビットレートとは異なる．1シンボルに多くのビットを詰め込めば，限られた帯域幅の中でビットレートを上げることができる．これをシンボルの多値化という．ただし，多値ほどエラーが発生しやすく，通信距離が短くなるなど，多値化には限界がある．

ビットレート〔bit rate〕 単位時間（一般に1秒間）に伝送または処理されるビット数，

すなわちビット速度をいう．単位はビット/秒〔bps〕である．

サンプリング〔sampling〕　連続した値を持つアナログ信号をデジタル系で扱うために，信号（時間の関数）を一定の間隔をおいて測定することにより離散信号として収集することをいい，その測定値を標本（サンプル）または標本値と呼ぶ．

サンプリング定理〔sampling theorem〕　標本化定理，シャノンの標本化定理，ナイキスト定理ともいう．「与えられた連続時間信号の持つ情報を失わずに標本化するには，その標本化周波数 F_S を元の信号の最大周波数 $F_{\max}$ の少なくとも 2 倍以上に選ぶ必要がある」ことを示している．なお，標本化周期を T としたとき，$F_S = 1/T$〔Hz〕，標本化（角）周波数 $\Omega_S = 2\pi/T$〔rad/sec〕という関係がある．

ナイキスト基準〔Nyquist criteria〕　送信データの情報を失わないための帯域制限の条件をいう．前出の「ロールオフ率」（p.319）を参照されたい．

サンプリングレート〔sampling rate〕　サンプリング速度．アナログ信号からデジタル信号への AD 変換処理を 1 秒間に実行する回数をいう．単位はヘルツ〔Hz〕もしくはサンプル/秒〔sps〕である．

量子化〔quantizing〕　上記の「サンプリング」（標本化）が時間軸上で行われるのに対し，アナログ信号などの連続「量」を整数などの離散的な数値で近似的に表すことをいい，本書ではアナログ信号の振幅（大きさ）をデジタル信号に変換して，近似値として表す操作を指す．近似値で表す理由は，アナログ信号の大きさを無限のステップで区切ることが現実的でないため，また，区切りの大きさが小さくなりすぎると，量子化雑音の原因となるなど，デジタル化のメリットを害してしまうためである．

コヒーレント信号〔coherent signal〕　可干渉（性）信号．コヒーレントとは一般に，二つ以上の波の位相が揃っている（一定の関係がある）状態を指し，その結果，信号が互いに干渉し合う性質（可干渉性）を持つさまをいう．コヒーレント信号とは，二つ以上の信号にそのような可干渉の関係がある信号を指す．これに対し，二つ以上の波の振幅と位相がランダムに変動し，干渉などが生じない信号を非コヒーレント（incoherent; noncoherent）信号という．

コンステレーション〔constellation〕　信号空間ダイヤグラム．デジタル変調によるデータ信号点を 2 次元の複素（I&Q）平面上に表現した図をいい，デジタル変調信号の位相と振幅の関係を各シンボルを構成する信号点として極座標表示したもの．英語で星座を意味し，変調の信号点が座標上に配置されている様子を星座にたとえた表現である．

パリティビット〔parity bit〕　あるデータをビット列（2 進数で表現したときの 0 と 1 の並び）と見なしたときに，一定の長さのビット列の中に含まれる "1"（または "0"）の個数が奇数であるか偶数であるか（奇偶）を表し，通信の誤りを検出するために元

のデータに一定の割合で付加されるビットをいう．パリティビットを含めたデータ全体で常に"1"の数が偶数個になるようにパリティビットを決める方式を偶数パリティ（even parity），奇数になるように決める方式を奇数パリティ（odd parity）という．それらによって誤りを検出することを，パリティ検査（parity check; パリティチェック; 奇偶検査）という．

ビットエラーレート〔bit error rate; BER〕　ビット誤り率．通信回線やデータ伝送回路の通信品質の指標で，伝送されたデータを受信側で誤って受信するビット数の比率をいう．BER =（誤りのビット数）÷（送信された全ビット数）で表される．

誤り検出・訂正〔error detection and correction; EDC〕　デジタルデータの伝送や読み込みの際に発生した誤りを検出し訂正することをいう．デジタル無線の伝送で発生する誤りは，主として熱雑音によるランダム誤りとフェージングやバースト状の干渉波によるバースト誤りの二つに分けることができる．誤り検出・訂正技術には，誤り訂正符号を使用して誤りを受信側で検出・訂正する誤り訂正（forward error correction; FEC; 順方向誤り訂正），誤りを検出して誤ったデータの再送信を要求する自動再送制御（automatic repeat request; ARQ），データを短い単位でシャッフルして伝送し，バースト誤りをランダム誤りに分散させるインターリーブなどの技術がある．一般に誤り訂正能力を高くするほど冗長度が大きくなり，効率が低下するとともに装置が複雑になる．

バースト誤り〔burst error〕　バーストエラー．データ伝送回線上で連続して発生するビットの誤りをいう．

量子化雑音〔quantization noise〕　デジタル信号を元のアナログ信号に戻す際に，サンプリング，量子化，符号化といったデジタル化の過程でのサンプリングの時間間隔や量子化の際の振幅間隔に応じて数値が丸められることによって生じる，再生信号と入力信号との差のこと．デジタル化やアナログ化を繰り返すと，誤差が蓄積されて大きくなることがある．

熱雑音レベル〔thermal noise level; kTB〕　熱雑音とは，電子運動で生じる温度に比例した雑音を指し，そのレベルを熱雑音レベルといい，ボルツマン定数 k（1.38E-23），絶対温度 T〔K〕，帯域幅 B〔Hz〕の積〔kTB〕で表す．なお，熱雑音レベル，受信機の雑音指数（NF），および信号対雑音比（SN 比）を受信感度の 3 要素と呼ぶ．

等方性アンテナ〔isotropic antenna〕　全方向に対して均等な放射パターンを有する仮想の無損失のアンテナをいう．実際のアンテナの指向性や利得を示す基準を提供する．

LPI〔low probability of intercept〕　低被傍受/探知確率．低出力，高指向性，周波数可変性その他の設計属性から，パッシブな電波センサから，探知あるいは識別されることを困難にする電波発射装置の特性をいう．詳しくは『電子戦の技術 基礎編』第 7 章

「LPI 信号」を参照されたい．

伝送保全〔transmission security〕　通信保全の下位区分の一つで，我の通信に関する電磁波を，敵の ES（ESM）から防護すること．通信保全とは，我が通信から価値のある情報資料を敵に入手されないよう防護することであり，暗号保全（通信内容を暗号により秘匿すること，および暗号を敵の解読などから防護すること），伝送保全および保管保全（秘密通信器材および秘密書類の捕獲，盗写，紛失などを防止するために管理すること）に分けられる（陸自）．米軍では，通信保全（communications security; COMSEC）を，暗号保全，伝送保全，放射保全，通信秘密器材・情報資料の物理的保護に区分している．

通信文の保全〔message security〕　通信文（データ）そのものを防護することで，通信保全のうち主として暗号保全（暗号化）によって防護する．

公開符号〔public code〕　公開鍵暗号（public key cryptography）方式で使用する符号の総称．公開鍵は，暗号化するための鍵（暗号化鍵データ）と復号するための鍵（復号化鍵データ）とが異なる方式である．各利用者は一対の暗号化鍵データと復号化鍵データを生成し，暗号化鍵を公開鍵（電話帳のようなもの）に登録する．復号化鍵は秘密に保持する．暗号化鍵は公開されているので，送信者と受信者は，鍵データを事前に交換しなくてもよい．例えば，平文データを暗号化して送信したい場合，送信者は公開されている受信者暗号鍵を使って平文を暗号化する．それを受信者に送り，受信者は秘密にしている自分の復号化鍵を用いて暗号文を復号化し，平文を得る．

同期方式〔synchronization scheme〕　データの区切りのタイミング（伝送上の時間基準）を識別する方式のこと．データを送る際，受信側もデータを受け取る準備ができている必要がある．また，どこからデータが始まるのかを，受け取る側にはっきり伝える方法が必要になる．このデータを伝送するために送信側と受信側がタイミングを合わせることを「同期をとる」といい，「非同期式」と「同期式」に大別される．［1］「非同期式」は，ビットや文字をグループ化し，グループ内で個々の信号に規定された時間間隔が関係付けられるが，他のグループに対しては関係を持たない．［2］「同期式」は，グループ間の関係が保たれ，一定の速度で連続的に送出されるので，受信側は入力データに同期されたサンプルブロックを保持することになる．SYNC（synchronous）ともいう．受信側に基準クロックを必要としない．「文字同期」（キャラクタ同期）と「フレーム同期」（フラグ同期）に大別される．

擬似ランダム符号〔pseudo-random code〕　ランダムな信号に見える（真にランダムではない）符号列をいう．現実にはコンピュータで乱数列を出力することは不可能であるため，擬似乱数生成法（「擬似」乱数列をコンピュータで出力する方法）によって作成した，「ランダムに見える」（つまり，擬似ランダム）符号を使用することで目的

を達成することができる．

情報帯域幅〔information bandwidth〕　データ伝送に使用する最低の周波数と最高の周波数との差を帯域幅といい，情報帯域幅は，伝送すべき情報に注目した場合の占有帯域幅を指す．本書では逆拡散帯域幅（despread bandwidth）（つまり，拡散前の帯域幅）として，この表現を用いている．

伝送帯域幅〔transmission bandwidth〕　信号伝送に必要な周波数幅をいい，スペクトル拡散方式においては，信号が拡散される周波数範囲全体をいう．本書ではこれをスペクトル拡散信号の拡散帯域幅（spread bandwidth）と説明している．

スペクトル拡散通信〔spread spectrum communications〕　情報を伝送するために情報帯域幅（占有帯域幅）よりも非常に広い周波数帯域に通信の信号を拡散させる通信方式をいい，その周波数帯域幅は拡散率（拡散係数）によって決まる．スペクトル拡散通信の特徴としては，低干渉性・耐干渉性を有すること，マルチパスフェージングやひずみに強いこと，高分解能の測距，測定が可能であることなどが挙げられる．スペクトル拡散通信が電子戦に与える影響は，特に低被傍受/探知確率（LPI）機能を利用した通信防護機能において際立っており，信号の傍受，電波源位置決定，あるいは妨害をより困難にすることが挙げられる．

自己相関〔autocorrelation〕　一般に相関とは，二つのデータや信号の関わり合いをいい，その関係の度合いを相関係数（$-1 \sim +1$）で表す．自己相関とは，ある時点におけるデータ値と，そのデータ自身の時間差をおいた時点における値との間の関わりをいう．信号における自己相関関数は，自己の信号の相関関係の度合い（尺度）を表しており，時間シフトの大きさの関数となる．二つのデータの時系列におけるずれを「ラグ」（遅れ）という．

フィードバックループ〔feed back loop〕　帰還閉回路．電子回路や信号処理系の出力が入力側に戻されており，回路接続あるいは処理構成上，輪を描いている状態をいう．一般に，入力と出力を持つシステムにおいて出力結果を入力側に帰還させることで，入力と出力を比較して所望の出力を得るように制御する回路のことである．本書の 2.4.1 項で示したシフトレジスタ（線形帰還シフトレジスタ（linear feedback shift register; LFSR）ともいう）は，入力ビットが直前の状態の線形写像になっているシフトレジスタであり，値域が単一のビットとなる線形写像は，XOR（排他的論理和）および XOR の否定だけである．

線形/非線形〔linear/nonlinear〕　一般に，システムで入力 x_1 に対する出力が y_1，入力 x_2 に対する出力が y_2 ならば，入力 $x_1 + x_2$ に対する出力が $y_1 + y_2$ になるとき，そのシステムの入出力関係は「線形」であるという．つまり，何かの関係が線形関数で表現できるとき，この関係を「線形」といい，それ以外の関係を「非線形」という．線

形関数でない関数を非線形関数という.

モジュロ 2 加算器〔modulo-2 adder〕　以下の「モジュロ演算」を参照.

モジュロ演算〔modulo arithmetic〕　除算により余りを求める整数演算をいい,通信や記録の分野で,伝送時や書き込み・読み出し時に発生するエラーの影響を取り除く技術として用いられる誤り訂正をはじめとする符号理論では,通常の 2 進演算とは異なる "modulo2"（モジュロ 2）と呼ばれる演算を行う.モジュロ 2（「2 を法とする」という）加算では,$0 \oplus 0 = 0$,$0 \oplus 1 = 1$,$1 \oplus 0 = 1$,$1 \oplus 1 = 0$ となる.つまり,同じ値（0 と 0,1 と 1）の加算結果は 0,異なる値（0 と 1,1 と 0）の加算結果は 1 になる.これを排他的論理和（exclusive OR; XOR）という.この演算では,2 進数の加算（減算）における桁上げ（桁下げ）操作を無視するので,加算と減算が同じ結果になる.一般的な加減演算則とは異なるが,1 と 0 のビット列の中から誤りの有無を検出したり,誤りを訂正する手法に用いられ,その実用的な価値は高い.本書の 7.5.2 項では,モジュロ演算を利用したアンビギュイティの解消について説明している.この演算則を用いて加算を行う加算器（シフトレジスタ回路）を,モジュロ 2 加算器という.

AND ゲート〔AND gate〕　論理積回路.デジタル機器に用いる基本論理回路（演算素子）の一つで,論理積の演算を行う回路（素子）を指す.2 個以上の入力端子と 1 個の出力端子を持ち,すべての入力端子に論理 "1" 信号が加えられたときにだけ,出力端子に論理 "1" 信号が現れる.

OR ゲート〔OR gate〕　論理和回路.AND ゲートに対し,論理和の演算を行う基本論理回路（演算素子）を指す.入力端子の一つ（あるいはそれ以上）に論理 "1" 信号が加えられると,出力端子に論理 "1" 信号が現れる.

周波数ダイバーシティ〔frequency diversity〕　一般に,ダイバーシティとは,同一信号が複数のマルチパス伝搬経路を経た相関の低い受信波を得て,これらの受信波を合成もしくは選択することによりフェージングによる受信レベルの落ち込みを軽減する方法をいう.すべての受信波のレベルが同時に落ち込む確率は,一つの受信波のレベルが落ち込む確率よりも低くなるという原理に基づいており,空間,偏波,角度,時間のそれぞれのダイバーシティ技法がある.周波数ダイバーシティは,同一信号を複数の異なる周波数で送信する方法をいう.本書 2.4.2 項では,フェージング対策としてではなく,周波数ホッピングにより信号を広帯域化することで実質的にダイバーシティ効果を得られるという,FH の長所の一つとして取り上げている.

局部発振器〔local oscillator; LO〕　局発と略すことがある.無線機で周波数変換などの目的で,一定または可変周波数の発振出力を得るために局所的に使う発振器をいう.ヘテロダイン方式の送・受信機で周波数変換用の発振回路として,スーパーヘテロダイン受信機などでミキサとともに使用することで,入力信号と局発信号の周波数の和

と差の信号が生成される．

協調的（受信機，システム，信号，電波源）〔cooperative (receiver, system, signal, emitter)〕 本書では，味方部隊，友軍などが使用する，同じ符号系列を用いた通信系に使用されている受信機，システム，信号などをいう．これに対して，敵性勢力が使用する通信系の受信機，システム，信号などは，非協調的（non-cooperative）なものとして区別している．

位相ロックループ〔phase-lock-loop; PLL〕 外部から入力された基準信号と，ループ内の発振器からの出力との位相差が一定になる（同期する）ようループ内発振器にその出力を帰還させて発振させる発振回路をいう．その出力周波数の安定性から周波数シンセサイザやFM復調器などに広く活用されている．大別して二つの基本構成要素からなる．一つは，制御信号によって周波数を変えられるVCO（voltage controlled oscillator; 電圧制御発振器），もう一つは，この発振回路の周波数を制御する位相比較器（phase comparator）である．

ループ帯域幅〔loop bandwidth〕 無線機の周波数変換回路に用いられる周波数シンセサイザは，その多くが位相ロックループ（PLL）を用いており，その中のループフィルタの出力（電力レベル）が $-3\mathrm{dB}$ になる位置の周波数をカットオフ周波数と呼び，その周波数までの周波数帯域をループ帯域幅と呼ぶ．本書の図2.37（p.38）では，ループフィルタは「ループ回路」の中にあるが，これは実際には低域通過フィルタ（LPF）であるので，ここでPLLのループ帯域幅が決まる．したがって，本文で「ループ帯域幅は設計パラメータである」と注意喚起しているのは，設計段階で仕様に定めることによって，周波数シンセサイザの動作を決定しているという意味である．

高調波〔harmonic〕 調波．基本波の整数倍の周波数を持つ波をいう．

周波数占有（帯域幅）〔frequency occupancy〕 上限の周波数を超えると輻射され，下限の周波数未満において輻射される平均電力が，それぞれ与えられた発射によって輻射される全平均電力（通常の動作中の送信機からアンテナ系の給電線に供給される電力であって，変調で用いられる最低周波数の周期と比較して十分長い時間（通常，平均の電力が最大である約 1/10 秒間）にわたって平均されたもの）の 0.5% に等しい上限および下限の周波数帯幅をいう（電波法施行規則第二条参照）．

伝送効率〔transmission efficiency〕 情報ビットの総数（すなわち，伝送されたメッセージのビット数）を伝送された総ビット数（すなわち，情報ビット数とオーバヘッドビット数の和）で割った比率（パーセント値）をいう．

チップ〔chip〕 拡散信号のパルス（ビット）で1または0のいずれかを転送するのに要する時間間隔，またはビットそのものをいう．

チップレート〔chip rate〕 チップ速度．拡散信号の速度をいい，単位はチップ/秒〔cps〕

である.拡散符号速度ともいう.本書では,スペクトル拡散変調における拡散符号(PN符号)の速度を指す.PN符号のチップレートは,変調前信号のビットレートの数倍から数千倍にするのが一般的である.

拡散係数〔spreading factor〕 拡散率ともいう.スペクトル拡散方式の無線通信において,送信データ速度と拡散符号速度との比率をいい,拡散率=チップレート÷ビットレートで表される.スペクトル拡散方式では,変調後の信号を拡散符号を用いて再度変調してから送出する.通信の実施にあたっては,周波数の利用効率を考えた場合,拡散率は大きいほうが好都合であるが,受信側における逆拡散処理が複雑になる.拡散率が大きいほど情報帯域幅(すなわち,拡散される以前の帯域幅)内の送信電力量が小さくなるので,電子戦においては,必然的に信号の傍受,電波源位置決定,ひいては妨害をより困難にする結果になる.

電力密度〔power density〕 本書では,電磁波の伝わる方向に対して垂直な波面上の単位断面積当たりの電力をいう.単位は mW/cm^2,W/m^2 などである.ちなみに,電気力線を何本か束ねたものを電束(electronic flux)といい,「単位面積当たりの電束の数」つまり電束密度は,$D = q/(4\pi r^2)$ で表される.遡って説明すると,ここで 1C(クーロン)の電荷から 1 本の電束が放射されていると考えると,q〔C〕の電荷からは q 本の電束が放射されていることになる.つまり,電荷 q を中心とした半径 r の球の表面積は $4\pi r^2$ であるので,電荷 q をその表面積で割ると,電荷 q から距離 r 離れた場所における電束数となる.電束は誘電率に影響されない.

符号分割多元接続〔code division multiple access; CDMA〕 通信の多重化方式の一種である符号分割多重方式の具体的な接続方式.周波数や時間といった物理的空間を分割するのではなく,各利用者に異なった拡散符号を割り当て,拡散符号の直交性(二つの信号間に相関がないこと)によってチャンネルを多重化する方式である.送信側ではチャンネルごとに異なる符号で信号を符号化し,受信側では同一の符号を鍵として復号化することによって,同じ周波数の信号を同時に複数のチャンネルに割り当てることができる.拡散方式には DS と FH が用いられる.電波利用効率が高く,伝送速度も高めやすい特性がある.日本では第 3 世代の携帯電話方式となっている.後出の「携帯電話伝送の傍受」(p.352)も参照されたい.

全地球測位システム〔global positioning system; GPS〕 米国国防総省所管の複数の人工衛星が発信する電波を受信して現在位置の緯度経度・高度を測定する衛星利用航法システムの一つである.米国海軍/空軍共同により 1973 年に開発が開始された.使用者に位置・航法・時刻(positioning, navigation & timing; PNT)情報を提供する.最低 3 個の衛星からの衛星位置情報および時刻(原子時計)信号を受信して,地球上のあらゆる地点で昼夜全天候のもと,高精度の 3 次元自己位置決定が可能である.

精度は，軍用（P[Y] code）= 16m，民間用（C/A code）= 100m に規制されていたが，2000 年春に民間用精度抑制措置が撤廃され，ともに同一精度で利用できるようになった．

時間ホッピング〔time hopping; TH〕　信号を周波数的に拡散するのではなく，時間的にシフトする技法をいう．データビット（シンボル）の滞留時間を断片（フレーム）に分割し，元のデータビットを断片内のスロットに擬似ランダム的に配置するスペクトル拡散技法をいう．データを対象とする受信機は，擬似ランダム拡散信号の詳細がわかっているので，拡散符号自身のデータビットを除去し，送信された信号の正確な複製を可能にする拡散信号を検知するための照合フィルタを使用することができる．この技法は，探知を回避できる他の LPI 技法ほどには，多く用いられていない．

非対称戦〔asymmetrical warfare; AW〕　非対称戦争ともいう．軍事力，戦術，戦略あるいは列度（例えば先進性，経済力の度合など）が著しく異なる国家と非国家集団間の紛争あるいは戦いを指す．一般的には，国家と非国家集団（ゲリラ，テロ集団など）の戦争，および軍事大国と発展途上国の戦争（ベトナム戦争など）をいい，近年ではRMA（revolution in military affairs; 軍事における革命．技術進歩などの変化によって軍事作戦や戦闘様相に生ずる大きな変革）型軍隊と非RMA型軍隊との戦争（湾岸戦争など）も含むとされるが，ごく近年においては，世界テロ戦争などといった用語で代表される，国家とテロ集団との戦いが印象的である．国家とテロ集団などとの紛争における戦略的に決定的かつ基本的な相違点は，国家は領土国家，すなわち領土を有する政治体であるということ，換言すれば，国家はその国土，国民を防御する責任を有しているのに対し，テロ集団の特徴は領土性を有していないこと，すなわち守り保護すべき国土，国民を持たない点にある．したがって，テロ集団は敵による軍事的報復を懸念する必要がないことから，時機，場所，対象，手段を選ばず先制攻撃を実行しうる大きな自由度を有し，相手の抑止戦略に馴染まない，などといった非対称性を有するがゆえに，非対称戦は従来の国家間の戦争とは大きく異なる性格，形態の戦いとなる．本書では，電子戦の観点から，一例としてテロ集団による携帯電話やIEDの使用を挙げている．

アップリンク〔up link〕　[1] 移動局から地上固定無線局方向の回線，[2] 衛星回線における地球局から衛星方向の回線をいう．

ダウンリンク〔down link〕　アップリンクと逆方向の回線をいう．

実効放射電力〔effective radiated power; ERP〕　実効輻射電力，有効放射電力ともいう．ある一定の方向に放射される電波の電力の強さのことで，アンテナに供給される電力に，与えられた方向のアンテナの相対利得（基準アンテナが空間に隔離され，かつ，その垂直 2 等分面が与えられた方向を含む半波長無損失ダイポールであるときの，与

えられた方向におけるアンテナの利得）を乗じたものをいう．

半波長ダイポールアンテナ〔half-wave dipole antenna〕 長さが使用電波の波長の半分（1/2 波長）で，中央を給電点とする線状アンテナをいう．指向性が最大の方向の利得が等方性アンテナの 1.64 倍（2.15dB）大きく，その他の方向の利得は等方性アンテナより小さくなるという特性を持つ．

絶対利得/相対利得〔absolute gain; isotropic gain/relative gain〕 アンテナ利得は，絶対利得と相対利得に区分される．絶対利得は等方性アンテナの利得を基準にした利得をいい，相対利得は半波長ダイポールアンテナの利得を基準にした利得をいう．絶対利得＝相対利得＋2.15dB である．アンテナ利得とは通常，そのアンテナの指向特性の中で一番大きい利得の値をいう．

周波数分割多元接続〔frequency division multiple access; FDMA〕 無線通信などの利用効率を高めるため，同一周波数帯を複数の帯域に分割し，利用者ごとに異なる帯域（無線チャンネル）を使用して同時に通信を行う方式で，第 1 世代のアナログ方式の携帯電話に用いられた．一つの無線チャンネルの間隔を，例えば 25kHz あるいは 12.5kHz に制限することで，多くのユーザが同時に使用できるようにしている．

時分割多元接続〔time division multiple access; TDMA〕 無線通信などの利用効率を高めるため，搬送波を一定の極めて短い時間周期（タイムスロット）に分割し，利用者ごとに異なるタイムスロットを割り当てることにより複数の通信を同時に行う方式をいう．第 2 世代のデジタル携帯電話方式に採用されており，日本の PDC（personal digital celler）方式では，3 ユーザに一つの 50kHz 幅の無線チャンネルを割り当て，時間を 3 分割して順番に使用する．

音声エンコーダ〔voice encoder〕 音声信号を符号に変換する装置．通信用の高能率音声符号化技術を用いて，音声波形をパラメータ化して送り，受信側ではそれらのパラメータから元の音声を合成して再生する．携帯電話などの多くの機器で使用されている．音声エンコーダ/デコーダ（音声分析/合成装置）を一般にボコーダ（vocoder）と呼ぶ．

スループット率〔throughput rate〕 処理速度あるいは転送速度を指す．理論上実現可能な単位時間当たりのデータ転送量（理論スループット）をいう．エラー訂正による損失や，プロトコルのオーバヘッド，データ圧縮による影響などを差し引いたものが実効速度となる．無線回線では，最大通信可能距離においてどの程度のスループットが得られるかが重要となる．

リードソロモン符号〔Reed Solomon code〕 誤り訂正符号の一種であり，データ伝送の際に発生する誤りに対して，m ビットを 1 単位としたシンボルごとに誤り訂正を行う符号化方式．バースト誤り（連続的に発生する誤り）に対処できるため，通信品質が

向上する．例えば，本書 2.5 節の (31, 15) リードソロモン符号では，15 シンボルの情報に 16 シンボルの検査シンボルを付加しているため，8 シンボル誤りまでの訂正が可能となる．RS 符号の応用例としては，衛星通信や地上・衛星のデジタル放送において畳み込み符号と組み合わせた連接符号がある．

リンク 16〔Link 16〕　指揮統制用および情報交換用の戦術データ通信網をいう．この Link 16 を用いて戦術情報を配布・交換するシステムを「統合戦術情報配布システム」(Joint Tactical Information Distribution System; JTIDS) または「統合戦術データ情報資料リンク」(Tactical Data Information Link-Joint; TADIL-J) と呼ぶ．米国空軍および米国海軍を中心に開発した Link 11 の能力向上版である．時分割多元接続 (TDMA) 方式を採用することによって，ネット参加プラットフォーム (JTIDS Unit; JU) に対して 1/128sec (=7.8125msec) の時間スロットごとに送受信枠を配当，1 ネットワークに最大 128 局の JU が参加可能，ECCM 能力強化（直接拡散および周波数ホッピング方式採用）などの特徴を有する．

統合戦術情報配布システム〔Joint Tactical Information Distribution System; JTIDS〕　米軍および同盟国軍の戦場情報の統合・共有化のためのデジタルネットワーク（データリンク）．使用周波数は L バンドである．戦術用の米統合フォーマットによる情報配布，位置決定，識別能力を持つ近代的な無線通信システムであり，伝送速度が高く，対通信妨害能力を持つ．秘匿音声およびデータ/レーダ映像伝送・敵味方識別・味方位置決定などの機能を有し，NATO 軍と共用している．運用通達距離 550km（見通し距離），加入ユーザ数 2～9,800 で，FH と DS 方式のハイブリッドスペクトル拡散変調/時分割多重アクセス (TDMA) 方式を採用しており，128 回線まで同時構成可能である．陸海空軍の各種装備に広く搭載されており，湾岸戦争でもその有効性が確認された．2000 年代の主要装備として，1980 年代から小型軽量化・価格低減を図った第 3 世代の多機能情報配布システム (multifunction information distribution system; MIDS) が開発，配備されている．

■ 第 3 章：通信用アンテナ

アンテナの帯域幅〔antenna bandwidth〕　アンテナ特性が，規定された標準を満たしている周波数帯域幅，つまり，中心周波数（ダイポールアンテナにおいては通常，共振周波数）を挟んだ下限から上限までの周波数範囲をいい，その周波数範囲内においてアンテナ特性（入力インピーダンス，アンテナパターン，ビーム幅，偏波，サイドローブ利得，ビーム方向，放射効率など）は，中心周波数のアンテナ特性の値を基準とした許容範囲内の値を持つ．

実効高/実効長〔effective height/effective length〕　ある線状アンテナを流れる電流分布

の積分値を，その最大電流値で一様な電流分布のヘルツダイポール（微小ダイポール）に等価的に直したときの，ヘルツダイポールの長さに相当する長さ（高さ）を指し，垂直アンテナでは実効高，水平アンテナでは実効長という．アンテナに給電すると，そのアンテナの特性で決まる電流分布を生じるが，これは通常，一様に分布することはなく，場所によって電流が変化している．例えば，半波長ダイポールの中央部に給電すれば，電流は給電部で最も強く，端末に行くに従って正弦的に減少する．したがって，アンテナの実際の高さと，電波を送受信する実質的高さは異なる．

電界強度〔field strength〕 電波が伝搬したときの，ある地点（受信地点など）におけるその電波の電界の強さをいう．その単位は1m当たりの電圧，すなわちV/mで表されるが，1μV/mを0dBとしてデシベル値で表すことが多い．

偏波〔polarization; PL〕 ある方向のアンテナ偏波は，そのアンテナによって送信された（放射された）電波の偏波として定義される．方向が特に記述されなければ，一般に偏波は最大利得の方向の偏波とされる．実際は，放射されたエネルギーの偏波はアンテナの中心からの方向によって変わり，パターンのあらゆるところで異なる偏波を持つ可能性がある．電波は電界，磁界が特定方向を向いており，一定の面内にあってその方向が変化しない場合を直線偏波と呼ぶ．偏波は電界の方向で表し，電界が大地に垂直な場合を垂直偏波，水平な場合を水平偏波という．強さが等しい水平偏波と垂直偏波が$90°$の位相差で合成されると，電界ベクトルが回転する円偏波となる．定義上は，進行方向とは反対の方向から見たときの電界ベクトルの回転方向が時計回りの場合は右旋，反時計回りの場合は左旋という．一般に，電波を等しい強さにすることや位相差を$90°$にすることは難しいため，実際には円偏波ではなく楕円偏波となることが多い．

アンテナ効率〔antenna efficiency〕 アンテナの性能指数を示す指標の一つで，「放射効率」とも言われる．「接続された送信機からアンテナが受容した正味電力に対するアンテナによって放射される全電力の割合」（IEEE Std 145-1993）とされ，百分率（％）で表されることが多い．これは周波数に依存する．本書の表3.1（p.56）の効率も同じ意味で，アンテナからの全放射電力と供給電力の比（百分率）を表す．また，パラボラアンテナなどの開口型アンテナの実効面積と物理的な開口面積との比とも表現され，その際は開口効率のことをいう．

偏波損失〔polarization loss〕 地球の磁場が原因で生じ，電離層を通過する信号の偏波に回転を引き起こすファラデー回転（ファラデー効果）などにより，アンテナの偏波が受信信号の偏波と一致しない場合にアンテナの受信電力が減少する交差偏波損失のことである．ファラデー効果の細部については，『電子戦の技術 拡充編』の7.4.4項を参照されたい．また，交差偏波損失の細部については，本書の3.5節と『電子戦の

技術 基礎編』の 3.1.4 項を参照されたい.

レーダ警報受信機〔radar warning receiver; RWR〕　探知したレーダについて，その形式，識別，方向などの情報を提供する広帯域受信機をいう.

アイソレーション〔isolation〕　アンテナや電子回路において，電気的にどれだけ分離できているか，またはどれだけ結合（回り込み）がないかの尺度に使われる．アンテナにおいては，アンテナ電力に対する受信アンテナに到来する回り込み信号レベルの比率をいい，単位は dB を使用することが多い．送・受信アンテナのアイソレーションを確保するには，受信点を距離的に分離，送信アンテナの指向性のヌル方向に受信アンテナを離隔，地形・地物の利用，またアンテナの偏波面効果の利得差やフロント・バック比改善による利得差などを利用して，アイソレーションを確保する.

交差偏波アレイ（交差偏波配置）〔cross-polarization array〕　送信アンテナと受信アンテナの偏波関係の相違（例えば，垂直偏波と水平偏波）により交差偏波損失を生じるアンテナの配列（アレイ）をいう.

レドーム〔radome; radar dome〕　レーダアンテナ覆いを指す．電波透過性に優れた強靱な FRP 製のレーダアンテナを収容しているドーム状のカバーのことである.

移相器〔phase shifter〕　アレイアンテナにおいて，各素子アンテナの励振位相を変化させて，主ビームを空間の任意方向に電子的に向けるために制御される位相切り替え器をいう．これを制御することによって，高速なビーム走査，放射パターンの最適化，サイドローブ抑圧，ビーム幅変化，大電力化などを可能にする，フェーズドアレイアンテナの機能が発揮される.

グレーティングローブ〔grating lobe〕　本来，アレイアンテナは，その素子アンテナを共相励振することにより主ローブを自由に走査させるものであるが，その素子間隔が等間隔かつ半波長以上になると，干渉により主ローブと同等の強さの位相面が揃ったサイドローブが発生する．グレーティングローブはこの現象をいう．素子間隔が半波長以下の場合，グレーティングローブの問題は生じない．また，素子間隔を不等間隔にすることにより，グレーティングローブの発生を抑えることができるが，不等間隔であっても素子間隔が整数比であると，グレーティングローブの方向が主ローブと一致する不具合が発生する.

■ **第 4 章：通信用受信機**

感度〔sensitivity〕　一般に，実用上，通信可能な最小入力レベルをいう．受信機の復調出力が一定の状態に達するレベルで，デジタル方式の場合は BER（ビット誤り率），アナログ方式の場合は出力 SN 比で定義する.

デューティサイクル〔duty cycle〕　（パルスレーダの）送信パルス幅とこれに対応した

パルス繰り返し周期との比．

ダイナミックレンジ〔dynamic range〕　システムや（入出力）変換器が処理しうる最大負荷と最小負荷との差をいい，dB 値で表す．

ベトナム戦争〔Vietnam War〕　1954〜1973 年の北ベトナム/南ベトナム解放民族戦線（National Liberation Front; NLF; 通称ベトコン（Viet Cong））と米国/南ベトナムとの戦いをいう．米国が介入するようになった 1961〜1973 年の戦いの主体は，南ベトナムにおけるベトコンゲリラとの戦いと，1965 年以降の北ベトナムの戦略拠点への空爆（いわゆる北爆）に大別される．この戦争のころに EW（電子戦）の概念が生まれており，ECM，ECCM および ESM を含む総合的な概念として初めて定義され，電子戦を強く意識した戦術がとられるようになった．この概念は，同時期の第 3 次および第 4 次中東戦争においても同様に重視された．北爆では，ソ連製 SAM（地対空ミサイル）などの新兵器の出現に対応した電子戦機器・戦法の発達が顕著であった．米軍は，SAM や火器管制用レーダの妨害用に，1960 年から開発していた戦闘機搭載式ポッド型 ECM 装置（S，C，X，および Ku バンド対応），電子戦専用機（スタンドオフ妨害およびエスコート妨害用，SIGINT 用），ARM（対電波放射源ミサイル），IR（赤外線）誘導ミサイル，およびチャフなどの電子戦装備を投入した．一方，南ベトナム戦場は，電子的手段を持たないゲリラとの戦いが主体のため，電子戦が重要な要素になることはなかったようであるが，特筆すべき電子戦器材として，ソ連製トラックの点火装置の電磁放射を探知・標定する，航空機搭載式の Black Crow（AN/ASD-5）DF（方向探知）装置がある程度の成果を収めたと言われている．陸軍は，地上設置型の GLQ-3 VHF/UHF 帯妨害装置（出力 1.5〜2kW，周波数 20〜230MHz）を投入している．

2 乗則領域〔square law region〕　ダイオードは，順方向バイアスをかけるとその電圧が，カットイン（作動開始）電圧を超えた時点で導通を開始する．電圧が低い初期の領域では，出力電圧 V_o は，入力電圧 V_i の 2 乗に比例する．言い換えると，出力電圧は入力電力 P_i に比例する．すなわち，$V_o = nV_i^2 = nP_i$，または $P_i \propto V_o$ となる．ここで n は比例定数である．そのため，この領域は 2 乗則領域と呼ばれており，この領域で動作するダイオードは小信号タイプとして使用される．それ以上の電圧での動作領域は直線領域と呼ばれ，大信号タイプのダイオードに使用される．ダイオード検波器は小信号入力で動作するため，4.1 節では，2 乗則領域で動作すると説明している．クリスタルビデオ受信機以外の受信機では，入力電力が 10mW 付近で検波するので，「2 乗則領域における検波」に対して「直線領域における検波」という．

フィルタ〔filter〕　入力された電気信号に帯域制限をかけたり，特定の周波数成分を取り出したりするための電子回路を指す．濾波器ともいい，取り出す周波数成分により，

いくつかに分類される．4.1 節の CVR で取り上げているフィルタは，ほとんどの周波数はそのまま通すが，特定の帯域だけを非常に低いレベルに減衰させるもので，帯域阻止フィルタあるいは帯域除去フィルタ（band-elimination filter BEF），バンドストップフィルタ（band-stop filter; 帯域消去フィルタ）ともいう．

周波数分解能〔frequency resolution〕　受信機において設定できる周波数の最小単位をいう．

ダブルコンバージョン受信機〔double conversion receiver〕　二重変換受信機．スーパーヘテロダインの IF 増幅器のあとにもう一つミキサと局発を置き，周波数変換を 2 回行うスーパーヘテロダイン受信機を指し，一般にダブルスーパーヘテロダイン受信機と言われている．1 段目の IF 周波数を高く設定できることからイメージ周波数を離すことができ，イメージ妨害に対して強いという利点がある．軍用や一般用受信機などで最も普及している方式の受信機である．

進行波管〔traveling wave tube; TWT〕　真空中で電子銃から出た電子流の速度が，同方向に進むらせん状に巻いてある遅波回路上の電波の速度にほぼ等しいときに，この回路の軸上の電界と電子流との間に生じる相互作用を利用してマイクロ波の増幅を行う，極超短波（UHF）以上の広帯域増幅管をいう．これに対し，通常の増幅管では，進行波管と異なり，広い帯域内のどこかで生じる不要反射波を防止するために，減衰器を含む共振回路で集中的に電界と電子流の相互作用をさせるので，周波数帯域幅が狭くなるという性質がある．

スプリアス応答〔spurious response〕　スプリアスレスポンス．受信機におけるスプリアス信号に対する応答，すなわち干渉妨害波に対する受信機の応答のことであり，受信機のブロッキング性能の劣化要因になる．スプリアス応答は，ミキサとフィルタの特性に依存する．受信ミキサ前段に配置したフィルタの減衰特性が不十分な場合，ミキサで発生するスプリアスの周波数に IF 周波数を加算あるいは減算した周波数においても，アンテナ端子から IF フィルタ出力まで受信信号が伝送されることになる．この結果，受信チャンネル以外の周波数の信号でも受信可能になる（スプリアス受信）．当然ながら，スプリアス応答（スプリアス感度）が低いほうが干渉妨害を受けにくくなる．

ブロッキング性能〔brocking efficiency〕　ブロッキング特性．受信チャンネル以外の周波数帯に強い干渉波が存在する場合，受信フィルタの減衰特性が不十分であれば，それが受信フィルタを通過し，低雑音増幅器（LNA）やミキサに信号ひずみや飽和をもたらす特性をいい，受信感度，感度抑圧，受信相互変調，隣接チャンネル選択度とともに，受信系の特性を規定する代表的な項目の一つとされている．

ナイキスト速度〔Nyquist rate〕　ナイキストレート．信号が与えられたとき，その信号

の情報を失うことなく標本化できる標本化周波数の下限周波数（その信号の帯域幅の2倍）をいう．つまり，標本化定理のサンプリング周波数を指す．標本化速度，サンプリングレートともいう．前出の「サンプリング定理」（p.321）を参照されたい．

デジタル RF メモリ〔digital radio frequency memory; DRFM〕　デジタル高周波メモリ．脅威となる電波放射を捕捉してその信号波形を記憶する機能や，その脅威に対して妨害送信するために記憶した波形を再生して精密な複製信号を生成する機能を備えた電子デバイスであり，A/D 変換器，ランダムアクセスメモリ（RAM），D/A 変換器，関連回路などからなる．A/D 変換器と D/A 変換器は特に重要である．欺まん信号リピータ（deception repeater）には，敵のレーダ信号を受信すると，その信号を記憶し，複製信号を生成し，ごく短時間の後に信号強度を高めて送信するための DRFM が欠かせない．パルス圧縮などの高度なレーダ波の複製にも，受信波形を高速度で記憶・再生できる DRFM の使用が不可欠である．瞬間帯域幅 500MHz〜1GHz に対応している．複数信号用には広帯域，単一信号に対しては狭帯域の DRFM が使用される．

同相および直交位相〔in-phase and quadrature; I&Q〕　信号ベクトルの同相成分（I）と直交位相成分（Q）を表す．デジタル通信では多くの場合，変調は極座標を I と Q の直交座標で表現する．つまり，I 軸を 0°の位相基準（同相），Q 軸を 90°回転（直交）したものとし，信号ベクトルの I 軸への投射を I 成分，Q 軸への投射を Q 成分という．データはこれらの軸で構成される IQ 複素平面（I/Q プレーン）の離散ポイントに投射される（これらの集まりをコンステレーション（信号空間ダイヤグラム，集群，星座）ポイントと呼ぶ）．信号ポイントを一つのポイントから別のポイントに移動させるには，信号の振幅と位相を同時にデジタル変調する必要があるが，これらをそれぞれの変調器で変調するのは困難で，また従来の位相変調器では不可能である．このデジタル変調を簡単に行うのが I/Q 変調器であり，振幅変調と位相変調を同時に行うことが可能になる．

雑音指数〔noise figure; NF〕　雑音指数は，出力信号に対する入力信号の SN 比の割合として定義され，信号が回路を通過するときの SN 比の劣化の度合を表す．機器の雑音特性の良さを示す指標として用いられる．雑音指数は $NF = S_i/N_i \div S_o/N_o$ で表される．ここで，S_i, N_i はそれぞれ入力端における信号と雑音電力，S_o, N_o は同じく出力端における信号と雑音電力である．N_o には受信装置の内部雑音が含まれる．増幅器で信号を増幅する際，信号に雑音が加わると，信号と雑音はともにそれ以降の回路の利得に応じて増幅されるので，SN 比はあまり変化しない．雑音指数は，内部雑音がない理想的な状態では NF＝1 となるが，現実の回路では通常，NF＞1 であり，この値が小さいほど特性が良いとされている．

ジャガー V〔Jaguar V〕　英国製秘匿携帯無線機の名称．英国，NATO 加盟国の一部，

オマーン，キプロス，サウジアラビア，ブラジル，ラテンアメリカの一部など42か国で使用されている．砂漠の嵐作戦で使用開始された．FH/FM 変調モードであり，使用周波数帯は 30～88MHz，出力は 10mW/5W/20W，16kbps の速度でデータ伝送が可能である．妨害を受けていない周波数を避けて移動するホップ構成によって，かなりの ECCM 能力，耐妨害性を有する FH 無線機である．スクランブラの使用によって秘匿性を非常に高めている．各系が異なるシーケンスで FH を行って，すべてが送信している場合でも，同時に最大 50 系まで対応可能である．ホップ速度は 150～200 ホップ/秒に対応する．

バーサモジュールヨーロッパ（バーサモジュールユーロカード）〔Versa Module Europe; VERSA Module Eurocard; VME〕　ボードコンピュータの規格名であり，データ転送用バス（bus; 母線）を規定したもの．IEC（国際電気標準会議）においては IEC 821 VME バスとして標準化され，ANSI（米国規格協会）と IEEE（The Institute of Electrical and Electronics Engineers; 米国電気電子技術者協会）においては ANSI/IEEE 1014-1987 として標準化されている．当初の標準は，16 ビットバスであった．その後何回かの拡張を経て，現在の VME64 には 64 ビットバス規格と 32 ビットバス規格が存在している．VME64 の標準的な性能（転送速度）は 40Mbps である．本書で，VME アーキテクチャではデータ速度が 40Mbps に制限されていると言っているのはこの意味である．

バス〔bus; BUS〕　コンピュータの内部で制御部・メモリ部・入出力部を並列に接続している回線（導線）をいい，各部間のデータのやりとりはこの回線を通じて行われる．共通母線ともいう．バスは，使用可能な並列データ回線の「幅」（ビット数）で記述され，代表的なマイクロコンピュータのバスには，8, 16, 32 ビット幅がある．

ナイキストサンプリング基準〔Nyquist sampling criteria〕　前出の「ロールオフ率」（p.319）を参照．

高速フーリエ変換〔fast Fourier transform; FFT〕　帯域幅の大きい信号などを準リアルタイムで効率的に周波数解析するアルゴリズムの一つ．フランスの数学者ジョセフ・フーリエ（Jean Baptiste Joseph Fourier）によって 1822 年に発表された．例えばパルスレーダの受信信号は，振幅と位相を測定するためのパルスの時間系列である．ドップラ処理技術は，この信号のスペクトル（周波数）成分を測定することに活用されている．フーリエ変換によって，この時間領域における信号の周波数成分が得られ，それが周波数領域の信号あるいは時間領域の信号スペクトルに戻される．レーダエコーにはその信号形式内に各種の情報が含まれていることから，フーリエ変換はレーダ信号処理の基本的な手法になっている．FH 信号への高速フーリエ変換の利用については，本書 7.8.1 項および 8.3.1 項をあわせて参照されたい．

浮動小数点演算〔floating point operations; FLOP〕　小数点の位置が固定されない浮動小数点数（数値を，各桁の値の並びである「仮数部」と，小数点の位置を表す「指数部」で表現する方法）を用いて行う四則演算のことである．コンピュータでは扱う数値の絶対値が大きく異なっていても，任意の誤差の範囲内で計算できるため，この演算は科学計算に向いている．浮動小数点演算の規格は，IEEE（米国電気電子技術者協会）754 で定められている．

1 秒当たりの浮動小数点演算量〔floating point operations per second; FLOPS〕　1 秒間当たりの浮動小数点演算の回数をいい，プロセッサの性能指標として使われている．あくまで演算の回数であって，演算以外の命令（メモリやアドレス操作など）の回数は含まれない．

有効面積〔effective area〕　実効面積ともいう．受信アンテナから取り出すことができる最大の有効電力が断面積 Ae 内への到来電波の面積に等しいとき，Ae をそのアンテナの有効面積という．λ を波長，G をアンテナの絶対利得とすると，Ae は $Ae = \lambda^2 G/4\pi$ で求められる．すなわち，受信アンテナから取り出しうる最大電力と到来電波の単位面積当たりの電力の比のことである．

自由空間インピーダンス〔free-space impedance; free-air impedance〕　自由空間（送受信点間の伝搬空間が均質等方性で，屈折，回折，反射，吸収，散乱などがなく，電波の放射による減衰だけが考えられるような空間）の特性インピーダンス（固有インピーダンス）Z_0 を表し，磁界強度 H_0〔A/m〕と電界強度 E〔V/m〕の関係から，$Z_0 = E/H_0 = 120\pi = 376.6\Omega$ となる．

検波前信号対雑音比〔predetection signal-to-noise ratio〕　SN 比は信号電力と雑音電力との比を表すが，受信機の信号処理に必要な信号対雑音比は，信号が伝達する情報の種類，その情報を伝達する信号変調方式，受信機出力に対する処理の種類，および信号情報が表現する最終的な使用形態に大きく依存する．そのため，検波前の信号に関わる信号対雑音比を CN 比（carrier-to-noise ratio; CNR; 搬送波対雑音比）とは区別して，「検波前 SN 比」（本書では検波前信号対雑音比（RFSNR）という）で表していることを理解することが大切である．ちなみに，CNR を式で表すと，$CNR = 10\log(P_C/P_N)$ である．ここで，P_N は雑音電力〔W〕，P_C は搬送波電力〔W〕である．

電圧制御発振器〔voltage-controlled oscillator; VCO〕　入力に加えた信号電圧により発振周波数を変えることができる発振器をいう．FM 変調や FSK 変調で使われる．

E_b/N_o　「ビットエネルギー対雑音電力密度比」を表す．本書の 4.4.3 項では，「帯域幅の Hz 当たりの雑音でビット当たりのエネルギーを除算したもの」と説明しているが，その意味をもう少し補足する．無線システムの実用（フィールド）性能は主に，雑音と，アンテナで受信する電波の強さ（電界強度）の比，つまり SN 比で決定される．

そのほかに，前出の「検波前信号対雑音比」で説明しているとおり，無線システムの変調方式の違いや，シンボルレートの違いでも性能は違ってくる．そこで，変調方式やシンボルレートが違っても無線機の性能を同じ尺度で評価するため，E_b/N_o という基準が用いられる．ここで，E_b は，ベースバンドにおける1ビット当たりの信号エネルギーであり，ベースバンドの信号エネルギーとシンボルを構成するビット数との関数である．N_o は，ベースバンドにおける雑音電力密度であり，受信機の復調器の雑音電力と帯域幅から求められる．これらの比が E_b/N_o であり，変調方式にかかわらずエラーレートという同じ基準で無線システムを性能評価することができるようになる．所要エラーレートから所要 E_b/N_o が決まると，所要受信電力が求められ，伝搬損失などの関係から無線システムの性能を評価できるようになる．

自動利得制御〔automatic gain control; AGC〕　入力の電気信号の振幅の変動に対して出力を一定に維持するため，増幅回路の増幅率（利得）を自動的に調整することをいい，受信機の中間周波増幅回路に用いられることが多い．一般の受信機においてはその有効性は大きいが，本書でも説明しているように，EW 受信機はその目的から微弱信号を受信する必要性があることから，強力な信号や雑音が混在する電波環境においては，AGC を使用するメリットはほとんどないとされている．AGC を使用することで，微弱信号の受信が不能になるからである．

傍受確率〔probability of intercept; POI〕　EW システムにおいて，信号が規定のシナリオの中に存在しており，その脅威リストに含まれる特定の脅威信号が EW システムに最初に到達した時刻から，その任務の実行に間に合わなくなる時刻までに，EW システムが当該信号を探知する確率をいう．EW 受信機のほとんどは，特定のシナリオの中で信号が存在するとして，その脅威リストのそれぞれの信号に対して，90～100% の傍受確率を達成できるよう仕様が定められている．関連事項については，『電子戦の技術 基礎編』第 6 章を参照されたい．

三角測量〔triangulation〕　三角法を用いて求点の測量諸元を得る測量法をいう．三角測量には，三角形の3個の角および基線を用いて測定する狭義の三角測量，三角形の2個の角および基線を用いて測定する前方交会法，既知座標を占位しない1～3個の地点間の水平角を測定して任意の地点の座標を求める後方交会法がある．電波源位置決定においては，一般に電波源位置と方探サイトの位置関係に応じた狭義の三角測量と前方交会法のいずれの測量法によっても可能であるが，できるだけ多くの基線を使用した測量により，誤差を少なくする必要がある．

■ 第 5 章：通信の伝搬

片方向回線〔one-way link〕　単方向回線あるいは単向通信回線ともいう．送信側と受信

側が決まっていて，常に1方向にだけ情報を伝送する方式の回線をいう．放送がその代表例である．本書では，1台の送信機，1台の受信機，送信・受信アンテナ，およびそれらのアンテナ間の伝搬経路で構成される基本的通信回線として説明する．

見通し線伝搬〔line-of-sight propagation; LOS propagation〕　理論的には電波が自由空間（送受信点間の伝搬空間が均質等方性で，屈折，回折，反射，吸収，散乱などがなく，電波の放射による減衰だけが考えられるような空間）を伝搬することをいうが，現実には地形・地物による反射，回折の影響を受けない伝搬形態をいう．電波伝搬上の見通し線伝搬は，厳密には，第1フレネルゾーン内に遮蔽物が存在しない場合の伝搬をいい，光学上の見通し線とは異なるので注意が必要である．本書では，見通し線通信回線を構成可能な伝搬形態として説明する．後出の「フレネルゾーン」（p.342）を参照されたい．

見通し線通信回線〔line-of-sight link〕　見通し線伝搬が可能な区間における通信回線をいう．本書では，送信および受信アンテナを互いに「見る」ことができ，二つのアンテナ間の伝送路が地面または海面に近づきすぎない状態の回線として説明している．

見通し線外伝搬〔non-line-of-sight propagation〕　見通し線伝搬以外の電波伝搬をいう．

低高度衛星〔low-Earth satellite〕　低高度地球周回軌道（low earth orbit; LEO）衛星ともいう．高度約3,000km以下（多くは1,500km以下）を，約1時間（1地点からの可視時間が15分程度）の周期で周回する衛星をいう．全地球規模でのサービスが可能（ただし，連続サービスには10数機の衛星が必要）であること，衛星間通信が必要であること，伝搬遅延時間が小さいことなどの特徴を持つ．詳細は『電子戦の技術 拡充編』の7.5.2項を参照されたい．

静止軌道〔synchronous orbit〕　高度約36,000kmにあり，周回する周期が地球の自転周期に等しい軌道をいう．3基の衛星で，北極/南極を除く全地球をカバーできる，地球上からは常に静止して見えるため追尾が不要であり，伝搬遅延時間が大きい（約0.24秒），伝搬損失が大きい，地球局の小型化に制約があるといった特徴を持つ．詳細は『電子戦の技術 拡充編』の7.5.1項を参照されたい．

近接場問題〔near field issue〕　近接場とは，対象のアンテナを中心として，リアクタンス近傍界領域（アンテナのすぐ近くにあるリアクタンス性の電界が優位を占める近傍界領域）および放射近傍界領域（リアクタンス近傍界と遠方界領域の間にあり，放射電界が優位を占め，アンテナの放射パターンがアンテナからの距離に依存する領域）をいい，この領域ではアンテナ放射パターンが安定したパターンを示さないことから，通常の電波伝搬式が適用できない問題をいう．近接場を超えた放射パターンが距離により変化しない領域を遠方界領域といい，この領域内では送信される電波が平面波として扱われ，通常の電波伝搬式を適用することができる．アンテナの寸法が小さ

いときには，アンテナから波長の 10 倍以上の距離をおくことができれば遠方界領域として扱えることが経験的に言える．

奥村-秦モデル〔Okumura-Hata model〕 関東平野およびその周辺における詳細な測定値 (1967 年) に基づき作られた，広く使用されている屋外の経験的伝搬モデルの一つ．奥村氏が実験をもとに一連の曲線を作り出し，秦氏がそれを数式化した．基地局のアンテナ高が周囲の建造物より高い場合のモデルである．まず地形を「準平滑地形」と「不規則地形」に大別する．(1) 準平滑地形は，開放地（高い樹木や建物が伝搬経路沿いに存在しない空間），郊外地域（小集落，樹木，家屋による散乱が存在する高速道路沿いの伝搬経路であるが，混雑することなく移動可能で，近傍に多少の障害物が存在する空間），および市街地（大規模なビル，家屋が密集した大都市）の環境における伝搬を扱う．(2) 不規則地形はさらに「丘陵地形」，「孤立山岳」，「傾斜地形」，「陸海混合伝搬路」に分類されている．(3) 150MHz～1.5GHz で，基地局のアンテナ高が 30～200m，受信アンテナ高が 1～10m，伝送距離 1～20km で最も有効とされている．

Saleh モデル〔Saleh model〕 1987 年に Saleh が発表した，中規模オフィス内における 2 本の垂直偏波アンテナ間の屋内伝搬測定結果を用いた屋内伝搬モデルの一つ．その結果は，屋内の無線通信路は時間的な変動が極めて緩やかで，送信機と受信機との間が見通し線でない場合でも通信路のインパルス応答は統計的にアンテナの偏波に依存しないことを示した．測定結果の報告によると，最大遅延範囲はビル内の部屋においては 100～200nsec，廊下で 300nsec であった．屋内の遅延分散の RMS は平均 25nsec，最大 50nsec であり，見通し線でない場合，信号の減衰は $e^{3\sim 4}$ の対数正規法則に従う．

SIRCIM モデル〔simulation of indoor radio channel impulse response model〕 Rappaport と Seidel が開発した，屋内における離散的なインパルス応答通信システムモデルをもとに開発されたモデルである．SIRCIM モデルは，精密で経験的な統計モデルを用いた SIRCIM というコンピュータシミュレーションソフトウェアであり，小縮尺の屋内における通信路で測定したインパルス応答値の実際的なサンプルを生成するシミュレーションに使用される．

マルチパス〔multipath〕 多重伝搬路．同一電波の伝搬経路が，送信点からの直接伝搬経路以外の伝搬経路をいい，伝搬経路上に存在する地形・地物あるいは一つ以上の電離層による反射・屈折によって生じる多数の異なる経路長を持つ伝搬経路をいう．また，多重伝搬によって引き起こされる現象そのものを指すこともある．この伝搬の経路長差による伝搬遅延がその電波自身の信号干渉を引き起こす現象は，周波数選択性フェージング（マルチパスフェージング，マルチパス干渉）と言われ，EW の観点からは，周波数・電力測定，方探測定などの誤差生起要因になりうる．

マルチパス干渉〔multipath interference〕　マルチパス伝搬で位相が同じ（同相）または異なる（異相）電波を受信することで符号間干渉を起こす現象をいい，周波数選択性フェージング（マルチパスフェージング）ともいう．これは，各伝搬路長の差が波長に比べて十分に長いとき，すなわち，送受信間の広い範囲で大きい伝搬遅延が生じ，受信点では時間的に遅れて電波が到達する環境において発生する．

フェージング〔fading〕　複数の電波が受信されるときの受信信号電圧は，各電波の複素電圧を位相合成した値になるので，各受信電波の位相が変化すると受信信号電圧が変動する．一般的には，電波伝搬における反射，回折，および散乱により，多重波の位相合成や伝搬遅延が瞬時の受信レベル低下や符号間干渉を起こす信号強度の変動現象のうち，複数の異なる伝搬経路を通った自分自身の電波が干渉して起こす受信電圧の変動をフェージングという．同相の電波は，互いに強め合い，受信点ではより強い信号を生み出す．逆に，異相の場合は，信号が弱められるか，あるいはフェージングを起こす．受信点で二つの信号の伝搬経路が短時間に交互に入れ替わる場合，周期性フェージングを引き起こし，HF帯上空波伝搬においては，例えばE層からの電波がF層で反射される現象が2回起こる場合に生ずることがある．フェージングは，大規模フェージングと小規模フェージングに大別される．[1] 大規模フェージングは，広い範囲の変動が原因で起こり，移動通信における，送信機と受信機間の距離変動（移動）による受信電圧の変動分布がレイリー分布となるレイリーフェージングや，広帯域伝送で受信波のスペクトルに受信レベルの落ち込みが生ずる周波数選択性フェージングが特徴的である．[2] 小規模フェージングは，（半波長程度の）小さな位置変化あるいは周囲環境の変化（周囲の物体，人などが送信機と受信機の間を横切ったり，ドアが開閉したりした場合など）によるもので，信号の時間的な拡散，およびチャンネルの時間的な差異により，周波数選択性フェージング，単純フェージング，低速および高速フェージングなどに細分される．

グランドプレーン〔ground plane〕　一般に大地は完全な導体ではないので，アンテナの反射効率を高めるためには，大地との間にコンデンサを形成させることで高周波的に接地と同じ効果を得る必要がある．グランドプレーンとは，そのために金網や金属板を敷いて電気的な大地を作る敷物（金網や金属板）をいう．接地（アース）することが困難な地上の高い位置にアンテナを設置する場合，大地の代わりになる金属線などを取り付けるのに，アンテナ線と直角方向に1/4波長の導線（ラジアル線という）を数本取り付けて，接地効果を得ることがある．このようにしたアンテナをグランドプレーンアンテナという．

高電導大地〔good soil〕　高電導（high conductivity），高誘電率（high-dielectric constant）特性の伝搬経路を持つ大地を高電導大地というが，これは特に定まった言い方ではな

い．原書では「肥えた土壌」（good soil）と表現しているが，本書では電導性の良い大地という意味で使用する．地表波の放射電界強度は，地球の電気的定数（誘電率と導電度）の影響を受ける．電波伝搬の観点から地球表面を分類すると，
- 海上：誘電率 80，導電度 50s/m
- 高電導大地：誘電率 15〜30，導電度 $10〜30\times10^{-30}$ s/m
- 低電導大地：誘電率 5〜15，導電度 $1〜10\times10^{-3}$ s/m

となる．ここで，導電度の単位〔s/m〕はシーメンス/m，古くは$\overline{\mho}$/m のことである．なお，日本国内の陸上は，低電導大地（痩せ地; poor soil）である．平面大地（2波）伝搬では，地上反射点における地表面地質によって影響を受ける．

フレネルゾーン〔Fresnel zone〕 二つのアンテナ間の最短距離を軸とする仮想的な回転楕円体状の空間をいう．実際にはこの空間は無限に広がる（第1〜第 n FZ と表す）が，主に第1フレネルゾーンと呼ばれる部分がエネルギー伝達に寄与する．第1フレネルゾーンは，電波エネルギーが受信機に最短距離で到達する場合とそれ以外の経路を経て到達する場合の経路長差による位相変化が半波長（π）以内となる範囲の回転楕円体状の空間をいい，この場合，電波は受信点で互いに強め合って合成される性質があるが，逆にこの空間が伝搬経路上の障害物によって遮られると，エネルギーの減衰要因（伝搬損失）となる．

対流圏散乱〔tropospheric scattering〕 対流圏は地表から高度十数 km の間に位置する地球大気の層の一つであり，標準状態で高度の上昇とともに1km 当たりおおよそ-6.5K ずつ気温が低下する領域である．この高度とともに低下する気温構造による鉛直方向の対流により，対流圏では雲や霧の発生や降雨などの活発な気象現象が見られる．対流圏散乱とは，気温や気圧の不均一性や揺らぎに起因する屈折やシンチレーション，気象粒子（雨，雪，霧，雲など）による散乱現象を指し，この現象が対流圏における電波伝搬に影響を与える．

不感地帯〔blind zone〕 スキップゾーン（skip zone）ともいう．本書では，送信機からナイフエッジまでの距離よりも，ナイフエッジから受信機までの距離が小さい場合，対流圏散乱により回折波が受信機に到達し得ない（つまり，通じない）区間として説明している．これ以外の不感地帯としては，HF 帯の電離層反射によって生ずるスキップゾーンが挙げられる．

連邦通信委員会〔Federal Communication Commission; FCC〕 米国政府の独立機関であり，米国内の放送通信事業の規制監督を行う．ラジオスペクトル（ラジオおよびテレビジョン放送を含む）を使用するすべての非政府組織を管理し，また，すべての州間電気通信（有線，人工衛星）や，米国内で発信または着信するすべての国際通信を規定して管理を行っている．一般的な行政権のほか，事業者に対して免許の交付・更

新の可否を決定をする裁定権，放送通信に関する規則を制定する準立法権を有する．

太陽の黒点活動〔sunspot activity〕　太陽表面の活動変動にはいくつかの周期単位が存在し，最も典型的な周期的変動として，約11年と言われている太陽活動周期（黒点周期）変動がある．地球の電離層は太陽黒点の数に影響されるため，その活動が活発になると，電離層反射を利用する短波帯以下の電波伝搬に大きな障害が発生する．また，太陽黒点数の上昇時には，F層およびF2層の臨界周波数が上昇し，数十MHzのVHF帯電波がHF帯同様に遠く海外へ伝搬する現象が見られることがある．

電離層吸収損失〔ionospheric absorption loss〕　電波が電離層を通過する際の減衰による損失で，第1種減衰と言われる．各層の電子密度が高いほど，また，通過する周波数が低いほど減衰が大きくなる．HF帯およびMF帯においては，D層とE層が吸収層として働くので，通過するときの吸収により減衰する．なお，第2種減衰は，電波が電離層で反射されるときに受ける減衰をいい，その減衰は周波数が高いほど大きいが，第1種減衰よりは小さい．

大地反射損失〔ground reflection loss〕　複数回跳躍による反射によって伝搬する場合，電波のエネルギーは地表面で反射するたびに失われる．大地反射損失はこのときのエネルギーの損失を指し，その程度は，周波数，入射角，地表面の不整の度合い，および反射地点の導電率の大小などに依存する．

HF帯伝搬におけるフェージング　HF帯伝搬において受信感度の変動の原因となる障害の種類の一つであり，以下の三つに大別される．[1] 移動性電離層かく乱（travelling ionospheric disturbances; TID）として知られている障害は，太陽フレアから放射されるX線が電離層のD層の電子密度を増加させることによって起こり，ある地域への電離層反射波の入射の傾きが変動することから，集中したりぼやけることに関連して，フェージング期間は10分以上のオーダで変化する．TIDは5〜10km/分の速度で水平移動し，より高い周波数ほど影響を受ける．一部は太陽活動に続くオーロラ帯に始まり，長距離移動することがある．そのほかは，天候による障害が原因で起こる．TIDは，位相，振幅，偏波，および電波到来角の変動原因になることがある．[2] 偏波フェージングは，伝搬経路に沿う電波の偏波が変化することから起こる．受信アンテナは信号の一部を受信することができなくなる．この種のフェージングは，ほんの一瞬から数秒間続くことがある．[3] 跳躍性フェージングは，使用周波数がMUF（最高使用周波数）に近い場合か，あるいは受信アンテナがスキップゾーン（不感地帯）の境界近くに位置している場合において，特に日の出および日没ころに観察される．これらの時刻は，電離層が不安定で，MUFがその上下の周波数に振れるようになり，信号が次第に明瞭になったり，不明瞭になったりする．受信位置がスキップゾーンの境界付近にある場合は，電離層の上下動に応じてスキップゾーンの境界も変

動する.

静止衛星までの距離　本書の 5.10 節の説明および図 5.31（p.152）において，静止衛星までの距離を 41,348km としているが，これは衛星を見ることができる地球局が位置する緯度，経度によって異なることは言うまでもない．その距離 d〔km〕は，次式から求めることができる．

$$d = \sqrt{r^2 + R^2 - 2rR\cos(\phi_l - \phi_S)\cos(\lambda_l - \lambda_S)}$$

ここで，d は地球局から静止衛星までの距離，r は地球の赤道半径（本書では，6,371km），R は地球中心から静止衛星までの距離（本書では，42,371km），ϕ_l は地球局の緯度，ϕ_S は衛星の地上への投影点の緯度（静止衛星の場合，赤道上であるので $0°$），λ_l は地球局の経度，λ_S は衛星の地上への投影点の経度である．日本から見える静止衛星は一般に，$\phi_S = 0°$，つまり赤道上の $\lambda_S = $ 東経 $110°$ を中心に投影しており，衛星の位置はインドネシアのボルネオ島の直上にある．

■ 第 6 章：通信電波源の捜索

信号帯域幅〔signal bandwidth〕　データ伝送に使われる信号の最高周波数と最低周波数の差（周波数の幅）をいい，単位はヘルツ〔Hz〕である．電波や電気信号を用いたアナログ通信では，この幅が広いほど単位時間に送られる情報の量が大きくなる．デジタル回線でも単位時間に送られる情報の量の意から帯域幅と通信速度はほぼ同意義で使用され，転送可能なビットレートを指し，単位はビット/秒〔bps〕で表す．

発射管制〔emission control; EMCON〕　作戦保全（OPSEC）のために，友軍システム内の相互干渉を最小化したり，軍事欺騙計画を実行することで，敵センサによる被探知を最小化したりしつつ，指揮統制機能を最適化するため電磁波の発射，音響波の放射，その他の放射源の放射を選択的に，かつ統制して実行させることをいう．電波発射管制（統幕・空自），電波管制（陸自），輻射管制（海自）ともいう．本書では，技術的に SN 比や傍受確率を低下させる LPI 手段の一つとして，取り上げている．

作戦保全〔operations security; OPSEC〕　作戦の実施にあたり，敵および我が行動を阻害する敵性勢力の情報活動から，我が能力と企図を秘匿・防護すること．

エネルギー探知技法〔energy detection technique〕　信号の捜索において，電磁波環境について既知の情報がない場合，あるいは，まったく未知の環境などにおいて，「電磁エネルギーの存在」を探知することによって電波が存在しているかを探知する技法をいう．一般的には，変調方式を問わず電磁エネルギーの存在を探知することから始め，電波に関する情報資料を逐次蓄積し，その後，周波数帯，周波数の各種パラメータを特定する過程（パラメトリック捜索）において，変調方式，信号強度，範囲，時間などの特徴を収集・分析することによって，より具体的に対象を絞り込んでいく手

順につながる．

パラメトリック捜索〔parametric search〕　脅威電波源捜索において，当該電波の電波到来方向，周波数，変調方式，受信信号強度，時間といったパラメータを収集する捜索法，あるいはその過程をいう．パラメトリック捜索の関連事項については，『電子戦の技術 基礎編』6.1.2 項を参照されたい．

スポット妨害（狭帯域妨害）〔spot jamming（narrowband jamming）〕　妨害装置の全出力を極めて狭い帯域に集中する妨害をいい，理想的には目標の帯域幅と完全に一致させる．

欺まん妨害〔deceptive jamming〕　敵または敵の電子依存武器に対して，誤解を与える情報を伝達したり，有効な情報を否定したりする意図を持って，電磁エネルギーを故意に放射，再放射，改ざん，制圧，吸収，拒否，増大，あるいは反射する電子対策（電子妨害）をいう．EW 欺まんの目的は，電磁スペクトルを使用することによって，敵の正確な状況認識確立能力を阻害し，敵の意思決定ループを操作することにある．敵が行う暗号解読および翻訳を対象として陽動通信（陽信）を行う場合は，欺騙行動との調和を図り，状況に適合させ，真実と誤認される偽情報を与えることが必要であり，敵が予期しない正面の情報，我が企図・行動などの偽情報を敵に断片的に与えるよう着意する．

欺騙〔deception〕　［1］（陸自）一般に敵に我が行動，配置，能力，企図などを誤認させ，騙すことをいう．欺騙．［2］（海自）欺まん．［3］（米軍）一般的には欺き騙すこと，あるいは，敵に我が企図・配置・能力・行動などを誤認させ，敵を陥れる活動をいう．

欺騙行動〔deception operation〕　［1］（陸自）欺騙の目的を持って行う部隊の行動をいい，その目的は我が行動，配置，能力などを誤認させて敵を陥れ，真の作戦を容易にすることにある．［2］（米軍）陽動，陽動攻撃，通信電子欺騙，偽情報，偽工事，流言，奇計など，欺騙手段を用いる部隊行動をいう．

通信欺騙〔communications deception〕　通信欺騙は，偽信と陽動通信（陽信）に区分される．［1］偽信は敵の通信機関を装い，敵と直接交信してこれを欺騙する通信をいい，(1) 敵の通信系の混乱および通信の能力減殺を目的とした偽信，すなわち，敵の通信所を装い，不必要かつ執拗な連絡交信を強要するか，敵の対向通信所になりきって電報を送信または受信するものと，(2) 作戦・戦闘上の欺騙を目的とする偽信，すなわち，敵が発信した電報と誤認させるように敵のものに似せた電報を与えるものがある．［2］陽動通信は陽信ともいい，真実と異なる通信組織，通信量，通信諸元，通信所位置などにより，敵の通信電子情報活動を利用して間接的に働きかけ，敵を欺騙する通信をいう．敵が行う通信調査を対象とする陽信は，無線所の位置，通信組織，通信諸元，通信量，電報の形態などを欺騙の目的に合わせて変化させ，敵に我が部隊

の識別・配置・行動などを誤って判断させるようにする．

ルックスルー〔look through; LT〕　妨害を行う際に，常に敵の回避策を観察しながら，それに応ずる最適，かつ最も効果的な妨害技法を選択して妨害を実施する ECM 技法の一つである．具体的には，極めて短時間，妨害放射を中断して，妨害対象のレーダ，通信装置などの信号を監視するやり方をいい，妨害装置の有効性を判定する EW 技法の一つに位置付けられている．これとは逆に，妨害を受けている側が，妨害波の中断中に，必要な信号を計測または監視することを指すこともある．本書では，その必要性などを具体的に説明していないので，多少くどくなるが，ここで通信妨害における LT の説明を付加する．LT は，大きくは電波管制の一環としての ESM 受信と ECM 送信との干渉回避，ECM 受信と ECM 送信との干渉回避，外部機器との干渉回避，状況・任務に応ずる電波管制（EMCON）という側面も持つ．LT は，妨害装置が使用できる電力の効果を最大化するために妨害装置に組み込まれる機能である．通信においては，狭帯域目標は妨害されると同時に，その時点で妨害を受けていない予備の周波数に切り替えるのが普通である．したがって，目標が最初の周波数のままで通信しようとしているかどうかを妨害装置が見極めるために，目標の送信状況を監視する必要がある．妨害装置に搭載されている受信機は，妨害実施間は被妨害周波数を監視することができなくなる．一般に，目標が送信し続けているかどうかを判定する時間だけ妨害信号を止めることを時間 LT といい，そのパラメータは，LT 時間，LT 間隔，および LT 周波数である．LT が組み込まれていない場合，目標がその周波数では，もはや送信していないにもかかわらず，妨害装置は多大な時間を妨害に費やしてしまい，任務ごとに妨害すべき多数の信号に対する妨害装置の妨害遂行能力が低下することになる．また，新しい周波数の出現監視も困難になる．通信電子戦システムにおいては，運用上の妨害効果判定は，妨害装置による LT よりむしろ，妨害装置から離隔した位置にある ESM システムで妨害活動に連携して行うことが一般的である．通信電子戦システムには，LT のような妨害装置の有効性を最大化するために連携して使用するパワーマネージメント機能がある．

パワーマネージメント〔power management〕　レーダや通信の目的達成に必要な範囲の限られた送信電力を使用して低被傍受/探知確率を達成する機能をいう．

レーダ波吸収材〔radar absorptive material; radar absorbent material; RAM〕　電波吸収材（剤）ともいう．到来した電磁波のエネルギーを反射せず非可逆的に他の形のエネルギーに変換する物質をいい，カーボン（炭素），フェライト（焼結磁性材料），グラファイト（黒鉛），カーボンファイバ（炭素繊維）などがある．

友軍相撃〔fratricide〕　原義は，兄弟殺し，同胞殺し，あるいはその犯人をいう．軍事的には同士討ちをいう．敵を殺傷または敵の装備・施設を破壊する意図で我が部隊が兵

器・弾薬を使用した結果，予想外かつ意図しない状況下で我が部隊の人員・装備に被害を与えること．本書では，電波による妨害，干渉が友軍の通信や電子システムに与える意図しない影響として記述している．

即製爆発物〔improvised explosive device; IED〕　即席爆弾，簡易爆発物ともいう．人員の殺傷，車両などの装備破壊，部隊の行動拒否・不能化，擾乱，近接拒否などの目的を持って，形式にとらわれない方法で爆発物を組み込んで作製，設置される破壊力，致死性，毒性を持つ火工品，あるいは武器をいう．携帯電話・車庫扉開閉用リモコン・ラジコン玩具・赤外線リモコンなどを用いて，遠隔起爆指令信号または時限装置，あるいは罠仕掛け紐などで起爆する遠隔制御式 IED（RCIED）が多用される．携帯電話や簡易無線機などを利用する起爆に対しては，EW の観点から小電力電波の探知や妨害を行う方策がある．多様な周波数帯の使用や電磁環境以下の電力レベルでの使用が多いこと，携帯電話の電波は合法的なものが主体であることなどから，RCIED の探知・識別は極めて困難である．妨害方策としては，常時広帯域の妨害電波を放射する（広帯域および掃引式の）アクティブ妨害や，探知技術とアルゴリズムにより放射する妨害信号を最小化する反応妨害（リアクティブ妨害）があるが，電波源に近接する必要性や，妨害による市民生活への影響が大きいこともあり，実効性に乏しい．

広帯域妨害装置〔broadband jammer; barrage jammer〕　広い周波数範囲にわたって同時に電子妨害を行う妨害装置をいう．

■ 第7章：通信電波源の位置決定

位置決定〔location〕　"location" の本来の意義は「位置」，「座標」，「所在」，「配置」などであるが，海自では「位置決定」を使用している．陸自では一般に海自でいう「位置決定」を「標定」（orientation; 各種の手段・方法により目標の位置などを定めること）という．本書の原書では "location" を使用しているので，「電波源の位置決定」などの表現に統一した．また，同様に動詞は "locate" を用いており，本来の意義は「標定する」，「目標や自己の現在位置を測量・測定あるいは見つけ出して決定する」，「位置を突き止める」などであるが，本書の訳では，"location" との関連から，「標定する」ではなく「位置決定する」に統一した．感覚的には，「位置を決定する」のはあくまでも敵の自由意思であるとも思われるが，ここでは，軍事行動の対象として「監視」，「追尾」，「照準」，「射撃」などを行うことを前提に「位置を特定する」活動として理解されたい．

真北〔true north〕　「しんぽく」と読む．北極点，つまり地球の自転軸の北端（地理上の北緯 90° 地点）を指す方位をいう．当然，磁北（compass north）とのずれが生じるが，このずれを磁針偏角（磁針偏差）という．

磁針偏角〔magnetic declination〕　真北と方位磁針とのなす角（ずれ）をいう．偏角は時間と場所によって異なる．地球上の磁力線（NからSに向かう磁気の力）は，すべてが磁極方向へ直線に向いているわけではなく，日本付近では西向き（西偏角）となっているため，方位磁針のN極は西向きに3°〜9°傾いている．この傾きは緯度が高いほど大きくなる．本書の7.3節の局地偏角（local declination）と同意義である．

方位線〔line of bearing〕　方測線（陸自），方位列（海自），象限方位線（空自）ともいう．ここではDF（方探）サイトが捕捉した電波到来方向（DOA）を示す直線を指す．

単一局方向探知（単局方探）〔single site location; SSL〕　到来信号の方位および仰角を計測してHF帯の電波源位置を特定する方法．測定される仰角は，電離層からの反射角である．送信位置の仰角とSSL局の仰角は同一となる．電波源とSSL局との距離は，地表距離として計算できる．

電子戦力組成〔electronic order of battle; EOB〕　軍組織の電子システムの識別，位置（所在），および配置（配備）をいう．対象電子システムをレーダシステムに限定する場合は，レーダ戦力組成（radar order of battle; ROB）という．

戦力組成〔order of battle; OB〕　任意の部隊（兵力）の識別，兵力，命令系統，人員・部隊・装備（装置）の配置（配備）などをいう．

ターゲティング〔targeting〕　目標指向（陸自），目標選定（空自），あるいは，狭義に目標捕捉ともいう．[1] 限られた戦力で，より多くの打撃を敵に与えるため，陸海空のそれぞれの部隊が，それぞれの目標を相互に調整する活動．[2] 作戦要求および能力を考慮しつつ，目標を選択し，優先順位を付与して目標への最適な対処手段を調整する過程をいう．

炸裂半径〔burst radius〕　単一の砲弾，爆弾，ミサイルなどの有効破裂半径をいう．

誤差〔error〕　ある物理量を同じ条件のもとで（極めて）多数回測定すると，測定値は常に同じではなく，平均値μ（期待値とも呼ばれる）の周りに幅（誤差）σで分布する．多数回測定すれば，μの不定性は誤差σよりも小さくすることができる．誤差σの原因は，「統計誤差」と「系統誤差」の二つに分類される．[1] 統計誤差は，不定の事情によって偶然に起こる誤差であり，「必然的偶発誤差」（測定の環境や条件など，数多くの互いに無関係な微小な揺らぎが多数積み重なって生じるもの．例えば，電波源位置決定における電波伝搬特性により起こるばらつきなど）と「過失誤差」（過失によるもの）に区分される．[2] 系統誤差は，一定の原因によって繰り返し現れ，原因がわかれば除去できる誤差であり，「器械誤差」（定誤差ともいい，器械の狂いや零点の未調整によるもの．例えば，座標誤差，システムの機器誤差，設置誤差など），「個人誤差」（測定者の癖．例えば多めに読むなど），および「理論誤差」（理論の誤り，または近似の悪さによるもの）に区分される．統計誤差の存在により，測定は統計現象

と捉えることができる．

ピーク誤差（最大誤差）〔peak error〕　予想または測定された個々の誤差の中での最大値をいう．たいてい，実際の位置決定システムでは，大きな誤差が測定される角度/周波数点は少数である．特に試験標定において，最善ではないサイト位置の測定値を基準にしたことに起因する．ほとんどの角度と周波数において測定誤差が極めて小さい場合，この RMS 誤差は，最大誤差より大幅に小さくなる．

ステラジアン〔steradian〕　立体角の単位．半径 1 の球の表面上の面積 A の図形を底面とし，球の中心を頂点とする錐の頂点がなす立体角が A ステラジアンである．球全体の立体角は 4π ステラジアン．ここで，1 ステラジアン = 約 3,282.806 平方度（square degrees）である．

標準偏差〔standard deviation〕　広く用いられている測定値のばらつきの度合いを表す指標．ギリシア文字の σ（シグマ）で表記される．標準偏差が小さいということは，全体のばらつきが小さいということ，つまり，測定値の分布が平均値の周りに集中していることを意味し，逆に標準偏差が大きいということは，平均値から遠く離れている測定値が多くあることを意味する．

$$\sigma = \sqrt{\frac{(x_1 - m)^2 + (x_2 - m)^2 + (x_3 - m)^2 + \cdots + (x_n - m)^2}{n - 1}}$$

である．ここで，σ は標準偏差，$x_1, x_2, x_3, \cdots, x_n$ は n 個の測定値，m は測定値の平均である．

正規分布〔normal distribution〕　ガウス分布ともいう．確率変数が連続的な値をとる確率密度分布を連続分布といい，ある一つのものを何度も測定すると，その測定値は皆ほとんど同じであるが，測定誤差のために少しずつ異なってくる．この測定誤差の分布（誤差分布）は左右対称の釣り鐘型を呈する分布となり，これを正規分布という．確率変数 x のとりうる範囲は，マイナス無限大からプラス無限大までの全領域である．平均を μ，標準偏差を σ とすると，その確率密度関数 $f(x)$ は，

$$f(x) = \frac{1}{\sqrt{2\pi}\sigma} e^{-(x-\mu)^2 / 2\sigma^2}$$

で与えられる．正規分布の特徴は，確率密度関数が平均値 $x = \mu$ に対して対象であることである．平均が 0，標準偏差が 1 の正規分布を「標準正規分布」という．

標桿〔aiming stake〕　「ひょうかん」と読む．一般に照準用の目盛りの付いた棒をいう．陸自では「ポール」といい，20cm ごとに赤と白で塗装された鋼鉄製の棒で，砲兵部隊の測量や一般の地形測量などにおいて，測点の表示に用いられる．

慣性航法システム〔inertial navigation system; INS〕　移動体（航空機・艦船・ミサイルなど）に搭載した慣性計測ユニット（inertial measuring unit; IMU）の加速度計から

の電気的出力を1回積分すると移動速度が得られ，さらにもう1回積分すると移動距離が得られる．これらのデータを用いた自律航法装置をいう．

慣性航法〔inertial navigation〕　検出した加速度をもとに自分の位置を求める航法であり，3次元の加速度を測定する加速度計，およびこの加速度から速度，移動距離などを計算するコンピュータなどからなる慣性航法装置（inertial navigation system; INS）を用いる．天候・気象の影響を受けない．

原子時計〔atomic clock〕　原子や分子のスペクトル線の高精度な周波数標準に基づいて正確な時間を刻む時計をいう．10^{-11}〜10^{-15} 秒（3,000年から3,000万年に1秒）程度の誤差を生ずるが，極めて高精度である．現在のSI秒および国際原子時（international atomic time）は原子時計に基づく．周波数は時間の逆数であるから，時間を高精度に測定することができる．

カージオイド利得パターン〔cardioid gain pattern〕　定円に外接しながら円が滑らずに回転するとき，その円周上の定点が描く軌跡（外サイクロイドともいう）と同じ形状のアンテナ利得パターンをいう．この形状は心臓形とも呼ばれる．極座標方程式で，原点からの距離 $r = a(1 + \cos\theta)$ によって表され，x 軸に対して線対称で，尖点（ヌル）は原点 O にある．x 軸とは原点 O と $(2a, 0)$ で交わり，y 軸とは $(0, a)$ と $(0, -a)$ で交わる．

ドップラ偏移〔Doppler shift〕　波（音波や電磁波など）の発生源（音源や光源など）と観測者との間に相対的な速度が存在するとき，波の周波数が異なって観測される現象（ドップラ効果）をいう．走行スピードと送信周波数の積を光速で割った値として近似値が得られる．本書では，この効果を利用したドップラDF，到来周波数偏差法（frequency difference of arrival; FDOA; 差動ドップラ法ともいう）について説明している．

基線〔baseline〕　インターフェロメータ（干渉計）による電波源方位測定における2本のアンテナの間隔をいう．この測定では，互いに位置，方向，距離が正確にわかっていることが前提となる．また，実際には，二つの方探サイトの位置（方探アンテナの位置）を結ぶ地図上の直線をいう．この際，基線の正確さは位置決定精度を決める大きな要因となるため，各方探サイトの位置誤差を最小限に抑える必要がある．

アンビギュイティ〔ambiguity〕　両義性，多義性，曖昧性のことである．一般に，ある概念や言葉に相反する二つまたはそれ以上の意味や解釈が含まれていることをいう．電波源位置決定において，複式距離測定法を用いると，円弧の交点が2か所発生するため，どちらの交点が実際の位置かを判断する必要がある．そのためには，それぞれの方探サイトからの距離を測定しなければならないが，特に通信波の場合，これは極めて困難である．これに対しては，到着時間差法（TDOA）（本書7.6節参照）などで

解決することができる．また，インターフェロメータ方探システム（本書7.5節参照）では，基線の設定によっては，鏡像（mirror image）によるアンビギュイティが発生するが，この場合は，指向性の異なる基線を使用することで，容易に解決することができる．また，基線が1/2波長より長くなる場合，到来波入射角（AOA）が+90°から−90°に移動すると，位相差が360°以上変化することがある．インターフェロメータは極めて高精度であるが，2本のアンテナが同一周期の信号を受信しているかどうかを知る手段を持たないので，アンビギュイティのある答えを出してしまう．このアンビギュイティは通常，より短い基線を用いた分離測定（separate measurement）を行うことで解決できる．詳しくは『電子戦の技術 基礎編』8.6節を参照されたい．

複式距離測定法〔multiple distance measurements〕　2か所の傍受サイトを中心とする半径が既知の2本の円弧の交点から，電波源の位置を決定する技法である．ここで，EWシステムやSIGINTシステムにおいて，実際に距離測定による位置決定を実施するには，二つの大きな問題がある．最初の問題は，2か所の傍受サイトから2本の円弧を描くと交点が二つできるので，このアンビギュイティを何らかの方法で解消しなければならないことである．2番目の（一般に極めて困難な）問題は，パッシブな距離測定では，適切な正確さで敵の送信機までの距離を測定することが難しいことである．TDOAを用いた位置決定システムでは，この方法を含めた各種技法を用いることで，極めて正確な位置決定が可能である．

フロント・バック比〔front-back ratio; front to back ratio〕　前後電界比．主方向に放射されたエネルギーとその反対方向に放射されたエネルギーの比をいう．

初弾効力射〔first round fire for effect〕　砲兵部隊の射撃において，試射（精度の良い射撃諸元を求めるために，あらかじめ設定した試射点に対して行う射撃）を行うことなく，初弾から効力射（部隊が目標に対し効果を得るために行う射撃）として射撃すること．あらかじめ目標位置，種類，数などが高い精度で得られている場合の射撃や，ある一定の地域を広く迅速に射撃できる多連装ロケット砲射撃，GPS誘導ミサイル射撃などが挙げられる．

不確実性領域〔area of uncertainty〕　統計上，システムの挙動（例えば，電波源の位置決定における電波伝搬特性）自体がランダムな性質を含んでいるため，同様の試行を何回繰り返しても結果はそのたびに異なる領域（地域あるいは，ばらつきの幅，変動傾向など）をいい，プロセス自体のランダムさである変動性（variability; ばらつき）とわれわれの知り得た情報に限界があることに起因する無知（ignorance; 知らないこと）のそれぞれに区分して定量的に表現することができる．不確実性を表現するために行った多数の統計的な解析結果に対して，感度解析や標本検定の手法を用いた分析を行うことによって，不確実性が支配的となる入力条件を同定することが可能とな

る．本書では，「対象電波源が含まれているかもしれない地域」と説明している．

等時線/等周波数線〔isochrone/isofreq〕　双方の英語ともに，"iso"（等しい；同じ）という意味の接頭辞が付されている．日本語表現では，厳密には「等時間差線」，および「等周波数差線」あるいは「等周波数偏差線」と呼ぶべきであろうが，電波源位置決定システムの用語として，一般に「時間差が同じ点を結ぶ包絡線（双曲線）」および「周波数差あるいは周波数ドップラ偏差が同じ点を結ぶ包絡線（双曲線）」という意味で使われているので，煩雑さを回避するため，本書の訳語として「等時線」および「等周波数線」を使用した．

誤差配分（誤差の割り当て）〔error budget〕　『電子戦の技術 基礎編』の8.3.2項では，受信サイト（方探サイト）の座標誤差，システムの機器誤差，システムの設置誤差，標点誤差，位置誤差を，誤差配分（割り当て）項目として挙げてある．詳細は『基礎編』8.3.2項を参照されたい．

■ 第8章：通信信号の傍受

実効距離〔effective range〕　被傍受送信機と受信サイト（傍受受信機）との位置関係（傍受回線）において，傍受受信機が受信（傍受）できるであろう最大距離（傍受可能距離）をいう．

プッシュ・トゥ・トーク方式〔push-to-talk〕　野外無線機による音声通信において，送話器のスイッチを押して送話する方式をいい，野外無線通信網（combat net radio; CNR; 野外無線機）では一般的である．

携帯電話伝送の傍受　本書の2.4.6項でも述べたように，一般に携帯電話の通話チャンネル（アナログFDMA方式の場合は周波数チャンネル，デジタルTDMA方式の場合はタイムスロットの番号に相当）は，発呼（電話をかけること）のたびに移動電話交換局（mobile switching center; MSC）が空いているチャンネルを自動的に割り当てるので，どのチャンネルで通話するかは，ユーザにはわからない．したがって，変調方式や音声符号化方式などの技術条件がすべてわかっていても，電波での傍受は非常に困難である．それでも傍受するには，8.3.3.2項でも述べたように「携帯電話会社が用いる業務用機器を手に入れることによって」実現するしかなく，したがって通信電子戦の範囲を超えることになる．一方，CDMA方式の場合は，周波数も全国共通（各事業者ごとに一定）であり，タイムスロットという考え方も存在しない．各端末ごとに割り当てられている拡散符号を解読し，その拡散符号と電話番号の組み合わせがわかれば，同じ周波数の携帯電話で待ち受けることで，通話を傍受することができる．この組み合わせは，携帯電話事業者はわかっているはずであるが，当然ながら機密事項であるため，これもまた本書の範囲を超える．

■第9章：通信妨害

パターン認識〔pattern recognition〕 自動的手段により形状，外形，あるいは構造を識別すること．

スタンドイン妨害〔stand-in jamming〕 レーダ電子戦におけるスタンドフォーワード妨害（SFJ）（妨害機を味方と敵ミサイルシステムの中間に位置させる支援型ECM戦法）と類似しているが，妨害機に代えて低出力妨害装置を搭載したUAV（無人機）を敵の受信機に接近させることにより，高J/Sを獲得する妨害戦法をいう．通信妨害においては，これに加えて事前設置型妨害装置や砲発射散布妨害装置を用い，敵の受信機に極力接近することによって，低出力であっても高J/Sを獲得する妨害戦法もある．

砲発射散布妨害装置〔artillery-delivered jammer〕 砲弾に組み込み，弾着地の一定地域内に散布される，自動起動，時限起動，あるいは遠隔起動式の妨害電波発射装置をいう．

処理利得〔processing gain〕 [1]信号の処理利得とは，処理済み信号のSN比に対する処理前信号のSN比をいい，通常dBで表す．[2]スペクトル拡散通信方式では，目的とする信号のコヒーレントな帯域拡散，再配置，および再構成で得られる信号利得，SN比，信号形状，その他の信号の改善（比率）をいう．本書では，拡散信号帯域幅とベースバンド信号帯域幅の比（dB値）をいう．

5か条からなる作戦命令〔five-paragraph operations order〕 例えば，(1)状況（敵，我），(2)構想（方針，指導要領），(3)各部隊の任務，(4)兵站事項，(5)指揮・通信（統制事項）からなる定型的な命令形式のことであり，パターン化されていることから，傍受によって通信内容の類推，分析がある程度可能になることがある．

音標文字〔phonetic alphabet〕 NATOが制定した無線通信用アルファベットの読み方．Aはアルファ，Bはブラボー，Cはチャーリーなど，音声通信において曖昧性を排除するために独特の読み方が規定されている．同様に，日本語では「朝日のア」，「いろはのイ」，「上野のウ」などの読み方を指す．

デューティファクタ〔duty factor〕 前出の「デューティサイクル」（p.332）を参照．

順方向誤り訂正〔forward error correction; FEC〕 前進型誤信号訂正，前方誤り訂正ともいう．受信装置側で行う誤り訂正処理のために，送信装置から送信されるデータにあらかじめ誤り訂正機能を盛り込んでおくやり方である．リードソロモン符号やトレリス符号などを使う．データ量は増えるが，信頼性のある伝送を実現するために使用される．リードソロモン符号については，前出の「リードソロモン符号」（p.329）を参照されたい．

■ 参考文献・資料など

1) EW101： *A first course in electronic warfare*（David Adamy 著，2001 年 Artech House 刊，ISBN 1-5803-169-5）．

2) EW102： *A second course in electronic warfare*（David Adamy 著，2004 年 HorizonHouse Publications 刊，ISBN 978-1-58053-686-7）．

3) EW103： *Tactical Battlefield Communications Electronic Warfare*［本書の原著］（David Adamy 著，2009 年 Artech House 刊，ISBN 978-1-59693-387-3）．

4) *Journal of Electronic Defense*（JED）の David Adamy による EW101 コラム（2002 年 8 月〜2013 年 12 月）．

5) 『電子戦の技術 基礎編』（デビッド・アダミー 著，河東晴子，小林正明，阪上廣治，徳丸義博 訳，2013 年 東京電機大学出版局 刊，ISBN 978-4-501-32940-2）．

6) 『電子戦の技術 拡充編』（デビッド・アダミー 著，河東晴子，小林正明，阪上廣治，徳丸義博 訳，2014 年 東京電機大学出版局 刊，ISBN 978-4-501-33030-9）．

7) *Introduction to Electronic Warfare Modeling and Simulation*（David Adamy 著，2003 年 Artech House 刊，ISBN 1-58053-495-3）．

8) Space & Electronic Warfare Lexicon Terms（http://www.rtna.ac.th/article/Space%20&%20Electronic%20Warfare%20Lexicon.pdf）．

9) *Electronic Warfare for the Digitized Battlefield*（Michael R. Frater, Michael Ryan 著，2001 年 Artech House 刊，ISBN 1-58053-271-3）．

10) Communications Electronic Warfare and the Digitized Battlefield（Michael Frater, Michael Ryan 著，2001 年，*Land Warfare Studies Centre Working Paper*, No.116, ISBN 1441-0389）．

11) *Essentials of Radio Wave Propagation*（Christopher Haslett 著，2008 年 Cambridge University Press 刊，ISBN 978-0-511-36807-3．eBook http://www.cambridge.org/9780521875653）．

12) *Introduction to Communication Electronic Warfare Systems*（Richard A. Poisel 著，2008 年 Artech House 刊，2nd edition，ISBN 978-1-59693-452-8）．

13) *Communications, Radar and Electronic Warfare*（Adrian Graham 著，2011 年 John Wiley & Sons 刊，ISBN 978-0-470-68871-7）．

14) *Geolocation of RF Signals*（Ilir Progri 著，2011 年 Giftee Inc. 刊，ISBN 978-1-4419-7951-3）．

15) *Fundamentals of Electronic Warfare*（Sergei A.Vakin, Lev N. Shustov, Robert H. Dunwell 著，2001 年 Artech House 刊，ISBN 1-58053-052-4）．

16) *Target Acquisition in Communication Electronic Warfare Systems*（Richard A.

Poisel 著,2004 年 Artech House 刊,ISBN 1-58053-913-0).
17) High-Resolution Direction Finding (Stephan V. Schell, William A. Gardner, N. K. Bose and C.R. Rao. 編,1993 年,*Handbook of Statistics*, Vol.10, Elsevier Science Publishers B.V.).
18) Statistical Theory Passive Location Systems (Don J. Torreri 著,1984 年,*IEEE Transactions on Aerospace and Electronic Systems*, Vol.AES-20, No.2).
19) Joint TDOA and AOA location algorithm (Congfeng Liu, Jie Yang, Fengshuai Wang 著,2013 年,*Journalof Systems Engineering and Electronics* Vol.24, No.2, pp183–188).
20) Path loss models (Sylvain Ranvier 著,2004 年,Radio laboratory, TKK, Helsinki University of Technology SMARRAD Centtre of Excellence).
21) Joint Publication 1-02(JP 1-02)米国統合用語集:Department of Defense Dictionary of Military and Associated Terms (November 2010, As Amended Through 15 August 2012).
22) 米国陸軍野外教範 FM 3-36:Electronic Warfare(November 2012).
23) 米国陸軍野外教範 FM 6-02.53:Tactical Radio Operations(August 2009).
24) 米国陸軍野外教範 FM 34-40-7:Communications Jamming Handbook(November 1992).
25) 米国陸軍野外教範 FM 34-40-9:Direction Finding Operations(August 1991).
26) 米国陸軍野外教範 FM 100-5:Operations(June 1993).
27) Introduction to Radio Direction Finding(1999 年,US Army Intelligence Center).
28) Intelligence/Electronic Warfare (IEW) Direction Finding and Fix Estimation Analysis Report Vol.3 GUARDRAIL(1986 年,U.S. Army Intelligence Center and School).
29) "A comparison of radio location using DOA respective TDOA" White Paper(Dr. Ing. Andreas Schwolen Backes 著,PLATH GmbH 刊).
30) 電子情報通信学会「知識ベース」「知識の森」(2010 年,2011 年,2012 年,2013 年).
31) 株式会社サーキットデザイン「技術情報/無線技術」(http://www.circuitdesign.jp/jp/technical/Modulation/rTech_main.asp).
32) 『日本中心の短波伝搬曲線集』付録(郵政省電波研究所 編,1986 年 財団法人 電気通信振興会 刊,ISBN 4-8076-0122-9).
33) 『英和対訳 軍事関係用語集 第 2 版』(金森園臣 著,2003 年 TermWorks 刊).
34) MILDICW "コモ辞書"(菰田康雄 監修,http://homepage3.nifty.com/OKOMO/).
35) Propagation Prediction Models for Wireless Communication Systems (Magdy F.

Iskander, Zhengqing Yun 著, 2002 年, *IEEE Transactions on Michrowave Theory and Techniques*, Vol.50, No.3).

36) *Radio Propagation and Adaptive Antennas for Wireless Communication Links*: Terrestrial, Atmospheric and Ionospheric (Nathan Blaunstein, Christos Christodoulou 著, 2007 年 John Wiley & Sons, Inc. 刊).

37) Passive Direction Finding (Daniel Guerin, Shane Jackson, Jonthan Kelly 著, 2012 年, Worcester Polytecnich Institute, US Air Force).

38) Digital Communication Systems (Behnaam Aazhang, Rice University, http://cnx.org/content/col10134/1.3/).

39) *War in the Fourth Dimension* (Dr. Alfred Price 著, 2001 年 Greenhill Books 刊, ISBN 1-85367-471-0).

40) *Fundamentals of Telecommunications* (Roger L. Freeman 著, 1999 年 John Wiley & Sons, Inc. 刊, ISBN 0-471-22416-2).

和文索引

■ 数字・記号

1 秒当たりの浮動小数点演算量（floating point operations per second; FLOPS） 98
2 位相偏移変調（binary phase shift keying; BPSK） 20, 180, 250
2 乗則領域（square law region） 79
2 乗平均（root mean square; RMS） 195
2 乗平均誤差（RMS error; RMS 誤差） 195
2 進移動ウィンドウ（binary moving window） 169, 179
2 波伝搬（two ray; 平面大地伝搬） 126, 132, 137, 239, 242, 266, 275
3dB 点（3-dB point; 3dB ポイント） 6, 9, 61
3dB ビーム幅（3-dB beamwidth） 9, 22, 61, 66, 71
3dB ポイント（3-dB point; 3dB 点） 6, 9, 61
360° 覆域（360° coverage; 全周） 155, 254
4/3 等価地球半径係数（4/3 Earth factor） 173
4 素子コニカルスパイラルアンテナ（4-arm conical spiral antenna） 57
5 か条からなる作戦命令（five-paragraph operations order） 256

■ A

A/D 変換器（analog-to-digital converter; ADC; アナログ/デジタル変換器） 15, 16, 91, 92, 96, 110, 114
AND ゲート（AND gate） 34

■ D

DS スペクトル拡散（direct sequence spread spectrum; DSSS; 直接スペクトル拡散） 42, 46, 50, 94, 167, 178, 180, 226, 234, 235, 248, 269, 271
D 層（D layer） 147

■ E

EDC ビット（error detection and correction bit; 誤り検出・訂正ビット） 51
E 層（E layer） 147

■ F

F1 層（F1 layer） 148
F2 層（F2 layer） 148
FM 改善係数（FM improvement factor） 106
FM 弁別器（FM discriminator） 105, 188

■ I

I&Q（in-phase and quadrature） 93, 230
IFM 受信機（instantaneous frequency measurement receiver; 瞬時周波数測定受信機） 79
IF 変換器（IF translator） 89

■ L

Link 16（Link 16） 53

■ N

n dB ビーム幅（n dB beamwidth） 61

■ O

OR ゲート（OR gate） 34

和文索引

■ P

PLL シンセサイザ (phase-lock-loop synthesizer) 37, 164

■ R

RMS 誤差 (RMS error; 2 乗平均誤差) 199

■ S

Saleh モデル (Saleh model) 126
$\sin x/x$ 関数 ($\sin x/x$ function) 74
SIRCIM モデル (simulation of indoor radio channel impulse response model) 126
SN 改善係数 (signal-to-noise improvement factor) 105
SN 比 (signal-to-noise ratio; SNR; S/N; 信号対雑音比) 12, 25, 26, 45, 103, 167, 177, 180, 225, 226, 257

■ T

TRF 受信機 (tuned radio frequency receiver; 周波数同調受信機) 83

■ V

VCO 弁別器 (VCO discriminator) 108

■ あ

アイソレーション (isolation; 分離; 離隔) 64, 118, 181
曖昧性 (ambiguity; アンビギュイティ; 多義性) 209, 215
アクティブチャンネル (active channel; 使用チャンネル) 247
圧縮受信機 (compressive receiver; コンプレッシブ受信機) 87, 117, 164, 166, 188, 233
圧電型加速度計 (piezoelectric accelerometer) 205
圧電型ジャイロ (piezoelectric gyroscope) 205
アップリンク (up link) 48, 272
アップリンク妨害 (up link jamming) 273, 275

アナログ/デジタル変換器 (analog-to-digital converter; ADC; A/D 変換器) 15, 16, 91, 92, 96, 110, 114
アナログ変調 (analog modulation) 3, 12
誤り検出・訂正 (error detection and correction; EDC) 26, 51
誤り検出・訂正ビット (error detection and correction bit; EDC ビット) 51
誤り検出コーディング (error detection coding; 誤り検出符号化) 272
誤り検出符号化 (error detection coding; 誤り検出コーディング) 272
誤り訂正コーディング (error correction coding; 誤り訂正符号化) 16, 183, 272
誤り訂正ビット (error correction bit) 24
誤り訂正符号 (error correction code) 3, 12, 26, 51, 259
誤り訂正符号化 (error correction coding; 誤り訂正コーディング) 16, 183, 272
アレイダイポール (array dipole) 60
暗号化 (encryption) 16, 29, 32, 45, 162, 236
安定配向 (stable orientation) 204
アンテナ効率 (antenna efficiency) 62, 70
アンテナビーム (antenna beam) 60, 64, 68
アンテナ有効開口面積 (effective antenna area) 68
アンテナ利得パターン (antenna gain pattern) 9, 58, 73
アンビギュイティ (ambiguity; 曖昧性; 多義性) 209, 215

■ い

位相打ち消し (phase cancellation) 132, 137
位相応答 (phase response) 212
移相器 (phase shifter) 65, 67
位相誤差 (phase error) 106
位相シフト (phase shift; 位相偏移) 21, 65
位相比較 (phase comparison) 230
位相比較器 (phase comparator) 214
位相偏移 (phase shift; 位相シフト) 21, 65

和文索引

位相変調（phase modulation; PM） 20, 43, 49, 235
位相ロックループ（phase-lock-loop; PLL） 37, 105, 164
位置誤差（location error） 171, 201, 224
イットリウム・鉄・ガーネット（yttrium iron garnet; YIG） 84
インターセプトポイント（intercept point; IP） 110
インターフェロメータ（interferometer; 干渉計） 209, 215, 230
インターフェロメータ方探（interferometer DF） 209, 214
インターリーブ（interleave; 交互配置） 54

■ う

ウィングレベル（wings level; 翼面水平飛行） 171
右旋（right-hand circular; RHC） 56

■ え

衛星回線（satellite link） 151
エネルギー探知技法（energy detection technique） 180
エネルギー探知受信機（energy detection receiver） 167
円形公算誤差（circular error probable; CEP; 半数必中界） 198
円偏波アンテナ（circularly polarized antenna） 63, 182

■ お

オーバヘッド（overhead） 24
屋外伝搬（outdoor propagation） 126
屋内伝搬（indoor propagation） 126
奥村－秦モデル（Okumura and Hata model） 126
オフセット角（offset angle; 開角） 74, 225
オン/オフキーイング（on/off keying; OOK; 断続キーイング） 19
音声エンコーダ（voice encoder; ボコーダ） 50
音節レート（syllabic rate） 258
音標文字（phonetic alphabet） 257

■ か

カージオイド利得パターン（cardioid gain pattern） 207
開角（offset angle; オフセット角） 74, 225
回折格子（diffraction grating） 86
回線損失（link loss） 125, 126, 135, 143, 154, 243, 274
回線マージン（link margin; 回線余裕） 125, 145
回線余裕（link margin; 回線マージン） 125, 145
外部雑音（external noise） 28
拡散過程（spreading process） 30
拡散係数（spreading factor; 拡散率） 42, 249, 260, 270
拡散損失（spreading loss） 11, 127, 137, 182, 255
拡散帯域幅（spread bandwidth） 31
拡散復調器（spreading demodulator） 31, 45
拡散符号（spreading code） 30, 45, 84, 234, 248
拡散変調器（spreading modulator） 30, 45
拡散率（spreading factor; 拡散係数） 42, 249, 260, 270
角度基準（angular reference） 191
角度捜索（angular search; 到来角捜索） 155, 170
画素（pixel; ピクセル） 18
下側帯波（lower sideband; LSB; 下側波帯） 14
下側変換（low side conversion） 81
片方向回線（one-way link） 122, 123
可探知性（detectability; 探知可能性） 177
画鋲相関（thumb tack correlation） 32
簡易爆発物（improvised explosive device; IED; 即製爆発物） 184
環境雑音（environmental noise） 28
監視受信機（monitor receiver） 117, 161, 166, 188, 189, 236, 248
干渉計（interferometer; インターフェロメータ） 209, 215, 230
干渉三角形（interferometric triangle） 210
慣性計測ユニット（inertial measurement

unit; IMU) 206
慣性航法システム (inertial navigation system; INS) 196, 203

■ き

機械式回転型ジャイロスコープ (mechanically spinning gyroscope) 203
帰還閉回路 (feed back loop; フィードバックループ) 32, 164, 250
擬似ランダム拡散信号 (pseudo-random spreading signal) 270
擬似ランダムシーケンス (pseudo-random sequence; 擬似ランダム数列) 96
擬似ランダム数列 (pseudo-random sequence; 擬似ランダムシーケンス) 96
擬似ランダム符号 (pseudo-random code) 29, 32, 45
帰線 (fly-back) 269
機体一体型 (conformal; コンフォーマル) 64
基地局 (base station; BS) 48
輝度 (luminance) 18
欺まん妨害 (deceptive jamming) 181
逆拡散 (despread) 30, 45, 50, 169, 181, 248, 260, 270
逆拡散帯域幅 (despread bandwidth) 31
逆拡散復調器 (despreading demodulator) 45
キャビティバックスパイラルアンテナ (cavity-backed spiral antenna) 64, 211
給電アンテナ (feed antenna) 68
狭帯域捜索 (narrowband search) 184
狭帯域妨害 (narrow-bandwidth jamming) 264
狭ビームアンテナ (narrow beam antenna) 177
局所磁場 (local magnetic field) 202
曲線の当てはめ (curve fitting) 248
局地偏角 (local declination) 202
局発 (local oscillator; LO; 局部発振器) 37, 81, 85, 88, 117, 164

局部発振器 (local oscillator; LO; 局発) 37, 81, 85, 88, 117, 164
距離2乗損失 (range-squared loss) 127
近接場問題 (near field issue) 124

■ く

矩形パルス (square pulse) 24
屈折率 (refraction factor) 173
クラッタ (clutter; 雑音) 45
グランドプレーン (ground plane; 接地板) 136
クリスタルビデオ受信機 (crystal video receiver; CVR) 78, 84
グレーティングローブ (grating lobe) 66
クロスダイポールフィードパラボラ反射鏡 (dish with crossed dipole feed) 57
クロック速度 (clock rate; クロックレート) 18, 22
クロックレート (clock rate; クロック速度) 18, 22
クロミナンス (chrominance) 18
軍事機密 (military secret) 29

■ け

計算尺 (slide rule) 7
携帯電話 (cell phone) 48, 250, 252, 272–274
携帯電話交換局 (mobile switching center ; MSC) 48
携帯電話システム制御局 (mobile system control; MSC) 272
原子時計 (atomic clock) 205
減衰作用 (attenuation effect) 125
検波前信号対雑音比 (predetection signal-to-noise ratio) 101, 103, 241, 257

■ こ

合/分波器 (multiplexer; マルチプレクサ) 116
降雨損失 (rain loss) 145, 153, 255
公開符号 (public code) 29, 46
広角アンテナ (wide-angle antenna) 182
光学水平線 (optical horizon) 173

航空機搭載 DF システム（airborne DF system） 196, 203
交差偏波アレイ（cross-polarization array; 交差偏波配置） 64
交差偏波損失（cross-polarization loss） 63
交差偏波配置（cross-polarization array; 交差偏波アレイ） 64
公衆交換電話網（public switched telephone network; 公衆電話交換回線網） 48
公衆電話交換回線網（public switched telephone network; 公衆交換電話網） 48
校正（calibration; 較正） 200, 205, 207, 226
較正（calibration; 校正） 200, 205, 207, 226
較正テーブル（calibration table） 200
高速フーリエ変換（fast Fourier transform; FFT） 97, 157, 160, 230, 246, 268
広帯域受信機（wideband receiver） 117, 161, 188
広帯域妨害（wideband jamming） 181
広帯域妨害装置（barrage jammer; broadband jammer） 184
高調波（harmonic; 調波） 39, 181
光電（electro-optical; 電子光学） 86
広ビームアンテナ（wide-beam antenna） 182
高密度環境（dense environment） 81, 232
誤差配分（error budget; 誤差割り当て） 224
誤差割り当て（error budget; 誤差配分） 224
固定同調受信機（fixed-tuned receiver） 46, 84
コニカルスパイラルアンテナ（conical spiral antenna） 57
ごみ収集（garbage collection） 156
コンステレーション（constellation; 信号空間ダイヤグラム） 22
コンフォーマル（conformal; 機体一体型） 64
コンプレッシブ受信機（compressive receiver; 圧縮受信機） 87, 117, 164, 166, 188, 233

■ さ

最高周波数（maximum frequency） 13, 17, 56, 82, 92
最高使用可能周波数（maximum usable frequency; MUF） 149
最小アンテナ高（minimum antenna height） 136
最小偏移変調（minimum shift keying; MSK） 23
最大誤差（peak error; ピーク誤差） 195
最大情報信号周波数（maximum information signal frequency） 43
最適感度（optimum sensitivity） 41
サイドローブ（side lobe） 22, 61, 68, 239
サイドローブ利得（side-lobe gain） 62
サウンダ（sounder; 電離層高度測定装置） 149
炸裂半径（burst radius） 195, 216
差周波数（difference frequency） 221
左旋（left-hand circular; LHC） 56, 63, 182
雑音（clutter; クラッタ） 45
雑音（noise） 26
雑音指数（noise figure; NF） 94, 101, 110, 118, 241
差動ドップラ（differential Doppler; DD） 219
三角測量（triangulation） 120, 190, 201, 209, 228, 235, 268
サンプリング（sampling; 標本化） 17, 79, 89, 92, 97, 167, 218
サンプリング速度（sampling rate; サンプリングレート） 18, 92
サンプリングレート（sampling rate; サンプリング速度） 18, 92
サンプル（sample; 標本） 16, 230

■ し

時間ホッピング（time hopping） 47
時間領域（time domain） 12, 19, 23, 27
軸モードヘリカルアンテナ（axial mode helix

antenna）　57
指向性（directional）　57
指向性アンテナ（directional antenna）
　　57, 155, 184, 262
自己相関（autocorrelation）　32
システム感度（system sensitivity; 総合感度）
　　237
システム誤差（systematic error; 定誤差）
　　196
磁束線（line of magnetic flux）　221
実効距離（effective range）　236
実効精度（effective accuracy）　195
実効高（effective height）　58, 240
実効放射電力（effective radiated power;
　　ERP）　49, 57, 123, 254, 259, 262, 273
指定捜索（directed search）　156
自動利得制御（automatic gain control;
　　AGC）　109, 245
シフトレジスタ（shift register）　32
時分割多元接続（time division multiple
　　access; TDMA）　50, 273
ジャガーV（Jaguar V）　96
ジャマーキャンセレーション（jammer
　　cancellation; 妨害信号の相殺）　183
従局（subordinate station）　120
自由空間インピーダンス（impedance of free
　　space）　100
自由空間損失（free-space loss）　127, 132,
　　243
修正率（correction factor; 補正率）　200
周波数混合器（mixer; ミキサ）　39, 81, 85
周波数捜索（frequency search）　155, 158,
　　179
周波数帯域幅（frequency bandwidth）　13,
　　31, 56
周波数ダイバーシティ（frequency diversity）
　　35
周波数同調（tuned radio frequency; TRF）
　　83
周波数同調受信機（tuned radio frequency
　　receiver; TRF 受信機）　83
周波数分解能（frequency resolution）　80,
　　231

周波数分割多元接続（frequency division
　　multiple access; FDMA）　49
周波数偏移（frequency deviation）　14, 106
周波数偏移変調（frequency shift keying;
　　FSK）　19, 23, 109
周波数変換器（frequency converter）　83
周波数変調（frequency modulation; FM）
　　14, 40, 49
周波数弁別器（discriminator; 弁別器）　46
周波数ホッパ（frequency hopper; 周波数ホッ
　　ピング送信機）　37-39, 90, 96, 98,
　　178, 227-230, 232, 265, 267, 268, 272
周波数ホッピング（frequency hopping; FH）
　　29, 32, 35, 41, 46, 52, 96, 178, 226, 227,
　　229, 233, 246, 247, 260, 261, 264, 265,
　　268, 269, 271
周波数ホッピングシーケンス（frequency
　　hopping sequence）　32
周波数ホッピング送信機（frequency hopper;
　　周波数ホッパ）　37, 38, 228
周波数領域（frequency domain）　13, 19, 27
主局（master station）　120
受信感度（sensitivity）　26, 99, 239, 241
受信信号強度（received signal strength）
　　10, 62, 164, 167, 172, 177, 225, 248, 263
出力信号品質（output signal quality）　103
主ビーム（main beam）　22
主ローブ（main lobe）　68, 238
瞬時周波数測定（instantaneous frequency
　　measurement; IFM）　79
瞬時周波数測定受信機（instantaneous
　　frequency measurement receiver; IFM
　　受信機）　79
瞬時ダイナミックレンジ（instantaneous
　　dynamic range）　109, 246
順方向誤り訂正（forward error correction;
　　FEC; 前進型誤信号訂正）　51, 272
準見通し線（near line-of-sight）　3
小規模フェージング（small-scale fading）
　　126
上側帯波（upper sideband; USB; 上側波帯）
　　14
上側変換（high side conversion）　81

和文索引　363

使用チャンネル（active channel; アクティブチャンネル）　247
情報帯域幅（information bandwidth）　31, 41, 42, 178, 188, 227, 260, 264, 268
初弾効力射（first round fire for effect）　216
所望 J/S（required J/S; 所要 J/S）　254, 272
所要 J/S（required J/S; 所望 J/S）　254, 272
所要帯域幅（required bandwidth）　14, 24
所要伝送帯域幅（required transmission bandwidth）　22
所要電力（required power）　125
処理利得（processing gain）　256, 258, 260, 261, 270
磁力計（magnetometer）　202
信号空間ダイヤグラム（constellation; コンステレーション）　22
信号合成器（signal combiner）　65
信号帯域幅（signal bandwidth）　158
信号対雑音比（signal-to-noise ratio; SNR; S/N; SN 比）　12, 25, 26, 45, 103, 167, 177, 180, 225, 226, 257
信号対量子化雑音比（signal-to-quantizing noise ratio; SQR）　108
進行波管（traveling wave tube; TWT）　83
信号分配器（signal divider）　65
振幅パターン（amplitude pattern）　60
振幅比較法（amplitude comparison approach）　234
振幅変調（amplitude modulation; AM）　12, 78
真北（true north）　191, 201
シンボル（symbol）　18, 52

■ す

垂直ダイポール（vertical dipole）　212
垂直パターン（vertical pattern）　60
垂直偏波アンテナ（vertically polarized antenna）　63
水平パターン（horizontal pattern）　60

水平面飛行（yaw plane level; ヨー平面飛行）　171
スーパーヘテロダイン受信機（superheterodyne receiver; SHR）　81, 83, 116, 163, 164
スタンドイン妨害（stand-in jamming）　256
ステラジアン（steradian; 立体角）　196
スパイラルフィードパラボラ反射鏡（dish with spiral feed）　57
スプリアス応答（spurious response）　89, 111
スプリアス信号（spurious signal）　82, 111
スペクトル解析（spectral analysis）　157, 160, 247
スペクトル拡散信号（spread spectrum signal）　29, 43, 94, 169, 178, 180, 226, 248, 258, 260, 261, 270, 271
スペクトル拡散通信（spread spectrum communication）　32, 256
スポット妨害（spot jamming）　181
スポラディック E（sporadic-E）　148
スループット（throughput）　51, 98
スワスチカアンテナ（swastika antenna; 卍型アンテナ）　57

■ せ

制御局（control station; 統制局; 統制所）　120
正弦波周波数偏移変調（sinusoidal frequency shift keying; SFSK）　23
正弦波偏移変調（sinusoidal shift keying）　23
静止軌道（synchronous orbit）　151
性能限界（performance limit）　26
性能パラメータ（performance parameter）　55, 56
精密電波源位置決定（precision emitter location）　194, 200, 201, 216, 226, 235
積分・ダンプ型（integrate and dump）　167
設計パラメータ（design parameter）　37

接地板（ground plane; グランドプレーン）
　　136
ゼロ IF（zero IF）　89
前縁（leading edge）　218
線形形式（linear form）　6, 7, 125
線形値（linear）　5
線形符号（linear code）　34
前後電界比（front-to-back ratio; フロント・
　　バック比）　211
全周（360° coverage; 360° 覆域）　155, 254
前進型誤信号訂正（forward error correction;
　　FEC; 順方向誤り訂正）　51, 272
選択アドレス指定（selective addressing）
　　29
前置回路（front end; フロントエンド）　85,
　　89, 94, 110, 117, 181
全地球移動通信システム（global system for
　　mobile communication; GSM）　50
全地球測位システム（global positioning
　　system; GPS）　204
前置増幅器（preamplifier; プリアンプ）
　　79, 84, 102, 110, 118
尖頭電力（peak power; ピーク電力）　259
全般捜索（general search）　155, 156
全方位アンテナ（omni-directional antenna;
　　無指向性アンテナ）　57, 182
全方位覆域アンテナ（full-azimuth coverage
　　antenna）　182
全方向性（omni-directional; 無指向性）　57
占有率（occupancy rate; 利用率）　172
専用受信機（special receiver）　160, 232

■そ
掃引周波数変調（swept frequency
　　modulation）　40
掃引受信機（sweeping receiver）　158, 179,
　　227, 247
掃引速度（sweep rate）　40
掃引発振器（sweeping oscillator）　40, 41
相関形インターフェロメータ（correlative
　　interferometer）　209, 215
相関検波器（correlative detector）　168
総合感度（system sensitivity; システム感度）

　　237
相互結合（cross coupling）　168
捜索・監視受信機（search and monitor
　　receiver）　160, 163, 166, 236
即製爆発物（improvised explosive device;
　　IED; 簡易爆発物）　184
側帯波（side band; 側波帯）　13
側波帯（side band; 側帯波）　13
ソフトウェアチャネライズド受信機
　　（software channelized receiver）　97

■た
ターゲティング（targeting; 目標指向; 目標選
　　定; 目標捕捉）　195, 216
第 1 サイドローブ角度（angle to the first
　　side lobe）　61
第 1 ヌル角度（angle to the first null）　61
帯域消去フィルタ（band-stop filter）　79
帯域端傍受（band-edge intercept）　165
帯域通過フィルタ（bandpass filter; BPF）
　　9, 81, 84
ダイオード検波器（diode detector）　78
耐干渉性（tolerance to interference）　15
対数周期アンテナ（log periodic antenna; ロ
　　グペリアンテナ）　58, 59
対数増幅器（logarithmic amplifier）　79
ダイナミックレンジ（dynamic range）　79,
　　87, 109, 110, 114, 119, 245
ダイポールアンテナ（dipole antenna）　58,
　　66, 230
対流圏散乱（tropospheric scattering）　141
ダウンリンク（down link）　49, 253, 272,
　　274
ダウンリンク妨害（down link jamming）
　　274
楕円公算誤差（elliptical error probable;
　　EEP）　199
多義性（ambiguity; 曖昧性; アンビギュイ
　　ティ）　209, 215
多重伝搬路（multipath; マルチパス）　126,
　　150, 224
畳み込み符号（convolutional code）　51
タップ付き遅延線（tapped delay line）

95, 169, 235
単一基線（single baseline） 209, 215
単一基線インターフェロメータ（single baseline interferometer） 209, 215
単一局方向探知装置（single-site locator; SSL; 単局方探装置） 147, 193
単位利得（unity gain） 126, 129
短期変動（short-term fluctuation） 126, 148
単局方探装置（single-site locator; SSL; 単一局方向探知装置） 147, 193
断続キーイング（on/off keying; OOK; オン/オフキーイング） 19
単側帯波（single sideband; SSB; 単側波帯） 13
探知可能性（detectability; 可探知性） 177

■ ち

遅延差（differential delay） 218
地球の曲率（curvature of the Earth） 173
地球覆域アンテナ（Earth-coverage antenna） 151
逐次絞り込み捜索（sequential qualified search） 156, 157, 161
チップ（chip） 18
チップ検知（chip detection） 94
チップ検波器（chip detector） 169, 181, 235
チップ遷移（chip transition） 169
チップレート（chip rate） 43, 47, 95, 167, 249, 270
地表波（ground wave） 3, 147
チャープ（chirp） 29, 46, 180, 226, 235, 247, 260
チャープ化（chirped） 40, 180
チャープ信号（chirped signal） 40, 178, 180
チャープ偏移（chirp excursion） 269
チャネライザ（channelizer） 97
チャネライズド受信機（channelized receiver） 84, 163, 179, 232
チャンネル占有（channel occupancy） 172
中間周波数（intermediate frequency; IF） 82, 90, 112

中継局（cell tower） 48
超水平線（beyond the horizon） 176
調波（harmonic; 高調波） 39, 181
直接拡散（direct sequence; DS; 直接シーケンス） 29, 42, 47
直接シーケンス（direct sequence; DS; 直接拡散） 29
直接シンセサイザ（direct synthesizer） 39, 179
直接スペクトル拡散（direct sequence spread spectrum; DSSS; DS スペクトル拡散） 42
直接波（direct wave） 132, 225
直線偏波アンテナ（linearly polarized antenna） 63
直角振幅変調（quadrature amplitude modulation; QAM） 21
直交位相偏移変調（quadrature phase shift keying; QPSK） 20

■ つ

追随妨害（follower jamming） 264
追随妨害装置（follower jammer） 232, 269
追跡受信機（set-on receiver） 87, 166
通信衛星（communication satellite; CS） 151
通信情報（communications intelligence; COMINT） 236
通信電子戦（communications electronic warfare） 1, 55
通信文の保全（message security） 29

■ て

低域通過フィルタ（low-pass filter; LPF） 78
低高度衛星（low-Earth satellite） 151
定誤差（systematic error; システム誤差） 196
偵察システム（reconnaissance system） 76, 78, 81, 84, 89, 163, 170
低信号密度（low-signal density） 80
低被傍受/探知確率（low probability of intercept; LPI） 12, 29, 45, 177, 190
定偏（drift; ドリフト） 204

データ転送速度（data rate；データレート）36
データレート（data rate；データ転送速度）36
デジタイザ（digitizer）82, 89, 91
デジタル/アナログ変換器（digital-to-analog converter；DAC）17
デジタルRFメモリ（digital radio frequency memory；DRFM；デジタル高周波メモリ）92, 247
デジタル化（digitization；デジタル処理）12, 15, 16, 25, 28, 79, 89, 91-94, 96, 105, 114, 164, 166, 218, 230, 248
デジタル高周波メモリ（digital radio frequency memory；DRFM；デジタルRFメモリ）92, 247
デジタル受信機（digital receiver）76, 82, 89, 93, 94, 96, 114, 116, 162, 164, 166, 179, 189, 227, 246, 257, 268, 269, 271
デジタル処理（digitization；デジタル化）12, 15, 16, 25, 28, 79, 89, 91-94, 96, 105, 114, 164, 166, 218, 230, 248
デジタル信号処理（digital signal processing；DSP）231
デジタル信号処理装置（digital signal processor；DSP）98
デジタル同調受信機（digitally tuned receiver）160, 164, 184
デジタルフレーム（digital frame）25
デジタル変調（digital modulation）3, 15, 19, 23, 43, 108
デジタル変調解析受信機（digital modulation analysis receiver）161
デューティサイクル（duty cycle）78, 184, 256, 259, 261, 269, 272
デューティファクタ（duty factor）259, 267, 269, 270
電圧制御発振器（voltage-controlled oscillator；VCO）106
電圧同調発振器（voltage-tuned oscillator）164
電界強度（field strength）63, 99
電鍵クリック（key click）185

電子光学（electro-optical；光電）86
電子支援対策（electronic support measures；ESM）236
電子ステアリングアレイ（electronically steered array）66
電子戦力組成（electronic order of battle；EOB）195, 236
電子同調プリセレクタ（electronically tuned preselector）164
伝送効率（transmission efficiency）41
伝送帯域幅（transmission bandwidth）31, 260
伝送保全（transmission security）29, 34, 38, 46
電波（radio frequency；RF；無線周波数）18
電波暗室（anechoic chamber；無響室）60, 63
電波源位置決定（emitter location）12, 35, 96, 115, 147, 155, 157, 159, 160, 192-195, 206, 209, 219, 224, 226, 235
電波水平線（radio horizon）173
電波到来方向（direction of arrival；DOA）65, 121
伝搬損失（propagation loss）99, 124, 126, 127, 132, 144, 237, 238, 240, 254, 262, 263
電離層（ionosphere）3, 147, 193
電離層高度測定装置（sounder；サウンダ）149
電離層跳躍（ionospheric skip）3
電力分配器（power divider）102, 116
電力密度（power density）45, 98, 124

■と ─────────────

同位相（in phase；同相）65, 93
等温線（isotherm）153
同期ビット（synchronization bit）24
同期方式（synchronization scheme）30, 46, 247
統合戦術情報配布システム（joint tactical distribution system）53
同士討ち（fratricide；友軍相撃）184, 256,

268
等時線（isochrone）　217, 223
等周波数線（isofreq）　221, 223
統制局（control station; 制御局; 統制所）　120
統制所（control station; 制御局; 統制局）　120
同相（in phase; 同位相）　65, 93
到着時間差法（time difference of arrival; TDOA）　216
同調曲線（tuning curve）　40, 247
同調傾斜（tuning slope）　88, 247
同調式帯域消去フィルタ（tunable band-stop filter）　80
同調式弁別器（tuned discriminator）　105
同調速度（tuning rate）　158, 164, 184
等方性アンテナ（isotropic antenna）　28, 69, 100
到来角捜索（angular search; 角度捜索）　155, 170
到来周波数偏差法（frequency difference of arrival; FDOA）　216, 219
到来電波入射角（angle of arrival; AOA; 到来波入射角）　162, 177, 179, 196, 200, 201, 205, 209, 211, 215, 228, 233
到来波入射角（angle of arrival; AOA; 到来電波入射角）　162, 177, 179, 196, 200, 201, 205, 209, 211, 215, 228, 233
ドップラ偏移（Doppler shift）　207, 222
ドリフト（drift; 定偏）　204

■ な
ナイキスト基準（Nyquist criteria）　17
ナイキストサンプリング基準（Nyquist sampling criteria）　97
ナイフエッジ（knife-edge; 刃形）　140
ナイフエッジ回折（knife-edge diffraction; KED; 刃形回折）　126, 140, 243

■ に
ニオブ酸リチウム（lithium niobate）　86
二重しきい値法（double thresholding technique）　169
二重変換受信機（double conversion receiver）

82

■ ぬ
ヌル（null; 零位）　22

■ の
ノーマルモードヘリカルアンテナ（normal mode helix antenna）　57
ノルディック移動電話（Nordic Mobile Telephone; NMT）　49

■ は
バーサモジュールユーロカード（VERSA Module Eurocard; VME）　96
バーサモジュールヨーロッパ（Versa Module Europe; VME）　96
パーシャルバンド妨害（partial band jamming）　261, 265, 269, 272
バースト通信（burst communications）　2
バイコニカルアンテナ（biconical antenna）　57
刃形（knife-edge; ナイフエッジ）　140
刃形回折（knife-edge diffraction; KED; ナイフエッジ回折）　127, 140, 243
パターン認識（pattern recognition）　253
ハミング符号（Hamming code）　52
波面（wavefront）　65, 210
パラボラ（parabola; 放物線）　67
パラボラアンテナ（parabola antenna）　58, 62, 64, 68
パリティビット（parity bit）　24, 51
パルス振幅変調（pulse amplitude modulation; PAM）　19
反射器（reflector; 反射体）　68
反射体（reflector; 反射器）　127, 224
反射点（point of reflection）　149
半数必中界（circular error probable; CEP; 円形公算誤差）　198
搬送波対雑音比（carrier-to-noise ratio; CNR）　104

■ ひ
非 dB 形式（non-dB form）　5, 264
ピーク誤差（peak error; 最大誤差）　195

ピーク電力（peak power; 尖頭電力）　259
ビーム幅（beamwidth）　9, 61, 66, 68, 151
ピクセル（pixel; 画素）　18
非公開符号（nonpublic code）　30
非コヒーレント（incoherent; noncoherent）　20, 108
非コヒーレントFSK（incoherent FSK; noncoherent FSK）　20
非線形符号（nonlinear code）　34
比帯域（percentage bandwidth; 比帯域幅）　3
比帯域幅（percentage bandwidth; 比帯域）　3
非対称戦（asymmetrical warfare; AW）　48, 273
ビット誤り（bit error）　25, 51, 257, 272
ビット誤り率（bit error rate; BER; ビットエラーレート）　25, 105, 257, 272
ビットエラーレート（bit error rate; BER; ビット誤り率）　25, 105, 257, 272
ビデオ増幅器（video amplifier）　78
標桿（aiming stake）　198
標準偏差（standard deviation）　196, 224
氷点（freezing point）　153
標本（sample; サンプル）　16, 230
標本化（sampling; サンプリング）　17, 79, 89, 92, 97, 167, 218

■ ふ

フィードバックループ（feed back loop; 帰還閉回路）　32, 164, 250
フィルタ除去（filtering; フィルタリング）　13, 82, 83, 85, 91, 94, 180
フィルタリング（filtering; フィルタ除去）　13, 82, 83, 85, 91, 94, 180
フェーズドアレイアンテナ（phased array antenna）　64
不確実性領域（area of uncertainty）　217
不感地帯（blind zone）　141
輻射管制（emission control; EMCON）　177
複数基線精密インターフェロメータ（multiple baseline precision interferometer）　209, 215
復調器（demodulator）　82
符号化率（code rate; 符号レート）　260
符号分割多元接続（code division multiple access; CDMA）　46, 50, 273
符号レート（code rate; 符号化率）　260
布置型妨害装置（emplaced jammer）　256
プッシュ・トゥ・トーク（push-to-talk）　240
浮動小数点演算（floating point operation; FLOP）　98
ブラッグセル受信機（bragg cell receiver）　86
フラッシュ型A/D（flash A/D; 並列比較型A/D）　93
プリアンプ（preamplifier; 前置増幅器）　79, 84, 102, 110, 118
プリセレクタ（preselector）　81
フレネルゾーン（Fresnel zone; FZ）　137
フレネルゾーン距離（Fresnel zone distance）　137, 239, 242, 274
ブロック符号（block code）　51, 272
フロント・バック比（front-to-back ratio; 前後電界比）　211
フロントエンド（front end; 前置回路）　85, 89, 94, 110, 117, 181
分離（isolation; アイソレーション; 離隔）　64, 118, 181

■ へ

平均誤差（mean error）　196, 199, 224
平面大地伝搬（two ray; 2波伝搬）　126, 132, 137, 239, 242, 266, 275
並列比較型A/D（flash A/D; フラッシュ型A/D）　93
べき乗則検波器（power law detector）　167
ヘテロダイン（heterodyne）　81, 88
ヘテロダイン方式（heterodyne principle）　88
偏向板付きホーンアンテナ（horn with polarizer antenna; ポラライザ付きホーンアンテナ）　57

変調解析（modulation analysis） 159
変調指数（modulation index） 14, 106
変調度（percentage modulation; 変調率） 13
変調率（percentage modulation; 変調度） 13
偏波（polarization; PL） 56, 63, 150, 182
弁別器（discriminator; 周波数弁別器） 46
弁別器チャンネル（discriminator channel） 85

■ほ

ボアサイト（boresight） 9, 61, 67, 69, 239
ホイップアンテナ（whip antenna） 58, 240, 242, 254, 262, 265
方位基準（directional reference） 201
方位線（line of bearing; 方測線） 192, 197
妨害（jamming） 12, 16, 25, 29, 35, 40, 42, 46, 96, 181, 184, 232, 252
妨害信号の相殺（jammer cancellation; ジャマーキャンセレーション） 183
妨害装置（jammer） 25, 96, 122, 181, 184, 232, 253, 256, 261, 271
妨害対信号比（jamming-to-signal ratio; J/S） 253, 258, 275
妨害防護（jamming protection） 46
妨害マージン（jamming margin） 260
方向探知（direction finding; DF; 方探） 120, 160, 162, 191, 224, 227, 268
傍受（intercept） 12, 29, 62, 83, 87, 115
傍受確率（probability of intercept; POI） 79, 115, 116, 156, 177, 183, 186
方測線（line of bearing; 方位線） 192, 197
方探（direction finding; DF; 方向探知） 120, 160, 162, 191, 224, 227, 268
方探受信機（direction-finding receiver） 162
方探装置（direction finder; DF） 205, 209
砲発射散布妨害装置（artillery-delivered jammer） 256
放物線（parabola; パラボラ） 67
飽和（saturation） 181
ボー（baud） 18, 22
ボコーダ（voice encoder; 音声エンコーダ） 50

補正率（correction factor; 修正率） 200
ホッピングシンセサイザ（hopping synthesizer） 37
ホップ期間（hop duration; ホップ持続時間） 96
ホップ時間（hop time） 35, 235
ホップ時間枠（hop slot; ホップスロット） 179
ホップ持続時間（hop duration; ホップ期間） 96
ホップ周期（hop period） 35, 96, 227, 267
ホップスロット（hop slot; ホップ時間枠） 179
ホップ速度（hop rate; ホップレート） 35
ホップ滞留時間（hop dwell time） 232
ホップレート（hop rate; ホップ速度） 35
ポラライザ付きホーンアンテナ（horn with polarizer antenna; 偏向板付きホーンアンテナ） 57

■ま

マイクロスキャン受信機（micro-scan receiver） 87, 164
マルチパス（multipath; 多重伝搬路） 126, 150, 224
マルチパス誤差（multipath error） 225
マルチパス信号（multipath signal） 225
マルチプレクサ（multiplexer; 合/分波器） 116
卍型アンテナ（swastika antenna; スワスチカアンテナ） 57

■み

見掛け上の反射点（apparent point of reflection） 149
見掛けの高度（virtual height） 149
ミキサ（mixer; 周波数混合器） 39, 81, 85
見通し線（line-of-sight; LOS） 2, 126, 127, 137, 147, 192, 226, 239
見通し線外（non line-of sight; NLOS） 140, 177, 243

■む

無響室（anechoic chamber; 電波暗室） 60

無指向性（omni-directional; 全方向性） 57
無指向性アンテナ（omni-directional antenna; 全方位アンテナ） 57, 182
無人航空機（unmanned aerial vehicle; UAV） 3
無線周波数（radio frequency; RF; 電波） 18
無線周波数の信号対雑音比（radio frequency signal-to-noise ratio; RFSNR） 104, 257

■ も

目標指向（targeting; ターゲティング; 目標選定; 目標捕捉） 195, 216
目標選定（targeting; ターゲティング; 目標指向; 目標捕捉） 195, 216
目標捕捉（targeting; ターゲティング; 目標指向; 目標選定） 195, 216
モジュロ2加算器（modulo-2 adder） 33
モジュロ演算（modulo arithmetic） 215
モノポールアンテナ（monopole antenna） 58, 254

■ や

八木アンテナ（Yagi antenna） 57

■ ゆ

友軍相撃（fratricide; 同士討ち） 184, 256, 268
有効帯域幅（effective bandwidth） 44, 94, 101, 118, 260
有効面積（effective area） 100, 129

■ よ

ヨー平面飛行（yaw plane level; 水平面飛行） 171
翼面水平飛行（wings level; ウィングレベル） 171
余弦（cos; cosine） 67
横位置基準（lateral location reference） 203

■ ら

ラスタスキャン（raster scan） 18

■ り

リードソロモンブロック符号（Reed Solomon block code） 272
離隔（isolation; アイソレーション; 分離） 64, 118, 181
立体角（steradian; ステラジアン） 196
量子化誤り（quantization inaccuracy） 28
量子化誤差（quantization error） 26
量子化雑音（quantization noise） 28
利用率（occupancy rate; 占有率） 172
臨界周波数（critical frequency） 149
リングレーザジャイロ（ring laser gyroscope） 204
リンデンブラードアンテナ（Lindenblad antenna） 57

■ る

累積誤差（accumulated error） 204
ループアンテナ（loop antenna） 57
ループ帯域幅（loop bandwidth） 37
ルックスルー（look through; LT） 181
ルックスルー期間（look through period） 183

■ れ

零位（null; ヌル） 22
レーダ警報受信機（radar warning receiver; RWR） 64, 78
レーダ波吸収材（radar-absorptive material; RAM） 182
劣化係数（degradation factor） 102
レドーム（radome） 64
連続波（continuous wave; CW） 80
連邦通信委員会（Federal Communication Commission; FCC） 147

■ ろ

ロールオフ率（roll-off rate） 24
ログペリアンテナ（log periodic antenna; 対数周期アンテナ） 59

■ わ

ワトソン-ワット方探（Watson-Watt DF） 206, 233

欧文索引

■ 数字・記号

3-dB beamwidth（3dB ビーム幅）　9, 22, 61, 66, 71
3-dB point（3dB 点; 3dB ポイント）　6, 9, 61
360° coverage（360° 覆域; 全周）　155, 254
4/3 Earth factor（4/3 等価地球半径係数）　173
4-arm conical spiral antenna（4 素子コニカルスパイラルアンテナ）　57

■ A

accumulated error（累積誤差）　204
active channel（アクティブチャンネル; 使用チャンネル）　247
ADC　⇒[analog-to-digital converter]
AGC　⇒[automatic gain control]
aiming stake（標桿）　198
airborne DF system（航空機搭載 DF システム）　196, 203
AM　⇒[amplitude modulation]
ambiguity（曖昧性; アンビギュイティ; 多義性）　209, 215
amplitude comparison approach（振幅比較法）　234
amplitude modulation（AM; 振幅変調）　12, 78
amplitude pattern（振幅パターン）　60
analog modulation（アナログ変調）　3, 12
analog-to-digital converter（ADC; A/D 変換器; アナログ/デジタル変換器）　15, 16, 91, 92, 96, 110, 114
AND gate（AND ゲート）　34

anechoic chamber（電波暗室; 無響室）　60, 63
angle of arrival（AOA; 到来電波入射角; 到来波入射角）　162, 177, 179, 196, 200, 201, 205, 209, 211, 215, 228, 233
angle to the first null（第 1 ヌル角度）　61
angle to the first side lobe（第 1 サイドローブ角度）　61
angular reference（角度基準）　191
angular search（角度捜索; 到来角捜索）　155, 170
antenna beam（アンテナビーム）　60, 64, 68
antenna efficiency（アンテナ効率）　62, 70
antenna gain pattern（アンテナ利得パターン）　9, 58, 73
AOA　⇒[angle of arrival]
apparent point of reflection（見掛け上の反射点）　149
area of uncertainty（不確実性領域）　217
array dipole（アレイダイポール）　60
artillery-delivered jammer（砲発射散布妨害装置）　256
asymmetrical warfare（AW; 非対称戦）　48, 273
atomic clock（原子時計）　205
attenuation effect（減衰作用）　125
autocorrelation（自己相関）　32
automatic gain control（AGC; 自動利得制御）　109, 245
AW　⇒[asymmetrical warfare]
axial mode helix antenna（軸モードヘリカルアンテナ）　57

B

band-edge intercept（帯域端傍受） 165
band-stop filter（帯域消去フィルタ） 79
bandpass filter（BPF; 帯域通過フィルタ） 9, 81, 84
barrage jammer（広帯域妨害装置） 184
base station（BS; 基地局） 48
baud（ボー） 18, 22
beamwidth（ビーム幅） 9, 61, 66, 68, 151
BER ⇒[bit error rate]
beyond the horizon（超水平線） 176
biconical antenna（バイコニカルアンテナ） 57
binary moving window（2進移動ウィンドウ） 169, 179
binary phase shift keying（BPSK; 2位相偏移変調） 20, 180, 250
bit error（ビット誤り） 25, 51, 257, 272
bit error rate（BER; ビット誤り率; ビットエラーレート） 25, 105, 257, 272
blind zone（不感地帯） 141
block code（ブロック符号） 51, 272
boresight（ボアサイト） 9, 61, 67, 69, 239
BPF ⇒[bandpass filter]
BPSK ⇒[binary phase shift keying]
bragg cell receiver（ブラッグセル受信機） 86
broadband jammer（広帯域妨害装置） 184
BS ⇒[base station]
burst communications（バースト通信） 2
burst radius（炸裂半径） 195, 216

C

calibration（校正; 較正） 200, 205, 207, 226
calibration table（較正テーブル） 200
cardioid gain pattern（カージオイド利得パターン） 207
carrier-to-noise ratio（CNR; 搬送波対雑音比） 104
cavity-backed spiral antenna（キャビティバックスパイラルアンテナ） 64, 211
CDMA ⇒[code division multiple access]

cell phone（携帯電話） 48, 250, 252, 272–274
cell tower（中継局） 48
CEP ⇒[circular error probable]
channel occupancy（チャンネル占有） 172
channelized receiver（チャネライズド受信機） 84, 163, 179, 232
channelizer（チャネライザ） 97
chip（チップ） 18
chip detection（チップ検知） 94
chip detector（チップ検波器） 169, 181, 235
chip rate（チップレート） 43, 47, 95, 167, 249, 270
chip transition（チップ遷移） 169
chirp（チャープ） 29, 46, 180, 226, 235, 247, 260
chirp excursion（チャープ偏移） 269
chirped（チャープ化） 40, 180
chirped signal（チャープ信号） 40, 178, 180
chrominance（クロミナンス） 18
circular error probable（CEP; 円形公算誤差; 半数必中界） 198
circularly polarized antenna（円偏波アンテナ） 63, 182
clock rate（クロック速度; クロックレート） 18, 22
clutter（クラッタ; 雑音） 45
CNR ⇒[carrier-to-noise ratio]
code division multiple access（CDMA; 符号分割多元接続） 46, 50, 273
code rate（符号化率; 符号レート） 260
COMINT ⇒[communications intelligence]
communication satellite（CS; 通信衛星） 151
communications electronic warfare（通信電子戦） 1, 55
communications intelligence（COMINT; 通信情報） 236
compressive receiver（圧縮受信機; コンプレッシブ受信機） 87, 117, 164, 166, 188, 233

conformal（機体一体型; コンフォーマル）
　64
conical spiral antenna（コニカルスパイラル
　アンテナ）　57
constellation（コンステレーション; 信号空間
　ダイヤグラム）　22
continuous wave（CW; 連続波）　80
control station（制御局; 統制局; 統制所）
　120
convolutional code（畳み込み符号）　51
correction factor（修正率; 補正率）　200
correlative detector（相関検波器）　168
correlative interferometer（相関形インター
　フェロメータ）　209, 215
cos（余弦）　67
cosine（余弦）　67
critical frequency（臨界周波数）　149
cross coupling（相互結合）　168
cross-polarization array（交差偏波アレイ; 交
　差偏波配置）　64
cross-polarization loss（交差偏波損失）　63
crystal video receiver（CVR; クリスタルビ
　デオ受信機）　78, 84
CS　⇒[communication satellite]
curvature of the Earth（地球の曲率）　173
curve fitting（曲線の当てはめ）　248
CVR　⇒[crystal video receiver]
CW　⇒[continuous wave]

■ D

D layer（D層）　147
DAC　⇒[digital-to-analog converter]
data rate（データ転送速度; データレート）
　36
DD　⇒[differential Doppler]
deceptive jamming（欺まん妨害）　181
degradation factor（劣化係数）　102
demodulator（復調器）　82
dense environment（高密度環境）　81, 232
design parameter（設計パラメータ）　37
despread（逆拡散）　30, 45, 50, 169, 181,
　248, 260, 270
despread bandwidth（逆拡散帯域幅）　31

despreading demodulator（逆拡散復調器）
　45
detectability（可探知性; 探知可能性）　177
DF　⇒[direction finding; direction finder]
difference frequency（差周波数）　221
differential delay（遅延差）　218
differential Doppler（DD; 差動ドップラ）
　219
diffraction grating（回折格子）　86
digital frame（デジタルフレーム）　25
digital modulation（デジタル変調）　3, 15,
　19, 23, 43, 108
digital modulation analysis receiver（デジタ
　ル変調解析受信機）　161
digital radio frequency memory（DRFM; デ
　ジタルRFメモリ; デジタル高周波メモ
　リ）　92, 247
digital receiver（デジタル受信機）　76, 82,
　89, 93, 94, 96, 114, 116, 162, 164, 166,
　179, 189, 227, 246, 257, 268, 269, 271
digital signal processing（DSP; デジタル信
　号処理）　231
digital signal processor（DSP; デジタル信号
　処理装置）　98
digital-to-analog converter（DAC; デジタ
　ル/アナログ変換器）　17
digitally tuned receiver（デジタル同調受信
　機）　160, 164, 184
digitization（デジタル化; デジタル処理）
　12, 15, 16, 25, 28, 79, 89, 91–94, 96,
　105, 114, 164, 166, 218, 230, 248
digitizer（デジタイザ）　82, 89, 91
diode detector（ダイオード検波器）　78
dipole antenna（ダイポールアンテナ）　58,
　66, 230
direct sequence（DS; 直接拡散; 直接シーケン
　ス）　29, 42, 47
direct sequence spread spectrum（DSSS; DS
　スペクトル拡散; 直接スペクトル拡散）
　42, 46, 50, 94, 167, 178, 180, 226, 234,
　235, 248, 269, 271
direct synthesizer（直接シンセサイザ）
　39, 179

direct wave（直接波） 132, 225
directed search（指定捜索） 156
direction finder（DF; 方探装置） 205, 209
direction finding（DF; 方向探知; 方探）
　120, 160, 162, 191, 224, 227, 268
direction-finding receiver（方探受信機）
　162
direction of arrival（DOA; 電波到来方向）
　65, 121
directional（指向性） 57
directional antenna（指向性アンテナ）
　57, 155, 184, 262
directional reference（方位基準） 201
discriminator（周波数弁別器; 弁別器） 46
discriminator channel（弁別器チャンネル）
　85
dish with crossed dipole feed（クロスダイ
　ポールフィードパラボラ反射鏡） 57
dish with spiral feed（スパイラルフィードパ
　ラボラ反射鏡） 57
DOA ⇒[direction of arrival]
Doppler shift（ドップラ偏移） 207, 222
double conversion receiver（二重変換受信機）
　82
double thresholding technique（二重しきい
　値法） 169
down link（ダウンリンク） 49, 253, 272, 274
down link jamming（ダウンリンク妨害）
　274
DRFM ⇒[digital radio frequency memory]
drift（定偏; ドリフト） 204
DS ⇒[direct sequence]
DSP ⇒[digital signal processing; digital signal processor]
DSSS ⇒[direct sequence spread spectrum]
duty cycle（デューティサイクル） 78, 184, 256, 259, 261, 269, 272
duty factor（デューティファクタ） 259, 267, 269, 270
dynamic range（ダイナミックレンジ） 79, 87, 109, 110, 114, 119, 245

■ E

E layer（E層） 147
Earth-coverage antenna（地球覆域アンテナ）
　151
EDC ⇒[error detection and correction]
EEP ⇒[elliptical error probable]
effective accuracy（実効精度） 195
effective antenna area（アンテナ有効開口面
　積） 68
effective area（有効面積） 100, 129
effective bandwidth（有効帯域幅） 44, 94, 101, 118, 260
effective height（実効高） 58, 240
effective radiated power（ERP; 実効放射電
　力） 49, 57, 123, 254, 259, 262, 273
effective range（実効距離） 236
electro-optical（光電; 電子光学） 86
electronic order of battle（EOB; 電子戦力組
　成） 195, 236
electronic support measures（ESM; 電子支
　援対策） 236
electronically steered array（電子ステアリン
　グアレイ） 66
electronically tuned preselector（電子同調プ
　リセレクタ） 164
elliptical error probable（EEP; 楕円公算誤
　差） 199
EMCON ⇒[emission control]
emission control（EMCON; 輻射管制）
　177
emitter location（電波源位置決定） 12, 35, 96, 115, 147, 155, 157, 159, 160, 192–195, 206, 209, 219, 224, 226, 235
emplaced jammer（布置型妨害装置） 256
encryption（暗号化） 16, 29, 32, 45, 162, 236
energy detection receiver（エネルギー探知受
　信機） 167
energy detection technique（エネルギー探知
　技法） 180
environmental noise（環境雑音） 28

EOB　⇒[electronic order of battle]
ERP　⇒[effective radiated power]
error budget（誤差割り当て；誤差配分）　224
error correction bit（誤り訂正ビット）　24
error correction code（誤り訂正符号）　3, 12, 26, 51, 259
error correction coding（誤り訂正コーディング；誤り訂正符号化）　16, 183, 272
error detection and correction（EDC；誤り検出・訂正）　26, 51
error detection and correction bit（EDCビット；誤り検出・訂正ビット）　51
error detection coding（誤り検出コーディング；誤り検出符号化）　272
ESM　⇒[electronic support measures]
external noise（外部雑音）　28

■ F

F1 layer（F1層）　148
F2 layer（F2層）　148
fast Fourier transform（FFT；高速フーリエ変換）　97, 157, 160, 230, 246, 268
FCC　⇒[Federal Communication Commission]
FDMA　⇒[frequency division multiple access]
FDOA　⇒[frequency difference of arrival]
FEC　⇒[forward error correction]
Federal Communication Commission（FCC；連邦通信委員会）　147
feed antenna（給電アンテナ）　68
feed back loop（帰還閉回路；フィードバックループ）　32, 164, 250
FFT　⇒[fast Fourier transform]
FH　⇒[frequency hopping]
field strength（電界強度）　63, 99
filtering（フィルタ除去；フィルタリング）　13, 82, 83, 85, 91, 94, 180
first round fire for effect（初弾効力射）　216
five-paragraph operations order（5か条からなる作戦命令）　256

fixed-tuned receiver（固定同調受信機）　46, 84
flash A/D（フラッシュ型A/D；並列比較型A/D）　93
floating point operation（FLOP；浮動小数点演算）　98
floating point operations per second（FLOPS；1秒当たりの浮動小数点演算量）　98
FLOP　⇒[floating point operation]
FLOPS　⇒[floating point operations per second]
fly-back（帰線）　269
FM　⇒[frequency modulation]
FM discriminator（FM弁別器）　105, 188
FM improvement factor（FM改善係数）　106
follower jammer（追随妨害装置）　232, 269
follower jamming（追随妨害）　264
forward error correction（FEC；順方向誤り訂正；前進型誤信号訂正）　51, 272
fratricide（同士討ち；友軍相撃）　184, 256, 268
free-space loss（自由空間損失）　127, 132, 243
freezing point（氷点）　153
frequency bandwidth（周波数帯域幅）　13, 31, 56
frequency converter（周波数変換器）　83
frequency deviation（周波数偏移）　14, 106
frequency difference of arrival（FDOA；到来周波数偏差法）　216, 219
frequency diversity（周波数ダイバーシティ）　35
frequency division multiple access（FDMA；周波数分割多元接続）　49
frequency domain（周波数領域）　13, 19, 27
frequency hopper（周波数ホッパ；周波数ホッピング送信機）　37-39, 90, 96, 98, 178, 227-230, 232, 265, 267, 268, 272
frequency hopping（FH；周波数ホッピング）　29, 32, 35, 41, 46, 52, 96, 178, 226, 227,

229, 233, 246, 247, 260, 261, 264, 265, 268, 269, 271
frequency hopping sequence（周波数ホッピングシーケンス） 32
frequency modulation（FM；周波数変調） 14, 40, 49
frequency resolution（周波数分解能） 80, 231
frequency search（周波数捜索） 155, 158, 179
frequency shift keying（FSK；周波数偏移変調） 19, 23, 109
Fresnel zone（FZ；フレネルゾーン） 137
Fresnel zone distance（フレネルゾーン距離） 137, 239, 242, 274
front end（前置回路；フロントエンド） 85, 89, 94, 110, 117, 181
front-to-back ratio（前後電界比；フロント・バック比） 211
FSK ⇒[frequency shift keying]
full-azimuth coverage antenna（全方位覆域アンテナ） 182
FZ ⇒[Fresnel zone]

■ G

garbage collection（ごみ収集） 156
general search（全般捜索） 155, 156
global positioning system（GPS；全地球測位システム） 204
global system for mobile communication（GSM；全地球移動通信システム） 50
GPS ⇒[global positioning system]
grating lobe（グレーティングローブ） 66
ground plane（グランドプレーン；接地板） 136
ground wave（地表波） 3, 147
GSM ⇒[global system for mobile communication]

■ H

Hamming code（ハミング符号） 52
harmonic（高調波；調波） 39, 181
heterodyne（ヘテロダイン） 81, 88
heterodyne principle（ヘテロダイン方式） 88
high side conversion（上側変換） 81
hop duration（ホップ期間；ホップ持続時間） 96
hop dwell time（ホップ滞留時間） 232
hop period（ホップ周期） 35, 96, 227, 267
hop rate（ホップ速度；ホップレート） 35
hop slot（ホップ時間枠；ホップスロット） 179
hop time（ホップ時間） 35, 235
hopping synthesizer（ホッピングシンセサイザ） 37
horizontal pattern（水平パターン） 60
horn with polarizer antenna（偏向板付きホーンアンテナ；ポラライザ付きホーンアンテナ） 57

■ I

I&Q ⇒[in-phase and quadrature]
IED ⇒[improvised explosive device]
IF ⇒[intermediate frequency]
IF translator（IF 変換器） 89
IFM ⇒[instantaneous frequency measurement]
impedance of free space（自由空間インピーダンス） 100
improvised explosive device（IED；簡易爆発物；即製爆発物） 184
IMU ⇒[inertial measurement unit]
in phase（同位相；同相） 65, 93
in-phase and quadrature（I&Q） 93, 230
incoherent（非コヒーレント） 20, 108
incoherent FSK（非コヒーレント FSK） 20
indoor propagation（屋内伝搬） 126
inertial measurement unit（IMU；慣性計測ユニット） 206
inertial navigation system（INS；慣性航法システム） 196, 203
information bandwidth（情報帯域幅） 31, 41, 42, 178, 188, 227, 260, 264, 268
INS ⇒[inertial navigation system]
instantaneous dynamic range（瞬時ダイナ

ミックレンジ）　109, 246
instantaneous frequency measurement
　（IFM; 瞬時周波数測定）　79
instantaneous frequency measurement
　receiver（IFM 受信機; 瞬時周波数測定受
　信機）　79
integrate and dump（積分・ダンプ型）
　167
intercept（傍受）　12, 29, 62, 83, 87, 115
intercept point（IP; インターセプトポイ
　ント）　110
interferometer（インターフェロメータ; 干渉
　計）　209, 215, 230
interferometer DF（インターフェロメータ方
　探）　209, 214
interferometric triangle（干渉三角形）　210
interleave（インターリーブ; 交互配置）　54
intermediate frequency（IF; 中間周波数）
　82, 90, 112
ionosphere（電離層）　3, 147, 193
ionospheric skip（電離層跳躍）　3
IP　⇒［intercept point］
isochrone（等時線）　217, 223
isofreq（等周波数線）　221, 223
isolation（アイソレーション; 分離; 離隔）
　64, 118, 181
isotherm（等温線）　153
isotropic antenna（等方性アンテナ）　28,
　69, 100

■ J ────────────────

J/S　⇒［jamming-to-signal ratio］
Jaguar V（ジャガー V）　96
jammer（妨害装置）　25, 96, 122, 181, 184,
　232, 253, 256, 261, 271
jammer cancellation（ジャマーキャンセレー
　ション; 妨害信号の相殺）　183
jamming（妨害）　12, 16, 25, 29, 35, 40,
　42, 46, 96, 181, 184, 232, 252
jamming margin（妨害マージン）　260
jamming protection（妨害防護）　46
jamming-to-signal ratio（J/S; 妨害対信号比）
　253, 258, 275

joint tactical distribution system（統合戦術
　情報配布システム）　53

■ K ────────────────

KED　⇒［knife-edge diffraction］
key click（電鍵クリック）　185
knife-edge（ナイフエッジ; 刃形）　140
knife-edge diffraction（KED; ナイフエッジ
　回折; 刃形回折）　126, 127, 140, 243

■ L ────────────────

lateral location reference（横位置基準）
　203
leading edge（前縁）　218
left-hand circular（LHC; 左旋）　56, 63,
　182
LHC　⇒［left-hand circular］
Lindenblad antenna（リンデンブラードアン
　テナ）　57
line of bearing（方位線; 方測線）　192, 197
line of magnetic flux（磁束線）　221
line-of-sight（LOS; 見通し線）　2, 126,
　127, 137, 147, 192, 226, 239
linear（線形値）　5
linear code（線形符号）　34
linear form（線形形式）　6, 7, 125
linearly polarized antenna（直線偏波アンテ
　ナ）　63
Link 16（Link 16）　53
link loss（回線損失）　125, 126, 135, 143,
　154, 243, 274
link margin（回線マージン; 回線余裕）
　125, 145
lithium niobate（ニオブ酸リチウム）　86
LO　⇒［local oscillator］
local declination（局地偏角）　202
local magnetic field（局所磁場）　202
local oscillator（LO; 局発; 局部発振器）
　37, 81, 85, 88, 117, 164
location error（位置誤差）　171, 201, 224
log periodic antenna（対数周期アンテナ; ロ
　グペリアンテナ）　58, 59
logarithmic amplifier（対数増幅器）　79
look through（LT; ルックスルー）　181

look through period（ルックスルー期間） 183
loop antenna（ループアンテナ） 57
loop bandwidth（ループ帯域幅） 37
LOS ⇒［line-of-sight］
low-Earth satellite（低高度衛星） 151
low-pass filter（LPF; 低域通過フィルタ） 78
low probability of intercept（LPI; 低被傍受/探知確率） 12, 29, 45, 177, 190
low side conversion（下側変換） 81
low-signal density（低信号密度） 80
lower sideband（LSB; 下側帯波; 下側波帯） 14
LPF ⇒［low-pass filter］
LPI ⇒［low probability of intercept］
LSB ⇒［lower sideband］
LT ⇒［look through］
luminance（輝度） 18

■ M

magnetometer（磁力計） 202
main beam（主ビーム） 22
main lobe（主ローブ） 68, 238
master station（主局） 120
maximum frequency（最高周波数） 13, 17, 56, 82, 92
maximum information signal frequency（最大情報信号周波数） 43
maximum usable frequency（MUF; 最高使用可能周波数） 149
mean error（平均誤差） 196, 199, 224
mechanically spinning gyroscope（機械式回転型ジャイロスコープ） 203
message security（通信文の保全） 29
micro-scan receiver（マイクロスキャン受信機） 87, 164
military secret（軍事機密） 29
minimum antenna height（最小アンテナ高） 136
minimum shift keying（MSK; 最小偏移変調） 23
mixer（周波数混合器; ミキサ） 39, 81, 85
mobile switching center（MSC; 携帯電話交換局） 48
mobile system control（MSC; 携帯電話システム制御局） 272
modulation analysis（変調解析） 159
modulation index（変調指数） 14, 106
modulo-2 adder（モジュロ2加算器） 33
modulo arithmetic（モジュロ演算） 215
monitor receiver（監視受信機） 117, 161, 166, 188, 189, 236, 248
monopole antenna（モノポールアンテナ） 58, 254
MSC ⇒［mobile switching center; mobile system control］
MSK ⇒［minimum shift keying］
MUF ⇒［maximum usable frequency］
multipath（多重伝搬路; マルチパス） 126, 150, 224
multipath error（マルチパス誤差） 225
multipath signal（マルチパス信号） 225
multiple baseline precision interferometer（複数基線精密インターフェロメータ） 209, 215
multiplexer（合/分波器; マルチプレクサ） 116

■ N

n dB beamwidth（n dB ビーム幅） 61
narrow-bandwidth jamming（狭帯域妨害） 264
narrow beam antenna（狭ビームアンテナ） 177
narrowband search（狭帯域捜索） 184
near field issue（近接場問題） 124
near line-of-sight（準見通し線） 3
NF ⇒［noise figure］
NLOS ⇒［non line-of sight］
NMT ⇒［Nordic Mobile Telephone］
noise（雑音） 26
noise figure（NF; 雑音指数） 94, 101, 110, 118, 241
non-dB form（非 dB 形式） 5, 264
non line-of sight（NLOS; 見通し線外） 140, 177, 243

noncoherent（非コヒーレント） 20, 108
noncoherent FSK（非コヒーレント FSK） 20
nonlinear code（非線形符号） 34
nonpublic code（非公開符号） 30
Nordic Mobile Telephone（NMT; ノルディック移動電話） 49
normal mode helix antenna（ノーマルモードヘリカルアンテナ） 57
null（零位; ヌル） 22
Nyquist criteria（ナイキスト基準） 17
Nyquist sampling criteria（ナイキストサンプリング基準） 97

■ O

occupancy rate（占有率; 利用率） 172
offset angle（オフセット角; 開角） 74, 225
Okumura and Hata model（奥村-秦モデル） 126
omni-directional（全方向性; 無指向性） 57
omni-directional antenna（全方位アンテナ; 無指向性アンテナ） 57, 182
on/off keying（OOK; 断続キーイング; オン/オフキーイング） 19
one-way link（片方向回線） 122, 123
OOK ⇒[on/off keying]
optical horizon（光学水平線） 173
optimum sensitivity（最適感度） 41
OR gate（OR ゲート） 34
outdoor propagation（屋外伝搬） 126
output signal quality（出力信号品質） 103
overhead（オーバヘッド） 24

■ P

PAM ⇒[pulse amplitude modulation]
parabola（パラボラ; 放物線） 67
parabola antenna（パラボラアンテナ） 58, 62, 64, 68
parity bit（パリティビット） 24, 51
partial band jamming（パーシャルバンド妨害） 261, 265, 269, 272
pattern recognition（パターン認識） 253
peak error（最大誤差; ピーク誤差） 195
peak power（尖頭電力; ピーク電力） 259

percentage bandwidth（比帯域; 比帯域幅） 3
percentage modulation（変調度; 変調率） 13
performance limit（性能限界） 26
performance parameter（性能パラメータ） 55, 56
phase cancellation（位相打ち消し） 132, 137
phase comparator（位相比較器） 214
phase comparison（位相比較） 230
phase error（位相誤差） 106
phase-lock-loop（PLL; 位相ロックループ） 37, 105, 164
phase-lock-loop synthesizer（PLL シンセサイザ） 37, 164
phase modulation（PM; 位相変調） 20, 43, 49, 235
phase response（位相応答） 212
phase shift（位相シフト; 位相偏移） 21, 65
phase shifter（移相器） 65, 67
phased array antenna（フェーズドアレイアンテナ） 64
phonetic alphabet（音標文字） 257
piezoelectric accelerometer（圧電型加速度計） 205
piezoelectric gyroscope（圧電型ジャイロ） 205
pixel（画素; ピクセル） 18
PL ⇒[polarization]
PLL ⇒[phase-lock-loop]
PM ⇒[phase modulation]
POI ⇒[probability of intercept]
point of reflection（反射点） 149
polarization（PL; 偏波） 56, 63, 150, 182
power density（電力密度） 45, 98, 124
power divider（電力分配器） 102, 116
power law detector（べき乗則検波器） 167
preamplifier（前置増幅器; プリアンプ） 79, 84, 102, 110, 118
precision emitter location（精密電波源位置決定） 194, 200, 201, 216, 226, 235
predetection signal-to-noise ratio（検波前信

号対雑音比) 101, 103, 241, 257
preselector (プリセレクタ) 81
probability of intercept (POI; 傍受確率)
　79, 115, 116, 156, 177, 183, 186
processing gain (処理利得) 256, 258,
　260, 261, 270
propagation loss (伝搬損失) 99, 124,
　126, 127, 132, 144, 237, 238, 240, 254,
　262, 263
pseudo-random code (擬似ランダム符号)
　29, 32, 45
pseudo-random sequence (擬似ランダムシーケンス; 擬似ランダム数列) 96
pseudo-random spreading signal (擬似ランダム拡散信号) 270
public code (公開符号) 29, 46
public switched telephone network (公衆交換電話網; 公衆電話交換回線網) 48
pulse amplitude modulation (PAM; パルス振幅変調) 19
push-to-talk (プッシュ・トゥ・トーク)
　240

■ Q

QAM　⇒[quadrature amplitude modulation]
QPSK　⇒[quadrature phase shift keying]
quadrature amplitude modulation (QAM; 直角振幅変調) 21
quadrature phase shift keying (QPSK; 直交位相偏移変調) 20
quantization error (量子化誤差) 26
quantization inaccuracy (量子化誤り) 28
quantization noise (量子化雑音) 28

■ R

radar-absorptive material (RAM; レーダ波吸収材) 182
radar warning receiver (RWR; レーダ警報受信機) 64, 78
radio frequency (RF; 無線周波数; 電波)
　18
radio frequency signal-to-noise ratio (RFSNR; 無線周波数の信号対雑音比)
　104, 257
radio horizon (電波水平線) 173
radome (レドーム) 64
rain loss (降雨損失) 145, 153, 255
RAM　⇒[radar-absorptive material]
range-squared loss (距離2乗損失) 127
raster scan (ラスタスキャン) 18
received signal strength (受信信号強度)
　10, 62, 164, 167, 172, 177, 225, 248, 263
reconnaissance system (偵察システム)
　76, 78, 81, 84, 89, 163, 170
Reed Solomon block code (リードソロモンブロック符号) 272
reflector (反射器; 反射体) 68, 127, 224
refraction factor (屈折率) 173
required bandwidth (所要帯域幅) 14, 24
required J/S (所望 J/S; 所要 J/S) 254,
　272
required power (所要電力) 125
required transmission bandwidth (所要伝送帯域幅) 22
RF　⇒[radio frequency]
RFSNR　⇒[radio frequency signal-to-noise ratio]
RHC　⇒[right-hand circular]
right-hand circular (RHC; 右旋) 56
ring laser gyroscope (リングレーザジャイロ)
　204
RMS　⇒[root mean square]
RMS error (2乗平均誤差; RMS 誤差)
　195, 199
roll-off rate (ロールオフ率) 24
root mean square (RMS; 2乗平均) 195
RWR　⇒[radar warning receiver]

■ S

S/N　⇒[signal-to-noise ratio]
Saleh model (Saleh モデル) 126
sample (サンプル; 標本) 16, 230
sampling (サンプリング; 標本化) 17, 79,
　89, 92, 97, 167, 218
sampling rate (サンプリング速度; サンプリングレート) 18, 92

satellite link（衛星回線） 151
saturation（飽和） 181
search and monitor receiver（捜索・監視受信機） 160, 163, 166, 236
selective addressing（選択アドレス指定） 29
sensitivity（受信感度） 26, 99, 239, 241
sequential qualified search（逐次絞り込み捜索） 156, 157, 161
set-on receiver（追跡受信機） 87, 166
SFSK ⇒[sinusoidal frequency shift keying]
shift register（シフトレジスタ） 32
short-term fluctuation（短期変動） 126, 148
SHR ⇒[superheterodyne receiver]
side band（側帯波; 側波帯） 13
side lobe（サイドローブ） 22, 61, 68, 239
side-lobe gain（サイドローブ利得） 62
signal bandwidth（信号帯域幅） 158
signal combiner（信号合成器） 65
signal divider（信号分配器） 65
signal-to-noise improvement factor（SN改善係数） 105
signal-to-noise ratio（SNR; S/N; SN比; 信号対雑音比） 12, 25, 26, 45, 103, 167, 177, 180, 225, 226, 257
signal-to-quantizing noise ratio（SQR; 信号対量子化雑音比） 108
simulation of indoor radio channel impulse response model（SIRCIMモデル） 126
$\sin x/x$ function（$\sin x/x$ 関数） 74
single baseline（単一基線） 209, 215
single baseline interferometer（単一基線インターフェロメータ） 209, 215
single sideband（SSB; 単側帯波; 単側波帯） 13
single-site locator（SSL; 単一局方向探知装置; 単局方探装置） 147, 193
sinusoidal frequency shift keying（SFSK; 正弦波周波数偏移変調） 23
sinusoidal shift keying（正弦波偏移変調） 23

slide rule（計算尺） 7
small-scale fading（小規模フェージング） 126
SNR ⇒[signal-to-noise ratio]
software channelized receiver（ソフトウェアチャネライズド受信機） 97
sounder（サウンダ; 電離層高度測定装置） 149
special receiver（専用受信機） 160, 232
spectral analysis（スペクトル解析） 157, 160, 247
sporadic-E（スポラディックE） 148
spot jamming（スポット妨害） 181
spread bandwidth（拡散帯域幅） 31
spread spectrum communication（スペクトル拡散通信） 32, 256
spread spectrum signal（スペクトル拡散信号） 29, 43, 94, 169, 178, 180, 226, 248, 258, 260, 261, 270, 271
spreading code（拡散符号） 30, 45, 84, 234, 248
spreading demodulator（拡散復調器） 31, 45
spreading factor（拡散係数; 拡散率） 42, 249, 260, 270
spreading loss（拡散損失） 11, 127, 137, 182, 255
spreading modulator（拡散変調器） 30, 45
spreading process（拡散過程） 30
spurious response（スプリアス応答） 89, 111
spurious signal（スプリアス信号） 82, 111
SQR ⇒[signal-to-quantizing-noise ratio]
square law region（2乗則領域） 79
square pulse（矩形パルス） 24
SSB ⇒[single sideband]
SSL ⇒[single-site locator]
stable orientation（安定配向） 204
stand-in jamming（スタンドイン妨害） 256
standard deviation（標準偏差） 196, 224
steradian（ステラジアン; 立体角） 196
subordinate station（従局） 120

superheterodyne receiver（SHR; スーパーヘテロダイン受信機）　81, 83, 116, 163, 164
swastika antenna（スワスチカアンテナ; 卍型アンテナ）　57
sweep rate（掃引速度）　40
sweeping oscillator（掃引発振器）　40, 41
sweeping receiver（掃引受信機）　158, 179, 227, 247
swept frequency modulation（掃引周波数変調）　40
syllabic rate（音節レート）　258
symbol（シンボル）　18, 52
synchronization bit（同期ビット）　24
synchronization scheme（同期方式）　30, 46, 247
synchronous orbit（静止軌道）　151
system sensitivity（システム感度; 総合感度）　237
systematic error（システム誤差; 定誤差）　196

■ T

tapped delay line（タップ付き遅延線）　95, 169, 235
targeting（ターゲティング; 目標指向; 目標選定; 目標捕捉）　195, 216
TDMA　⇒[time division multiple access]
TDOA　⇒[time difference of arrival]
throughput（スループット）　51, 98
thumb tack correlation（画鋲相関）　32
time difference of arrival（TDOA; 到着時間差法）　216
time division multiple access（TDMA; 時分割多元接続）　50, 273
time domain（時間領域）　12, 19, 23, 27
time hopping（時間ホッピング）　47
tolerance to interference（耐干渉性）　15
transmission bandwidth（伝送帯域幅）　31, 260
transmission efficiency（伝送効率）　41
transmission security（伝送保全）　29, 34, 38, 46

traveling wave tube（TWT; 進行波管）　83
TRF　⇒[tuned radio frequency]
triangulation（三角測量）　120, 190, 201, 209, 228, 235, 268
tropospheric scattering（対流圏散乱）　141
true north（真北）　191, 201
tunable band-stop filter（同調式帯域消去フィルタ）　80
tuned discriminator（同調式弁別器）　105
tuned radio frequency（TRF; 周波数同調）　83
tuned radio frequency receiver（TRF 受信機; 周波数同調受信機）　83
tuning curve（同調曲線）　40, 247
tuning rate（同調速度）　158, 164, 184
tuning slope（同調傾斜）　88, 247
two ray（2 波伝搬; 平面大地伝搬）　126, 132, 137, 239, 242, 266, 275
TWT　⇒[traveling wave tube]

■ U

UAV　⇒[unmanned aerial vehicle]
unity gain（単位利得）　126, 129
unmanned aerial vehicle（UAV; 無人航空機）　3
up link（アップリンク）　48, 272
up link jamming（アップリンク妨害）　273, 275
upper sideband（USB; 上側帯波; 上側波帯）　14
USB　⇒[upper sideband]

■ V

VCO　⇒[voltage-controlled oscillator]
VCO discriminator（VCO 弁別器）　108
VERSA Module Eurocard（VME; バーサモジュールユーロカード）　96
Versa Module Europe（VME; バーサモジュールヨーロッパ）　96
vertical dipole（垂直ダイポール）　212
vertical pattern（垂直パターン）　60
vertically polarized antenna（垂直偏波アンテナ）　63
video amplifier（ビデオ増幅器）　78

virtual height（見掛けの高度） 149
VME ⇒［Versa Module Europe; VERSA Module Eurocard］
voice encoder（音声エンコーダ; ボコーダ） 50
voltage-controlled oscillator（VCO; 電圧制御発振器） 106
voltage-tuned oscillator（電圧同調発振器） 164

■ W
Watson-Watt DF（ワトソン-ワット方探） 206, 233
wavefront（波面） 65, 210
whip antenna（ホイップアンテナ） 58, 240, 242, 254, 262, 265
wide-angle antenna（広角アンテナ） 182

wide-beam antenna（広ビームアンテナ） 182
wideband jamming（広帯域妨害） 181
wideband receiver（広帯域受信機） 117, 161, 188
wings level（ウィングレベル; 翼面水平飛行） 171

■ Y
Yagi antenna（八木アンテナ） 57
yaw plane level（水平面飛行; ヨー平面飛行） 171
YIG ⇒［yttrium iron garnet］
yttrium iron garnet（YIG; イットリウム・鉄・ガーネット） 84

■ Z
zero IF（ゼロ IF） 89

■ 著者紹介

　David Adamy が国際的に認められた電子戦の専門家であることは，彼が長年にわたり EW101 コラムを執筆してきたことから，おそらくわかるだろう．それはさておき，制服時代から 50 年以上にわたり彼は常に EW のプロであった（業界用語でいう Crow（カラス）だと，彼は誇りを持って自分をそう呼んできた）．システムエンジニア，プロジェクトリーダ，テクニカルディレクタ，プログラムマネージャ，そしてラインマネージャとして，DC のすぐ上から可視光のすぐ上に及ぶ EW の各計画に直接参画してきた．それらの計画は，潜水艦から宇宙に及ぶプラットフォームに配備されるシステム，また，にわか仕立てから高信頼性のものまで各種要求に適合するシステムを生み出してきた．

　彼は通信理論において電気工学学士・修士の学位を持っている．EW101 コラムの執筆に加え，EW と偵察，およびそれらの関連分野において数多くの技術論文を発表しており，（本書を含めて）17 冊の書籍を出版している．彼は世界中の EW 関連講座で教えるほか，軍関連機関や EW 企業のコンサルタントを務めている．AOC（Association of Old Crows; オールドクロウズ協会）全国理事会の長年のメンバーであり，元会長である．

　彼には 60 年以上一緒の辛抱強い奥様と（それほど長い間古典的オタクに我慢したことは，勲章に値する），4 人の娘と 8 人の孫がいる．彼の主張によれば，彼はエンジニアとしては人並みであるが，毛鉤釣師としては本当に卓越した世界の名士の一人である．

■ 訳者紹介（五十音順）

河東晴子（かわひがし・はるこ，Haruko Kawahigashi）
1985年 東京大学工学部電気工学科卒業．同年 三菱電機株式会社入社．1991～1992年 カリフォルニア大バークレー校客員研究員．2001年 博士（工学）（東京大学）．三菱電機株式会社情報技術総合研究所技術統轄．AOC Japan Chapter EW Study Group Secretary．AOC At Large Director．

小林正明（こばやし・まさあき，Masaaki Kobayashi）
1974年 大阪大学大学院工学研究科通信工学専攻博士課程修了．同年 三菱電機株式会社入社．以来，EWシステムのシステム設計，研究開発などに従事．元 神戸大学非常勤講師．AOC Japan Chapter EW Study Group Chair．2013年 フリーランスの防衛電子技術コンサルタント．

阪上廣治（さかうえ・ひろじ，Hiroji Sakaue）
1972年 防衛大学校卒業．海上自衛隊入隊．主要配置は，護衛艦によど・護衛艦はるゆき・輸送艦おおすみ艦長，電子情報支援隊司令．2005～2012年 三菱電機株式会社通信機製作所電子情報システム部勤務．

徳丸義博（とくまる・よしひろ，Yoshihiro Tokumaru）
1973年 防衛大学校卒業，陸上自衛隊（通信科）勤務．1997年 三菱電機株式会社入社，社．通信機製作所勤務．通信電子戦システム開発・プロジェクト業務に従事．2015年 三菱電機株式会社退社．

電子戦の技術　通信電子戦編

2015年4月20日　第1版1刷発行	ISBN 978-4-501-33100-9 C3055
2024年6月20日　第1版3刷発行	

著　者　デビッド・アダミー
訳　者　河東晴子・小林正明・阪上廣治・徳丸義博
　　　　Ⓒ Kawahigashi Haruko, Kobayashi Masaaki, Sakaue Hiroji, Tokumaru Yoshihiro 2015

発行所　学校法人　東京電機大学　〒120-8551　東京都足立区千住旭町5番
　　　　東京電機大学出版局　Tel. 03-5284-5386(営業)　03-5284-5385(編集)
　　　　　　　　　　　　　　Fax. 03-5284-5387　振替口座 00160-5-71815
　　　　　　　　　　　　　　https://www.tdupress.jp/

JCOPY ＜(一社)出版者著作権管理機構 委託出版物＞
本書の全部または一部を無断で複写複製（コピーおよび電子化を含む）することは，著作権法上での例外を除いて禁じられています。本書からの複製を希望される場合は，そのつど事前に(一社)出版者著作権管理機構の許諾を得てください。また，本書を代行業者等の第三者に依頼してスキャンやデジタル化をすることはたとえ個人や家庭内での利用であっても，いっさい認められておりません。
［連絡先］Tel. 03-5244-5088，Fax. 03-5244-5089，E-mail: info@jcopy.or.jp

制作：㈱グラベルロード　　印刷：新灯印刷㈱　　製本：渡辺製本㈱
装丁：小口翔平（tobufune）
落丁・乱丁本はお取り替えいたします。　　　　　　　　　Printed in Japan